中文版
AutoCAD 2016
机械制图实训教程

蒋清平 编著

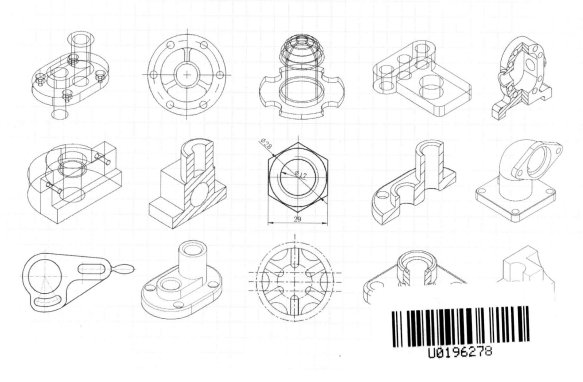

人民邮电出版社
北京

U0196278

图书在版编目（CIP）数据

中文版AutoCAD 2016机械制图实训教程 / 蒋清平编
著. -- 北京 : 人民邮电出版社, 2016.7
ISBN 978-7-115-42414-3

Ⅰ. ①中… Ⅱ. ①蒋… Ⅲ. ①机械制图—AutoCAD软
件—教材 Ⅳ. ①TH126

中国版本图书馆CIP数据核字(2016)第110219号

内 容 提 要

本书由机械设计领域的资深设计师精心编写，不仅全面介绍了 AutoCAD 的使用技法，还列举了很多专业案例进行详细讲解，全面分享了作者多年的教学及实践经验。

全书共 16 章，第 1 章~第 5 章为 AutoCAD 快速入门，主要介绍 AutoCAD 软件基本操作方法；第 6 章~第 10 章为 AutoCAD 进阶提高，主要讲解 AutoCAD 软件的二维机械制图方法；第 11 章~第 16 章为三维造型，主要分析 AutoCAD 三维造型工具的应用与设计思路。

本书从机械制图的规范要求出发，由浅入深、系统全面地讲解了 AutoCAD 的基本操作、二维图形的绘制和编辑、图层管理、尺寸标注、参数化设计、三维实体图形等内容，通过大量机械零件图形的实例，详细讲述了 AutoCAD 的实战应用与操作技巧。

全书内容安排紧凑，语言通俗易懂，实例题材涵盖了使用 AutoCAD 进行机械设计的各个层面，操作步骤简洁易懂，制图思路和技巧均来源于实战经验。

本书的配套学习资源包括课前引导实例、功能实战和典型实例的源文件，另外，附赠 62 集总时长 600 多分钟的专家讲堂视频学习教程，读者可通过在线方式获取这些资源，具体方法请参看本书前言。

本书既可以作为产品设计、机械设计和结构设计等行业的初、中级读者的自学教程，也可以作为广大职业院校和计算机培训班的教材。

◆ 编 著 蒋清平
  责任编辑 张丹丹
  责任印制 陈 犇

◆ 人民邮电出版社出版发行 北京市丰台区成寿寺路 11 号
  邮编 100164 电子邮件 315@ptpress.com.cn
  网址 http://www.ptpress.com.cn
  北京九州迅驰传媒文化有限公司印刷

◆ 开本：787×1092 1/16
  印张：25 2016 年 7 月第 1 版
  字数：660 千字 2024 年 8 月北京第 16 次印刷

定价：59.90 元

读者服务热线：(010)81055410 印装质量热线：(010)81055316
反盗版热线：(010)81055315
广告经营许可证：京东市监广登字20170147 号

前　言

这是一本详细介绍AutoCAD的基本操作和设计思路的教程，主要针对机械设计和产品设计领域的初、中级用户，也包括相关专业的在校学生。全书以产品制图、机械制图为基本说明对象，全面阐述了AutoCAD的绘图技巧与思路。

针对初学者在学完AutoCAD的基础操作后，在绘制产品或机械图时感到无从下手的情况，本书在第10章中详细讲解了AutoCAD的机械制图技巧，并在该章节中配以典型实例进一步加深读者对AutoCAD机械制图思路的理解。

1.本书内容结构

全书共16章。

第1章~第5章为AutoCAD快速入门，主要讲解了AutoCAD软件的基础入门操作、图层管理、二维绘图、绘图辅助工具以及图形编辑等功能的操作方法。

第6章~第10章为AutoCAD进阶提高，主要讲解了块、文字和表格、图形尺寸标注、格式转换与输出打印、机械制图表达方法以及AutoCAD机械制图技巧。

第11章~第16章为AutoCAD三维造型，主要包括了三维建模基础、曲面设计、实体建模、实体编辑、工程视图转换、机械制图综合案例等章节。

2.本书使用方法

使用本书有如下两种方法。

第1种：以文字、插图为主要学习手段。以书中的文字和插图为主要的说明演示对象，从而详细了解AutoCAD的相关设计流程。

第2种：使用配套的素材文件。为方便读者快速学习，本书将提供与文字说明相对应的素材文件，读者在学习时可以找到相应章节的素材文件进行实际操作演练，另外还可以观看附赠视频来辅助学习。

3.使用素材文件

本书使用的操作系统为Windows7，对于Windows XP、Windows 2000等操作系统也同样适用。

由于在AutoCAD系统中，绘图区域没有固定的绘图界限，因此可以在绘图区域中放置多个独立的图形对象。为方便用户参照对比学习，本教程提供的素材图形和结果图形将放置在同一图形文件中。

如第7章讲述AutoCAD尺寸标注功能时，就将素材图形和结果图形放置在同一个文件中，如图1所示。用户只需参照右侧的结果图形，在左侧的素材图形上进行尺寸标注操作就可以完成整个标注练习。

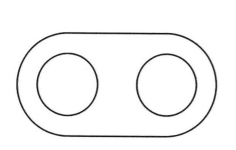
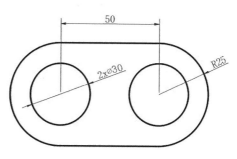

图1

4.本书使用约定

下面介绍本书的使用约定，建议读者在学习之前认真阅读这部分内容。

<1> 命令的调用

在AutoCAD设计系统中，大部分的命令都有对应的快捷键，而使用快捷键能简化整个命令的操作过程，提高工作效率。因此，本书中大部分的操作将使用快捷键的方式来进行讲解。

在AutoCAD 2016版本中，系统还提供了命令功能区域，用户可以在各种功能区域中以单击命令图标按钮的方式来执行相关的操作。

显示出软件的菜单栏，用户还可以使用传统的下拉菜单栏来执行相应的命令。

<2> 关于操作步骤

本书的案例操作步骤一般分两个级别来表示，第一级别用Step1、Step2……表示，第二级别用（1）、（2）……表示，举例如下。

Step1 输入RO并按空格键，执行"旋转"命令。

Step2 定义旋转对象。

（1）选择两个同心圆形和两条相切直线，按空格键完成旋转对象的指定。

（2）选择基准线交点，按空格键完成旋转基点的指定，如图2所示。

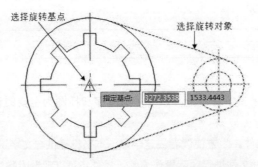

图2 定义旋转对象

Step3 定义旋转角度。在命令行中输入数字以指定旋转角度，如45；按空格键完成图形的旋转操作，如图3所示。

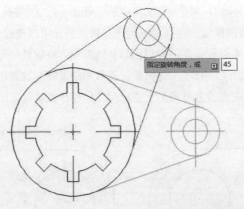

图3 定义旋转角度

<3> 知识栏目说明

（1）命令执行方法：在讲解AutoCAD命令的操作方法前，一般都会先介绍该命令的几种执行方法，其表述方法如下。

"直线"命令的执行方法主要有如下几种。

◇ 菜单栏：绘图>直线。

◇ 命令行：LINE或L。

◇ 功能区：单击"绘图"命令区域中的 按钮。

（2）操作方法：该栏目主要讲解命令的基础操作，以便用户快速掌握命令的执行方法、操作技巧等。

（3）注意：该栏目主要讲解一些关键要素，以及需要读者注意的问题或方法。

（4）参数解析：该栏目用于对命令的各项子命令进行分析讲解，从而使读者完整地掌握整个命令的细节操作技巧。

（5）功能实战与典型实例：使用实例演示的方式来综合运用各小节讲解的基础知识，从而加深读者对AutoCAD命令的理解。

5.配套资源

本书所有的学习资源文件均可在线下载，扫描封底或右侧的"资源下载"二维码，关注我们的微信公众号即可获得资源文件下载方式。资源下载过程中如有疑问，可通过邮箱szys@ptpress.com.cn与我们联系。在学习的过程中，如果遇到问题，也欢迎您与我们交流，我们将竭诚为您服务。

资源下载

目录

初识 AutoCAD 2016

本章主要讲解AutoCAD 2016的入门知识，通过软件界面、基本操作、实用环境设置等内容的介绍，读者可对AutoCAD 2016有一个全局性、整体性的了解，为后面各章节的深入学习和熟练掌握AutoCAD打下良好的基础。

本章学习要点

★ 了解AutoCAD的用户界面
★ 掌握命令的执行方法
★ 了解AutoCAD的系统参数设置
★ 掌握图形的基本控制方法
★ 掌握图形文件的管理方法

本章知识索引

知识名称	作用	重要程度	所在页
AutoCAD概述	了解AutoCAD的基本概念、安装要求和过程以及启动、退出的方法	低	P12
AutoCAD用户界面	了解AutoCAD的标题栏、菜单栏、工作空间、功能命令区、命令行等基本界面	中	P14
执行命令的方法	掌握在AutoCAD设计系统中执行各种功能命令的基本方法	高	P16
系统参数设置	掌握图形单位设置、草图预览设置、文件打开和保存设置以及系统绘图和选择集的设置	中	P18
图形控制	掌握在AutoCAD中平移、缩放图形对象的基本方法	高	P20
文件管理	掌握在AutoCAD中新建文件、保存文件、打开文件以及退出文件的基本方法	高	P22

1.1 AutoCAD 概述

本节知识概要

知识名称	作用	重要程度	所在页
计算机辅助设计与AutoCAD	了解AutoCAD软件在计算机辅助设计系统中的特点与作用	低	P12
AutoCAD的安装方法	了解AutoCAD的基本安装要求与过程	低	P12
AutoCAD的启动与退出	了解AutoCAD的基本启动与关闭方法	低	P13

AutoCAD作为当今世界主流的计算机辅助设计系统之一,已被广泛应用于机械、建筑、电子、冶金、石油、化工等领域。随着计算机的广泛应用和AutoCAD的普及,它已成为工程技术人员必备的一项技能。

AutoCAD(Auto Computer Aided Design)是Autodesk公司于1982年首次开发的计算机辅助设计软件,主要用于二维绘图、设计文档和基本的三维造型,现已经成为国际上普遍使用的绘图工具之一。

AutoCAD具有亲和的用户界面,通过交互菜单或在命令行中执行快捷命令,可方便地进行各种图形编辑操作。AutoCAD的多文档设计环境,让非计算机专业人员也能很快地上手使用,并且可使用户在不断实践的过程中更好地掌握各种绘制技巧,从而不断提高工作效率。

1.1.1 计算机辅助设计与AutoCAD

计算机辅助设计(英文缩写为CAD)是20世纪中期发展起来的一门新学科,随着个人计算机的普及和计算机图形学理论的发展,计算机绘图技术也相应得到迅速的普及与应用。

计算机绘图技术是通过计算机绘图系统来完成对各种图形的编辑,从而帮助设计人员担负起工程计算、信息存储以及工程制图等工作。计算机绘图系统是将图形与计算机数据建立起相互对应的关系,把数字化的图形经过计算机储存和处理,最后通过输出设备将图形展示处理,整个过程就是计算机辅助设计。

在现代计算机辅助设计软件中,其主流软件主要有AutoCAD、ProE、UG、CATIA、SolidWorks等。

这些CAD软件都具有二维绘图、三维造型等设计功能,而AutoCAD这款设计软件在二维图形绘制与编辑方面,更具有方便灵活的特点,且功能强大、易于掌握、结构开放,能与其他第三方插件有很好的稳定兼容。

1.1.2 AutoCAD的安装方法

随着AutoCAD版本的不断更新,其软件功能也得到了加强,同时对于软件的安装要求也相应地得到提高。为了让设计人员了解AutoCAD 2016版本的安装要求,本节将详细介绍软件安装的系统要求与过程。

1. 中文版AutoCAD 2016的系统要求

操作系统:目前主流的操作系统均可以满足中文版AutoCAD 2016的系统要求,如Microsoft Windows 8和Microsoft Windows 7操作系统。

CPU规格:最低要求为Intel® Pentium® 4 或 AMD Athlon™ 64 处理器。

内存配置:32位AutoCAD 2016至少需要2GB内存(建议使用3GB或以上),64位AutoCAD 2016至少需要4 GB内存(建议使用8GB)。

显示分辨率:1024像素×768像素(建议1600像素×1050像素 或更高)真彩色。

显卡:Windows显示适配器的1024×768真彩色功能。

硬盘:安装软件需要占用6GB空间。

浏览器:Windows Internet Explorer® 9.0或更高版本,其他主流浏览器均可。

2. 安装中文版AutoCAD 2016

中文版AutoCAD 2016在各操作系统中的安装过程基本相同,下面就以Windows 7 Professional系统为参照对象,介绍其主体程序的安装过程。

Step1 双击安装目录文件中的 🅰 Setup.exe 文件,启动AutoCAD安装程序。

Step2 定义安装项目。

01 在系统完成"安装初始化"检测后,将弹出AutoCAD 2016的安装界面,如图1-1所示。

02 单击"安装工具和实用程序"按钮,系统将切换至"配置安装"界面,如图1-2所示。

03 勾选需要安装的配置项目,在"安装路径"文本框中指定软件的安装位置;单击"安装"按钮,系统进入安装"许可协议"界面；在"国家或地区"下拉列表中选择China选项，在许可及协议文本框下面勾选"我接受"选项。

图1-1 AutoCAD 2016安装界面

图1-2 配置安装界面

04 单击"下一步"按钮，系统进入安装"产品信息"界面；在"产品语言"列表中选择"中文（简体）（Chinese（Simplified））"选项，在"许可类型"选项中勾选"单机版"选项，在"产品信息"选项中勾选"我有我的产品信息"并输入序列号、产品密钥。

05 单击"下一步"按钮继续安装AutoCAD 2016软件，经过几分钟后系统将完成AutoCAD 2016的安装并弹出"安装完成"界面，如图1-3所示。

06 单击"完成"按钮，退出安装界面。

Step3 激活AutoCAD 2016。

01 安装完成后，启动AutoCAD 2016软件。

02 在"Autodesk许可-激活选项"界面中选择"我具有Autodesk提供的激活码"选项，再单击"下一步"按钮，系统将弹出激活码输入框。

03 在激活码文本框中输入获得的软件激活码，单击"下一步"按钮，系统将完成AutoCAD 2016的安装激活。

图1-3 安装完成界面

1.1.3 AutoCAD的启动与退出

1. AutoCAD 2016的启动

启动AutoCAD 2016的方法主要有如下几种。

◇ 双击AutoCAD桌面快捷命令图标。

◇ 选择AutoCAD快捷命令图标，再单击鼠标右键并在快捷菜单中选择"打开"命令选项。

◇ 直接双击AutoCAD默认关联打开的图形文件。

◇ 开始>程序>Autodesk>AutoCAD 2016简体中文（Simplified Chinese）。

2. AutoCAD 2016的退出

关闭AutoCAD 2016的方法主要有如下几种。

◇ 菜单栏：文件>退出。

◇ 在AutoCAD的标题栏中，单击 ⊠ 按钮。

◇ 命令行：输入命令EXIT或QUIT，按快捷键确定，系统将关闭软件。

在退出AutoCAD 2016时，如当前更新后的图形文件没有保存，系统将弹出AutoCAD选项对话框，如图1-4所示。

图1-4 AutoCAD退出选项对话框

1.2 AutoCAD的用户界面

本节知识概要

知识名称	作用	重要程度	所在页
标题栏	了解AutoCAD标题栏的基本显示内容	低	P14
菜单栏	掌握软件传统菜单栏命令的基本包含内容	中	P14
快速访问工具栏	掌握软件快速访问工具栏中包含的常用命令工具	中	P14
工作空间	了解AutoCAD基本绘图工作空间的转换与界面	中	P15
功能命令区	掌握AutoCAD各功能命令区包括的基本命令工具	高	P15
绘图区	了解AutoCAD软件绘图区的基本属性与常见的显示操作方法	低	P16
命令行	掌握AutoCAD命令行的显示界面与基本操作技巧	高	P16
状态栏	掌握AutoCAD状态栏包括的基本设置工具	高	P16

　　AutoCAD 2016具有良好的用户界面,可以通过命令行的交互式菜单,方便地进行各类图形编辑操作。其用户界面更加亲和,更加人性化,使用起来更加方便快捷。

　　AutoCAD 2016的工作界面包括标题栏、菜单栏、快速访问工具栏、功能命令区、绘图区、命令行和状态行等部分组成,如图1-5所示。

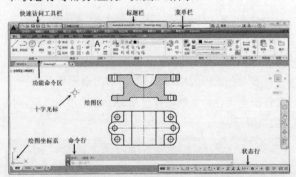

图1-5 AutoCAD 2016工作界面

1.2.1 标题栏

　　标题栏位于工作界面最上方,主要用来显示程序图标和当前所操作的文档名称。标题栏左侧是快速访问工具栏,可通过这些工具快速新建和打开文件、保存和另存文件;标题栏最右侧有窗口最小化按钮、最大化按钮和关闭按钮。

1.2.2 菜单栏

　　在AutoCAD 2016中系统默认将菜单栏隐藏,用户可以单击"工作空间"栏右侧的展开按钮,在弹出的下拉菜单中选择"显示菜单栏"选项,如图1-6所示。

图1-6 选择"显示菜单栏"命令

1.2.3 快速访问工具栏

　　标题栏左侧是快速访问工具栏,通过这些工具用户可快速新建和打开文件、保存和另存文件、打印文件、放弃和重做等操作。

　　在快速访问工具栏上单击鼠标右键,在弹出的快捷菜单中选择"自定义快速访问工具栏"选项,系统即可打开"自定义用户界面"对话框,如图1-7所示。

图1-7 自定义用户界面

在"命令列表"对话框中选择要添加的命令，再将其拖到快速访问工具栏上，可为快速访问工具栏添加相应的命令按钮。

1.2.4 工作空间

在AutoCAD 2016中，根据绘图的侧重点和新老用户使用习惯不同，提供了几种基本的工作空间模式："AutoCAD经典""草图与注释""三维基础"和"三维建模"等工作空间。

其工作空间的切换方式如下。

◇ 使用"工作空间工具栏"可快速切换工作空间，如图1-8所示。

图1-8 快速切换工作空间

◇ 在菜单栏中执行"工具>工作空间"，在展开的菜单中选择需要切换的工作空间，也可切换当前的工作空间，如图1-9所示。

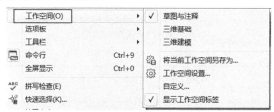

图1-9 菜单栏切换工作空间

1.2.5 功能命令区

AutoCAD 2016的功能区是位于绘图区上方的一系列命令集区域，其主要包括了"常用""注释""参数化""视图""管理"和"输出"等功能选项卡。

其中常用的4大功能区选项如下所示。

1. "默认"功能区

"默认"功能区包括"绘图""修改""注释""图层""块""组""实用工具"和"剪贴板"等项目区域，如图1-10所示。

图1-10 "默认"功能区

有部分功能，面板没有足够空间显示完整的功能

按钮，可通过单击右下角的展开按钮 ▾，展开被折叠的功能命令区域，如图1-11所示。

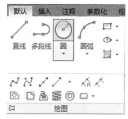

图1-11 展开"绘图"功能命令

2. "插入"功能区

"插入"功能区的命令主要用于插入其他类型的文件和块文件，其主要包括"块""块定义""参照""点云"和"输入"等功能命令，如图1-12所示。

图1-12 "插入"功能区

3. "注释"功能区

"注释"功能区主要用于尺寸标注的修改、文字说明的创建和修改、表格的制作与修改等操作，如图1-13所示。

图1-13 "注释"功能区

4. "参数化"功能区

"参数化"功能区主要用于对各二维几何图形的几何约束关系进行相应的操作，如图1-14所示。

图1-14 "参数化"功能区

在"几何"命令区域中包括"重合""共线""同心""平行""垂直""水平""竖直"和"相切"等几何约束命令。选择某个几何约束命令后，分别指定两个二维图形为几何约束对象，系统将自动完成图形的几何约束操作，如图1-15所示。

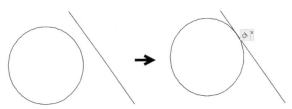

图1-15 相切约束图形

5. "视图"功能区

"视图"功能区主要用于对视图的各种操作和模型渲染等，如图1-16所示。

图1-16 "视图"功能区

6. "输出"功能区

"输出"功能区主要用于对图形文件的格式转档和图形打印输出等操作，如图1-17所示。

图1-17 "输出"功能区

1.2.6 绘图区

绘图区是用户绘制图形的工作区域，它占据整个系统屏幕大部分的空间，其绘制的所有图形都将显示在绘图区域中，如图1-18所示。

在AutoCAD 2016的绘图区中，系统默认的背景颜色为黑色，绘制的图形颜色为白色，用户可根据自己的习惯修改背景颜色。

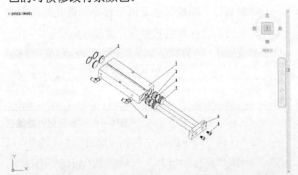

图1-18 绘图区

1.2.7 命令行

命令行位于绘图区的下方，主要用于输入AutoCAD的命令或查看命令消息和提示，如图1-19所示。单击命令行后滚动鼠标滚轮可翻看使用命令的历史记录。

图1-19 命令行

命令行默认显示两行信息，用户可根据需要用鼠标拖动命令行和绘图区之间的分隔边框来进行调整。另外，还可将命令行拖动到其他位置上，如拖动到绘图区使其由固定状态变为浮动状态，如图1-20所示。

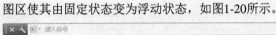

图1-20 浮动命令行

1.2.8 状态栏

AutoCAD的状态栏位于绘图窗口的最下方，主要用于绘图区栅格线的显示与隐藏、几何约束的自动推断、二维特征点的捕捉、线宽显示、注释与比例的控制等，如图1-21所示。

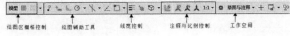

图1-21 状态栏

1.3 执行命令的方法

本节知识概要

知识名称	作用	重要程度	所在页
菜单栏命令	了解AutoCAD传统菜单栏命令的显示、隐藏操作与命令执行的基本步骤	低	P17
功能区命令	掌握AutoCAD功能区命令的基本界面与操作方法	高	P17
快捷命令	了解在命令行中输入快捷命令的基本界面	高	P17
重复与取消命令	了解重复执行当前命令与取消当前命令的基本方法	中	P17
重做与放弃命令	了解放弃当前操作结果与重做当前操作结果的基本方法	中	P17

AutoCAD执行命令的方式主要有"鼠标单击"和"键盘输入"两种方式。其中鼠标单击是利用鼠标直接单击软件窗口中的命令图标来执行各种绘图与编辑命令，而键盘输入是利用键盘输入各种命令语句来执行命令。

使用"鼠标单击"方式执行AutoCAD命令主要表现在"菜单栏命令"和"功能区命令"两种类型上，而使用"键盘输入"方式执行AutoCAD命令则主要表现在"快捷命令"类型上。

1.3.1 菜单栏命令

切换到"AutoCAD经典"工作空间可显示菜单栏命令，另外单击"工作空间"栏后面的展开按钮▼，再选择"显示菜单栏"选项调出软件的下拉菜单栏。

执行"直线"命令的具体操作如下。

在菜单栏单击"绘图"菜单按钮，在弹出的下拉菜单中选择"直线"命令选项，可执行"直线"绘图命令，如图1-22所示。

图1-22 菜单栏中的"直线"命令

1.3.2 功能区命令

选择"草图与注释"工作空间作为当前工作平台，用户可通过单击功能区中的各命令图标来快速执行相应的命令。

如执行"圆"命令的具体操作如下。

在"默认"功能区中单击⊙按钮，可快速执行"圆"命令，如图1-23所示。

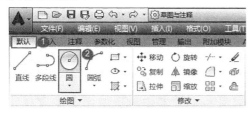

图1-23 功能区中的"圆"命令

1.3.3 快捷命令

在AutoCAD设计过程中更多的是直接在命令行中输入命令语句来执行各种命令。使用命令语句方式执行命令不仅能快速执行用户需要使用的功能命令，而且能使双手相互配合大大提高设计效率。

注意

当没有选择任何子命令直接按Enter键时，系统选择默认的执行命令选项。

如选择子命令，只需输入小括号中的代号再按Enter键。

键盘输入的命令，可以是命令的全称，也可以是命令的简称（即快捷命令）。

在AutoCAD命令执行过程中，还会出现一些功能性的子命令，关于子命令选项如图1-24所示。

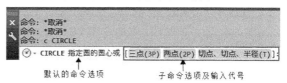

默认的命令选项　　　子命令选项及输入代号

图1-24 功能子命令

1.3.4 重复与取消命令

在AutoCAD设计过程中，常常需要多次执行同一个命令或是完成操作后需要退出当前命令，这就会使用"重复"和"取消"命令来完成操作目的。

1. 取消命令

在绘制图形的过程中，AutoCAD的大部分命令在操作完成后都会自动退出，但有一部分命令软件系统不能自动退出，因此如果不想继续操作某个命令就需要用户手动结束或中断它。

取消命令的主要方式有以下两种。

◇　按键盘上的Esc键，退出命令。

◇　完成图形绘制后，在绘图区单击鼠标右键，从弹出的快捷菜单中选择"确认"或"取消"选项来退出当前执行的命令。

2. 重复命令

重复命令即是重复执行上一个使用的命令，最快捷的方式是按Enter键或空格键。另外还可以在绘图区单击鼠标右键，在弹出的快捷菜单中选择"重复"选项来重复执行上一个使用过的命令。

1.3.5 重做与放弃命令

在AutoCAD设计过程中，有时需要终止当前执行的命令或返回上一步操作结果，这就需要使用"放弃"命令来完成操作目的，而"重做"则完全和"放弃"相反，它主要用来恢复被放弃的操作。

1. 放弃命令

此处的"放弃"命令应该理解为撤销前面命令所完成的操作结果，即放弃上一命令的操作。

"放弃"命令的执行主要有如下3种方式。

◇　单击"放弃"按钮，可放弃上一步操作结果。

◇ 在命令行输入字母U，按Enter键或空格键，可放弃上一步操作结果。

◇ 使用快捷键Ctrl+Z，可放弃上一步操作结果。

2. 重做命令

此处"重做"命令应该理解为找回被放弃的上一步操作结果，即恢复被放弃的操作。

其命令的执行主要有如下两种方式。

◇ 单击"重做"按钮 ，可找回被放弃的操作结果。

◇ 使用快捷键Ctrl+Y，可找回被放弃的操作结果。

1.4 系统参数设置

本节知识概要

知识名称	作用	重要程度	所在页
图形单位设置	了解在AutoCAD设计系统中统一设置图形计量单位的方法	中	P18
草图预设置	了解AutoCAD草图预设置的基本界面与主要功能	中	P18
文件打开与保存设置	掌握在AutoCAD设计系统中文件打开与保存的基本设置方法	高	P19
鼠标右键功能设置	掌握设置鼠标右键功能命令的方法与使用技巧	高	P19
系统绘图栏设置	了解设置AutoCAD绘图工具的基本界面与方法	低	P20
系统选择集设置	了解AutoCAD选择集的设置界面与操作方法	低	P20

在使用AutoCAD 2016进行工程设计前，用户应根据自己的使用习惯对AutoCAD的工作环境进行一些必要的设置，以提高其工作效率，完成精确的设计任务。

1.4.1 图形单位设置（UN）

因AutoCAD被广泛地应用于各个行业，如机械、建筑、电气等，这些行业的绘图要求各不相同，用户所使用的计量单位标准也不一样，所以用户应根据自身行业需求，设置符合设计需要的AutoCAD的制图单位。

"图形单位"命令的执行方法主要有如下两种。

◇ 菜单栏：格式>单位。

◇ 命令行：UNITS或UN。

在执行"图形单位"命令后，系统将弹出"图形单位"对话框，如图1-25所示。

图1-25 "图形单位"对话框

参数解析

■ **"长度"设置区域**：该区域主要包括"类型（T）"和"精度（P）"两个设置选项。其中"类型（T）"设置选项主要用于设置长度单位的计量方式，一般有"分数""工程""建筑""科学"和"小数"5个基本选择项。

■ **"角度"设置区域**：在该区域中的"类型（Y）"设置选项中，可设置角度单位的计量方式，一般有"百分度""度/分/秒""弧度""勘测单位"和"十进制度数"5个基本选择项。

■ **插入时的缩放单位**：该区域主要用于设置外部插入图形的计算单位，一般系统默认为"毫米"，用户可根据需要选择符合行业标准的计量单位，如图1-26所示。

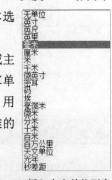

图1-26 插入内容单位列表

1.4.2 草图预设置（OS）

在精确绘图的过程中，经常要选取图形上的某些特征点，如：圆心、交点、中点、切点等。因此就需要通过"草图设置"来预先实现对捕捉功能的启用。

打开"草图设置"对话框的方法主要有以下两种。

◇ 菜单栏：工具>绘图设置。

◇ 命令行：OSNAP或OS。

在"草图设置"对话框中主要包含"捕捉和栅格""极轴追踪""对象捕捉""三维对象捕捉""动态输入""快捷特性"和"选择循环"7个功能选项卡，如图1-27所示。

图1-27 "草图设置"对话框

在"草图设置"对话框中，最常用的便是"对象捕捉"功能选项卡中包含的设置内容，其主要是用于定义对象捕捉的一系列特征点，如图1-28所示。

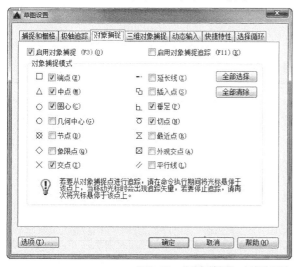

图1-28 "对象捕捉"功能选项卡

1.4.3 文件打开与保存设置（OP）

执行"工具>选项"命令或在命令行中输入OP后按空格键，系统将弹出"选项"对话框，单击"打开和保存"选项卡，可切换选项设置功能，如图1-29所示。

在"另存为"栏中可将文件保存版本设置为AutoCAD的低版本格式，以方便其他版本的

AutoCAD读取数据文件，如选择"AutoCAD 2004/LT2004图形（*dwg）"选项，系统将把当前打开状态下的AutoCAD图形文件默认保存为AutoCAD 2004版本的数据格式。

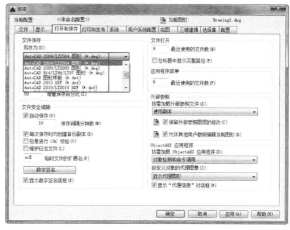

图1-29 "打开和保存"选项卡

1.4.4 鼠标右键功能设置（OP）

执行"工具>选项"命令或在命令行中输入OP后按空格键，系统将弹出"选项"对话框，单击"自定义右键单击"选项卡，可切换至"用户系统配置"对话框，如图1-30所示。

图1-30 "用户系统配置"选项卡

勾选"绘图区域中使用快捷菜单（M）"后，可激活 自定义右键单击(I)... 按钮，再单击此按钮，系统将弹出"自定义右键单击"对话框，如图1-31所示。

参数解析

■ **默认模式：** 在该设置区域中，如勾选"重复上一个命令（R）"选项，系统将把鼠标右键的默认功能设置为重复上一次使用过的命令。

■ **编辑模式**：勾选"重复上一个命令（L）"选项后，对于用户选定的图形对象，系统将把鼠标右键的默认功能设置为重复上一次使用过的编辑命令。

■ **命令模式**：勾选"确认（E）"选项后，在完成命令的操作后，系统将把鼠标右键的默认功能设置为"确定"命令。

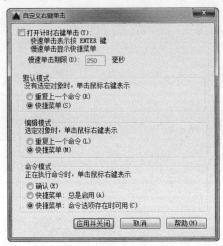

图1-31 "自定义右键单击"对话框

1.4.5 系统绘图栏设置（OP）

执行"工具>选项"命令或在命令行中输入OP后按空格键，系统将弹出"选项"对话框，再单击"绘图"选项卡，可切换至"绘图"设置对话框，如图1-32所示。

参数解析

■ **自动捕捉标记大小（S）**：拖动此区域中的滑块，可调节系统捕捉特征点时所显示的标记框大小。

■ **靶框大小（Z）**：拖动此区域中的滑块，可调节AutoCAD系统十字光标上的标记靶框大小。

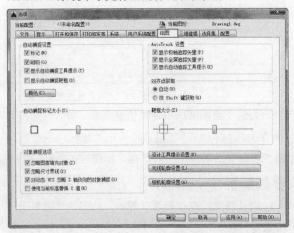

图1-32 "绘图"选项卡

1.4.6 系统选择集设置（OP）

执行"工具>选项"命令或在命令行中输入OP后按空格键，系统将弹出"选项"对话框，再单击"选择集"选项卡，可切换至"选择集"设置对话框，如图1-33所示。

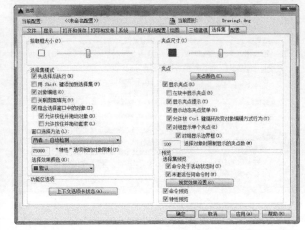

图1-33 "选择集"选项卡

参数解析

■ **拾取框大小（P）**：拖动此区域中的滑块，可调节系统选取图形对象时所显示的矩形框大小。

■ **夹点尺寸（Z）**：拖动此区域中的滑块，可调节图形对象选取后所显示的矩形框大小。

1.5 图形控制

本节知识概要

知识名称	作用	重要程度	所在页
平移图形	掌握在AutoCAD中移动绘图区域的几种操作方法与技巧	高	P20
缩放图形	掌握在AutoCAD中缩小、放大当前绘图区中图形结构的几种操作方法	高	P21

在AutoCAD设计过程中，由于显示器屏幕的局限，使其不能观察到较大幅面的图样或局部细节图样。因此，需要使用"缩放视图"和"移动视图"命令来不断地调整视图的大小和位置，以方便设计人员的观察。

1.5.1 平移图形（P）

平移视图是移动图形的显示位置，而不是移动图形之间的相对位置，其作用主要是为了便于观察视图的各部分。平移视图主要有以下4种方式。

◇ 按住鼠标中键（滚轮键）不放，再移动鼠标，可快速移动图形。

◇ 在命令行输入Pan或P（快捷键）并按Enter键，可执行移动视图命令，再按住鼠标左键不放移动鼠标就可移动图形。

◇ 执行菜单栏"视图>平移>实时"命令，如图1-34所示，再按住鼠标左键不放移动鼠标就可移动图形。

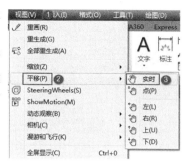

图1-34

◇ 单击绘图区右侧的"导航栏"中的按钮，可快速执行视图移动命令，图1-35所示。

图1-35 导航栏"移动"命令

1.5.2 缩放图形（Z）

缩放视图是更改视图在屏幕上的显示比例，并不会更改图形的绘制比例。通过缩放视图能方便地观察到图形中局部细节部分的具体结构。

缩放视图主要有以下3种方式。

◇ 使用鼠标滚轮键缩放。通过滚动鼠标的滚轮键可快速对当前视图进行缩放操作。

◇ 在命令行输入ZOOM或Z(快捷键)并按Enter键，在命令行将出现视图缩放的命令提示信息，输入相应的字母代号即可执行相应的操作。

◇ 单击绘图区右侧"导航栏"中的按钮，可快速执行视图缩放命令，如图1-36所示。

图1-36 导航栏"缩放"命令

1.5.3 对象的选取方式

在AutoCAD设计过程中，常需要对图形对象进行修改和编辑，这就需要选取各种几何图形。针对复杂的

图形，AutoCAD为用户提供了多种选取方式，用户可根据实际需要任意选择适合的方式来选取图形。图形的选取方式主要有以下3种。

1.鼠标点选

使用鼠标光标直接点选图形元素称为点选方式，这种选取方式精确方便，适用于简单图形，对于复杂图形的选取效率不高，如图1-37所示。

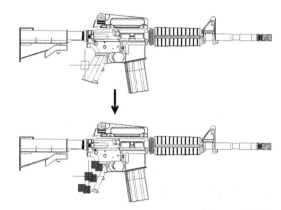

图1-37 点选对象

2.窗口选取

按住鼠标左键不放并向右下或右上方拖动拉出一个矩形框，完全包围在矩形框内的图形即可被选中，这种选取方式称为完全框选方式，如图1-38所示。

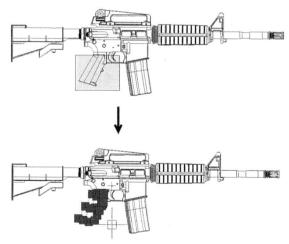

图1-38 窗口选取对象

3.窗交选取

按住鼠标左键不放并向左下或左上方拖动拉出一个矩形框，完全包围在矩形框内的图形或与矩形框相交的图形都将被选中，这种选取方式称为交叉框选方式，如图1-39所示。

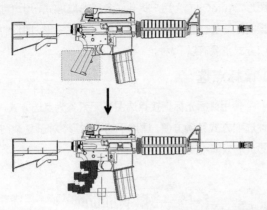

图1-39 窗交选取对象

1.6 文件管理

本节知识概要

知识名称	作用	重要程度	所在页
新建文件	掌握在AutoCAD中新建图形文件的基本方法与步骤	中	P22
保存文件	掌握保存AutoCAD图形文件的基本步骤	高	P22
打开文件	了解打开磁盘上已保存的AutoCAD图形文件的基本方法	中	P23
退出文件	掌握退出AutoCAD图形文件的两种方法与区别	高	P23

图形文件的管理是针对AutoCAD图形文件的管理操作，主要包括新建图形文件、打开图形文件、保存图形文件以及退出图形文件等操作。

1.6.1 新建文件

在AutoCAD 2016设计系统中，当新建一个图形文件时必须选择一个图形样板文件。这个样板文件中包含了与绘图相关的一些通用设置，比如图层、标注样式等。

新建文件的方式主要有以下3种。

◇ 菜单栏：文件>新建。

◇ 功能区：单击"快速访问工具"栏的新建文件按钮，可快速创建图形文件。

◇ 快捷键：使用快捷键Ctrl+N，可快速创建图形文件。

操作方法

Step1 单击"快速访问工具"栏的按钮，系统将弹出"选择样板"对话框。

Step2选择名称为acadiso.dwt的样板文件，如图1-40所示；单击打开(0)按钮，完成图形文件的新建。

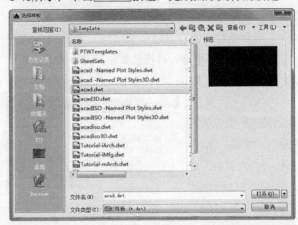

图1-40 "选择样板"对话框

1.6.2 保存文件

在工程设计过程中，应经常对图形进行保存操作，绘制或修改图形后都需要对图形进行保存操作，以更新计算机上的数据。

执行保存图形文件的方法主要有以下3种。

◇ 菜单栏：文件>保存。

◇ 功能区：单击"快速访问工具"栏的"保存"按钮（圖），可保存当前图形文件。

◇ 快捷键：使用快捷键Ctrl+S，可快速保存图形文件。

操作方法

Step1 单击"快速访问工具"栏的圖按钮，系统将弹出"图形另存为"对话框，如图1-41所示。

Step2 在"保存于（I）"下拉列表中可指定文件的保存路径，在"文件名（N）"文本框中可指定当前图形文件的保存名称，单击保存(S)按钮，完成图形文件的保存操作。

图1-41 "图形另存为"对话框

1.6.3 打开文件

在工程设计过程中，常常需要浏览和编辑图形，所以需要进行打开图形文件的操作。打开图形文件的方法主要有以下3种。

◇ 菜单栏：文件>打开。

◇ 功能区：单击"快速访问工具"栏的"打开"按钮📂，可打开已保存的图形文件。

◇ 快捷键：使用快捷键Ctrl+O，可快速打开已保存的图形文件。

操作方法

Step1 单击"快速访问工具"栏的📂按钮，系统将弹出"选择文件"对话框，如图1-42所示。

Step2 在计算机磁盘中选择任意一个图形文件，单击 打开(Q) 按钮，完成图形文件的打开操作。

图1-42 "选择文件"对话框

1.6.4 退出文件

在工程设计完成后，需要对图形文件进行关闭操作。退出AutoCAD图形文件和退出AutoCAD是不同的概念，退出AutoCAD将关闭软件并退出所有的图形文件，而退出AutoCAD图形文件将不会关闭软件。

退出图形文件的方法有以下几种方法。

1. 通过窗口按钮退出

在下拉菜单栏上单击窗口操作按钮组中的"关闭"按钮✕，可退出当前图形文件。

2. 通过下拉菜单退出

执行下拉菜单"文件>退出"命令，可退出当前图形文件。

3. 通过菜单浏览器退出

单击菜单浏览器，在展开的菜单中再单击"关闭"命令，可退出当前图形文件。

4. 通过快捷键退出

直接在当前文件可操作的状态下按快捷键Ctrl+Q或Alt+F4，可退出当前图形文件。

1.7 思考与练习

通过前面的章节，讲解了AutoCAD 的基本界面与系统设置方法。为对知识进行巩固和考核，本节将通过几个简单的练习，使读者进一步灵活掌握本章的知识要点。

1.7.1 熟悉AutoCAD 2016基本界面

01 启动AutoCAD 2016，进入欢迎界面。

02 单击"快速访问工具栏"上的📄按钮，再使用acadiso.dwt样板文件新建一个AutoCAD图形文件。

03 在当前绘图环境中显示出"菜单栏"。

04 使用"菜单栏"中的"绘图"命令，绘制一条直线和一个圆形。

1.7.2 自定义用户绘图环境

以机械制图为例，设置AutoCAD图形文件的绘图单位、角度等基本环境，再预设图形文件的保存格式，以及鼠标右键功能的设定等，其思路提示如下。

01 使用acadiso.dwt样板文件新建一个AutoCAD图形文件。

02 在命令行中输入字母UN，按空格键，弹出"图形单位"对话框；设置"长度"计量方式为"小数"，设置保留精度为0.00；设置"角度"计量方式为"十进制度数"，设置保留精度为0。

03 在命令行中输入字母OP，按空格键，弹出"选项"对话框；单击"打开和保存"选项卡，在"另存为"下拉列表中选择"AutoCAD 2004/LT2004图形（*dwg）"选项。

04 单击"绘图"选项卡，拖动"自动捕捉标记大小"和"靶框大小"设置栏的滑块。

05 单击"选择集"选项卡，拖动"拾取框大小"和"夹点尺寸"设置栏的滑块。

06 单击"用户系统配置"选项卡，勾选"绘图区域中使用快捷菜单（M）"后，再单击 自定义右键单击(I)... 按钮，弹出"自定义右键单击"对话框；在"默认模式"区域中勾选"重复上一个命令"选项，在"编辑模式"区域中勾选"重复上一个命令"选项，在"命令模式"区域中勾选"确认"选项。

1.7.3 思考问答

01 在AutoCAD 2016版本中，系统提供了几种工作空间？

02 使用功能区命令图标来执行绘图与编辑命令，一般是在哪种工作空间中？

03 AutoCAD 2016的状态栏主要有什么作用？

04 使用AutoCAD 2016新建图形文件有哪几种方法？

05 退出AutoCAD 2016图形文件有哪几种方法？有何区别？

第2章

图层管理

图层是在空间中选择不同的图形层面来存放和管理不同的图形对象。AutoCAD的图层管理似于在透明、重合的图纸上绘制图形，再使用图层工具将其进行分类管理。

在实际使用AutoCAD绘图过程中，一般是先创建出图层对象，再将各种几何图形绘制在指定的图层之中。另外，也可通过图层管理工具对已知图形的图层归类进行重定义。

在本章中我们将详细介绍在AutoCAD中如何创建图层、设置图层元素以及图层的简单管理操作。

本章学习要点

★ 了解新建图层的方法　　　　　　　　　★ 掌握图层的特性匹配

★ 掌握图层颜色、线型、线宽、状态的设置　★ 了解图层的删除方法

★ 掌握将图层置为当前的方法

本章知识索引

知识名称	作用	重要程度	所在页
图层的创建	掌握图层名称、图层颜色、图层线型线宽等要素的设置方法	中	P27
图层的管理	掌握图层置为当前、图形特性匹配、图层删除的操作方法，从而了解图层在AutoCAD绘图过程中的具体应用技巧	高	P34

本章实例索引

实例名称	所在页
课前引导实例：机械设计图层设置	P26
典型实例：镶条挡块	P32
典型实例：摇柄	P37

2.1 图层概述

在AutoCAD的图层管理器中，系统默认的参数设置并没有创建出任何可以直接使用的图层对象。因此，想要通过图层工具来快速管理图形对象，就要先创建出符合行业设计需要的各种图层，设置出各图层的颜色、线型、线宽等属性，再将指定的图层设置为当前图形对象的放置图层。

图层可以被假想为一张没有厚度的透明图纸，而各透明图纸又相互之间完全对齐。用户在任意的一个图层上绘制图形都将被显示在AutoCAD的绘图区域，从而构成一幅完整的设计图纸。

关于图层在制图中的应用流程，如图2-1所示。

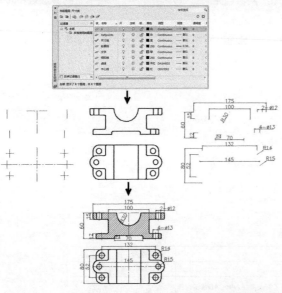

图2-1 图层应用流程

课前引导实例：机械设计图层设置

实例位置	无
实用指数	★★★☆☆
技术掌握	了解图层名称、图层颜色、图层线型线宽的设置方法

本实例将以机械制图的基本规范为标准，制作绘图中需要使用的各类图层，最终结果如图2-2所示。

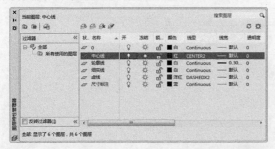

图2-2 机械设计图层设置

Step1 执行"图层特性"命令，打开"图层特性管理器"对话框。

Step2 创建中心线图层。

01 单击"新建图层"按钮，新建一个图层，在文本框的激活状态下将该图层名称修改为"中心线"。

02 单击"中心线"图层的颜色按钮，弹出"选择颜色"对话框，选择"红色"为中心线图层的显示颜色；激活"选择线型"对话框，加载CENTER2线型为中心线图层的显示线型，结果如图2-3所示。

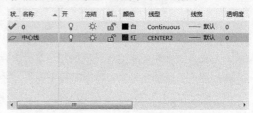

图2-3 "中心线"图层

Step3 创建轮廓线图层。

01 单击"新建图层"按钮，新建一个图层，在文本框的激活状态下将该图层名称修改为"轮廓线"。

02 单击"轮廓线"图层的颜色按钮，弹出"选择颜色"对话框，选择"白色"为轮廓线图层的显示颜色；选择Continuous线型为轮廓线图层的显示线型，设置轮廓线图层的显示线宽为0.3mm，结果如图2-4所示。

图2-4 "轮廓线"图层

Step4 创建细实线图层。

01 单击"新建图层"按钮，新建一个图层，在文本框的激活状态下将该图层名称修改为"细实线"。

02 单击"细实线"图层的颜色按钮，弹出"选择颜色"对话框，选择"白色"为中细实线图层的显示颜色；选择Continuous线型为细实线图层的显示线型，设置细实线图层的显示线宽为默认，结果如图2-5所示。

图2-5 "细实线"图层

Step5 创建虚线图层。

01 单击"新建图层"按钮，新建一个图层，在文本框的激活状态下将该图层名称修改为"虚线"。

02 单击"虚线"图层的颜色按钮，弹出"选择颜色"对话框，选择"洋红"为虚线图层的显示颜色；选择DASHEDX2线型为虚线图层的显示线型，设置虚线图层的显示线宽为默认，结果如图2-6所示。

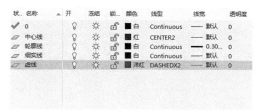

图2-6 "虚线"图层

Step6 创建尺寸标注图层。

01 单击"新建图层"按钮，新建一个图层，在文本框的激活状态下将该图层名称修改为"尺寸标注"。

02 单击"尺寸标注"图层的颜色按钮，弹出"选择颜色"对话框，选择"蓝色"为尺寸标注图层的显示颜色；选择Continuous线型为尺寸标注图层的显示线型，设置尺寸标注图层的显示线宽为默认，结果如图2-7所示。

图2-7 "尺寸标注"图层

Step7 将"中心线"图层设置为"置为当前"，退出"图层特性管理器"对话框。

2.2 图层的创建

本节知识概要

知识名称	作用	重要程度	所在页
新建图层	用于创建批量管理图形结构的图层，掌握图层创建的一般步骤与方法	高	P27
颜色的设置	了解图形颜色的设置与编辑方法	低	P29
线型的设置	了解图形线型的设定与编辑方法	低	P31
线宽的设置	了解图形线宽的设置与修改方法	低	P32

在新建一个图形文件时，AutoCAD会自动创建

一个名为0的图层，这个图层是系统默认的图层。为了便于管理各类图形，一般在制图的过程中应先将线型、颜色、线宽等属性相同的图形对象放在同一个图层上。因此，在绘图之前通常需要创建一个符合行业标准的新图层，以便在绘图过程中能够对图层进行灵活管理。

在AutoCAD中，图层只是一个图形分类管理工具，其主要目的是将不同属性的图形进行区分，从而便于在图纸中批量管理不同图层中所包含的图形。关于图层的层次效果，如图2-8所示。

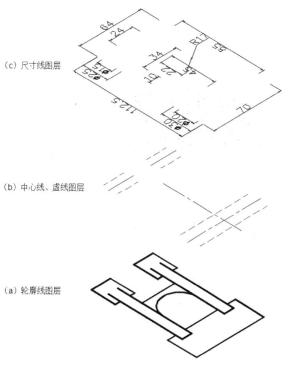

（c）尺寸线图层

（b）中心线、虚线图层

（a）轮廓线图层

图2-8 图层层次效果

2.2.1 新建图层（LA）

在AutoCAD默认的图层设置中，只有一个名为0的图层，其功能不能满足复杂产品的制图需求。因此，用户还需根据设计要求来创建符合行业制图规范的图层。

"图层特性"命令的执行方法主要有以下3种。

◇ 菜单栏：格式>图层。

◇ 命令行：LAYER或LA。

◇ 功能区：单击"图层"命令区域中的按钮，如图2-9所示。

图2-9 "图层特性"命令按钮

操作方法

Step1 输入LA并按空格键,执行"图层特性"命令,系统弹出"图层特性管理器"对话框,如图2-10所示。

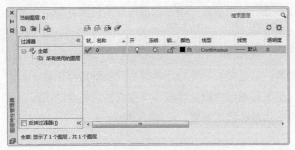

图2-10 "图层特性管理器"对话框

Step2 定义图层名称。

01 单击"新建图层"按钮,系统将自动创建"图层1"图层。

02 将系统默认的"图层1"名称修改为"中心线"。

注意

修改图层名称主要有以下3种方式。

（1）通过选取已知的图层,再单击该图层的名称,可激活名称文本框从而修改图层名称。

（2）选取已知的图层并激活右键快捷菜单,再选择"重命名图层"命令,可激活名称文本框修改图层名称。

（3）选择已知的图层,按F2键,可激活名称文本框修改图层名称。

Step3 定义图层颜色。

01 单击"中心线"图层的颜色按钮,系统弹出"选择颜色"对话框。

02 在"索引颜色"选项卡中选择红色为该图层的显示颜色,如图2-11所示。

图2-11 定义图层颜色

03 单击"确定"按钮完成图层颜色的设置。

Step4 定义图层线型。

01 单击"中心线"图层的线型名称,系统弹出"选择线型"对话框,如图2-12所示。

02 单击 加载(L)... 按钮,系统弹出"加载或重载线型"对话框。

03 选择CENTER2为需要加载的线型对象,如图2-13所示。

图2-12 "选择线型"对话框

图2-13 "加载或重载线型"对话框

04 单击 确定 按钮返回"选择线型"对话框,再次选择CENTER2线型为加载对象,如图2-14所示。

05 单击 确定 按钮完成"中心线"图层的线型定义。

图2-14 选择加载线型

Step4 定义图层线宽。

01 单击"中心线"图层的线宽图示,系统弹出"线宽"对话框。

02 选择0.05mm为"中心线"图层的线宽，如图2-15所示。

03 单击 确定 按钮完成图层的线宽设置。

图2-15 "线宽"对话框

Step5 使用图层。

01 在"图层特性管理器"对话框中选择"中心线"图层，单击"置为当前"按钮 ，将该图层应用为当前使用的图层。

02 关闭"图层特性管理器"对话框，完成"中心线"图层的创建。

参数解析

关于"图层特性管理器"对话框的部分功能说明解析如下。

■ （新建图层）：选择任意一个已知的图层为参考图层对象，再单击此按钮，系统将自动新建一个图层，该图层将自动继承参考图层的所有特性。另外，在没有对新图层重新命名前，系统将以"图层1""图层2""图层3"……的顺序来命名排列。

■ （在所有视口中都被冻结的新图层视口）：单击此按钮，系统将自动创建一个图层，但该图层将在所有现有的布局视口中被冻结。

■ （删除图层）：单击此按钮，将删除选择的图层对象。该命令不能删除图层0和图层Defpoints、当前图层、包含对象的图层、依赖外部参照的图层，如图2-16所示。

图2-16 "图层-未删除"对话框

■ （置为当前）：选择已知的图层，再单击此按钮，系统将把选定的图层设定为当前使用的图层。

■ 名称：用于设置和显示图层的具体名称。再次激活图层的名称文本框，用户可重新定义图层的名称。

■ 图层状态开关：在每一个图层栏上都分别有一组状态图标，单击这些图标可打开或关闭相应图层的显示状态。关于图层状态开关的功能说明，如表2-1所示。

表2-1

图标	名称	功能介绍
♀/♀	打开/关闭	用于将选择的图层设置为打开或关闭的状态。一般情况系统将默认所有的图层未打开状态，当某个图层被关闭后，系统将隐藏该图层上的所有图形对象
☼/❄	解冻/冻结	用于冻结或解冻指定的图层。当指定的图层被冻结后，该图层上的所有图形对象将不会显示在当前的绘图区域中，也不会被打印机读取数据
♂/🔒	解锁/锁定	用于将指定的图层进行锁定或解锁。当指定的图层被锁定后，其图层上的所有图形将继续显示在绘图区域中，但不能编辑或修改被锁定的对象

■ 颜色：用于设置当前图层的显示颜色。单击颜色按钮，弹出"选择颜色"对话框，用户可自由选择一种颜色作为当前图层的显示颜色。

■ 线型：用于设置当前图层的显示线型。单击图层的线型名称，弹出"选择线型"对话框；再单击 加载(L)... 按钮可弹出"加载或重载线型"对话框，用户可自由选择一种线型作为当前图层的应用线型。

■ 线宽：用于设置当前图层的显示线宽。单击图层的线宽图示，系统将弹出"线宽"对话框，用户可选择任意一种线宽作为当前图层的应用线宽。在AutoCAD的"线宽"对话框中，其提供的线宽取值范围为0mm~2.11mm。

2.2.2 颜色的设置（COL）

在AutoCAD中绘制的图形对象都具有显示颜色，为方便观察和统一管理，通常是在同一类型的图形上应用相同的显示颜色，从而达到区分图形组织结构的目的。

AutoCAD在系统中提供了两种定义图形颜色的操作思路，一种是直接在"图层特性管理器"对话框中定义出图层的颜色，另一种是使用"颜色"命令直接对当前新建的图形进行颜色设置。

"颜色"命令的执行方法主要有以下3种。

◇ 菜单栏：格式>颜色。

◇ 命令行：COLOR或COL。

◇ 功能区：单击"特性"命令区域中的 ■ ByLayer 列表按钮，展开"颜色控制"列表，如图2-17所示。

图2-17 "颜色控制"列表

操作方法

Step1 输入COL并按空格键，执行"颜色"命令，系统弹出"选择颜色"对话框。

图2-18 "选择颜色"对话框

Step2 在"索引颜色"选项卡中选择任意一种颜色，系统将把选择的颜色应用至当前的绘图环境中。

注意
使用"颜色"命令定义的图形颜色会在所有的图层中起作用，而原来在图层中设置的颜色将会失效。

参数解析

关于"索引颜色"选项卡的部分功能说明解析如下。

▪ **AutoCAD颜色索引（ACI）**：该选项列表提供了255种索引颜色，用户只需选择任意一种颜色，使可快速完成颜色的定义。

▪ ByLayer(L) 和 ByBlock(K) **按钮**：该功能只能在设置了图层颜色和图块颜色后才能使用。通过单击这两个按钮，可分别按图层和图块来设置显示颜色。

▪ **"颜色（C）"文本框**：用于显示选择的颜色的代号值，如图2-19所示。

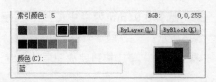

图2-19 颜色代号显示

单击"真彩色"选项卡，进入真彩色设置模式，如图2-20所示。

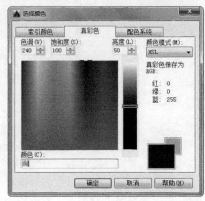

图2-20 "真彩色"选项卡

关于"真彩色"选项卡的部分功能说明解析如下。

▪ **色调（U）**：用于调节颜色的深浅程度，其数字越大，真彩色中的"绿"色数字将越小。

▪ **饱和度（S）**：用于调节某种颜色的显示深浅程度，其数字越大，真彩色中的"红"色数字将越小，而"蓝"色数字将越大。

▪ **亮度（L）**：用于同时调节真彩色中的"红""绿""蓝"色的显示程度。另外，也可以通过移动下方的"亮度"滑块来快速调节颜色的亮度。

▪ **颜色模式（M）**：用于设置真彩色的调节模式，其包括了HSL和RGB两种颜色模式。在"颜色模式"列表中选择RGB模式，系统将进入RGB的真彩色模式，如图2-21所示。

单击"配色系统"选项卡，进入配色系统设置模式，如图2-22所示。

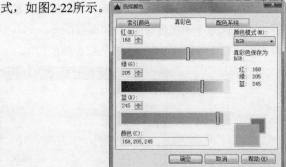

图2-21 RGB模式

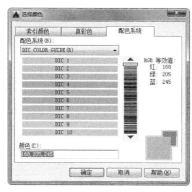

图2-22 "配色系统"选项卡

关于"配色系统"选项卡的部分功能说明解析如下。

图2-23 "配色系统"列表

■ **配色系统（B）**：用于选择AutoCAD中提供的各类配色系统，如图2-23所示。

■ **"颜色（C）"文本框**：用于显示在配色系统中选择颜色的代号值。

2.2.3 线型的设置（LT）

机械工程图中使用各类线型来绘制图形不仅有助于机械图形的清楚表达，而且更有助于图纸阅读，使工程图显得规范大方。机械制图规定的基本线型共有15种，而使用最多的基本线型只有6种，其应用范围如表2-2所示。

表2-2 基本线型的应用

线型	图线形式	应用范围
粗实线	▬▬▬▬▬▬▬	可见轮廓线
细实线	—————	尺寸线、尺寸界限、剖面线、引出线等
虚线	— — — —	不可见轮廓线
点画线	—·—·—·—	轴线、对称中心线、轨迹线等
双点画线	—··—··—··	极限位置的轮廓线、假想的轮廓线等

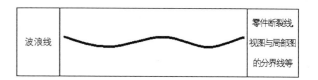

波浪线	∿∿∿	零件断裂线视图与局部图的分界线等

在AutoCAD系统中线型的设置主要有两种，一种是直接在"图层特性管理器"对话框中定义出图层的线型，另一种是使用"线型"命令快速定义出当前图形的线型。

"线型"命令的执行方法主要有以下3种。

◇ 菜单栏：格式>线型。

◇ 命令行：LINETYPE。

◇ 功能区：单击"特性"命令区域中的 ████ ByLayer 列表按钮，展开"线型"列表，如图2-24所示。

图2-24 "线型"列表

操作方法

Step1 输入LINETYPE并按空格键，执行"线型"命令，系统弹出"线型管理器"对话框，如图2-25所示。

图2-25 "线型管理器"对话框

Step2 定义线型。

01 选择列表框中已加载的一种线型为当前需要使用的线型。

02 单击 当前(C) 按钮，将选择的线型应用至当前绘图环境中。

03 单击 确定 按钮，完成线型定义并退出"线型管理器"对话框。

 注意

使用"线型"命令重新定义显示线型后，原来在图层中设置的线型将会失效。

参数解析

关于"线型管理器"对话框的部分功能说明解析如下。

- **线型过滤器**：用于控制下方线型列表框的显示状态，其主要包括了"显示所有选项""显示所有使用的线型"和"显示所有依赖于外部参照的线型"3个选项，如图2-26所示。

图2-26 "线型过滤器"列表

- 加载(L)... ：单击此按钮将弹出"加载或重载线型"对话框，用户可在此对话框中选择新的线型并将其加载至当前的线型管理器中。

- 删除 ：单击此按钮将删除在"线型"列表框中选择的线型对象。

- 当前(C) ：单击此按钮将选定的线型设定为当前线型。

- 显示细节(D) ：用于控制是否显示线型管理器的"详细信息"部分。

2.2.4 线宽的设置（LW）

在机械制图的标准规范中，图线主要分为粗实线、细实线、虚线等线型。制图时可根据图线的大小与复杂程度来决定图线宽度系数（该系数的公比为1：2），其宽度取值范围为0.13mm~2mm。

在AutoCAD系统中线宽的设置主要有两种，一种是直接在"图层特性管理器"对话框中定义出图层的显示线宽，另一种是使用"线宽"命令快速定义出当前图形的线宽。

"线宽"命令的执行方法主要有以下3种。

◇ 菜单栏：格式>线宽。

◇ 命令行：LINEWEIGHT。

◇ 功能区：单击"特性"命令区域中的 ——ByLayer 列表按钮，展开"线宽"列表，如图2-27所示。

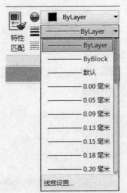

图2-27 "线宽"列表

操作方法

Step1 输入LINEWEIGHT并按空格键，执行"线宽"命令，系统弹出"线宽设置"对话框，如图2-28所示。

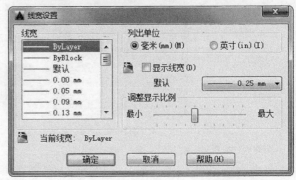

图2-28 "线宽设置"对话框

Step2 在"线宽"列表中选择一种线宽选项作为当前图形的显示线宽，单击 确定 按钮完成线宽的定义。

> **注意**
> 为使图形的线宽能显示在绘图区域中，必须打开"显示/隐藏线宽"功能，其打开方法有以下两种。
> （1）在"线宽设置"对话框中勾选"显示线宽"选项。
> （2）单击状态栏上的"显示/隐藏线宽"按钮 ≣。

参数解析

关于"线宽设置"对话框的部分功能说明解析如下。

- **"线宽"列表**：用于显示当前系统中提供的默认线宽设置。

- **列出单位**：用于设置当前线宽的计算单位，主要包括"毫米"和"英寸"两个选项。

- **显示线宽**：勾选此选项可将已设置的线宽尺寸显示在当前绘图区域中。

- **调整显示比例**：用于控制线宽是否在当前图形中显示。通过移动滑块按钮，可快速调整图形在绘图区域中显示的线宽比例。

典型实例：镶条挡块

实例位置	实例文件>Ch02>镶条挡块.dwg
实用指数	★★★☆☆
技术掌握	熟练机械设计图层的创建、图层的切换

本实例将以"镶条挡块"为讲解对象，主要体现图层名称、图层颜色和图层线型线宽的设置方法，最终结果如图2-29所示。

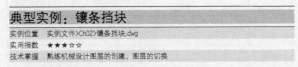

图2-29 镶条挡块

思路解析

在"镶条挡块"的实例操作过程中，其主要综合运用图层颜色、图层线型线宽的设置方法。关于镶条挡块的绘制，主要有以下几个基本步骤。

（1）创建机械设计图层。设置出"中心线""轮廓线"和"虚线"图层的颜色、线型、线宽等要素。

（2）绘制主视图轮廓。在"轮廓线"图层上绘制出镶条挡块的主视图轮廓。

（3）绘制左视图轮廓。使用投影方式绘制出镶条挡块的左视图轮廓。

（4）绘制主视图、左视图圆孔特征。在"中心线"图层上定位出圆孔的圆心，再绘制出圆孔特征在主视图和左视图上的结构轮廓。

Step1 创建机械设计图层。

01 执行"图层特性"命令，弹出"图层特性管理器"对话框。

02 单击"新建图层"按钮 ，在文本框的激活状态下将该图层名称修改为"轮廓线"；单击"轮廓线"图层的颜色按钮，在"选择颜色"对话框中选择"白色"为轮廓线图层的显示颜色；使用默认的Continuous线型为轮廓线图层的显示线型，设置轮廓线图层的显示线宽为0.3mm，如图2-30所示。

图2-30 "轮廓线"图层

03 单击"新建图层"按钮 ，在文本框的激活状态下将该图层名称修改为"中心线"；单击"中心线"图层的颜色按钮，在"选择颜色"对话框中选择"红色"为中心线图层的显示颜色；在"选择线型"对话框中加载CENTER2线型为中心线图层的显示线型，设置中心线图层的显示线宽为0mm，如图2-31所示。

图2-31 "中心线"图层

04 单击"新建图层"按钮 ，在文本框的激活状态

下将该图层名称修改为"虚线"；单击"虚线"图层的颜色按钮，在"选择颜色"对话框中选择"洋红"为虚线图层的显示颜色；使用Continuous线型为虚线图层的显示线型，设置虚线图层的显示线宽为默认，如图2-32所示。

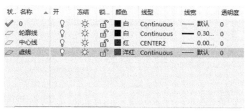

图2-32 "虚线"图层

Step2 绘制主视图轮廓。

01 在"图层"工具栏中选择"轮廓线"图层，如图2-33所示。

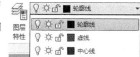

图2-33 选择"轮廓线"图层

02 执行"构造线"命令（XL），分别绘制一条水平构造线和一条垂直构造线。

03 执行"偏移"命令（O），将垂直构造线分别向右偏移15、70、85，将水平构造线分别向上、下各偏移15，结果如图2-34所示。

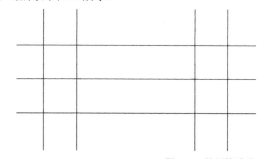

图2-34 绘制构造线

04 执行"修剪"命令（TR），以外围构造线为修剪界限，分别修剪构造线的相交部分，结果如图2-35所示。

图2-35 修剪图形

Step3 绘制左视图轮廓。

01 执行"构造线"命令（XL），捕捉主视图上两水平直线的端点，分别绘制两条水平构造线。

02 执行"构造线"命令（XL），在主视图右侧绘制一条垂直构造线；执行"偏移"命令（O），将垂直构造线向右偏移6，结果如图2-36所示。

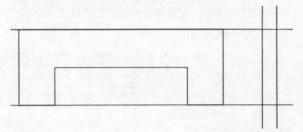

图2-36 绘制构造线

03 执行"修剪"命令（TR），将左视图的4条相交构造线的外侧部分进行修剪操作，如图2-37所示。

图2-37 修剪图形

Step4 绘制主视图平面圆孔。

01 在"图层"工具栏中，选择"中心线"图层，如图2-38所示。

图2-38 选择"中心线"图层

02 执行"构造线"命令（XL），捕捉主视图水平直线的两端点为构造线的通过点，绘制一条水平基准构造线；捕捉主视图两水平直线的中点为构造线的通过点，绘制一条垂直基准构造线。

03 执行"偏移"命令（O），将水平基准构造线向上偏移7.5，将垂直基准构造线分别向左右各偏移35，结果如图2-39所示。

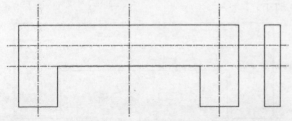

图2-39 绘制基准构造线

04 在"图层"工具栏中，选择"轮廓线"图层；执行"圆心、半径"圆命令（C），捕捉基准构造线的3个交点，分别绘制半径为3的3个圆形，如图2-40所示。

05 执行"修剪"命令（TR），以3个圆形为修剪边界，将圆形外侧的基准构造线进行修剪操作。

图2-40 绘制圆形

Step5 绘制左视图投影圆孔。

01 在"图层"工具栏中，选择"虚线"图层，如图2-41所示。

图2-41 选择"虚线"图层

02 执行"构造线"命令（XL），捕捉圆形的上下两界限点为通过点，绘制4条水平构造线，如图2-42所示。

图2-42 绘制构造线

03 执行"修剪"命令（TR），以左视图的两垂直直线为边界，将垂直直线两外侧部分进行修剪操作，如图2-43所示。

Step6 显示线宽。单击状态栏上的 ☰ 按钮，将所有轮廓线的线宽在绘图区域进行显示。

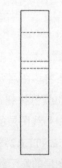

图2-43 修剪图形

2.3 图层的管理

本节知识概要

知识名称	作用	重要程度	所在页
置为当前图层	掌握在AutoCAD中切换图层的方法	中	P35

特性匹配	掌握对图形对象的各项属性快速进行匹配的方法	高	P35
删除图层	了解冗余图层的删除操作方法	低	P36

用户在创建和使用图层后，有时还需对各种图层进行单个或批量的管理操作。针对图层的管理操作有多种方式，最直接最常用的方式是直接利用功能区的"图层"工具栏来完成图层的各种管理操作。

"置为当前"是将指定的图层激活为当前绘图环境中即将放置图形对象的图层，其操作方法主要有3种：一种是在"图层特性管理器"中将指定的图层设置为当前图层；一种是在"图层"工具栏中选择已创建的图层从而快速将指定图层设置为当前图层；一种是直接单击"置为当前"命令按钮将某一图形所在的图层设置为当前图层。

2.3.1 置为当前图层

在AutoCAD设计系统中，当前层是指正在使用的图层，用户当前所绘制图形的对象将存储在于当前图层上。在系统默认情况下，在"图层"功能区域中显示了当前层的相关信息。

将选择的图层设定为当前图层的操作方法主要有以下几种方法。

1. 在"图层特性管理器"对话框中设置图层

01 在"图层特性管理器"对话框选择任意一个图层对象，再单击鼠标右键弹出快捷菜单；选择"置为当前"命令选项，系统将把选定的图层应用至当前绘图环境中，如图2-44所示。

图2-44 右键快捷菜单

02 在"图层特性管理器"对话框选择任意一个图层对象，再单击"置为当前"按钮，系统将把选定的图层设置为当前的应用图层。

2. 在"图层"工具栏列表中设置图层

在"图层"功能区域中，选择图层列表中创建的图层项，系统可快速将选定的图层置为当前，如图2-45所示。

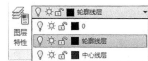

图2-45 列表选择图层

3. 使用"置为当前"命令设置图层

单击在"图层"功能区域中的"置为当前"命令按钮，再选择图形绘制区域中的任意一个已知图形对象，系统将把该图形所在图层设置为当前图层。

2.3.2 特性匹配（MA）

在AutoCAD中，变更图形对象的颜色、线型、线宽等属性主要有两种常用的方式：一种是利用"图层"工具栏来修改图形对象的相关属性，另一种是使用"特性匹配"命令来快速变更图形对象的图层属性。

使用"图层"工具栏来修改图形属性的基本步骤如下。

01 选择绘图区域中"轮廓线"图层上的图形对象，如图2-46所示。

02 在"图层"工具栏中，选择"中心线"图层，系统将完成图形对象的特性匹配操作，结果如图2-47所示。

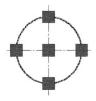 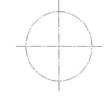

图2-46 选择图形　　图2-47 匹配图形属性

"特性匹配"命令的执行方法主要有以下3种。

◇　菜单栏：修改>特性匹配。

◇　命令行：MATCHPROP或MA。

◇　功能区：单击"特性"命令区域中的按钮，如图2-48所示。

图2-48 "特性匹配"命令按钮

操作方法

Step1 输入MA并按空格键，执行"特性匹配"命令，如图2-49所示。

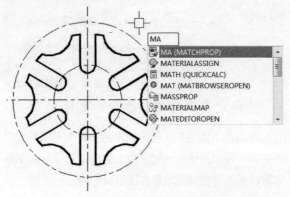

图2-49 执行"特性匹配"命令

Step2 定义特性匹配源对象。选择"中心线"图层上的圆形为特性匹配的源对象，如图2-50所示。

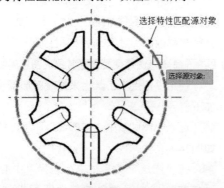

图2-50 定义特性匹配源对象

Step3 定义特性匹配目标对象。选择"轮廓线"图层上的曲线段为特性匹配的目标对象，系统将把源对象图形的属性复制到目标对象图形上，如图2-51所示。

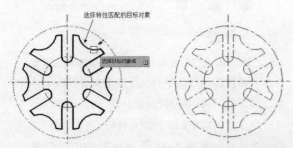

图2-51 定义特性匹配的目标对象

Step4 按Esc键，完成图形的特性匹配操作并退出命令。

参数解析

在执行特性匹配的过程中，命令行中将出现相关的提示信息，如图2-52所示。

图2-52 命令行提示信息

■ **选择源对象：**用于复制选择的源对象图形的各项属性。

■ **当前活动设置：**用于显示当前已复制的属性项目，其主要包括颜色、图层、线型、线型比例、线宽、透明度、厚度等图形属性项目。

■ **选择目标对象：**用于选择任意一个图形对象为特性匹配的目标对象，从而将复制的图形属性应用至指定的图形对象上。

■ **设置（S）：**在命令行中输入字母S，按空格键，可在弹出的"特性设置"对话框中设置特性匹配的各项属性，如图2-53所示。

图2-53 "特性设置"对话框

2.3.3 删除图层

在使用AutoCAD的图层管理操作中，用户可根据需要将一些不需要的图层进行删除，从而简化图层的管理。

删除图层的操作方法主要有以下两种。

◇ 菜单栏：格式>图层工具>图层删除。

◇ 图层特性管理器：打开"图层特性管理器"对话框，选择需要删除的图层，再单击图层删除按钮。

> **注意**
>
> 有以下几种情况不能对图层进行删除操作。
>
> （1）Defpoints图层、0图层、包含图形对象的图层、置为当前的图层不能被删除。
>
> （2）处于局部打开状态的图层不能被删除。
>
> （3）具有外部参照关系的图层不能被删除。

典型实例：摇柄

实例位置	实例文件>Ch02>摇柄.dwg
实用指数	★★★☆☆
技术掌握	熟练图层的创建、切换操作以及图形特性匹配的运用

本实例将以"摇柄"为讲解对象，综合运用图层的创建以及图形对象特性匹配的操作方法，最终结果如图2-54所示。

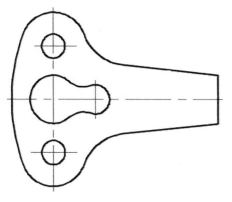

图2-54 摇柄

思路解析

在"摇柄"的实例操作过程中，其主要综合运用图层的设置方法、图形特性匹配的方法。关于摇柄的绘制，主要有以下几个基本步骤。

（1）创建机械设计图层。设置出"轮廓线"和"中心线"图层的颜色、线型、线宽等要素。

（2）绘制基准线。在"中心线"图层上创建出定位图形的水平与垂直基准构造线。

（3）绘制条形圆孔和摇柄外形轮廓。在"中心线"图层上绘制出摇柄零件的结构外形。

（4）转换图形的图层。使用直接转换的方式先将一条直线转换到"轮廓线"图层中，再使用"特性匹配"命令将其属性复制到其他曲线中。

Step1 创建机械设计图层。

01 执行"图层特性"命令，弹出"图层特性管理器"对话框。

02 单击"新建图层"按钮，在文本框的激活状态下将该图层名称修改为"轮廓线"；单击"轮廓线"图层的颜色按钮，在"选择颜色"对话框中选择"白色"为轮廓线图层的显示颜色；使用默认的Continuous线型为轮廓线图层的显示线型，设置轮廓线图层的显示线宽为0.3mm。

03 单击"新建图层"按钮，在文本框的激活状态下将该图层名称修改为"中心线"；单击"中心线"图层的颜色按钮，在"选择颜色"对话框中选择"红色"为中心线图层的显示颜色；在"选择线型"对话框中加载CENTER2线型为中心线图层的显示线型，设置中心线图层的显示线宽为0mm，如图2-55所示。

04 在"图层特性管理器"中，将"中心线层"图层设置为"置为当前"。

图2-55 图层设置

Step2 绘制基准线。

01 执行"构造线"命令（XL），分别绘制一条水平构造线和一条垂直构造线。

02 执行"偏移"命令（O），将水平基准构造线分别向上、下各偏移22，将垂直基准构造线向右偏移18，结果如图2-56所示。

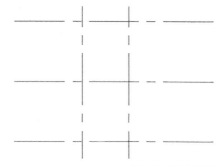

图2-56 绘制基准线

Step3 绘制条形圆形孔。

01 执行"圆心、半径"圆命令（C），捕捉基准构造线的两个交点为圆心，分别绘制半径为10和6的两个圆形，如图2-57所示。

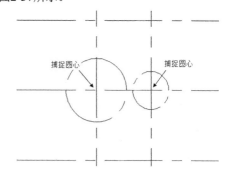

图2-57 绘制圆形

02 执行"圆心、半径"圆命令（C），然后在命令行中输入字母T并按空格键，使用"相切、相切、半径"的方式分别绘制半径为10的两个相切圆形,如图2-58所示。

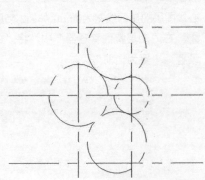

图2-58 绘制相切圆

03 执行"修剪"命令(TR),将绘图区域中的4个圆形进行修剪操作,结果如图2-59所示。

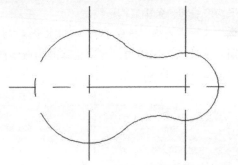

图2-59 修剪图形

04 执行"圆心、半径"圆命令(C),捕捉偏移基准构造线的交点为圆心,分别绘制半径为5的两个圆形,如图2-60所示。

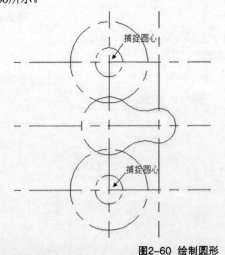

图2-60 绘制圆形

Step4 绘制摇柄外形轮廓。

01 执行"圆心、半径"圆命令(C),捕捉偏移基准构造线的交点为圆心,分别绘制半径为14的两个圆形,如图2-61所示。

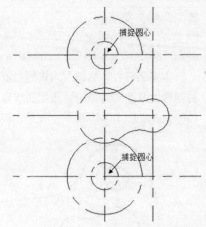

图2-61 绘制圆形

02 执行"圆心、半径"圆命令(C),然后在命令行中输入字母T并按空格键,使用"相切、相切、半径"的方式绘制出半径为78的相切圆形,如图2-62所示。

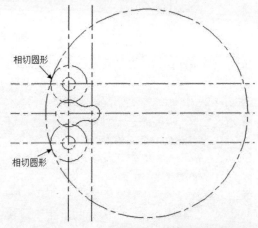

图2-62 绘制相切圆

03 执行"修剪"命令(TR),将偏移的水平基准构造线和相切圆形进行修剪操作,结果如图2-63所示。

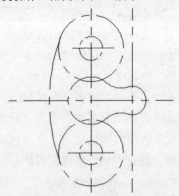

图2-63 修剪图形

04 执行"偏移"命令(O),将右侧的垂直基准构造线向右偏移52,将水平基准构造线分别向上下各偏移10,如图2-64所示。

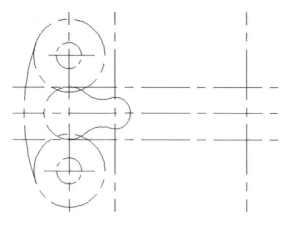

图2-64 偏移基准构造线

05 执行"构造线"命令（XL），然后在命令行中输入字母A并按空格键，指定构造线的旋转角度为-6，捕捉偏移基准构造线的交点为通过点，绘制出具有倾斜角度的构造线；指定旋转角度为6，绘制出另一条倾斜构造线，结果如图2-65所示。

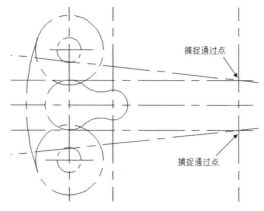

图2-65 绘制角度构造线

06 执行"修剪"命令（TR），将圆形和所有的基准构造线进行修剪操作，结果如图2-66所示。

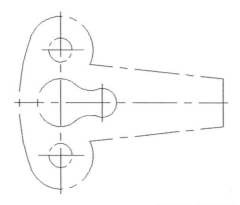

图2-66 修剪图形

07 执行"圆心、半径"圆命令（C），然后在命令行中输入字母T并按空格键，使用"相切、相切、半径"的方式，分别绘制出半径为20的两个相切圆形，如图2-67所示。

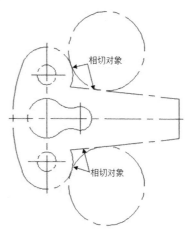

图2-67 绘制相切圆

08 执行"修剪"命令（TR），将相切圆形和两条相切边线进行修剪操作，结果如图2-68所示。

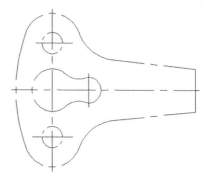

图2-68 修剪图形

Step5 转换图形图层。

01 选择摇柄的一条倾斜直线，然后在"图层"工具栏中选择"轮廓线"图层，系统将把选择的图形移动至"轮廓线"图层中，结果如图2-69所示。

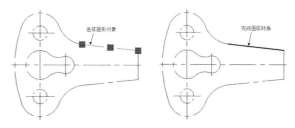

图2-69 转换图形图层

02 执行"特性匹配"命令（MA），选择"轮廓线"图层上的直线为特性匹配的源对象，选择圆形、圆弧以及连接直线为特性匹配的目标对象，完成图形的特性匹配操作，结果如图2-70所示。

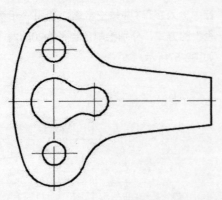

图2-70 特性匹配图形

2.4 思考与练习

通过本章的介绍与学习，读者对AutoCAD 2016的图层工具也有了一定的掌握，本节将再次通过几个简单的操作练习，使读者进一步灵活熟悉AutoCAD图层管理的操作技巧。

2.4.1 绘制导向支架

利用图层工具绘制出导向支架主视图和左剖视图，如图2-71所示，其基本思路如下。

01 在"图层特性管理器"中设置"中心线""轮廓线"和"虚线"等图层。

02 在"中心线"图层中绘制基准中心线。

03 在"轮廓线"图层中绘制导向支架的轮廓线。

04 在"虚线"图层中绘制支架主视图上的圆孔特征。

2.4.2 思考问答

01 打开"图层特性管理器"的快捷命令是什么？

02 图层的创建主要包括几个要素？

03 机械设计常用图层有哪些？

04 将指定图层置为当前的操作方法有哪些？

05 图形的特性匹配主要包含了哪些属性项？

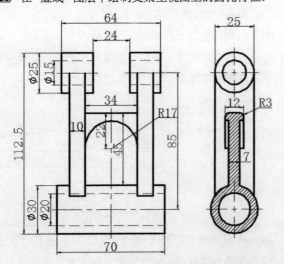

图2-71 导向支架

第3章

二维绘图

在AutoCAD机械工程设计工程中，任何复杂的图形都是由最基本的二维图形所组成。本章针对AutoCAD中基本二维图形的绘制方法及技巧进行介绍，其二维绘图命令将在整个绘图过程中频繁地使用。因此，熟练掌握AutoCAD基本二维图形的绘制是进行工程设计的基础前提。

本章学习要点

★ 了解特征点的3种创建方法
★ 掌握直线、构造线、射线的绘制方法
★ 掌握对角矩形的多种创建方法

★ 掌握正多边形的一般创建方法
★ 掌握圆形的多种创建方法
★ 了解圆弧、椭圆、椭圆弧的一般创建方法

本章知识索引

知识名称	作用	重要程度	所在页
点特征	用于定位标示以辅助其他二维图形的绘制	低	P45
直线型图形	用于构建规则外形的平面结构轮廓	高	P49
多边形	掌握正多边形、矩形图形的多种绘制方法与技巧，用于创建规则外形的封闭轮廓图形	高	P57
圆弧形图形	熟悉圆形、圆弧图形的多种创建方法，熟悉椭圆、椭圆弧的创建规律，用于构建各种常用的结构曲线	中	P65
椭圆与椭圆弧	熟悉常用椭圆与椭圆弧图形的创建方式，用于绘制结构较为特殊的外形曲线	低	P72

本章实例索引

3.1 二维图形概述

在AutoCAD工程设计过程中，任何复杂的图形都是由最基本的二维图形所组成。本节针对AutoCAD中基本二维图形的创建方法及过程进行介绍，其内容将在整个AutoCAD绘图过程中频繁地使用，熟练掌握AutoCAD二维基本图形的绘制是进行二维工程图设计的基础。

点是AutoCAD中最基本的图形元素，无论是直线、曲线还是平面都是由点所构成；直线则是AutoCAD中最常见的绘制对象，现实世界中物体的边缘通常都理解为直线；而与之相关的诸如多段线、射线、构造线等也很重要，因此必须对这些命令谙熟于心。

要使用AutoCAD 绘制二维图形就必须先从绘制基本的图形学起，其基本图形包括点、线、圆、椭圆以及椭圆弧、多边形等常见图形。通常掌握这些基本图形的绘制后再通过一定的编辑操作即可最终完成平面结构的设计。图3-1所示的蓝牙耳机三视图即是使用的各种基础二维曲线来完成产品的表达与绘制。

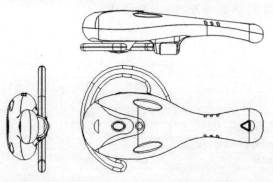

图3-1 蓝牙耳机三视图

课前引导实例：挂轮架平面图

实例位置	实例文件>Ch03>挂轮架平面图.dwg
实用指数	★★★☆☆
技术掌握	使用"相切、相切、半径"方式来绘制图形的圆弧过渡

本例将使用"圆""圆弧""直线"等二维图形绘制命令来完成挂轮架的基本外形，然后通过简单的"修剪"操作来完成挂轮架的绘制，最终结果如图3-2所示。

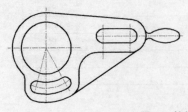

图3-2 挂轮架平面图

Step1 新建图层。打开"图层特性管理器"，完成模板图层的设置，如图3-3所示。

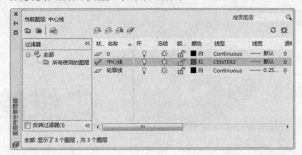

图3-3 图层设置

Step2 绘制基准线。

01 将"中心线"图层设置为当前图层，然后执行"构造线"命令（XL），分别绘制出一条水平构造线和垂直构造线，如图3-4所示。

图3-4 基准构造线

02 执行"偏移"命令（O），分别将垂直构造线向右侧偏移25和37，将水平构造线向上偏移5，如图3-5所示。

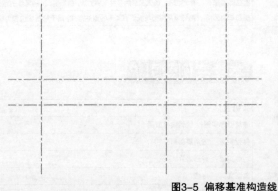

图3-5 偏移基准构造线

Step3 绘制基本轮廓。

01 在"图层"工具栏中，选择"轮廓线"图层。

02 执行"圆心、半径"圆命令（C），使用系统的捕捉功能指定基准线的交点为圆心，绘制一个半径为15的圆形。

03 执行"圆心、半径"圆命令（C），绘制一个半径为23的同心圆形，如图3-6所示。

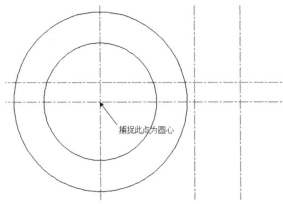

图3-6 绘制两同心圆

04 执行"偏移"命令（O），将圆心处的垂直基准构造线分别向左偏移9.5、向右偏移14.5。

05 执行"直线"命令（L），捕捉偏移垂直基准构造线与两个圆形的交点，绘制如图3-7所示的两条垂直直线。

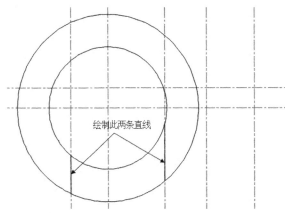

图3-7 绘制两直线

06 执行"修剪"命令（TR），以两条垂直直线为界限将两个同心圆进行修剪操作，如图3-8所示。

07 执行"圆心、半径"圆命令（C），然后在命令行中输入字母T并按空格键，使用"相切、相切、半径"的方式分别绘制出半径为3的一个相切圆形，以及半径为6的两个相切圆形，如图3-9所示。

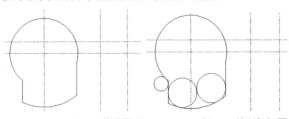

图3-8 修剪圆形　图3-9 绘制相切圆

08 执行"修剪"命令（TR），将3个相切圆形和相切边线进行修剪操作，如图3-10所示。

09 执行"圆形"命令（C），绘制一个半径为7的圆形；执行"直线"命令（L），绘制两条相切直线和一条水平直线，如图3-11所示。

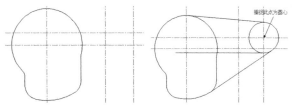

图3-10 修剪圆形　图3-11 绘制圆形和相切直线

10 执行"圆心、半径"圆命令（C），然后在命令行中输入字母T并按空格键，使用"相切、相切、半径"的方式绘制半径为8的相切圆形，如图3-12所示。

11 执行"修剪"命令（TR），完成轮廓曲线的外形修剪操作，如图3-13所示。

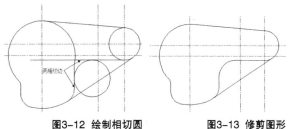

图3-12 绘制相切圆　　　　图3-13 修剪图形

Step4 绘制手柄轮廓。

01 执行"圆心、半径"圆命令（C），在绘图区域任意空白处绘制一个半径为12的圆形；执行"复制"命令（CO），将该圆形垂直向上复制移动18，如图3-14所示。

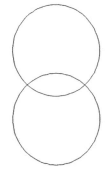

图3-14 绘制相交圆形

02 执行"修剪"命令（TR），将两个相交圆形的外侧部分进行修剪操作，如图3-15所示。

03 执行"圆心、半径"圆命令（C），然后在命令行中输入字母T并按空格键，使用"相切、相切、半径"的方式绘制半径为2的相切圆形，如图3-16所示。

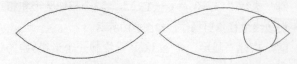

图3-15 修剪相交圆形　　　　图3-16 绘制相切圆

04 执行"修剪"命令（TR），将相切圆形和圆弧进行修剪操作，如图3-17所示。

05 执行"偏移"命令（O），然后将最右侧的垂直基准构造线向右偏移20；执行"移动"命令（M），捕捉圆弧的圆心为移动基点，将其移动至基准构造线的相交点上，如图3-18所示。

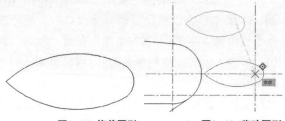

图3-17 修剪图形　　　　　　图3-18 移动图形

06 执行"圆心、半径"圆命令（C），然后在命令行中输入字母T并按空格键，使用"相切、相切、半径"的方式分别绘制两个半径为2的相切圆形，如图3-19所示。

07 执行"修剪"命令（TR），将相切圆形和圆弧进行修剪操作，如图3-20所示。

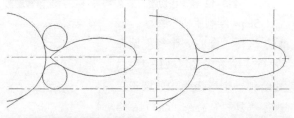

图3-19 绘制相切圆　　　　　图3-20 修剪图形

Step5 绘制平面孔。

01 执行"圆心、半径"圆命令（C），分别捕捉基准构造线的3个交点为圆心，绘制半径为11的圆形和半径为3的两个圆形，如图3-21所示。

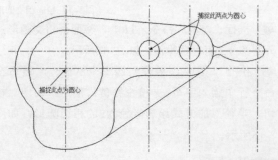

图3-21 绘制圆形

02 执行"直线"命令（L），捕捉半径为3的两个圆形与垂直基准构造线的交点，绘制两条水平直线；执行"修剪"命令（TR）修剪两个圆形内侧部分的圆弧，如图3-22所示。

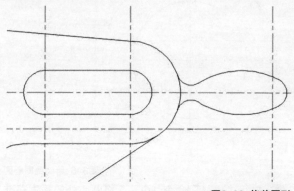

图3-22 修剪圆形

03 在"图层"工具栏中选择"中心线"图层。

04 执行"圆心、半径"圆命令（C），绘制一个与左侧圆形同心，半径为17的参考圆形；执行"直线"命令（L），分别绘制倾斜角度为30°的直线和倾斜角度为15°的直线，如图3-23所示。

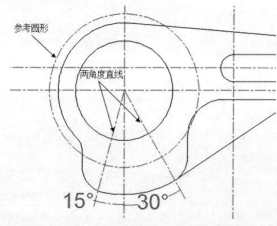

图3-23 绘制辅助基准

05 在"图层"工具栏中选择"轮廓线"图层。

06 执行"圆心、半径"圆命令（C），捕捉参考圆形与角度直线的两个交点，绘制出两个半径为2.5的圆形；执行"圆弧"命令（A）绘制出两条相切于圆形的圆弧曲线，如图3-24所示。

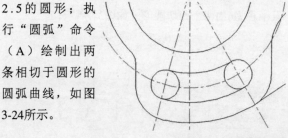

图3-24 绘制圆和圆弧

07 执行"修剪"命令（TR），将两个圆形的内侧部分进行修剪操作；继续使用"修剪"命令来完成其他基准构造线的修剪操作，最终如图3-25所示。

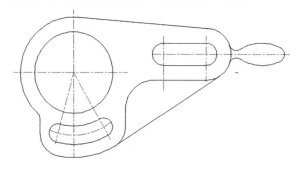

图3-25 修剪图形

08 Step6 显示线宽。单击状态栏上的 ≡ 按钮，将所有轮廓线的线宽在绘图区域中进行显示。

3.2 点特征

本节知识概要

知识名称	作用	重要程度	所在页
一般点	用于标示出图形的特殊位置以作为其他图形的参考点	中	P46
定数等分点	用于在选择的图形上创建出能整数分割图形的界限点	低	P46
定距等分点	用于在选择的图形上创建出具有相同间距的特征点	低	P47

点特征与直线图形是应用较多也是较为基础的图形对象，其中点特征常用作其他图形对象的参考和精确定位的参照对象。

在AutoCAD系统中，点的绘制通常有3种：一种是直接使用鼠标点选的方式创建一般点（单点和多点）；一种是使用其他图形作为参考创建指定数量的等分点；一种是使用其他图形作为参考创建指定等分距离的点。AutoCAD中常用点的创建类型如图3-26所示。

(a) 一般点　　(b) 定数等分点　　(c) 定距等分点

图3-26 点的创建类型

单击菜单栏中的"绘图"菜单，然后将鼠标指针放到"点"命令上，展开相应的绘制点命令，如图3-27所示。

在创建点特征前应先对要创建的点进行样式设置，否则系统将使用默认的点样式创建出用户指定的点特征。执行"格式>点样式"菜单命令，打开"点样式"对话框，如图3-28所示。

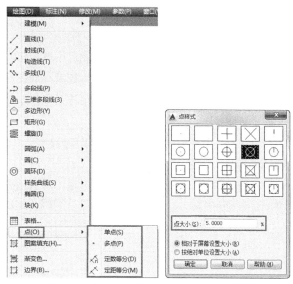

图3-27 "点"命令菜单　图3-28 "点样式"对话框

参数解析

- **点大小**：用于直接设置新点的显示大小。

- **相对于屏幕设置大小**：点的大小会按设置的比例随着视图的缩放而实时地进行变化。

- **按绝对单位设置大小**：点的大小将按照设置好的单位依次显示，而不会随视图的缩放产生任何的变化。

关于设置点特征的样式有以下几个基本步骤。

Step1 执行"格式>点样式"菜单命令，打开"点样式"对话框。

> **注意**
> 在命令提示行输入 DDPTYPE 或者 PTYPE，按空格键确定即可快速执行"点样式"命令。

Step2 在"点样式"对话框中选择一种点样式为新点的创建显示样式。

Step3 在"点大小"文本框中输入新点的显示大小。

Step4 设置新点显示大小的计算方式，其主要有"相对于屏幕设置大小"和"按绝对单位设置大小"两种方式。

Step5 单击 确定 按钮完成新点样式的设置。

3.2.1 一般点（PO）

一般点的创建主要有"单点"和"多点"两种方式。

单点是利用十字光标直接在绘图区中单击而创建的点对象，每次执行该命令只能创建一个点特征，且在绘制完成后系统会自动退出该命令。

"单点"命令的执行方法主要有以下两种。

◇ 菜单栏：绘图>点>单点。

◇ 命令行：POINT或PO。

多点也是利用十字光标直接在绘图区中单击而创建的点对象，每次执行该命令创建点特征后，系统不会自动退出该命令，用户可以连续使用该命令创建出其他点特征。

"多点"命令的执行方法主要有以下两种。

◇ 菜单栏：绘图>点>多点。

◇ 功能区：展开"绘图"命令下拉区域，单击 按钮，如图3-29所示。

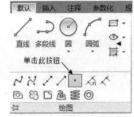

图3-29 "多点"命令按钮

操作方法

Step1 执行"绘图>点>多点"菜单命令。

Step2 指定各个特征点的位置。在绘图区域中的任意位置连续单击鼠标左键，定义特征点的放置位置，如图3-30所示。

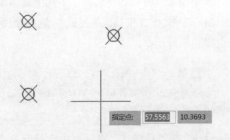

指定点： 57.5563 10.3693

图3-30 定义特征点放置

注意
在创建单点或多点时，可使用系统的自动捕捉功能来辅助特征点的放置定义。

Step3 按Esc键，完成点特征的创建并退出命令。

参数解析

在绘制多点的过程中，命令行中将出现相关的提示信息，如图3-31所示。

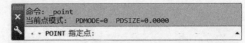

命令：point
当前点模式： PDMODE=0 PDSIZE=0.0000
· · POINT 指定点：

图3-31 命令行提示信息

▪ PDMODE：显示当前特征点所使用的点样式。

▪ PDSIZE：显示当前特征点的默认大小。

▪ 指定点：用于提示用户选择当前特征点的放置，一般可指定绘图区域中的任意位置为特征点的定义位置。

3.2.2 定数等分点（DIV）

定数等分点是在某单一图形上通过将其按整数等分为长度相同的图元对象而得到的界限点，被等分的对象必须是直线、圆、圆弧等有界限的图形。定数等分点并不会将对象实际等分为单独的对象，它仅仅是标明定数等分的界限位置，以便将它们作为其他几何参考点，如图3-32所示。

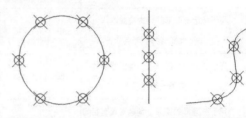

图3-32 定数等分点

"定数等分"命令的执行方法主要有以下3种。

◇ 菜单栏：绘图>点>定数等分。

◇ 命令行：DIVIDE或DIV。

◇ 功能区：展开"绘图"命令下拉区域，单击 按钮，如图3-33所示。

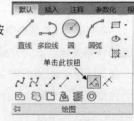

图3-33 定数等分按钮

操作方法

Step1 输入DIV并按空格键，执行"定数等分"命令，如图3-34所示。

Step2 选择需要定数等分的图形对象，如图3-35所示。

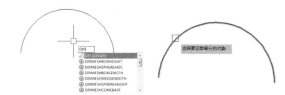

图3-34 执行"定数等分"命令　　图3-35 选择等分对象

Step3 输入定数等分的数目，比如5，如图3-36所示。

Step4 按空格键确定等分数量的定义，完成定数等分点的创建，如图3-37所示。

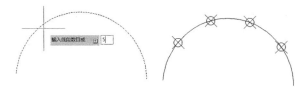

图3-36 定义等分数量　　图3-37 完成等分点创建

> 💡 **注意**
> 在完成定数等分点的定义后，系统是在选择的对象图形上进行相应的计算从而将其等分为指定的数量并在界限处创建出特征点。

参数解析

在创建定数等分点的过程中，命令行中将出现相关的提示信息，如图3-38所示。

图3-38 命令行提示信息

- **输入线段数目**：用于定义等分点的数量，其取值范围为2～32767。
- **块（B）**：用于在等分对象图形上插入一个已知的图块对象，且插入的块将不包含原有的可变属性。

3.2.3 定距等分点（ME）

定距等分点是在有界限的单一图形上通过定义点之间的相对距离来创建的特征点对象，其主要是通过靠近拾取对象的某一端点作为计算的参考点开始距离测量。

在定义点间距后系统即可按此距离进行特征点的创建直至在对象图形上不能继续满足定距等分的条件为止，又因定距等分点的创建数量总是受对象图形的总长度、间距长度的影响，所以当对象图形越长、间距值越短时创建的定距等分点的数量就越多，相反则越少，如图3-39所示。

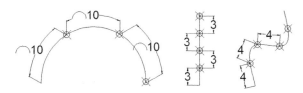

图3-39 定距等分点

"定距等分"命令的执行方法主要有以下3种。

◇ 菜单栏：绘图>点>定距等分。

◇ 命令行：MEASURE或ME。

◇ 功能区：展开"绘图"命令下拉区域，单击 按钮，如图3-40所示。

图3-40 定距等分按钮

操作方法

Step1 输入ME并按空格键，执行"定距等分"命令，如图3-41所示。

Step2 选择需要定距等分的图形对象，如图3-42所示。

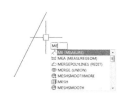

图3-41 执行"定距等分"命令　　图3-42 选择等分对象

Step3 输入定距等分的线段长度，如2，如图3-43所示。

图3-43 定义间距值

> 💡 **注意**
> 在选择对象图形后系统将使用靠近光标选择位置的端点作为间距定义参考点来计算定距等分点的位置，从而完成定距等分特征点的创建。

Step4 按空格键确定等分间距值的定义，完成定距等分点的创建，如图3-44所示。

参数解析

在创建定距等分点的过程中，命令行中出现相关的提示信息，如图3-45所示。

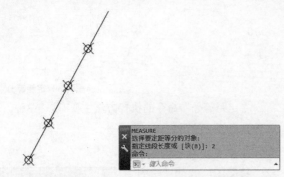

图3-44 完成等分点创建   图3-45 命令行提示信息

- **指定线段长度**：用于定义等分点的间距值，其最大不能超过对象图形的总长度。

- **块（B）**：用于在等分对象图形上插入一个已知的图块对象，用户可自定义块名和块间距。

典型实例：五角星图形

实例位置	实例文件>Ch03>五角星图形.dwg
实用指数	★☆☆☆☆
技术掌握	熟练使用辅助捕捉功能来完成特征点创建，熟练直线的一般绘制方法

本例中将以"五角星图形"为讲解对象，主要体现点特征在设计过程中的辅助参考作用，以及定数等分点的创建方法，最终结果如图3-46所示。

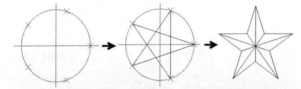

图3-46 五角星图形

> **思路解析**
>
> 在"五角星图形"的实例操作过程中，其主要综合运用"图层管理""二维绘图""图形编辑"章节中的相关知识。关于五角星图形的绘制，主要有以下几个基本步骤。
>
> （1）创建机械设计图层。根据机械制图中的"线型""线宽"规则，创建出"中心线"和"轮廓线"图层。
>
> （2）创建参考基准特征。在"中心线"图层中创建出基准构造线和参考圆形，再使用"定数等分"命令创建出参考圆形的5个等分特征点。
>
> （3）绘制五角星的基本轮廓。以5个等分特征点为参考对象，在"轮廓线"图层中绘制连续的直线段。
>
> （4）编辑、整理五角星图形。对基本轮廓线进行"旋转""修剪"的编辑操作，对参考基准特征进行"删除"操作，绘制五角星的中心棱角直线。

Step1 新建图层。打开"图层特性管理器"，完成模板图层的设置，如图3-47所示。

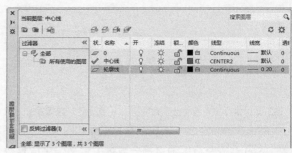

图3-47 图层设置

Step2 创建等分特征点。

01 在"图层"工具栏中选择"中心线"图层。

02 执行"构造线"命令（XL），分别绘制一条水平构造线和一条垂直构造线；执行"圆心、半径"圆命令（C），捕捉基准构造线的交点为圆心，绘制一个半径为25的圆形，如图3-48所示。

03 执行"点样式"命令（DDPTYPE），选择如图3-49所示的样式为特征点的显示样式。

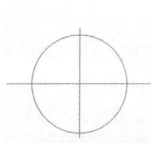

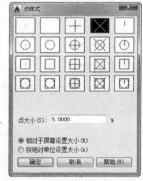

图3-48 绘制构造线和圆   图3-49 "点样式"设置

04 执行"定数等分"命令（DIV），选择圆形为等分的对象；输入数字5并按空格键，完成定数等分点的创建，如图3-50所示。

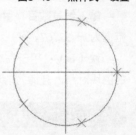

图3-50 创建等分点

Step3 绘制基本轮廓线。

01 在"图层"工具栏中选择"轮廓线"图层。

02 执行"直线"命令（L），捕捉5个特征点绘制出连续的直线段，如图3-51所示。

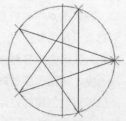

图3-51 绘制直线段

Step4 编辑五角星图形。

01 执行"删除"命令（E），删除参考圆形和5个参考等分点；执行"旋转"命令（RO），选择绘制的5条直线段为旋转对象，捕捉基准构造线的交点为旋转基点，捕捉垂直构造线上的一点为旋转限制点完成图形的旋转操作，如图3-52所示。

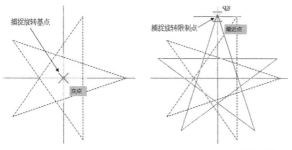

图3-52 旋转直线段

02 执行"删除"命令（E），删除垂直和水平基准构造线；执行"修剪"命令（TR），分别将5条直线的内部相交部分进行修剪操作，如图3-53所示。

03 执行"直线"命令（L），捕捉五角形的各个顶点，分别绘制5条直线段，如图3-54所示。

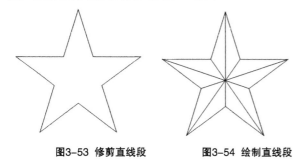

图3-53 修剪直线段　　　图3-54 绘制直线段

3.3 直线型图形

本节知识概要

知识名称	作用	重要程度	所在页
直线	掌握两点直线的一般绘制方法，了解角度直线与定长直线的绘制方法	高	P49
构造线	熟悉水平构造线、垂直构造线的绘制方法	高	P53
射线	了解射线的一般绘制方法	低	P55

在AutoCAD系统中直线型二维图形主要有"直线""构造线""射线"和"多线"4种类型，其中以"直线"和"构造线"应用最为普遍。

直线一般用于规则轮廓外形对象的绘制，其主要是通过定义直线的两个端点来决定直线的放置方位和长度；构造线一般用于作为图形绘制的参考线和辅助线使用，其与直线的定义方式基本相同，不同的是构造线的长度为无限长；射线与构造线一样也是用于图形绘制的参考线和辅助线使用，与构造线不同的是射线具有一个固定的起点。

单击菜单栏中的"绘图"菜单，弹出各项绘图工具命令，如图3-55所示。

图3-55 "直线型"命令菜单

3.3.1 直线（L）

直线是设计制图中应用最为广泛的图形元素，它是最常用的基本二维图形之一，众多的规则图形都是由其组成。在AutoCAD设计系统中直线也是最常用、最简单、最基本的一种图形元素。执行该命令后可绘制连续的直线段，也可通过与其他图形元素进行组合形成类似多段线的轮廓图形。

"直线"命令的执行方法主要有以下3种。

◇ 菜单栏：绘图>直线。

◇ 命令行：LINE或L。

◇ 功能区：单击"绘图"命令区域中的 按钮，如图3-56所示。

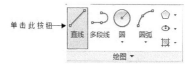

图3-56 "直线"命令按钮

操作方法

Step1 输入L并按空格键，执行"直线"命令，如图3-57所示。

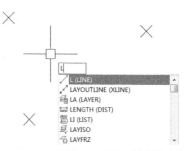

图3-57 执行"直线"命令

Step2 定义直线起点。使用捕捉功能选择如图3-58所示的特征点为直线的起点。

图3-58 定义起点

Step3 定义直线端点。将十字光标移动至另一个特征点上,系统预览出直线,如图3-59所示;单击左键完成直线第2点定义。

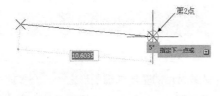

图3-59 定义第2点

注意

在定义直线的第2点前,也可直接在命令行中输入数字以定义直线的总长度,从而快速完成直线的第2点定义。另外,在绘制非水平、垂直直线图形时系统将直接在绘图区域中显示出夹角度数。

Step4 定义直线端点。将十字光标向下移动至另一个特征点上并单击左键完成直线第3点的定义,如图3-60所示。

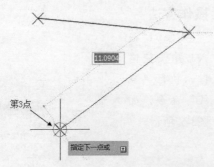

图3-60 定义第3点

Step5 按Esc键完成直线的绘制并退出命令。

注意

在完成直线的第二点定义后系统将继续执行该命令,用户可绘制出连续的直线段。另外,按F8键即可打开或关闭"正交"模式来辅助直线图形的绘制。

参数解析

在绘制直线的过程中,命令行中将出现相关的提示信息,如图3-61所示。

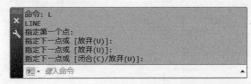

图3-61 命令行提示信息

- **指定第一个点**:用于提示用户在绘图区域中单击选择某个"点"作为直线的起点。

- **指定下一点**:用于提示用户在绘图区域中单击选择某个"点"作为直线的终点。

- **放弃(U)**:删除最后指定的一个点,如多次输入U将按照绘制顺序的逆向逐个删除指定的点。

- **闭合(C)**:用于将直线的起始点作为最后一条线段的终点从而形成一个闭合的线段环。该选项只有在指定至少3个点后才会出现,如图3-62所示。

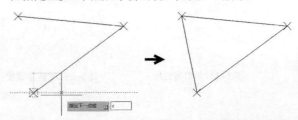

图3-62 闭合直线

功能实战:异形垫片

实例位置　实例文件>Ch03>异形垫片.dwg
实用指数　★★☆☆☆
技术掌握　熟练水平、垂直以及角度直线的绘制方法

本实例中将以"异形垫片"为讲解对象,综合运用"定长"直线、"角度"直线的绘制技巧,以及"正交"模式在绘图过程中的辅助作用,最终结果如图3-63所示。

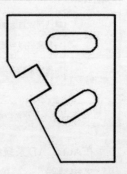

图3-63 异形垫片

思路解析

　　在"异形垫片"的实例操作过程中，将使用"定长"和"角度"直线的绘制技巧来完成垫片的基本轮廓，再综合运用"二维绘图"和"图形编辑"的相关技巧来完成条形孔特征的绘制。关于异形垫片的绘制,主要有以下几个基本步骤。

　　（1）创建机械设计图层。根据机械制图中的"线型""线宽"规则，创建出"中心线"和"轮廓线"图层。

　　（2）绘制基本轮廓线。综合运用AutoCAD中的"正交"辅助功能，以及定长直线和角度直线的绘制技巧。

　　（3）绘制定位条形孔。综合"构造线""圆形"和"直线"的运用技巧，重点体现使用"构造线"来定位孔心的绘图思路。

　　Step1 新建图层。打开"图层特性管理器"，完成模板图层的设置，如图3-64所示。

图3-64 图层设置

　　Step2 绘制外形轮廓。

01 在"图层"工具栏中，选择"轮廓线"图层。

02 按F8键打开正交模式，执行"直线"命令（L），在绘图区域的任意位置处单击左键以定义直线的起点。

03 向右水平移动十字光标以指定直线的延伸方向，在命令行中输入36，按空格键确定直线的第2点，如图3-65所示。

04 向下移动十字光标以指定直线的延伸方向，在命令行中输入48，按空格键确定直线的第3点，如图3-66所示。

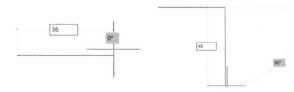

图3-65 绘制水平定长直线　　图3-66 绘制垂直定长直线

05 向左水平移动十字光标以指定直线的延伸方向，在命令行中输入18，按空格键确定直线的第4点，如图3-67所示；按Esc键完成直线段的绘制并退出命令。

06 执行"直线"命令（L），捕捉水平直线的左端点为新直线段的起点，向下移动十字光标以指定直线的延伸方向，在命令行中输入15，按空格键确定直线的第2点，如图3-68所示。

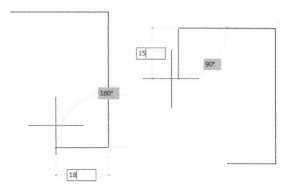

图3-67 绘制水平定长直线　　图3-68 绘制垂直定长直线

07 按F8键关闭正交模式，向右下方移动十字光标并使直线与假想的水平线保持60°，在命令行中输入6，按空格键确定直线的第3点，如图3-69所示。

08 向右上方移动十字光标并使直线与假想的水平线保持30°，在命令行中输入8，按空格键确定直线的第4点，如图3-70所示。

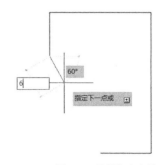

图3-69 绘制角度直线　　图3-70 绘制角度直线

09 向右下方移动十字光标并使直线与假想的水平线保持60°，在命令行中输入9，按空格键确定直线的第5点，如图3-71所示。

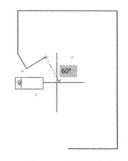

图3-71 绘制角度直线

10 向左下方移动十字光标并使直线与假想的水平线保持150°，在命令行中输入8，按空格键确定直线的第6点，如图3-72所示。

11 捕捉下侧水平直线的端点为直线的终点，如

图3-73所示；按Esc键完成直线段的绘制并退出命令。

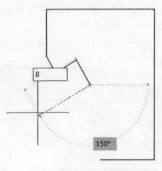

图3-72 绘制角度直线

图3-73 绘制角度直线

Step3 绘制平面条形孔。

01 在"图层"工具栏中选择"中心线"图层。

02 行"构造线"命令（XL），捕捉已知轮廓直线的端点绘制如图3-74所示的4条基准构造线。

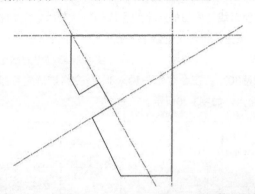

图3-74 绘制基准构造线

03 执行"移动"命令（M），分别将水平基准构造线向下移动9，垂直基准构造线向左移动9，如图3-75所示。

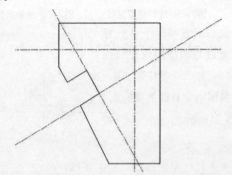

图3-75 移动基准构造线

04 执行"偏移"命令（O），分别将两倾斜的基准构造线向右侧偏移9，如图3-76所示。

05 在"图层"工具栏中选择"轮廓线"图层。

06 执行"圆心、半径"圆命令（C），分别捕捉相

交基准构造线的几个交点为圆心，绘制半径为3的4个圆形，如图3-77所示。

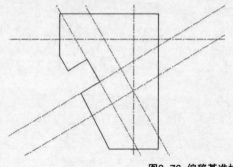

图3-76 偏移基准构造线

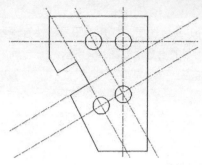

图3-77 绘制圆形

07 执行"直线"命令（L），分别捕捉圆形与基准构造线的几个交点，绘制相切于圆形的4条直线，如图3-78所示。

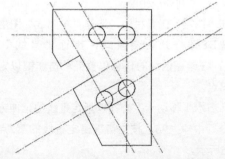

图3-78 绘制相切直线

08 执行"删除"命令（E），将所有基准构造线进行删除；执行"修剪"命令（TR），将与直线相切的圆形内部圆弧段修剪删除，如图3-79所示。

图3-79 修剪图形

Step4 显示线宽。单击状态栏上的 ▤ 按钮，将所有轮廓线的线宽在绘图区域进行显示。

3.3.2 构造线（XL）

构造线是一条没有起始端点无限延伸的直线，在机械绘图中常用来作为参考线和辅助线使用。在机械制图过程中，构造线常常用于各个视图的特征对齐，从而保证了设计特征在各个视图上"长对正、高平齐、宽相等"的投影关系，即主、俯、仰视图长对正，主、左、右、后视图高平齐，俯、左、仰、右视图宽相等。

通过在某个视图上捕捉特征点绘制出水平或垂直构造线，再观察其他视图上该特征的轮廓形状的对齐状态即可检查出视图是否对齐，如图3-80所示。

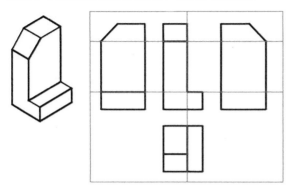

图3-80 构造线视图对齐

"构造线"命令的执行方法主要有以下3种。

◇ 菜单栏：绘图>构造线。

◇ 命令行：XLINE或XL。

◇ 功能区：展开"绘图"命令下拉区域，单击 ▨ 按钮，如图3-81所示。

图3-81 "构造线"命令按钮

操作方法

Step1 绘制两点构造线。

01 输入XL并按空格键，执行"构造线"命令，如图3-82所示。

02 依次选择如图3-83所示的两个点为构造线的通过点。

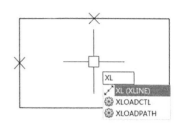

图3-82 执行"构造线"命令

03 按Esc键完成构造线的绘制并退出命令。

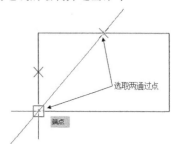

图3-83 绘制两点构造线

Step2 绘制水平构造线。

01 输入XL并按空格键，执行"构造线"命令；在命令行中输入字母H，按空格键确定。

02 捕捉如图3-84所示的特征点为构造线的通过点。

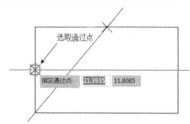

图3-84 捕捉通过点

按Esc键完成水平构造线的绘制并退出命令。

> **注意**
> 绘制水平构造线时通过按F8键激活"正交"模式可快速设定出构造线的放置方位。

Step3 绘制垂直构造线。

01 输入XL并按空格键，执行"构造线"命令；在命令行中输入字母V，按空格键确定。

02 捕捉如图3-85所示的特征点为构造线的通过点。

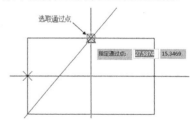

图3-85 捕捉通过点

03 按Esc键完成垂直构造线的绘制并退出命令。

Step4 绘制角度构造线。

01 输入XL并按空格键，执行"构造线"命令；在命令行中输入字母A，按空格键确定。

02 输入数字45，按空格键完成倾斜角度的指定；捕捉如图3-86所示的特征点为构造线的通过点。

03 按Esc键完成角度构造线的绘制并退出命令。

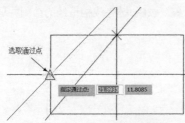

图3-86 捕捉通过点

> **注意**
>
> 在指定角度值如输入的数字为正值，系统即可按照逆时针方向旋转构造线；如输入的数字为负值，系统即可则按照顺时针的方向旋转放置构造线。

Step5 绘制二等分构造线。

01 输入XL并按空格键，执行"构造线"命令；在命令行中输入字母B，按空格键确定。

02 定义顶点。选择两直线段的相交点为二等分构造线的角顶点。

03 定义起点与端点。分别选择两相交直线段上的特征点为二等分构造线的起点和端点，如图3-87所示。

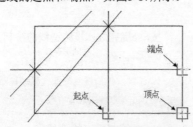

图3-87 定义参考点

04 按Esc键完成二等分构造线的绘制并退出命令，如图3-88所示。

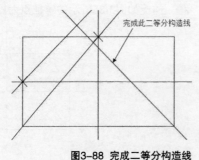

图3-88 完成二等分构造线

参数解析

在绘制构造线的过程中，系统将在命令行中出现相关的提示信息，如图3-89所示。

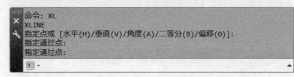

图3-89 命令行提示信息

- **指定点**：此选项允许通过两个点来定义一条构造线，一般直接选择图形区域中的任意两个特征点即可定义出构造线。

- **水平（H）**：在命令行中输入字母H并按空格键，可将构造线放置方位调整为水平方向放置。

- **垂直（V）**：在命令行中输入字母V并按空格键，可将构造线放置方位调整为垂直方向放置。

- **角度（A）**：在命令行中输入字母A并按空格键，可将构造线按照逆时针或顺时针的旋转方向来调整构造线的放置方位。

- **二等分（B）**：在命令行中输入字母B并按空格键，可通过指定一个夹角的顶点、起点和端点，绘制一条平分夹角的构造线，如图3-90所示。

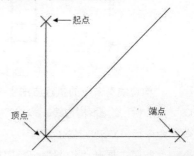

图3-90 二等分构造线

- **偏移（O）**：在命令行中输入字母O并按空格键，再通过指定偏移参考对象和偏移距离，可创建出与参考直线平行的构造线，如图3-91所示。

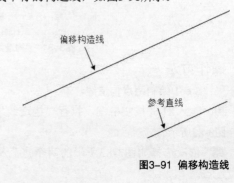

图3-91 偏移构造线

3.3.3 射线

射线是一条沿着指定方向无限延伸的直线，其主要特点是有起点而无终点。在机械设计中，射线一般用作辅助线或参考线，在绘制射线时一般是定义射线上的某个通过点来完成方向的指定。

射线命令的执行方法主要有以下3种。

◇ 菜单栏：绘图>射线。

◇ 命令行：RAY。

◇ 功能区：展开"绘图"命令下拉区域，单击  按钮，如图3-92所示。

图3-92 "射线"命令按钮

操作方法

Step1 输入RAY并按空格键，执行"射线"命令，如图3-93所示。

图3-93 执行"射线"命令

Step2 指定射线起点。选择如图3-94所示的特征点为射线的起点。

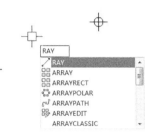

图3-94 指定射线起点

Step3 指定射线方向。选择如图3-95所示的特征点为射线的通过点，从而完成射线延伸方向的定义，如图3-95所示。

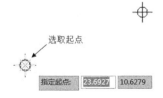

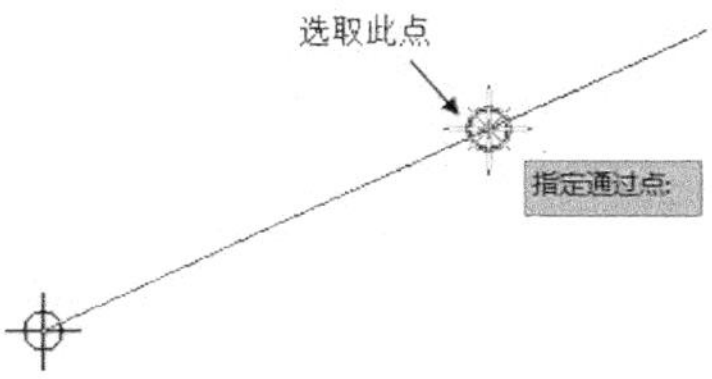

图3-95 指定通过点

Step4 按Esc键完成射线的绘制并退出命令。

参数解析

在绘制射线的过程中，系统将在命令行中出现相关的提示信息，如图3-96所示。

图3-96 命令行提示信息

- **指定起点：** 用于提示用户选择射线图形的起始点。

- **指定通过点：** 用于提示用户选择射线的通过点，从而定义该射线的延伸投射方向。

典型实例：座台

实例位置	实例文件>Ch03>座台.dwg
实用指数	★★★☆☆
技术掌握	熟练构造线、定长直线的运用思路与技巧以及视图投影的相关原则

本实例将以"座台"为讲解对象，综合运用"射线"和"构造线"的设计辅助技巧，以及机械制图的投影原则，最终结果如图3-97所示。

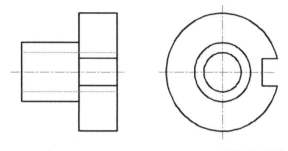

图3-97 座台

思路解析

在"座台"的实例操作过程中，将重点体现"构造线"在整个座台绘制过程中的视图对齐和特征投影作用。关于座台的绘制，主要有以下几个基本步骤。

（1）创建机械设计图层。根据机械制图中的"线型""线宽"规则，创建"虚线""中心线"和"轮廓线"图层。

（2）绘制座台主视图。主要包括建立视图的基准参考线、轮廓圆形、连续直线段。

（3）绘制座台右视图轮廓。使用"射线"投影出右视图在垂直方向上的界限，再通过图形编辑，修剪出右视图的外形轮廓。

（4）绘制座台右视图投影特征。使用"水平构造线"将主视图上的"槽口"和"圆孔"特征投影在右视图上，再通过图形编辑，修剪出两个特征在右视图上的结构形状。

Step1 新建图层。打开"图层特性管理器"，完成模板图层的设置，如图3-98所示。

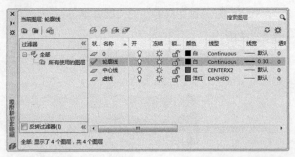

图3-98 图层设置

Step2 绘制主视图。

01 在"图层"工具栏中选择"中心线"图层。

02 执行"构造线"命令（XL），分别绘制一条水平构造线和一条垂直构造线。

03 在"图层"工具栏中选择"轮廓线"图层。

04 执行"圆心、半径"圆命令（C），捕捉基准构造线的交点为圆心，分别绘制半径为5、7.5和15的3个同心圆形，如图3-99所示。

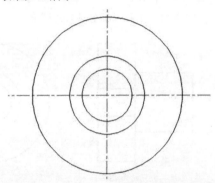

图3-99 绘制同心圆

05 执行"偏移"命令（O），将水平基准构造线分别向上、下各偏移3.5，如图3-100所示。

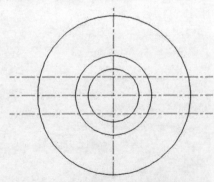

图3-100 偏移基准构造线

06 执行"直线"命令（L），捕捉偏移基准构造线与外圆的交点为直线的第一点；向左移动十字光标，在命令行中输入4，按空格键确定直线的第2点；向下移动十字光标，与下方偏移基准构造线的垂足为直线

的第3点；向右移动十字光标，捕捉偏移基准构造线与外圆的交点为直线的第4点；按Esc键退出直线命令。

07 执行"删除"命令（E），将两条偏移基准构造线进行删除操作，如图3-101所示。

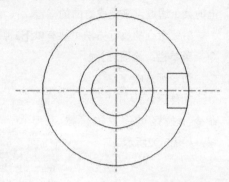

图3-101 删除基准构造线

08 执行"修剪"命令（TR），修剪外圆右侧的部分圆弧段，3-102所示。

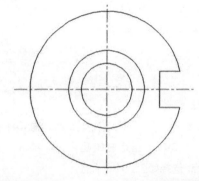

图3-102 修剪圆形

Step3 绘制右视图轮廓。

01 执行"射线"命令（RAY），捕捉主视图中两圆形的上下界限点为通过点，分别绘制4条水平射线。

02 执行"构造线"命令（XL），在主视图左侧绘制一条垂直构造线，结果3-103所示。

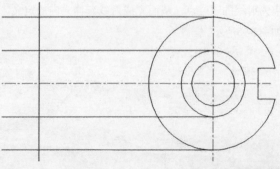

图3-103 绘制构造线

03 执行"偏移"命令（O），分别将垂直构造线向

左偏移10和25，如图3-104所示。

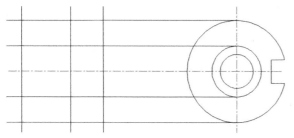

图3-104 偏移构造线

04 执行"修剪"命令（TR），修剪右视图的各相交构造线，如图3-105所示。

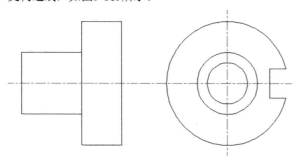

图3-105 修剪图形

Step4 绘制右视图投影特征。

01 执行"构造线"命令（XL），捕捉主视图上两条水平直线的端点为通过点，分别绘制如图3-106所示的两条水平构造线。

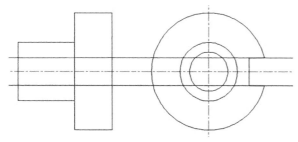

图3-106 绘制水平构造线

02 执行"修剪"命令（TR），以右视图的两条垂直直线为边界，将两条水平构造线外侧部分进行修剪操作，如图3-107所示。

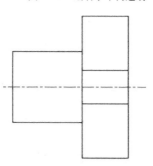

图3-107 修剪图形

03 在"图层"工具栏中选择"虚线"图层。

04 执行"构造线"命令（XL），捕捉主视图上内

圆的上下两个界限点为构造线的通过点，分别绘制如图3-108所示的两条水平构造线。

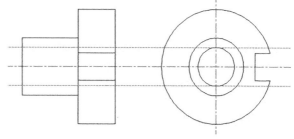

图3-108 绘制水平构造线

05 执行"修剪"命令（TR），以右视图两端的垂直直线为边界，将两条水平构造线外侧部分进行修剪操作，如图3-109所示。

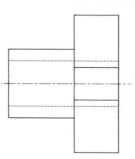

图3-109 修剪图形

06 执行"修剪"命令（TR），修剪并整理主视图和右视图上的所有基准构造线。

Step5 显示线宽。单击状态栏上的 ▤ 按钮，将所有轮廓线的线宽在绘图区域进行显示。

3.4 多边形

本节知识概要

知识名称	作用	重要程度	所在页
矩形	了解矩形的多种绘制方法，掌握使用"对角点"定义矩形的绘制方法	中	P58
多边形	了解"内接于圆"和"外接于圆"绘制多边形的方法	低	P62

由三条或三条以上的直线段首尾顺次连接所组成的封闭图形叫做多边形。而在AutoCAD设计系统中，多边形则一般是由4条封闭边线所组成，其一般分为"矩形"命令和"多边形"命令。

单击菜单栏中的"绘图"菜单，弹出绘图工具命令，如图3-110所示。

图3-110 "多边形"命令菜单

3.4.1 矩形（REC）

矩形是一种平面封闭轮廓图形，它的4个角都是直角。在AutoCAD设计系统中，一般是通过定义矩形的两个对角点来确定矩形的长和宽以及空间方位。另外，在"矩形"命令的子项命令中还可选择"倒角""圆角""宽度"等多种方式来创建特殊形状的矩形，如图3-111所示。

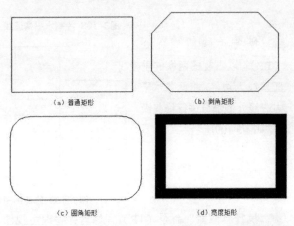

（a）普通矩形　　　　　　（b）倒角矩形

（c）圆角矩形　　　　　　（d）宽度矩形

图3-111　常见矩形类型

"矩形"命令的执行方法主要有以下3种。

◇　菜单栏：绘图>矩形。

◇　命令行：RECTANG或REC。

◇　功能区：单击"绘图"命令区域中的□·按钮，如图3-112所示。

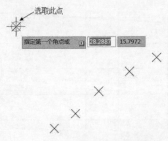

图3-112　"矩形"命令按钮

操作方法

Step1 绘制普通矩形。

01 输入REC并按空格键，执行"矩形"命令，如图3-113所示。

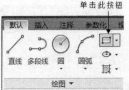

图3-113　执行"矩形"命令

02 定义矩形的第1个角点。选择如图3-114所示的特征点为矩形的第1个角点。

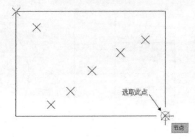

图3-114　选择第1个角点

03 定义矩形的第2个角点。选择如图3-115所示的特征点为矩形的第2个角点，完成矩形的绘制。

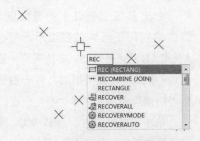

图3-115　选择第2个角点

Step2 绘制倒角矩形。

01 输入REC并按空格键，执行"矩形"命令；在命令行中输入字母C，按空格键确定。

02 在系统的"指定矩形的第一个倒角距离"信息提示下输入2，按空格键确定；在系统的"指定矩形的第二个倒角距离"信息提示下再次输入2，按空格键确定，完成两倒角距离的指定。

> **注意**
>
> 以矩形的第1个角点为参考对象，矩形的第1个倒角距离则为矩形垂直方向边上的尺寸，第2个倒角距离则为矩形水平方向边上的尺寸。

03 选择如图3-116所示的特征点为倒角矩形的第1个角点。

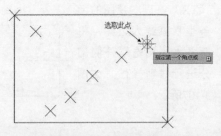

图3-116　选择第1个角点

04 选择如图3-117所示的特征点为倒角矩形的第2个角点，完成倒角矩形的绘制。

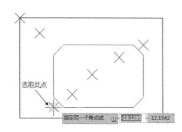

图3-117 选择第2个角点

Step3 绘制圆角矩形。

01 输入REC并按空格键，执行"矩形"命令；在命令行中输入字母F，按空格键确定。

02 在"指定矩形圆角半径"的信息提示下输入1.5，按空格键，完成圆角半径的定义。

03 选择如图3-118所示的特征点为圆角矩形的第1个角点。

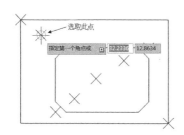

图3-118 选择第1个角点

04 选择如图3-119所示的特征点为圆角矩形的第2个角点，完成圆角矩形的绘制。

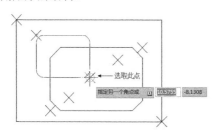

图3-119 选择第2个角点

Step3 绘制宽度矩形。

01 输入REC并按空格键，执行"矩形"命令；在命令行中输入字母W，按空格键确定。

02 在"指定矩形的线宽"的信息提示下输入1，按空格键完成矩形宽度的定义。

03 分别选择两个特征点为矩形的两个角点，完成宽度矩形的绘制，如图3-120所示。

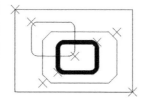

图3-120 完成宽度矩形绘制

> **注意**
> 在绘制"倒角矩形"和"圆角矩形"后，系统将自动记录倒角距离参数、圆角半径参数，并应用至新的矩形图形绘制过程中。用户可通过将倒角距离和圆角半径修改为0，从而取消这些参数再次应用到新的矩形图形中。

参数解析

在绘制矩形的过程中，系统将在命令行中出现相关的提示信息，如图3-121所示。

图3-121 命令行提示信息

- **指定第一个角点**：用于提示用户选择矩形图形的角点。

- **指定另一角点**：用于提示用户选择矩形图形的对角点。

- **倒角（C）**：在命令行中输入字母C并按空格键，可分别对矩形的两直角边线进行倒角处理。

- **标高（E）**：在命令行中输入字母E并按空格键，可指定矩形在三维空间中的高度。其基本操作步骤如下。

Step1 执行"矩形"命令，绘制一个任意大小的矩形图形。

Step2 将视图方位调整为"西南等轴测"。

Step3 执行"矩形"命令，在命令行中输入字母E，按空格键确定。

Step4 输入15并按空格键，完成矩形标高的定义。

Step5 选择已知矩形的一个直角顶点为"标高"矩形的第1个角点，如图3-122所示。

图3-122 选择第1个角点

Step6 选择已知矩形的另一个对角点为"标高"矩形的第2个角点，系统将预览出新的矩形图形，如图3-123所示。

- **圆角（F）**：在命令行中输入字母F并按空格键，可对当前矩形的4个直角边进行圆角处理。

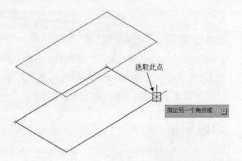

图3-123 选择第2个角点

▪ **厚度（T）**：在命令行中输入字母T并按空格键，可在三维空间中创建出六面矩形框架线。其基本操作步骤如下。

Step1 将视图方位调整为"西南等轴测"。

Step2 执行"矩形"命令，在命令行中输入字母T，按空格键确定。

Step3 输入5并按空格键，完成矩形厚度的定义。

Step4 在绘图区域选择任意两点为矩形的对角点，完成矩形的绘制，如图3-124所示。

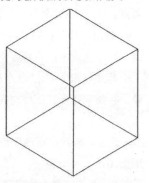

图3-124 "厚度"矩形

▪ **宽度（W）**：在命令行中输入字母W并按空格键，可对当前平面内的矩形边线进行加厚填充操作，如图3-125所示。

图3-125 "宽度"矩形

▪ **面积（A）**：完成矩形第1个角点的指定后，在命令行中输入字母A并按空格键，用户可通过对矩形面积和矩形长度或宽度的定义，绘制出指定尺寸的矩形图形。其基本操作步骤如下。

Step1 执行"矩形"命令，选择任意一点为矩形的第1个角点，如图3-126所示。

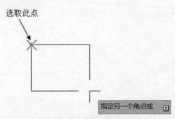

图3-126 选择第1个角点

Step2 在命令行中输入字母A，按空格键确定。

Step3 在命令行输入100并按空格键，完成矩形面积的定义。

Step4 在弹出的快捷菜单中，选择"长度"选项为矩形标注时的依据，如图3-127所示。

图3-127 选择标注依据

Step5 在命令行中输入10并按空格键，完成矩形长度尺寸的定义，系统将绘制出指定面积和长度的矩形图形，如图3-128所示。

图3-128 完成矩形绘制

▪ **尺寸（D）**：完成矩形第1个角点的指定后，在命令行中输入字母D并按空格键，用户可通过指定矩形的长度或宽度绘制矩形。其基本操作步骤如下。

Step1 执行"矩形"命令，选择任意一点为矩形的第1个角点。

Step2 在命令行中输入字母D并按空格键确定。

Step3 在命令行中输入20并按空格键，完成矩形长度尺寸的定义；在命令行中输入15并按空格键，完成矩形宽度尺寸的定义。

Step4 在绘图区中的任意位置单击鼠标左键，完成矩形第2个角点的定义，系统将绘制出指定长、宽的矩形图形。

▪ **旋转（R）**：完成矩形第1个角点的指定后，在命令行中输入字母R并按空格键，用户可通过指定旋转角度和另一个参考角点的方式来绘制出倾斜的矩形图形。其基本操作步骤介绍如下。

Step1 执行"矩形"命令,选择任意一点为矩形的第1个角点,如图3-130所示。

矩形的多种绘制方法,最终结果如图3-133所示。

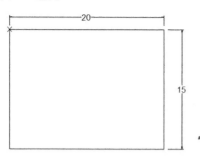

图3-129 完成矩形绘制

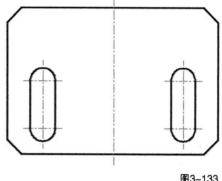

图3-133 调节板

图3-130 选择第1个角点

Step2 在命令行中输入字母R,按空格键确定。

Step3 在命令行中输入60并按空格键,完成矩形旋转角度的定义,如图3-131所示。

图3-131 定义旋转角度

Step4 选择绘图区中的一点为矩形的第2个角点,完成矩形的绘制,如图3-132所示。

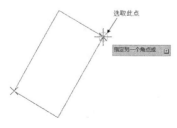

图3-132 选择第2个角点

功能实战:调节板

实例位置 实例文件>Ch03>调节板.dwg
实用指数 ★★☆☆☆
技术掌握 熟练"倒角"矩形、"尺寸"矩形的绘制技巧

本实例将以"调节板"为讲解对象,综合运用了

思路解析

在"调节板"的实例操作过程中,将重点体现"倒角"和"尺寸"子项命令的综合使用,主要有以下几个基本步骤。

(1)创建机械设计图层。根据机械制图中的"线型""线宽"规则,创建出"中心线"和"轮廓线"图层。

(2)绘制矩形。在"矩形"命令中综合使用"倒角""尺寸"子项命令,绘制出具有倒角特征的定长矩形。

(3)创建参考基准。使用"构造线"命令创建出平分矩形的水平、垂直基准构造线。

(4)绘制平面条形孔。综合了"圆形""直线"的绘制方法,重点应注意特征点的捕捉技巧。

Step1 新建图层。打开"图层特性管理器",完成模板图层的设置,如图3-134所示。

图3-134 图层设置

Step2 绘制指定尺寸的倒角矩形。

01 在"图层"工具栏中选择"轮廓线"图层。

02 执行"矩形"命令(REC),在命令行中输入字母C,按空格键确定。

03 分别设置矩形的两个倒角距离为4,在绘图区的任意位置单击鼠标左键,完成倒角矩形的第1个角点的定义。

04 在命令行中输入字母D,按空格键确定。

05 指定矩形的长度为60,宽度为40;在绘图区任意位置单击鼠标左键,完成倒角矩形的第2个角点的定义，结果如图3-135所示。

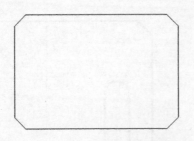

图3-135 倒角矩形

Step3 绘制参考基准线。

01 在"图层"工具栏中选择"中心线"图层。

02 执行"构造线"命令（XL），捕捉矩形水平、垂直直线的中点，分别绘制一条水平构造线和一条垂直构造线，如图3-136所示。

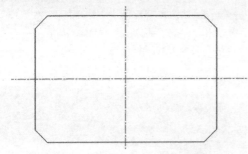

图3-136 绘制基准构造线

03 执行"偏移"命令（O），将水平构造线向下偏移13，将垂直构造线分别向左、右各偏移20，如图3-137所示。

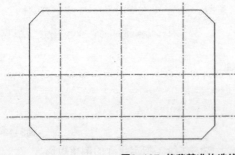

图3-137 偏移基准构造线

Step4 绘制平面条形孔。

01 在"图层"工具栏中选择"轮廓线"图层。

02 执行"圆心、半径"圆命令（C），分别捕捉相交基准构造线的几个交点为圆心，绘制半径为3.5的4个圆形，如图3-138所示。

03 执行"直线"命令（L），分别捕捉圆形与基准构造线的几个交点，绘制相切于圆形的4条垂直直线，如图3-139所示。

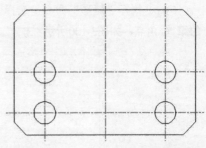

图3-138 绘制圆形

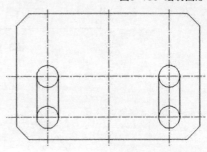

图3-139 绘制相切直线

04 执行"修剪"命令（TR），修剪圆形与基准构造线，结果如图3-140所示。

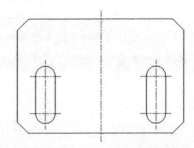

图3-140 修剪图形

Step5 显示线宽。单击状态栏上的 ≡ 按钮，将所有轮廓线的线宽在绘图区域进行显示。

3.4.2 多边形（POL）

"多边形"命令一般用于绘制多条边长度相等的封闭轮廓图形，其边数可在3～1024之间选取。在绘制正多边形时，一般是通过定义相接圆和多边形的边数来完成图形的绘制，而相接圆可以是内接于圆，也可以是外切于圆，如图3-141所示。

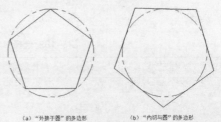

(a)"外接于圆"的多边形   (b)"内切与圆"的多边形

图3-141 两种相接圆绘制多边形

"多边形"命令的执行方法主要有以下3种。

◇ 菜单栏：绘图>多边形。

◇ 命令行：POLYGON或POL。

◇ 功能区：单击"绘图"命令区域中的 按钮，如图3-142所示。

图3-142 "多边形"命令按钮

操作方法

Step1 输入POL并按空格键，执行"多边形"命令，如图3-143所示。

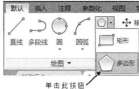

图3-143 执行"多边形"命令

Step2 定义多边形边数。在命令行中输入5并按空格键，完成多边形侧面边数的定义，如图3-144所示。

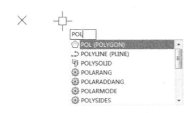

图3-144 定义多边形边数

Step3 定义多边形中心点。在系统信息提示下，选择如图3-145所示的特征点为多边形的中心点。

图3-145 定义多边形中心点

Step4 定义输入选项。在弹出的"输入选项"菜单菜单中选择"内接于圆"选项为多边形相接圆的定义方式，如图3-146所示。

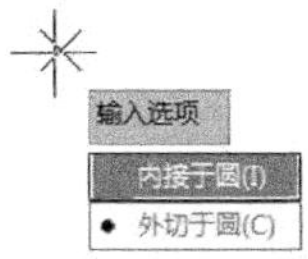

图3-146 定义"输入选项"菜单

Step5 定义圆半径。在命令行中输入6并按空格键，完成多边形的绘制，结果如图3-147所示。

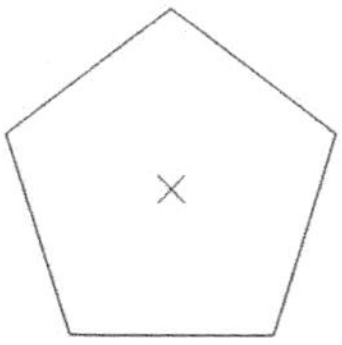

图3-147 完成多边形绘制

注意

在定义圆半径时，也可直接选择某一点作为圆的通过点，从而完成相接圆形的定义。

参数解析

在绘制多边形的过程中，系统将在命令行中出现相关的提示信息，如图3-148所示。

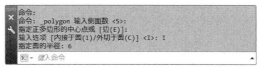

图3-148 命令行提示信息

■ **输入侧面数**：用于定义多边形的侧面边数，其一般取3～1024之间的数值。

■ **指定正多边形的中心点**：用于定义多边形的中心点，可直接选择一个已知特征点为中心点，也可通过输入坐标来精确定位中心点。

■ **边（E）**：在命令行中输入字母E并按空格键，可通过指定多边形的边长直接定义多边形的大小。其基本操作步骤如下。

Step1 执行"多边形"命令，在命令行中输入6并按空格键，完成多边形边数的定义。

Step2 在命令行中输入字母E，按空格键确定。

Step3 选择如图3-149所示的特征点为多边形的一个端点。

图3-149 定义第1个端点

Step4 选择如图3-150所示的特征点为多边形的另一个端点，完成正六边形的绘制。

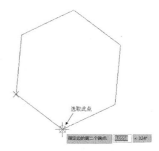

图3-150 定义第2个端点

- **输入选项**：用于定义多边形与圆的相接方式，其主要包括"内接于圆"和"外切于圆"两种相接方式。
- **指定圆的半径**：用于定义多边形的相接圆大小，一般可直接通过输入数字的方式，快速完成相接圆的定义。另外，通过选择某点作为圆的通过点，也可定义出相接圆的大小。

典型实例：平面异形扳手

实例位置	实例文件>Ch03>平面异形扳手.dwg
实用指数	★★☆☆☆
技术掌握	熟练使用"多边形"命令的操作方法，以及倒角、长度"矩形"命令的综合运用技巧

本实例将以"平面异形扳手"为讲解对象，综合运用"倒角矩形"和"多边形"命令的绘制技巧，最终结果如图3-151所示。

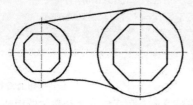

图3-151 平面异形扳手

思路解析

在"平面异形扳手"的实例操作过程中，将重点体现多边形与矩形的绘制技巧，主要有以下几个基本步骤。

（1）创建机械设计图层。根据机械制图中的"线型""线宽"规则，创建出"中心线"和"轮廓线"图层。

（2）绘制基准构造线。在"中心线"图层中使用"构造线"命令绘制出水平和垂直基准构造线。

（3）绘制基本轮廓。在"轮廓线"图层中使用"圆心、半径"命令绘制出扳手的基本外形轮廓。

（4）绘制多边形与矩形平面孔。在"轮廓线"图层中使用"多边形"和"矩形"命令绘制出扳手的平面孔。

Step1 新建图层。

01 打开"图层特性管理器"，完成模板图层的设置，如图3-152所示。

02 在"图层特性管理器"中，将"中心线"图层设置为"置为当前"。

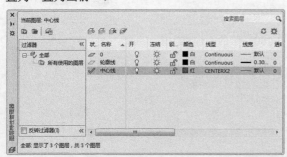

图3-152 图层设置

Step2 绘制基准构造线。

01 执行"构造线"命令（XL），分别绘制一条水平构造线和一条垂直构造线。

02 执行"偏移"命令（O），将垂直构造线向右偏移44，如图3-153所示。

图3-153 基准构造线

Step3 绘制扳手基本轮廓。

01 在"图层"工具栏中，选择"轮廓线"图层。

02 执行"圆心、半径"圆命令（C），捕捉基准构造线的两个交点为圆心，分别绘制半径为13、19的两个圆形，如图3-154所示。

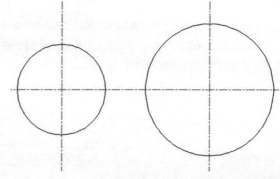

图3-154 绘制圆形

03 执行"直线"命令（L），在两个圆形上方绘制一条相切于两圆的直线。

04 执行"圆心、半径"圆命令（C），然后在命令行中输入字母T并按空格键，使用"相切、相切、半径"的方式绘制半径为50的相切圆形，如图3-155所示。

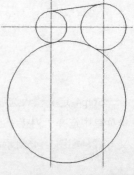

图3-155 绘制相切圆

05 执行"修剪"命令（TR），将相切圆形进行修剪，结果如图3-156所示。

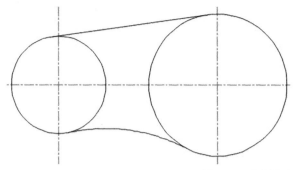

图3-156 修剪图形

Step4 绘制多边形平面孔。

01 执行"多边形"命令（POL），设定多边形的侧边数为8；选择基准构造线的交点为正多边形的中心点，如图3-157所示。

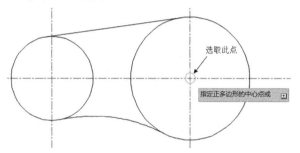

图3-157 定义多边形中心点

02 选择"内接于圆"选项为多边形相接圆的定义方式。

03 在命令行中输入13并按空格键，完成多边形的绘制，结果如图3-158所示。

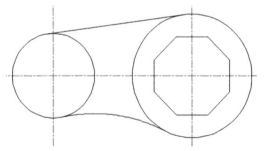

图3-158 完成多边形绘制

Step4 绘制倒角矩形平面孔。

01 执行"偏移"命令（O），将水平构造线向上偏移8，将左侧的垂直构造线向左偏移8。

02 执行"矩形"命令（REC），然后在命令行中输入字母C，按空格键确定；分别设定矩形的两个倒角尺寸为4。

03 选择偏移构造线的交点为矩形的第1个角点，如图3-159所示。

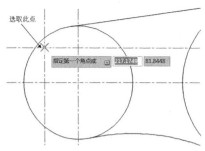

图3-159 定义第1个角点

04 在命令行中输入字母D，按空格键确定；分别设定矩形长度和宽度为16，在第1个角点的右下方单击鼠标左键确定矩形的第2个角点，完成倒角矩形的绘制，如图3-160所示。

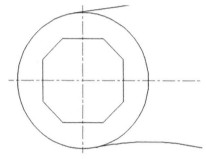

图3-160 完成倒角矩形绘制

05 执行"删除"命令（E），删除两条偏移基准构造线；执行"修剪"命令（TR），修剪水平、垂直基准构造线，结果如图3-161所示。

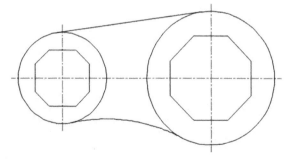

图3-161 修剪基准构造线

Step5 显示线宽。单击状态栏上的 ≡ 按钮，将所有轮廓线的线宽在绘图区域进行显示。

3.5 圆弧形图形

本节知识概要

知识名称	作用	重要程度	所在页
圆	掌握使用"圆心、半径"的方式绘制圆形，了解圆形的多种绘制方式	高	P66

圆弧	掌握"三点"圆弧的绘制方法，了解其他多种方式绘制圆弧的方法	低	P69
椭圆、椭圆弧	了解椭圆的两种绘制方法，了解椭圆弧的绘制方法	低	P72

在使用AutoCAD绘制各种规则型圆弧图形时，一般有"圆""圆弧""椭圆"和"椭圆弧"4种。

圆的创建主要有6种方式，而"圆心、半径"命令则是最基本的绘制方法，其他绘制方法既可以在此命令中进行切换，也可以使用单独激活的方式来执行其他绘制圆形的命令。

圆弧的创建主要有11种方式，其中使用"三点"命令来绘制圆弧是最基本的方法，而其他绘制圆弧的命令部分也可以在此命令中进行切换。

椭圆主要包含"圆心""轴、端点"和"椭圆弧"3个命令，其中使用"轴、端点"命令来绘制椭圆是最基本的方法，且还能通过子项命令来激活椭圆的"圆心"和"椭圆弧"命令。

3.5.1 圆（C）

在AutoCAD的基础绘图工具中，圆的绘制方法主要有"圆心、半径""圆心、直径""两点""三点""相切、相切、半径"和"相切、相切、相切"6种。

单击菜单栏中的"绘图"菜单，弹出绘图工具命令；选择"圆（C）"命令项，系统弹出圆命令的各项子菜单，如图3-162所示。

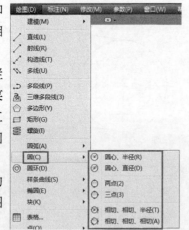

图3-162 "圆"命令子菜单

一般在圆的绘图过程中，用户可根据当前的设计需要，选择最方便快捷的方式来完成圆形的创建。对于一般普通独立的圆形，可直接采用"圆心、半径"或"圆心、直径"的方法来绘制。对于需要通过两个或三个特征点的圆形，可采用"两点"或"三点"圆的方法来绘制。对于相切圆形，可采用"相切、相

切、半径"或"相切、相切、相切"的方法来绘制。关于圆形的多种绘制类型，如图3-163所示。

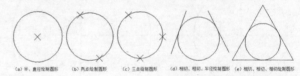

图3-163 圆的多种绘制方法

在AutoCAD设计系统中，使用"圆心、半径"命令来绘制圆形是最普遍、常用的方式，且能快捷方便地切换到其他子项圆命令中。因此，在了解其他方式绘制圆形前，就需要先掌握使用"圆心、半径"的方式绘制圆形。

"圆心、半径"圆命令的执行方法主要有以下3种。

◇ 菜单栏：绘图>圆>圆心、半径。

◇ 命令行：CIRCLE或C。

◇ 功能区：单击"绘图"命令区域中的 按钮，如图3-164所示。

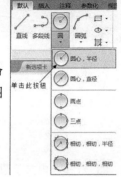

图3-164 "圆心、半径"命令按钮

操作方法

Step1 输入C并按空格键，执行"圆心、半径"命令，如图3-165所示。

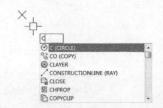

图3-165 执行"圆心、半径"命令

Step2 定义圆心。选择如图3-166所示的特征点为圆的圆心。

图3-166 定义圆心

Step3 定义半径值。移动十字光标，在命令行中输入5按空格键，完成圆形的绘制，如图3-167所示。

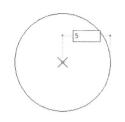

图3-167 定义半径值

 注意

在定义圆的半径值时，也可直接选择某个特征点为圆上的通过点，从而快速定义出圆半径尺寸，完成圆的绘制。

参数解析

在绘制圆形的过程中，系统将在命令行中出现相关的提示信息，如图3-168所示。

```
命令: C
CIRCLE
指定圆的圆心或 [三点(3P)/两点(2P)/切点、切点、半径(T)]:
指定圆的半径或 [直径(D)] <5.0000>: 5
```

图3-168 命令行提示信息

- **指定圆的圆心**：用于提示用户定义圆形的圆心点。一般在绘图区域中直接选择某个特征点，即完成了圆心的指定。

- **指定圆的半径**：用于提示用户定义圆形的半径大小。在命令行中输入数字并按空格键，即完成了圆形半径大小的指定。

- **三点（3P）**：在命令行中输入3P并按空格键，可通过指定圆的3个通过点来完成圆形的绘制。其基本操作步骤如下。

Step1 执行"圆心、半径"命令，在命令行中输入3P，按空格键确定。

Step2 依次选择绘图区域中的3个特征点为圆的通过点，系统将完成圆形的绘制，如图3-169所示。

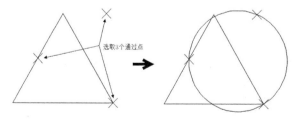

图3-169 定义三点圆形

- **两点（2P）**：在命令行中输入2P并按空格键，可通过选择两个特征点为圆直径的两端点，从而完成圆形的绘制。其基本操作步骤如下。

Step1 执行"圆心、半径"命令，在命令行中输入2P，按空格键确定。

Step2 依次选择绘图区域中的两个特征点为圆直径的端点，系统将完成圆形的绘制，如图3-170所示。

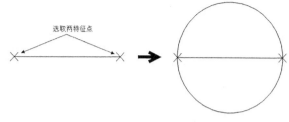

图3-170 定义两点圆形

- **切点、切点、半径（T）**：在命令行中输入字母T并按空格键，可通过选择圆形的两个相切对象，再指定圆形半径大小，从而完成圆形的绘制。其基本操作步骤如下。

Step1 执行"圆心、半径"命令，在命令行中输入字母T，按空格键确定。

Step2 定义相切点。分别捕捉选择图形对象上的两个相切点，如图3-171所示。

图3-171 定义相切点

Step3 定义半径大小。在命令行中输入4并按空格键，完成圆形的绘制，如图3-172所示。

- **直径（D）**：完成圆的圆心指定后，在命令行中输入字母D并按空格键，可将系统默认使用的"圆心、半径"方式绘制圆形切换为"圆心、直径"方式。其基本操作步骤如下。

Step1 执行"圆心、半径"命令，选择图形区域中的某个特征点为圆心。

Step2 在命令行中输入字母D并按空格键确定。

Step3 在命令行中输入数字7并按空格键，完成圆形的绘制，如图3-173所示。

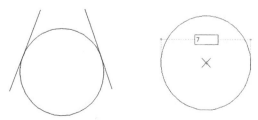

图3-172 完成圆形绘制　　图3-173 定义圆形直径

功能实战：端盖俯视图

实例位置	实例文件>Ch03>端盖俯视图.dwg
实用指数	★★☆☆☆
技术掌握	熟练使用"圆心、半径"和"圆心、直径"的方式来绘制圆形

本实例将以"端盖俯视图"为讲解对象，综合运用圆形的多种绘制方法，最终结果如图3-174所示。

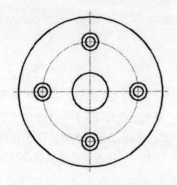

图3-174 端盖俯视图

思路解析

在"端盖俯视图"的实例操作过程中，将重点体现"圆"命令的综合使用，主要有以下几个基本步骤。

（1）创建机械设计图层。根据机械制图中的"线型""线宽"规则，创建出"中心线"和"轮廓线"图层。

（2）分别使用"圆心、半径"和"圆心、直径"的方式来绘制端盖俯视图的参考基准和轮廓外形。

Step1 新建图层。

01 打开"图层特性管理器"，完成模板图层的设置，如图3-175所示。

02 在"图层特性管理器"中，将"中心线"图层设置为"置为当前"。

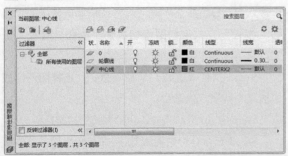

图3-175 图层设置

Step2 绘制基准线。

01 执行"构造线"命令（XL），分别绘制一条水平构造线和一条垂直构造线。

02 执行"圆心、半径"圆命令（C），绘制半径为20的一个基准参考圆形，如图3-176所示。

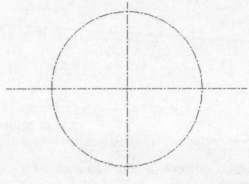

图3-176 绘制基准线

Step3 绘制端盖轮廓线。

01 在"图层"工具栏中选择"轮廓线"图层。

02 执行"圆心、半径"圆命令（C），捕捉基准参考圆形与水平基准构造线的交点为圆心，分别绘制半径为2和3.5的两个同心圆，如图3-177所示。

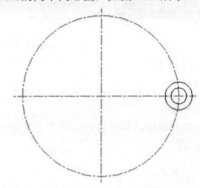

图3-177 绘制同心圆

03 使用上述圆形的绘制参数，捕捉基准参考圆形与基准构造线的其他3个交点为圆心，分别绘制3组同心圆，如图3-178所示。

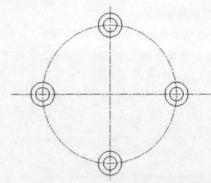

图3-178 绘制其他同心圆

04 执行"圆心、半径"圆命令（C），选择基准构造线的交点为圆心；在命令行中输入字母D，按空格键确定；指定圆形的直径为15，按空格键完成圆形的绘制，如图3-179所示。

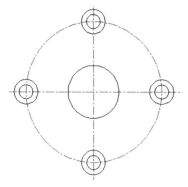

图3-179 绘制中心圆形

05 执行"圆心、半径"圆命令（C），选择基准构造线的交点为圆心；在命令行中输入字母D，按空格键确定；指定圆形的直径为60，按空格键完成圆形的绘制，如图3-180所示。

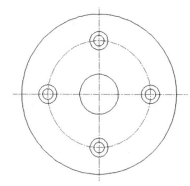

图3-180 绘制外圆

06 执行"修剪"命令（TR），修剪水平、垂直基准构造线，以整理端盖俯视图。

Step4 显示线宽。单击状态栏上的 ≡ 按钮，将所有轮廓线的线宽在绘图区域进行显示。

3.5.2 圆弧（A）

在AutoCAD的设计系统中，圆弧线段的绘制主要有"三点""起点、圆心、端点""起点、圆心、角度""起点、圆心、长度""起点、端点、角度""起点、端点、方向""起点、端点、半径""圆心、起点、端点""圆心、起点、角度"和"圆心、起点、长度"等方式。

单击菜单栏中的"绘图"菜单，弹出绘图工具命令；选择"圆弧（A）"命令项，系统弹出圆弧命令的各项子菜单，如图3-181所示。

在绘制圆弧的过程中，用户可根据当前的设计需要，选择最适合的方式来快速绘制出圆弧曲线。对于具有多个参考特征点的情况，可使用"三点""起点、圆心、端点"和"圆心、起点、端点"等方法来绘制圆弧对象。而对于需要掌握圆弧角度的情况，可使用"起点、圆心、角度"和"起点、端点、角度"等方法来绘制圆弧对象。

关于圆弧的各类绘制方法，如图3-182所示。

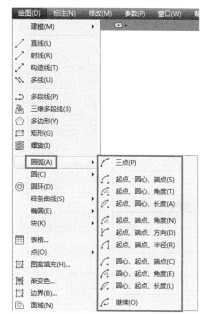

图3-181 "圆弧"命令子菜单

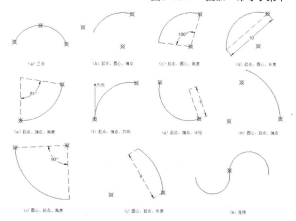

图3-182 圆弧的多种绘制方法

在AutoCAD设计系统中，使用"三点"命令来绘制圆弧是最普遍常用的方式，其操作方法较为简单直接，且能方便地切换至其他子项圆弧命令中。因此，掌握"三点"命令绘制圆弧的方法就尤为重要。

"三点"圆弧命令的执行方法主要有以下3种。

◇ 菜单栏：绘图>圆弧>三点。

◇ 命令行：ARC或A。

◇ 功能区：单击"绘图"命令区域中的 按钮，如图3-183所示。

图3-183 "三点"圆弧命令按钮

操作方法

Step1 输入A并按空格键，执行"三点"圆弧命令，如图3-184所示。

图3-184 执行"三点"圆弧命令

Step2 定义通过点。依次捕捉三角形的顶点为圆弧的通过点，完成圆弧的绘制，如图3-185所示。

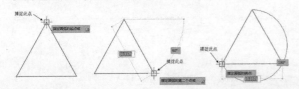

图3-185 定义圆弧通过点

参数解析

在绘制圆弧的过程中，系统将在命令行中出现相关的提示信息，如图3-186所示。

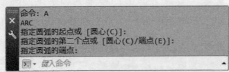

图3-186 命令行提示信息

- **指定圆弧的起点**：用于提示用户选择一个特征点，以完成圆弧第1个通过点的定义。

- **指定圆弧的第二个点**：用于提示用户继续选择一个特征点，以完成圆弧第2个通过点的定义。

- **指定圆弧的端点**：用于提示用户继续选择一个特征点，以完成圆弧第3个通过点的定义。

功能实战：拨叉轮

实例位置	实例文件>Ch03>拨叉轮.dwg
实用指数	★★☆☆☆
技术掌握	熟练使用"圆心、起点、端点"和"起点、端点、半径"的方式来绘制圆弧

本实例将以"拨叉轮"为讲解对象，综合运用圆弧的多种绘制方法，最终结果如图3-187所示。

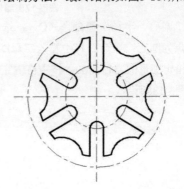

图3-187 拨叉轮

思路解析

在"拨叉轮"的实例操作过程中，将重点体现"圆弧"命令的综合使用，主要有以下几个基本步骤。

（1）创建机械设计图层。根据机械制图中的"线型""线宽"规则，创建出"中心线"和"轮廓线"图层。

（2）绘制用于定位参考的基准线。

（3）绘制基本轮廓和槽口轮廓。主要使用了"圆心、起点、端点"的方式来完成圆弧的绘制。

（4）绘制外槽口轮廓。主要使用了"起点、端点、半径"的方式来完成圆弧的绘制。

Step1 新建图层。

01 打开"图层特性管理器"，完成模板图层的设置，如图3-188所示。

02 在"图层特性管理器"中，将"中心线"图层设置为"置为当前"。

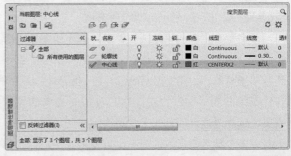

图3-188 图层设置

Step2 绘制基准线。

01 执行"直线"命令（L），分别绘制长度为24的水平基准直线和垂直基准直线。

02 执行"圆心、半径"圆命令（C），捕捉基准线的交点为圆心，分别绘制半径为4.5和10的两个同心圆，如图3-189所示。

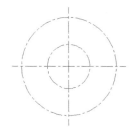

图3-189 绘制基准线

Step3 绘制槽口轮廓。

01 在"图层"工具栏中选择"轮廓线"图层。

02 执行"偏移"命令（O），将垂直基准直线分别向左右各偏移1。

03 执行"三点"圆弧命令（A），在命令行中输入字母C，按空格键确定；分别指定圆弧的圆心、起点和端点，完成圆弧的绘制，如图3-190所示。

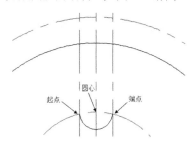

图3-190 绘制圆弧

04 执行"直线"命令（L），捕捉圆弧的两个端点，分别绘制两条垂直直线。

05 执行"阵列"命令（AR），使用"极轴"方式将圆弧和两条直线进行环形阵列操作，如图3-191所示。

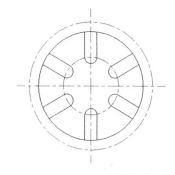

图3-191 阵列圆弧与直线

Step4 绘制外槽口轮廓。

01 执行"偏移"命令（O），将水平基准直线分别向上下各偏移2.3。

02 执行"三点"圆弧命令（A），选择上方偏移基准直线与圆的交点为圆弧的起点；在命令行中输入字母E并按空格键，选择下方偏移基准直线与圆的交点为圆弧的端点；在命令行中输入字母R并按空格键，再在命令行中输入数字3并按空格键，完成圆弧的绘制，如图3-192所示。

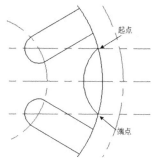

图3-192 绘制"起点、端点、半径"圆弧

03 执行"阵列"命令（AR），使用"极轴"方式将圆弧进行环形阵列操作，如图3-193所示。

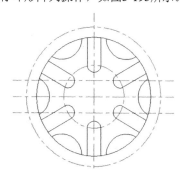

图3-193 阵列圆弧

Step5 修剪轮廓线。

01 执行"删除"命令（E），将偏移的基准直线进行删除操作。

02 执行"修剪"命令（TR），将轮廓圆形的部分线段进行修剪操作，结果如图3-194所示。

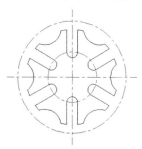

图3-194 修剪轮廓

Step6 显示线宽。单击状态栏上的 ≡ 按钮，将所有轮廓线的线宽在绘图区域进行显示。

3.6 椭圆与椭圆弧（EL）

椭圆是一种特殊的封闭轮廓曲线，在AutoCAD中椭圆主要是由两个轴来定义：较长的轴为长轴，较短的轴为短轴。椭圆弧是椭圆的某一部分曲线，其绘制方法与椭圆的绘制基本相同，不同的是需要定义出椭圆弧的起始角度。

单击菜单栏中的"绘图"菜单，弹出绘图工具命令；选择"椭圆（E）"命令项，系统弹出椭圆命令的各项子菜单，如图3-195所示。

图3-195 "椭圆"命令子菜单

"轴、端点"椭圆命令的执行方法主要有以下3种。

◇ 菜单栏：绘图>椭圆>轴、端点。
◇ 命令行：ELLIPSE或EL。
◇ 功能区：单击"绘图"命令区域中的 按钮，如图3-196所示。

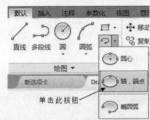

图3-196 "圆心"椭圆命令按钮

"椭圆弧"命令的执行方法主要有以下3种。

◇ 菜单栏：绘图>椭圆>椭圆弧。
◇ 命令行：ELLIPSE或EL。
◇ 功能区：单击"绘图"命令区域中的 按钮，如图3-197所示。

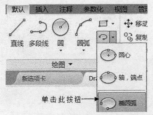

图3-197 "椭圆弧"命令按钮

操作方法

Step1 绘制普通椭圆。

01 输入EL并按空格键，执行"轴、端点"椭圆命令，如图3-198所示。

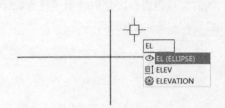

图3-198 执行"圆心"椭圆命令

02 定义第1个轴端点。选择水平直线的左端点为椭圆的轴端点，如图3-199所示。

图3-199 定义第1个轴端点

03 定义第2个轴端点。选择水平直线的右端点为椭圆的第2个轴端点，如图3-200所示。

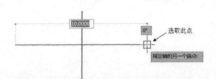

图3-200 定义第2个轴端点

04 定义第3个轴端点。选择垂直直线的一个端点为椭圆的第3个轴端点，完成椭圆的绘制，如图3-201所示。

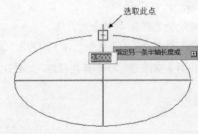

图3-201 定义第3个轴端点

Step2 绘制椭圆弧。

01 输入EL并按空格键，执行"轴、端点"椭圆命令；在命令行中输入字母A，按空格键确定。

02 定义第1个轴端点。选择如图3-202所示的直线端点为椭圆弧的第1个轴端点。

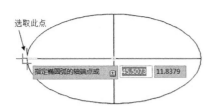

图3-202 定义第1个轴端点

03 定义第2个轴端点。选择直线交点为椭圆弧的第2个轴端点，如图3-203所示。

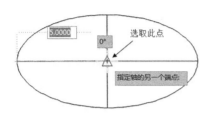

图3-203 定义第2个轴端点

04 定义第3个轴端点。向上移动十字光标，在命令行中输入数字4并按空格键，完成椭圆弧第3个轴端点的定义，如图3-204所示。

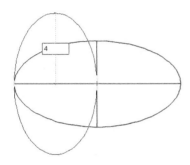

图3-204 定义第3个轴端点

> **注意**
> 按F8键可激活"正交"模式，指定轴方向；在命令行中输入数字可快速指定轴端点的位置，完成轴端点的定义。

05 定义椭圆弧起始角度。在命令行中输入数字30并按空格键，完成椭圆弧起点角度的定义；在命令行中输入数字180并按空格键，完成椭圆弧端点角度的定义，如图3-205所示。

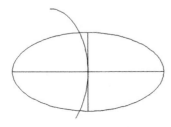

图3-205 定义椭圆弧起始角度

参数解析

在绘制椭圆的过程中，系统将在命令行中出现相关的提示信息，如图3-206所示。

图3-206 命令行提示信息

- **指定椭圆的轴端点**：用于提示用户选择一个特征点，以定义椭圆的第1个轴端点。

- **指定轴的另一个端点**：用于提示用户选择一个特征点，以定义椭圆的第2个轴端点。

- **指定另一条半轴长度**：用于提示用户定义椭圆的另一个轴端点。一般可使用十字光标来指定该轴的方向，再通过输入数字来定义轴的长度。

- **圆弧（A）**：在命令行中输入字母A并按空格键，可将"轴、端点"命令切换为"椭圆弧"命令。

- **中心点（C）**：在命令行中输入字母C并按空格键，可将"轴、端点"命令切换为"圆心"椭圆命令。其基本操作步骤如下。

Step1 执行"轴、端点"命令，在命令行中输入字母C并按空格键确定。

Step2 定义椭圆中心点。选择如图3-207所示的特征点，完成椭圆中心点定义。

图3-207 定义椭圆中心点

Step3 定义椭圆的长轴端点。选择如图3-208所示的特征点，完成椭圆长轴端点的定义。

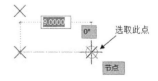

图3-208 定义椭圆长轴端点

Step4 定义椭圆的短轴端点。选择如图3-209所示的特征点，完成椭圆短轴端点的定义。

- **旋转（R）**：在命令行中输入字母R并按空格键，可定义椭圆绕长轴的旋转角度。

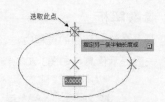

选取此点

指定另一条半轴长度或

5.0000

图3-209 定义椭圆短轴端点

典型实例： 异形垫圈

实例位置	实例文件>Ch03>异形垫圈.dwg
实用指数	★★☆☆☆
技术掌握	熟练圆形、一般椭圆形的绘制方法

本实例将以"异形垫圈"为讲解对象，综合运用了"椭圆"和"圆心、半径"命令，最终结果如图3-210所示。

图3-210 异形垫圈

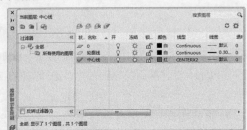

思路解析

在"异形垫圈"的实例操作过程中，将体现一般椭圆与圆形的绘制技巧，其主要有以下几个基本步骤。

（1）创建机械设计图层。根据机械制图中的"线型""线宽"规则，创建出"中心线"和"轮廓线"图层。

（2）绘制基准线。在"中心线"图层中使用"直线"和"偏移"命令绘制出基准直线。

（3）绘制椭圆轮廓。在"轮廓线"图层中使用"圆心"方式绘制出指定半轴尺寸的椭圆。

（4）绘制平面异形、圆形孔。使用"圆角"命令绘制出相切过渡圆弧图形，使用"圆心、半径"命令绘制指定半径大小的平面圆形孔。

Step1 新建图层。

01 打开"图层特性管理器"，完成模板图层的设置，如图3-211所示。

02 在"图层特性管理器"中将"中心线"图层设置为"置为当前"。

图3-211 图层设置

Step2 绘制基准线。

01 执行"直线"命令（L），分别绘制长度为26的水平基准直线和长度为34的垂直基准直线，如图3-212所示。

02 执行"偏移"命令（O），将水平基准直线分别向上、下各偏移11，将垂直基准直线分别向左、右各偏移7，如图3-213所示。

图3-212 绘制基准直线 **图3-213 偏移基准直线**

Step2 绘制椭圆轮廓。

01 在"图层"工具栏中选择"轮廓线"图层。

02 执行"轴、端点"椭圆命令，然后在命令行中输入字母C，按空格键确定；选择基准直线的交点为椭圆的圆心，向右水平移动十字光标并指定半轴长度为11，按空格键确定；向上移动十字光标并指定半轴长度为15并按空格键，完成椭圆的绘制，如图3-214所示。

03 执行"偏移"命令（O），将椭圆图形向内偏移2；执行"圆心、半径"圆命令（C），捕捉基准直线的几个交点，分别绘制半径为3的4个圆形，如图3-215所示。

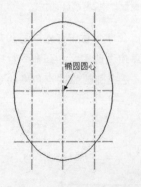

椭圆圆心

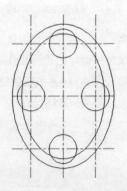

图3-214 绘制椭圆 图3-215 绘制圆形与偏移椭圆

Step3 绘制异形平面孔。

01 执行"圆角"命令（F），指定圆角半径为1.5，选择偏移椭圆和圆形为圆角对象，绘制出相切于椭圆和圆形的8条圆弧曲线，如图3-216所示。

02 执行"修剪"命令（TR），将偏移椭圆和圆形的部分曲线进行修剪操作，结果如图3-217所示。

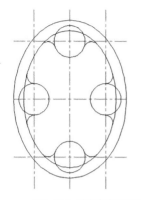

图3-216 绘制相切圆弧　　图3-217 修剪图形

Step3 绘制圆形平面孔。

01 执行"圆心、半径"圆命令（C），捕捉基准直线的几个交点，分别绘制半径为3的4个圆形，如图3-218所示。

02 执行"修剪"命令（TR），将所有的基准直线进行修剪操作。

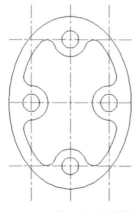

图3-218 绘制圆形

Step4 显示线宽。单击状态栏上的 ≡ 按钮，将所有轮廓线的线宽在绘图区域进行显示。

3.7 思考与练习

通过本章的介绍与学习，读者对AutoCAD 2016的基础绘图工具也有了一定的了解，本节将再次通过几个简单典型的操作练习，使读者进一步灵活掌握本章的知识要点。

3.7.1 螺母俯视图

利用图层工具、基础二维绘图工具，绘制出螺母俯视图，如图3-219所示，其基本思路如下。

01 在"图层特性管理器"中设置"中心线""轮廓线"和"细实线"图层。

02 在"中心线"图层中绘制基准中心线。

03 在"轮廓线"图层中绘制螺母的轮廓线。

04 在"细实线"图层中绘制螺纹牙线。

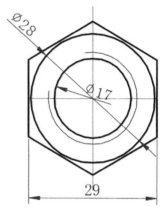

图3-219 螺母俯视图

3.7.2 蝶形螺母

利用"构造线"或"射线"命令建立投影关系，绘制出蝶形螺母的主视图和俯视图，如图3-220所示，其基本思路如下。

01 在"图层特性管理器"中设置"中心线""轮廓线"和"细实线"图层。

02 绘制基准中心线和主视图轮廓线。

03 投影出蝶形螺母的俯视图轮廓线。

04 绘制主视图上的螺纹孔特征。

05 投影并绘制出蝶形螺母俯视图上的螺纹孔曲线。

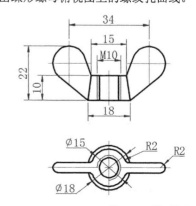

图3-220 蝶形螺母

3.7.3 思考问答

01 怎样绘制角度直线和定长直线？

02 构造线、射线在机械制图中的主要作用是什么？

03 如何绘制倒角矩形和圆角矩形？如何绘制长度为50、宽度为30的矩形？

04 在AutoCAD 2016中，圆形有几种绘制方法？

05 在AutoCAD 2016中，圆弧有几种绘制方法？

第4章 绘图辅助工具

在AutoCAD中绘制图形时，可通过"正交模式""极轴追踪""对象捕捉""对象捕捉追踪"等功能来精确定位图形的关键点坐标，从而达到精确、高效绘图的设计目的。另外，使用"参数化"设计的思路也能快速的提高绘制图形、修改图形的工作效率。

本章将详细讲解如何高效地使用AutoCAD的辅助定位工具和参数化设计工具来快速完成各种设计目标。

本章学习要点

★ 了解栅格工具的使用

★ 掌握正交模式的使用技巧

★ 掌握二维对象捕捉设置方法

★ 了解动态输入的设置

★ 掌握AutoCAD参数化设计的基本思路

本章知识索引

知识名称	作用	重要程度	所在页
辅助定位工具	掌握AutoCAD栅格工具、正交模式辅助定位图形绘制的基本操作方法	中	P78
对象捕捉设置	掌握AutoCAD各种特征点捕捉的基本设置技巧	高	P81
参数化设计	掌握使用AutoCAD参数化设计工具快速绘制图形结构的思路与技巧	中	P85

本章实例索引

4.1 辅助定位工具

本节知识概要

知识名称	作用	重要程度	所在页
栅格工具	掌握栅格间距与捕捉间距的设置方法	低	P78
正交模式	了解正交模式在绘图过程中的辅助作用与设置方法	中	P79

在使用AutoCAD进行工程制图的过程中，有时可利用某一个已知的特征点来快速精确地定位出图形的空间位置。比如，绘制圆图形时可先捕捉选择一点作为圆心，再捕捉选择一点作为圆上的通过点，从而快速完成圆形的空间定位与尺寸定位。又比如，绘制一条直线图形时可先捕捉选择一点作为直线的起点，再捕捉选择另一点作为直线的端点，从而快速完成直线的空间定位与尺寸定位。

因此，在AutoCAD的辅助设计工具中提供了一系列的辅助定位工具，用于帮助用户快速准确的定位捕捉到已知的某些特征点，从而提高绘图效率与绘图质量。

辅助定位工具的快捷按钮集中位于状态栏上，其主要包括了"显示图形栅格""捕捉到图形栅格""正交限制光标""按指定角度限制光标"等，如图4-1所示。

模型 ▦ ▦ ▾ ⌁ ⌐ └ ⊙ ▾ ⅄ ▾ ∠ ▾ ▭ ▾ ≡ ⬚ ⬚ ▱ ▾

图4-1 状态栏辅助定位工具

关于图4-1所示状态栏上的各按钮名称说明如下。

▦（F7）：显示图形栅格。用于在绘图区显示/隐藏栅格线。

▦（F9）：捕捉到图形栅格。用于打开/关闭对栅格线交点的捕捉。

⌁：推断约束。用于在图形上自动标示出两图形间的几何约束状态。

⌐：动态输入。用于在绘图区显示/隐藏动态输入对话框。

└（F8）：正交限制光标。用于打开/关闭正交绘图模式。

⊙（F10）：按指定角度限制光标。用于设置捕捉的角度范围。

⅄：等轴测草图。用于切换当前草图平面的视角，其包括了"左等轴测平面""顶部等轴测平面"

和"右等轴测平面"3个设置选项。

∠（F11）：显示捕捉参照线。用于显示/隐藏对齐参考线。

▭（F3）：将光标捕捉到二维参照点。用于打开/关闭二维图形参照点的捕捉。

≡：显示/隐藏线宽。用于线宽的显示与隐藏设置。

4.1.1 栅格工具（SE）

打开"草图设置"对话框，在"捕捉和栅格"选项卡中可以进行捕捉和栅格的相关设置。在该选项卡中包括"启用捕捉""启用栅格""极轴间距""栅格间距""捕捉类型"和"栅格行为"几个功能区域，如图4-2所示。

图4-2 "捕捉和栅格"选项卡

打开"捕捉和栅格"功能选项卡的方法主要有以下3种。

◇ 菜单栏：工具>绘图设置。

◇ 命令行：DSETTINGS或SE。

◇ 快捷键：F7仅用于显示或隐藏栅格，F9仅用于打开或关闭捕捉功能。

参数解析

关于"捕捉和栅格"选项卡中的功能选项说明解析如下。

▪ **启用捕捉：**勾选此选项可激活对栅格线交点的捕捉，也可通过单击状态栏上的"捕捉到图形栅格"按钮▦或按F9键激活栅格捕捉功能。

▪ **启用栅格：**用于控制打开或关闭栅格，也可通过单击状态栏上的"显示图形栅格"按钮▦或按F7键来控制打开或关闭栅格模式。

- **捕捉间距**：该选项组可以控制捕捉位置处的不可见矩形栅格，以限制光标仅在指定的x和y间隔内移动，其主要包含"捕捉X轴间距""捕捉Y轴间距"以及"X轴间距和Y轴间距相等"3个功能设置选项。

- **极轴间距**：该选项可以控制PolarSnap（极轴捕捉）的增量距离。在选定"捕捉类型和样式"的"极轴捕捉"状态下，可以设置捕捉的增量距离。如果在"极轴距离"文本框中设置值为0，则极轴捕捉距离采用"捕捉 X 轴间距"的值，"极轴距离"设置将与极坐标追踪或对象捕捉追踪结合使用。

- **栅格间距**：该选项组可以控制栅格的显示，这样有助于形象化地显示距离，其主要包含"栅格X轴间距""栅格Y轴间距"以及"每条主线直接的栅格数"3个功能设置选项。通过对栅格间距的设置，可帮助用户在绘制图形时掌握空间距离，如图4-3所示。

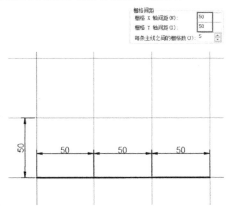

图4-3 栅格间距

- **捕捉类型**：该选项组可以设置捕捉样式和捕捉类型，其主要包含"栅格捕捉""矩形捕捉""等轴测捕捉"和"PolarSnap（极轴捕捉）"4个功能选项。

4.1.2 正交模式（F8）

在AutoCAD的图形绘制过程中，常常需要快速绘制水平或垂直的直线段。因此，AutoCAD在其设计系统中提供了正交模式，当该模式打开时，十字光标只能沿水平或垂直方向进行移动，从而保证直线段的方向。

关闭正交功能后，当绘制直线、移动或复制图形等操作时，则可以沿斜线方向进行操作；打开正交功能后，当绘制直线、移动或复制图形等操作时，就只能沿水平或垂直方向进行操作，如图4-4所示。

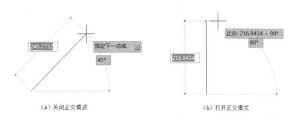

(a) 关闭正交模式　　　　(b) 打开正交模式

图4-4 打开/关闭正交模式

"正交模式"的打开与关闭方法主要有以下3种。

◇ 命令行：ORTHO
◇ 状态栏：单击状态栏上的 └ 按钮。
◇ 快捷键：F8。

典型实例：盘盖

实例位置	实例文件>Ch04>盘盖.dwg
实用指数	★★☆☆☆
技术掌握	通过捕捉栅格线交点来精确定位图形的空间位置与尺寸大小

本实例将以"盘盖"的俯视图为讲解对象，主要体现"正交模式"和"栅格线"在设计过程中的辅助参考作用，最终结果如图4-5所示。

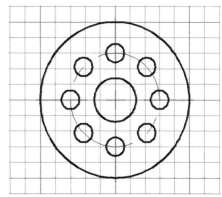

图4-5 盘盖

> 📖 **思路解析**
>
> 在"异形垫圈"的实例操作过程中，将体现一般栅格工具的运用技巧，其主要有以下个基本步骤。
>
> （1）创建设计需要的图层。根据机械制图中的"线型""线宽"规则，创建出"中心线"和"轮廓线"。
>
> （2）绘制基准线。捕捉栅格线交点绘制出基准构造线和基准圆形。
>
> （3）绘制盘盖轮廓线。捕捉栅格线的交点为圆心，绘制出盘盖的圆形轮廓。

Step1 新建图层。

01 打开"图层特性管理器"，完成模板图层的设置，如图4-6所示。

02 在"图层特性管理器"中将"中心线"图层设置为"置为当前"。

图4-6 图层设置

Step2 设置栅格参数。

01 执行"绘图设置"命令（SE），弹出"草图设置"对话框。

02 单击"捕捉和栅格"选项卡，勾选"启用捕捉"选项；勾选"X轴间距和Y轴间距相等"选项，再分别设置x、y轴的捕捉间距为10，如图4-7所示。

图4-7 定义栅格捕捉间距

03 分别设置x、y轴的栅格间距值为10，设置每条主线之间的栅格数为5，如图4-8所示。

04 单击 确定 按钮完成栅格参数的设置。

图4-8 定义栅格间距

Step3 绘制基准线。

01 执行"构造线"命令（XL），分别捕捉主栅格线的交点为通过点，绘制一条水平构造线和一条垂直构造线。

02 执行"圆心、半径"命令（C），捕捉主栅格线的交点为圆心，捕捉水平方向上的第3条垂直栅格线为圆的通过点，完成圆形的绘制，如图4-9所示。

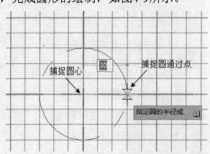

图4-9 绘制基准线

Step4 绘制盘盖轮廓线。

01 在"图层"工具栏中选择"轮廓线"图层。

02 执行"圆心、半径"命令（C），捕捉主栅格线的交点为圆心，捕捉水平方向上的第5条垂直栅格线为圆的通过点，完成圆形的绘制，如图4-10所示。

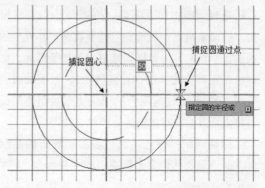

图4-10 绘制圆形

03 执行"构造线"命令（XL），捕捉主栅格线的交点为构造线第1个通过点，捕捉水平、垂直方向上的第1条栅格线交点为构造线的第2个通过点，完成一条倾斜构造线的绘制，如图4-11所示。

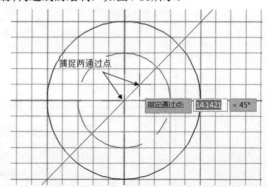

图4-11 绘制构造线

04 参照上述方法，完成另一条倾斜构造线的绘制，如图4-12所示。

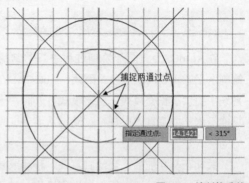

图4-12 绘制构造线

05 执行"圆心、半径"命令（C），分别捕捉栅格线交点或构造线与基准圆形的交点为圆心，绘制半径为6的8个圆形，如图4-13所示。

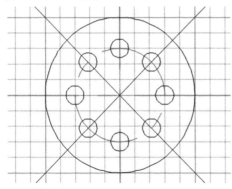

图4-13 绘制圆形

06 执行"删除"命令（E），删除两条倾斜的构造；执行"圆心、半径"命令（C），捕捉主栅格线交点为圆心，绘制半径为14的一个圆形，如图4-14所示。

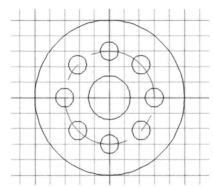

图4-14 绘制圆形

Step5 整理零件图形。

01 执行"修剪"命令（TR），以轮廓圆形为边界，修剪两条基准构造线。

02 单击状态栏上的"显示/隐藏线宽"按钮（≡），将图形按照图层中设置的线宽尺寸进行显示，如图4-15所示。

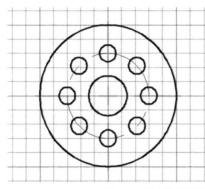

图4-15 线宽显示图形

4.2 对象捕捉设置

本节知识概要

知识名称	作用	重要程度	所在页
二维对象捕捉设置	掌握图形特征点的捕捉设置	高	P81
动态输入设置	了解动态显示命令信息，用于辅助绘图操作	低	P82

在AutoCAD的图形绘制过程中，常常需要使用一系列的特征点来作为二维图形的参考点，如端点、中点、圆心、切点等。而这些特征点通常不是直接绘制的已知点，它们一般需要十字光标来拾取，所以能准确地拾取到这些点就尤为重要。

因此，AutoCAD提供了一系列针对特征点拾取的捕捉工具，使用这些捕捉工具能快速地定位新图形的空间位置，精确快速地绘制出具有几何约束关系的二维图形，方便快捷地构建出图形的结构轮廓。

通过对二维图形捕捉点的设置，可使用户在绘图时快速拾取到设计需要的特征点，如图4-16所示。

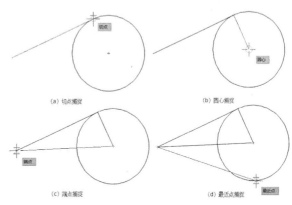

图4-16 捕捉特征点

4.2.1 二维对象捕捉设置（OS）

在使用AutoCAD绘制二维图形前，一般需要预先设定一些特征点作为捕捉对象。用户可通过"草图设置"对话框中来进行对象捕捉点的设置，也可在状态栏中进行对象捕捉点的设置。

打开"草图设置"对话框，在"对象捕捉"选项卡中可以进行对象捕捉模式的相关设置，如图4-17所示。

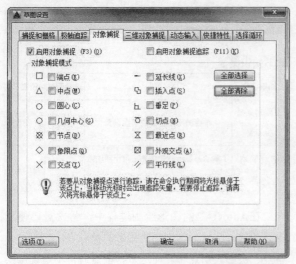

图4-17 "对象捕捉"选项卡

打开"对象捕捉"功能选项卡的方法主要有以下3种。

◇ 菜单栏：工具>绘图设置。

◇ 命令行：OSNAP或OS。

◇ 状态栏：展开状态栏上的"二维对象捕捉"菜单（□▼），选择"对象捕捉设置"命令选项，如图4-18所示。

图4-18 "对象捕捉设置"命令

参数解析

关于"对象捕捉"选项卡中的功能选项说明解析如下。

■ **启用对象捕捉（F3）**：用于打开或关闭对象捕捉功能。勾选此选项后，可对"对象捕捉模式"中选定的各类特征点进行捕捉选择。另外，单击状态栏上的 □ 按钮或按快捷键F3，也可快速打开或关闭对象捕捉功能。

■ **启用对象捕捉追踪（F11）**：打开或关闭对象捕捉追踪。使用对象捕捉追踪，在命令中指定点时，十字光标可以沿基于其他对象捕捉点的对齐路径进行追踪。

■ **对象捕捉模式**：该功能区域列出了可以在执行对象捕捉时打开的对象捕捉模式，主要包含以下14项，如图4-19所示。

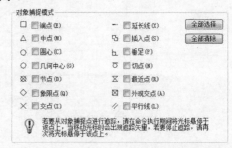

图4-19 "对象捕捉模式"设置

4.2.2 动态输入设置（DS）

在使用AutoCAD的绘图过程中，系统会在十字光标附近动态显示出图形对象的相关参数或提示信息，从而使绘图显得更直观快捷。

打开"草图设置"对话框，在"动态输入"选项卡中可以对动态显示信息进行相关设置，如图4-20所示。

图4-20 "动态输入"选项卡

打开"动态输入"功能选项卡的方法主要有以下4种。

◇ 菜单栏：工具>绘图设置。

◇ 命令行：DSETTINGS或DS。

◇ 状态栏：单击状态栏上的"动态输入"按钮（ +），可打开或关闭动态输入功能。

◇ 快捷键：F12仅用于打开或关闭动态输入功能。

参数解析

关于"动态输入"选项卡中的功能选项说明解析如下。

- **启用指针输入（P）**：用于打开或关闭动态输入的指针输入功能。单击"指针输入"区域中的 设置(S)... 按钮，弹出"指针输入设置"对话框，如图4-21所示。

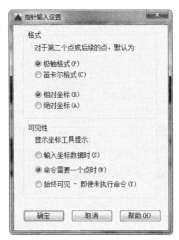

图4-21 "指针输入设置"对话框

- **可能时启用标注输入（D）**：用于打开或关闭图形上的动态尺寸标注。当勾选此选项时，系统将在图形附近显示出该图形的标注尺寸，如图4-22所示。

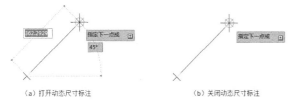

（a）打开动态尺寸标注　（b）关闭动态尺寸标注

图4-22 打开/关闭动态尺寸标注

- **动态提示**：用于命令的操作信息提示。当勾选"在十字光标附近显示命令提示和命令输入（C）"选项时，系统将在十字光标附近显示出命令的相关信息；当取消此选项的勾选时，系统将在命令行上方显示出命令的相关信息，如图4-23所示。

（a）十字光标附近显示信息　（b）命令行上显示信息

图4-23 动态显示命令信息方式

典型实例：连杆

实例位置	实例文件>Ch04>连杆.dwg
实用指数	★★★☆☆
技术掌握	熟练使用二维特征点捕捉功能来辅助图形的绘制

本实例将以"连杆"为讲解对象，综合运用正交、二维对象捕捉等功能来辅助连杆图形的绘制，最终结果如图4-24所示。

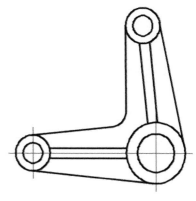

图4-24 连杆

> 📖 **思路解析**
>
> 在"连杆"的实例操作过程中，将体现正交功能和二维特征点捕捉功能的综合运用，其主要有以下几个基本步骤。
>
> （1）创建设计需要的图层。根据机械制图中的"线型""线宽"规则，创建出"中心线"和"轮廓线"。
>
> （2）设置二维捕捉模式。根据设计需要定义一系列的二维捕捉特征点。
>
> （3）绘制基准线。在"中心线"中绘制水平、垂直构造线作为图形的参考基准线。
>
> （4）绘制同心圆和公切直线。在"轮廓线"中分别绘制两组同心圆形，再使用"切点"捕捉功能绘制出两圆形的公切直线。
>
> （5）旋转复制图形。使用"旋转"命令创建出副本图形。

Step1 新建图层。

01 打开"图层特性管理器"，完成模板图层的设置，如图4-25所示。

02 在"图层特性管理器"中将"中心线"图层设置为"置为当前"。

图4-25 图层设置

Step2 设置二维捕捉模式。

01 执行"绘图设置"命令（OS），打开"草图设置"对话框。

02 在"对象捕捉"功能选项卡中，勾选"启用对象捕捉"选项，勾选"对象捕捉模式"下的"端点""中点""圆心""节点""插入点""垂足""切点"和"最近点"选项，如图4-26所示。

03 单击 确定 按钮完成二维捕捉模式的设置。

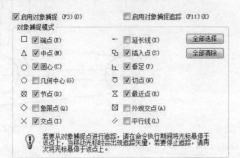

图4-26 定义对象捕捉模式

Step3 绘制基准线。

01 按F8键打开正交模式，执行"构造线"命令（XL），分别绘制一条水平构造线和一条垂直构造线。

02 执行"偏移"命令（O），将垂直构造线向右偏移50，如图4-27所示。

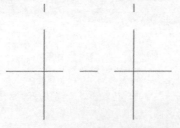

图4-27 绘制基准线

Step4 绘制同心圆形。

01 在"图层"工具栏中选择"轮廓线"图层。

02 执行"圆心、半径"命令（C），捕捉左侧基准构造线的交点为圆心，分别绘制半径为4和7的两个同心圆形。

03 执行"圆心、半径"命令（C），捕捉右侧基准构造线的交点为圆心，分别绘制半径为7.5和12的两个同心圆形，如图4-28所示。

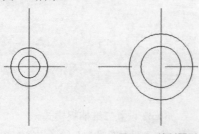

图4-28 绘制圆形

Step5 绘制相切直线。

01 执行"直线"命令（L），捕捉左侧外圆上方的切点为直线的起点，如图4-29所示。

图4-29 定义直线起点

02 移动十字光标至右侧外圆上，捕捉外圆上方的切点为直线的终点，如图4-30所示。

03 按ESC键完成直线的绘制并退出命令。

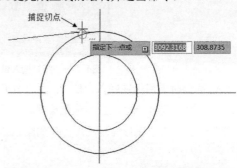

图4-30 定义直线终点

Step6 绘制相切直线。参照上述相切直线的绘制方法，创建出两圆下侧的公切直线，结果如图4-31所示。

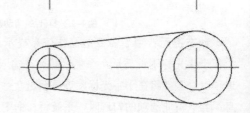

图4-31 完成相切直线

Step7 绘制加强筋轮廓线。

01 执行"偏移"命令（O），将基准水平构造线分别向上、下各偏移2；执行"特性匹配"命令（MA），选择圆形为特性匹配的源对象，选择偏移的两基准水平构造线为特性匹配对象，结果如图4-32所示。

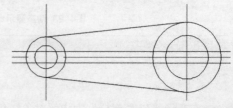

图4-32 特性匹配构造线

02 执行"修剪"命令（TR），将两条偏移构造线以两个外圆为修剪边界进行修剪操作，结果如图4-33所示。

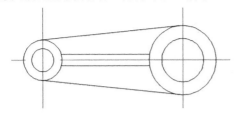

图4-33 修剪构造线

Step8 旋转复制图形。

01 执行"旋转"命令（RO），选择左侧两个同心圆和4条直线为旋转操作对象，如图4-34所示。

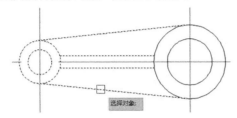

图4-34 定义选择对象

02 按空格键完成对象的选择，在系统信息提示下选择右侧圆心为旋转基点，如图4-35所示。

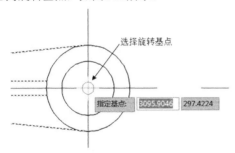

图4-35 定义旋转基点

03 再次按F8键关闭正交模式；在命令行中输入字母C并按空格键，使用"复制"的方式来旋转几何对象；在命令行中输入-84以指定旋转方向和角度，按空格键确认，完成图形的旋转复制操作，结果如图4-36所示。

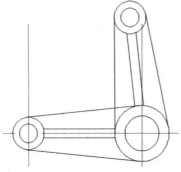

图4-36 定义旋转复制角度

Step9 创建圆角曲线。

01 执行"圆心、半径"命令（C），然后在命令行中输入字母T并按空格键，使用"相切、相切、半径"的方式绘制出半径为6的相切圆形，如图4-37所示。

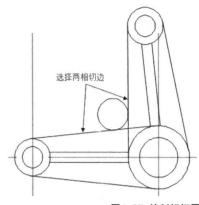

图4-37 绘制相切圆

02 执行"修剪"命令（TR），将相切圆形和两条相切直线进行修剪操作，结果如图4-38所示。

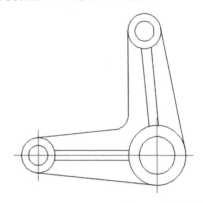

图4-38 修剪图形

Step10 显示线宽。单击状态栏上的▦按钮，将所有图形的线宽在绘图区域进行显示。

4.3 参数化设计

本节知识概要

知识名称	作用	重要程度	所在页
几何约束种类	掌握几何约束命令的基本类型与符号形状	高	P86
显示与隐藏约束符号	了解几何约束符号的隐藏与显示操作方法	低	P87
自动推断约束	掌握自动识别添加几何约束的设置与创建方法	高	P88

尺寸约束	掌握尺寸约束命令的基本类型与操作方法	高	P88
显示与隐藏尺寸约束	了解尺寸约束的隐藏与显示操作方法	低	P89

参数化设计也称变量化设计，是美国麻省理工学院最先提出的。它是CAD领域里的一大研究热点。近十几年来，国内外从事CAD研究的专家学者投入极大的精力和热情进行研究，是因为参数化设计在工程实际中有广泛的应用价值。

参数化设计的主体思想是利用几何约束、尺寸约束、方程式关系来说明产品的形状特征，用户可随时修改这些几何、尺寸约束来快速修改产品的形状特征，使用参数化工具绘制图形，可改变传统的绘图思路，使绘图变得更快速简便。

针对参数化作图的方式和思路，在新版的AutoCAD系统中增加了参数化设计模块。参数化设计可以大大提高图形的生成和修改速度，在产品设计、机械设计及专用CAD系统开发方面都具有较大的应用价值。

AutoCAD参数化模块中主要包括"几何约束""尺寸约束"和"参数化管理"3个部分。

几何约束包括结构约束和尺寸约束两部分。结构约束是指几何元素之间的拓扑约束关系，如平行、垂直、相切、对称等；尺寸约束则是通过尺寸标注表示的约束，如距离尺寸、角度尺寸、半径尺寸等。

在功能区的名称栏处单击鼠标右键，再将鼠标移动到"显示选项卡"命令栏，在弹出的展开菜单中选择"参数化"命令选项，系统可将"参数化"选项卡添加到功能区中，如图4-39所示。

图4-39 添加"参数化"功能选项卡

4.3.1 几何约束种类

单击"参数化"功能选项卡，系统可显示出所有的参数化功能命令，其中包括"几何""标注""管理"等，如图4-40所示。

图4-40 "参数化"功能命令

关于AutoCAD参数化中的各类几何约束详细说明如下。

重合约束（ ）：该约束可使两个特征点互相重合，或使某个特征点与指定的图形对象上的特征点互相重合，如图4-41所示。

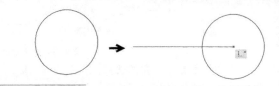

图4-41 重合约束

共线约束（ ）：该约束可使两条或多条直线段按照同一直线的方向互相重合，如图4-42所示。

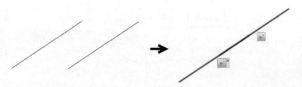

图4-42 共线约束

同心约束（ ）：该约束可使两圆弧、圆形或椭圆的圆心点互相重合，如图4-43所示。

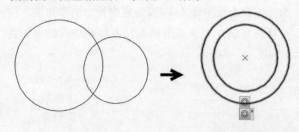

图4-43 同心约束

固定约束（ ）：该约束可使指定的图形对象固定在绘图区中的特定位置上，一旦图形对象被固定约束后，该图形对象将不能被移动、旋转。

平行约束（ ）：该约束可使两个不相交的直线段位于彼此平行的位置上，如图4-44所示。

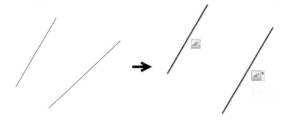

图4-44 平行约束

垂直约束（☑）：该约束可使两个直线段位于彼此垂直的位置上，如图4-45所示。

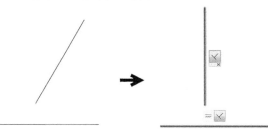

图4-45 垂直约束

水平约束（▥）：该约束可使特征点或直线段与当前坐标系中的X轴呈平行状态，如图4-46所示。

图4-46 水平约束

竖直约束（▥）：该约束可使特征点或直线段与当前坐标系中的Y轴呈平行状态，如图4-47所示。

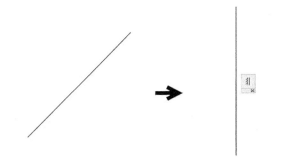

图4-47 竖直约束

相切约束（◐）：该约束可使直线类图形与圆弧类图形呈彼此相切的状态，如图4-48所示。

平滑约束（✎）：该约束可使样条曲线保持为连续状态，也可使两个或多个相接曲线保持G2连续状态，如图4-49所示。

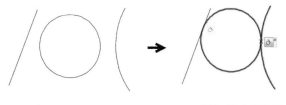

图4-48 相切约束

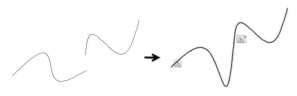

图4-49 平滑约束

对称约束（▥）：该约束将把两个曲线或两个特征点以指定的直线为对称轴，使其在空间位置上保持彼此对称，如图4-50所示。

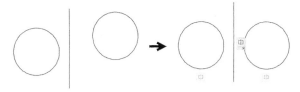

图4-50 对称约束

相等约束（＝）：该约束可使两条直线或多段线具有相同的长度，也可使圆弧和圆形具有相同的半径值，如图4-51所示。

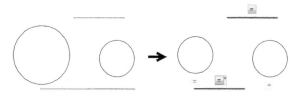

图4-51 相等约束

4.3.2 显示与隐藏约束符号

在对图形对象添加几何约束后，系统会在图形对象周围显示出该约束的相应的符号。为作图和整理图形方便，在AutoCAD中提供了"显示/隐藏"、"全部显示"和"全部隐藏"3种几何约束显示状态的操作工具。

关于几何约束状态操作工具的具体说明如下。

显示/隐藏：用于对单个或多个几何约束进行显示或隐藏的操作。

全部显示：用于将当前图形文件中的所有几何约束全部显示在当前绘图区中。

全部隐藏：用于将当前图形文件中的所有几何约束全部隐藏。

4.3.3 自动推断约束

在传统的AutoCAD作图方法中，总是习惯将各图形对象的空间位置和大小尺寸一次性绘制准确。针对这种情况，在几何约束中特别引入了一种"自动约束"功能，其可以自动识别当前图形对象的各种状态和相互位置关系，并为其添加约束关系和符号。

在"几何"功能区域单击圖按钮，系统将弹出"约束设置"对话框；单击"几何"选项卡，可切换至"推断几何约束"设置选项，如图4-52所示。

图4-52 推断几何约束设置

在"约束栏显示设置"区域可勾选相应的几何约束项目，被选定的几何约束将被系统自动识别。在此对话框中再勾选"推断几何约束（I）"选项后，可将已选定的几何约束应用至当前图形文件中。

在绘制图形时，AutoCAD系统将根据两个图形之间的关系自动判断出几何约束，并在图形并添加出几何约束符号，如图4-53所示。

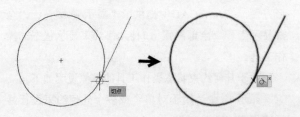

图4-53 自动推断几何约束

4.3.4 尺寸约束

在AutoCAD参数化模块中，除使用几何约束外，还可以使用尺寸约束参数化驱动图形。使用尺寸约束图形后，用户可以直接通过修改相应的尺寸标注，就可以修改图形的形状和空间位置。

尺寸约束工具与AutoCAD中的一般尺寸标注工具类似，唯一不同的是尺寸约束工具具有尺寸驱动图形的功能，如图4-54所示。

图4-54 "标注"功能区域

关于AutoCAD参数化中的各类尺寸约束详细说明如下。

线性约束（圖）：线性尺寸约束是标注出图形对象线性方向上的距离尺寸的约束工具，其主要包括了"线性""水平"和"竖直"3个标注命令。使用"线性"约束命令标注图形的方法与基本的尺寸标注方法相同，不同的是，使用线性约束命令标注图形可以直接修改尺寸标注的数值来重定义图形的空间位置，如图4-55所示。

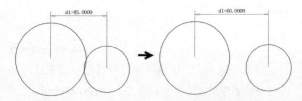

图4-55 线性约束图形

对齐约束（圖）：对齐尺寸约束是直接标注出起点与终点间直线距离的一种尺寸约束工具。双击对齐尺寸约束标注，再修改标注尺寸的数值，系统将以尺寸为标准移动图形对象，如图4-56所示。

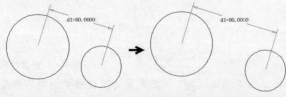

图4-56 对齐约束图形

半径约束（圖）：半径尺寸约束是用于标注圆或圆弧类图形对象半径大小的一种尺寸约束工具。

直径约束（圖）：直径尺寸约束是用于标注圆或

圆弧类图形对象直径大小的一种尺寸约束工具。

角度约束（ ▲ ）：角度尺寸约束是用于标注两直线间夹角的一种尺寸约束工具。通过修改标注的数值，可修改两条直线段的夹角位置，如图4-57所示。

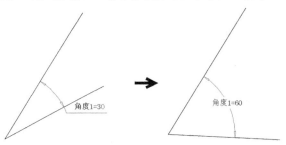

图4-57 角度约束图形

转换约束（ ▣ ）：尺寸转换工具是将AutoCAD的普通尺寸标注转换为具有尺寸驱动约束关系的标注，如图4-58所示。

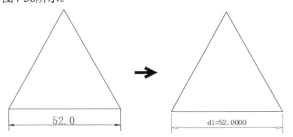

图4-58 转换尺寸约束

4.3.5 显示与隐藏尺寸约束

在对图形对象添加了尺寸约束后，系统绘制图形对象周围以暗灰色的形式显示其尺寸标注。为作图和整理图形方便，在AutoCAD中提供了"显示/隐藏""全部显示"和"全部隐藏"3种尺寸约束显示状态的操作工具。

关于尺寸约束状态操作工具的具体说明如下。

显示/隐藏：用于对单个或多个尺寸约束进行显示或隐藏的操作。

全部显示：用于将当前图形文件中的所有尺寸约束全部显示在当前绘图区中。

全部隐藏：用于将当前图形文件中的所有尺寸约束全部隐藏。

典型实例：拨叉俯视图

实例位置	实例文件>Ch04>拨叉俯视图.dwg
实用指数	★★★☆☆
技术掌握	熟练使用参数化命令来快速完成图形结构的绘制

本实例将以"拨叉俯视图"为讲解对象，综合运用几何约束、尺寸约束工具来完成拨叉俯视图的绘制，结果如图4-59所示。

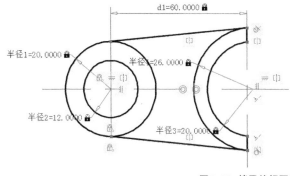

图4-59 拨叉俯视图

📖 **思路解析**

在"拨叉俯视图"的实例操作过程中，将体现参数化功能命令的综合运用，其主要有以下几个基本步骤。

（1）创建设计需要的图层。根据机械制图中的"线型""线宽"规则，创建出"中心线"和"轮廓线"。

（2）绘制基准线。在"中心线"图层中绘制任意距离的构造线。

（3）绘制拨叉基本轮廓外形。在"轮廓线"图层中绘制出拨叉的外形结构。

（4）添加几何约束。使用"同心""重合""共线""竖直"和"水平"等几何约束，完成对图形对象的结构约束。

（5）添加尺寸约束。使用"线性"和"半径"尺寸约束命令，完成拨叉俯视图的定位尺寸约束。

Step1 新建图层。

01 打开"图层特性管理器"，完成模板图层的设置。

02 在"图层特性管理器"中将"中心线"图层设置为"置为当前"。

Step2 绘制基准线。

01 按F8键打开正交模式。

02 执行"构造线"命令（XL），在任意位置绘制一条水平构造线和两条垂直构造线，如图4-60所示。

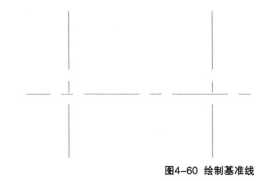

图4-60 绘制基准线

Step3 绘制基本轮廓外形。

01 在"图层"工具栏中选择"轮廓线"图层。

02 执行"圆心、半径"命令（C），以基准线交点为圆心绘制4个任意大小的圆形，如图4-61所示。

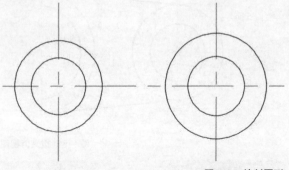

图4-61 绘制圆形

03 执行"修剪"命令（TR），修剪右侧的同心圆和所有的基准构造线；执行"直线"命令（L），捕捉右侧两个圆弧端点，分别绘制两条垂直连接直线，结果如图4-62所示。

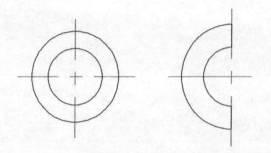

图4-62 修剪图形

04 执行"直线"命令（L），捕捉圆形的界限点和圆弧的相切点，分别绘制两条直线段，如图4-63所示。

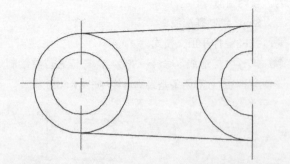

图4-63 绘制相切直线

Step4 添加几何约束。

01 单击"参数化"选项卡，切换功能命令区；单击按钮，执行"固定约束"命令，选择左侧的两个同心圆心和两条基准直线为约束对象，完成固定约束的创建，如图4-64所示。

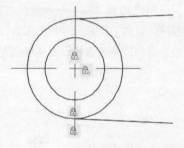

图4-64 添加固定约束

02 单击按钮，执行"共线约束"命令，选择右侧两条直线段和垂直基准直线为约束对象；单击按钮，执行"竖直约束"命令，选择右侧垂直基准直线为约束对象；单击按钮，执行"水平约束"命令，选择水平基准直线为约束对象；单击按钮，执行"同心约束"命令，再选择右侧两条圆弧为约束对象，结果如图4-65所示。

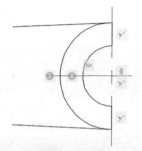

图4-65 添加共线、竖直、水平、同心约束

03 单击按钮，执行"相切约束"命令，选择连接直线和右侧的圆弧图形为约束对象，完成直线与圆弧的相切约束。

04 单击按钮，执行"重合约束"命令，将所有相接的曲线段端点进行重合约束；单击按钮，执行"对称约束"命令，将水平基准直线两侧的直线段进行对称约束，结果如图4-66所示。

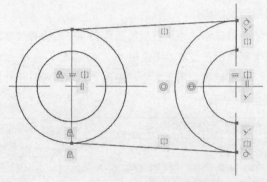

图4-66 添加重合、对称约束

Step5 添加尺寸约束。

01 单击 按钮，执行"线性约束"命令，分别选择两条垂直基准直线为标注对象，修改标注尺寸为60，系统将自动调整图形的距离位置。

02 单击 按钮，执行"半径约束"命令，分别选择两个同心圆形和圆弧为标注对象，再修改各个标注尺寸，系统将自动调整图形的大小尺寸，结果如图4-67所示。

Step6 显示线宽。单击状态栏上的 按钮，将所有图形的线宽在绘图区域进行显示。

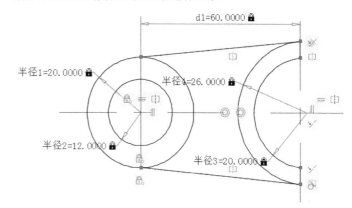

图4-67 完成尺寸约束标注

4.4 思考与练习

通过本章的介绍与学习，读者对AutoCAD 2016的辅助定位工具、对象捕捉工具、几何约束、尺寸约束等功能有了一定的了解，本节将再次通过几个简单典型的操作练习，使读者进一步灵活掌握本章的知识要点。

4.4.1 限位块

利用基础二维绘图工具和几何约束、尺寸约束命令，绘制出限位块轮廓图形，如图4-68所示，其基本思路如下。

01 在"图层特性管理器"中，设置"中心线""轮廓线"和"细实线"图层。

02 绘制出限位块的基本外形轮廓。

03 添加几何约束，固定限位块图形的基本结构形状。

04 添加尺寸约束，修改限位块图形的大小形状。

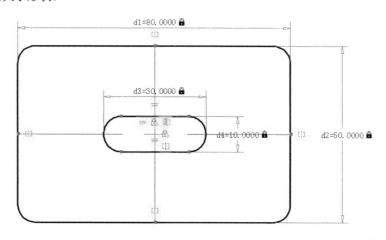

图4-68 限位块

4.4.2 思考问答

01 如何打开AutoCAD系统的正交模式？

02 对象捕捉特征点的设置方法有哪些？

03 使用参数化设计图形，有哪些特点？其主要包括哪些设计模块？

04 使用参数化设计图形时，有哪些几何约束工具？有哪些尺寸约束工具？

第5章

图形编辑

AutoCAD不仅在绘制二维图形方面快捷方便，在修改图形方面也具有很高的工作效率，它提供了多种图形编辑工具，比如移动、旋转、复制、偏移、圆角、倒角等。在使用AutoCAD绘制图形的过程中，通过对基础二维图形的编辑修改可更准确地表达出图形的结构形状。其次，通过对二维图形的位置、角度进行调整可方便地对图形进行定位。

通过对本章的学习，可掌握AutoCAD的常用图形编辑工具，以帮助用户快速熟悉二维图形的编辑操作。

本章学习要点

★ 了解图形的删除、分解操作   ★ 掌握图形复制、镜像、阵列、偏移的操作方法

★ 掌握图形移动、旋转的编辑方法   ★ 掌握图形修剪、延伸、圆角以及倒角的操作方法

本章知识索引

知识名称	作用	重要程度	所在页
图形一般编辑	了解图形最基本的编辑方法，其主要有"删除"和"分解"两种方式	中	P96
图形位移	掌握二维图形的空间位移操作，其主要包括了"移动"和"旋转"两种基本位移方式	高	P99
图形副本创建	掌握二维图形复制操作的基本方法，主要包括了"复制""镜像""阵列"和"偏移"几种常用的副本创建方式	高	P106
图形的修剪	掌握二维图形修剪编辑的操作方法，主要包括了"修剪""延伸""圆角"和"倒角"几种常用的修剪方式	高	P120

本章实例索引

5.1 图形编辑概述

在使用AutoCAD 2016进行机械制图的过程中，不仅要使用"直线""圆弧"等二维绘图命令来构建出零件图的基本外形，还需要使用各种图形编辑命令来修改和细化结构图形。

"删除"和"分解"操作是最基本的图形编辑，其能够快速地对已知的二维图形进行分解或抹除操作。

图形的位移则是通过将已知的二维图形在空间中进行"平移""旋转"操作，其主要目的是重新定义出二维图形的空间位置。图形的副本创建是对已知的图形结构进行快速复制操作，从而创建出形状相似、位置不同的两个或多个结构图形。图形的修剪则是对已知的图形结构进行"剪裁""延伸"以及"倒角""圆角"的形状修改和编辑操作。

图5-1所示的自行车主视图便是通过对二维基础图形的编辑与修改操作来完成整个产品的结构表达。

图5-1 自行车主视图

课前引导实例：固定支架

实例位置	实例文件>Ch05>固定支架.dwg
实用指数	★★★★☆
技术掌握	使用二维绘图命令及图形编辑命令，共同完成固定支架的图形绘制

本例将使用二维基础图形绘制工具以及"圆角""偏移""修剪"等图形编辑工具来完成固定支架的绘制，最终结果如图5-2所示。

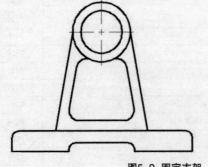

图5-2 固定支架

Step1 新建图层。打开"图层特性管理器"，完成模板图层的设置，如图5-3所示。

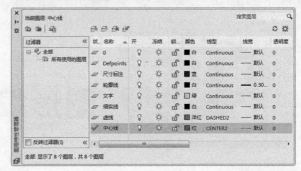

图5-3 图层设置

Step2 绘制基准线。

01 将"中心线层"设置为当前图层，然后执行"构造线"命令（XL），分别绘制出一条水平构造线和垂直构造线，如图5-4所示。

图5-4 绘制基准线

02 执行"偏移"命令（O），将水平基准构造线向下偏移58和70，将垂直基准构造线分别向左右偏移55，如图5-5所示。

图5-5 偏移基准线

Step3 绘制基本外形轮廓。

01 在"图层"工具栏中选择"轮廓线"图层。

02 执行"圆心、半径"圆命令（C），捕捉基准构造线的交点为圆心，分别绘制半径为12.5和17.5的两个同心圆，如图5-6所示。

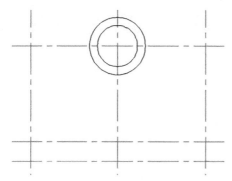

图5-6 绘制圆形

03 执行"特性匹配"命令（MA），选择圆形为特性匹配的源对象，选择偏移的水平、垂直基准构造线为特性匹配的目标对象；执行"修剪"命令（TR），将特性匹配后的4条相交构造线进行修剪操作，如图5-7所示。

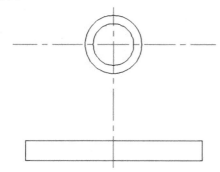

图5-7 修剪图形

04 执行"偏移"命令（O），将垂直基准构造线向右偏移28；执行"直线"命令（L），捕捉圆形与水平基准构造线的交点为直线的起点，捕捉偏移垂直基准构造线与水平直线的交点为直线的端点，完成倾斜直线的绘制。

05 执行"镜像"命令（MI），选择倾斜直线为镜像对象，分别捕捉圆心和垂直基准构造线上的一点为镜像点，完成直线的镜像复制，如图5-8所示。

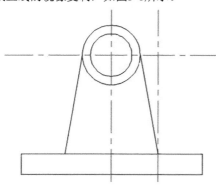

图5-8 绘制倾斜直线

Step4 绘制平面异形孔。

01 执行"偏移"命令（O），将两条倾斜直线和下方的水平直线分别向内部偏移6，如图5-9所示。

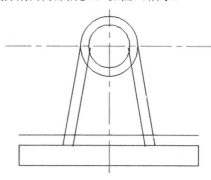

图5-9 偏移直线

02 执行"圆心、半径"圆命令（C），然后在命令行中输入字母T并按空格键，使用"相切、相切、半径"的方式分别绘制半径为6的两个相切圆形，如图5-10所示。

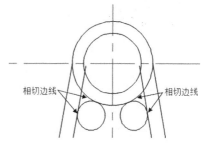

图5-10 绘制相切圆

03 执行"修剪"命令（TR），修剪两条偏移直线与相切圆形；执行"圆角"命令（F），指定圆角半径为6，分别选择相交的偏移直线为圆角对象，完成图形的圆角操作，结果如图5-11所示。

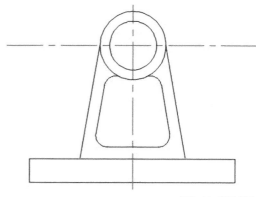

图5-11 创建圆角

Step5 绘制凹槽特征。

01 执行"偏移"命令（O），将最下侧水平直线向上偏移5，将基准构造线分别向左右各偏移20；执行

"特性匹配"命令（MA），选择圆形为特性匹配的源对象，选择两条偏移的基准构造线为目标对象，完成图形的匹配操作，如图5-12所示。

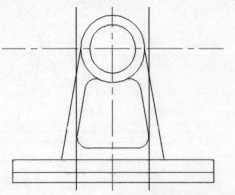

图5-12 偏移直线与构造线

02 执行"修剪"命令（TR），修剪相交的两条构造线和两条水平直线，结果如图5-13所示。

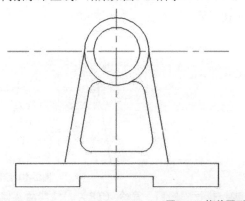

图5-13 修剪图形

03 执行"圆角"命令（F），指定圆角半径为4，分别选择相交的水平直线和垂直直线为圆角对象，完成图形的圆角操作，结果如图5-14所示。

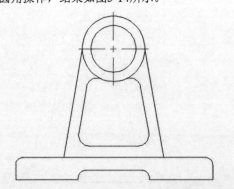

图5-14 创建圆角

Step6 显示线宽。单击状态栏上的 ▬ 按钮，将所有轮廓线的线宽在绘图区域中进行显示。

5.2 图形一般编辑

本节知识概要

知识名称	作用	重要程度	所在页
删除对象	掌握二维图形对象的几种删除方法	高	P96
分解对象	了解多段独立图形对象的分解方法	低	P97

在AutoCAD中，常需要对图形对象进行一般性的编辑修改，这就需要使用AutoCAD提供的"删除"和"分解"命令。

图形的"删除"操作是在绘图区域中将已绘制的图形对象进行抹除的操作，而"分解"图形则是对块文件对象进行炸开操作，从而使各组成线段彼此独立。

5.2.1 删除对象（E）

在AutoCAD中，针对绘图区中不再使用的部分二维图形对象，系统提供专用的"删除"命令来删除这些图形对象，从而使其不再显示在绘图区域。

"删除"命令的执行方法主要有以下3种。

◇ 菜单栏：修改>删除。

◇ 命令行：ERASE或E。

◇ 功能区：单击"修改"命令区域中的 ▱ 按钮，如图5-15所示。

图5-15 "删除"命令按钮

操作方法

Step1 输入E并按空格键，执行"删除"命令，如图5-16所示。

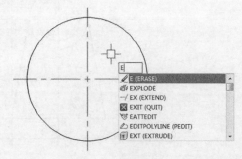

图5-16 执行"删除"命令

Step2 定义删除对象。选择圆形为删除对象，如图5-17所示。

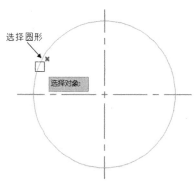

图5-17 选择删除对象

Step3 按空格键完成对象删除，系统将把选择的图形对象从绘图区域中删除，如图5-18所示。

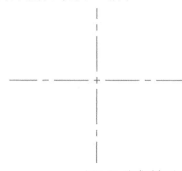

图5-18 完成对象删除

 注意

在执行"删除"命令后，用户可连续选择多个图形作为删除对象。另外，先选择需要删除的图形对象，再执行"删除"命令也可完成图形对象的删除操作。

5.2.2 分解对象（X）

分解图形就是将一个整体式的多段图形对象分解为单一组成的对象。如分解矩形、正多边形、多段线、块文件、插入的文件等都可以将其化为简单的线型组成单元。

"分解"命令的执行方法主要有以下3种。

◇ 菜单栏：修改>分解。

◇ 命令行：EXPLODE或X。

◇ 功能区：单击"修改"命令区域中的 按钮，如图5-19所示。

图5-19 "分解"命令按钮

操作方法

Step1 输入X并按空格键，执行"分解"命令，如图5-20所示。

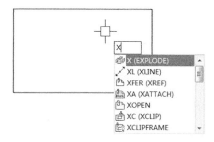

图5-20 执行"分解"命令

Step2 定义分解对象。选择封闭的二维矩形图形为分解对象，如图5-21所示。

图5-21 定义分解对象

Step3 查看分解结果。按空格键完成对象的分解，系统将按照封闭图形的组成段数将图形分解为独立的二维线段；选择任意一条分解线段，可观察分解结果，如图5-22所示。

图5-22 查看分解结果

 注意

在选取分解对象时，因对象为一整体图形，所以只需直接选中对象图形上任意位置即可，无需全部框选。

使用阵列命令时，如设置了"关联"项，则需要分解图形对象后才能单独对其中的图形组成单元做编辑修改操作。

典型实例： 平轮盘

实例位置	实例文件>Ch05>平轮盘.dwg
实用指数	★★★☆☆
技术掌握	熟练"环形阵列"与"分解"命令的配合使用

本实例将以"平轮盘"为讲解对象，综合运用了

二维图形的绘制方法、环形阵列和分解图形的操作技巧，最终结果如图5-23所示。

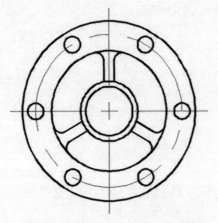

图5-23 平轮盘

📖 **思路解析**

在"平轮盘"的实例操作过程中，将体现分解图形对象的操作技巧，其主要有以下几个基本步骤。

（1）创建机械设计图层。根据机械制图中的"线型""线宽"规则，创建出"中心线"和"轮廓线"图层。

（2）绘制基准线。在"中心线"图层上绘制出定长的基准直线和基准圆形。

（3）绘制平轮盘基础轮廓。在"轮廓线"图层上绘制出零件的基本外形轮廓。

（4）绘制平面圆孔特征。使用"阵列"命令创建出平面圆孔特征，使用"分解"命令将阵列的图形分解为各个独立的圆形。

（5）绘制加强筋特征。

Step1 新建图层。

01 打开"图层特性管理器"，完成模板图层的设置，如图5-24所示。

02 在"图层特性管理器"中，将"中心线"图层设置为"置为当前"。

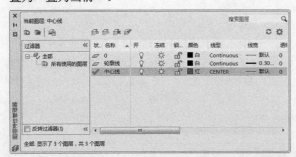

图5-24 图层设置

Step2 绘制基准线。

01 执行"直线"命令（L），分别绘制长度为75的

水平基准直线和垂直基准直线。

02 执行"圆心、半径"圆命令（C），捕捉基准直线的交点为圆心，绘制半径为28的圆形，如图5-25所示。

图5-25 绘制基准直线

Step3 绘制平轮盘基础轮廓。

01 在"图层"工具栏中选择"轮廓线"图层。

02 执行"圆心、半径"圆命令（C），捕捉基准直线的交点为圆心，分别绘制半径为9、11、22和33的4个同心圆，如图5-26所示。

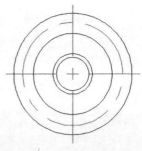

图5-26 绘制圆形

Step4 绘制平面圆孔特征。

01 执行"圆心、半径"圆命令（C），捕捉基准圆形与水平基准直线的交点为圆心，绘制半径为3的圆形。

02 执行"阵列"命令（AR），以基准直线的交点为阵列中心点，将绘制的圆形以"极轴"方式进行阵列，结果如图5-27所示。

03 执行"分解"命令（X），选择阵列的圆形为分解对象，将其分解为6个独立的圆形。

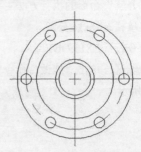

图5-27 阵列圆形

Step4 绘制俯视加强筋特征。

01 执行"偏移"命令（O），将垂直的基准直线分别向左右各偏移2；执行"特性匹配"命令（MA），选择"轮廓线"图层上的圆形为特性匹配的源对象，选择偏移基准直线为目标对象，完成图形的特性匹配，结果如图5-28所示。

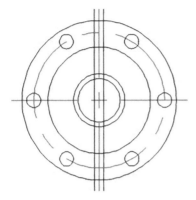

图5-28 偏移直线

02 执行"圆角"命令（F），指定圆角半径为3，使用"不修剪"模式为圆角方式，选择偏移直线和相交圆形为圆角对象，完成图形的圆角操作，如图5-29所示。

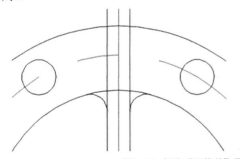

图5-29 创建"不修剪"圆角

03 执行"修剪"命令（TR），以两个相交圆形为修剪边界，修剪偏移的垂直直线，结果如图5-30所示。

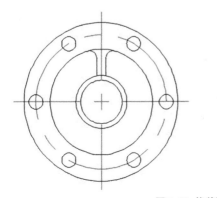

图5-30 修剪图形

04 执行"阵列"命令（AR），以基准直线的交点为阵列中心点，将修剪的两条垂直直线和两条圆角曲线以"极轴"方式进行阵列，结果如图5-31所示。

05 执行"分解"命令（X），选择阵列的垂直直线和圆角曲线为分解对象，将其分解为12个独立的图形对象。

Step5 显示线宽。单击状态栏上的 按钮，将所有轮廓线的线宽在绘图区域中进行显示。

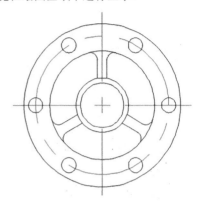

图5-31 阵列图形

5.3 图形位移

本节知识概要

知识名称	作用	重要程度	所在页
移动	掌握二维图形的基本移动操作，以及指定距离的移动方法	高	P99
旋转	掌握二维图形的基本旋转操作，以及指定角度旋转、复制旋转的方法	高	P102

在AutoCAD中，二维图形位置的编辑是将指定的图形在当前文件的绘图区域中做相对位置的变更。其主要包括移动图形和旋转图形，而这些操作将不会产生副本图形，且只针对指定的图形在绘图区做空间位置的变动。

5.3.1 移动（M）

移动是指在指定方向上按指定距离移动图形对象。在AutoCAD中移动图形对象通常需要先指定移动的基点，再指定移动对象的放置点，从而改变图形的空间位置。

指定移动对象的放置点，通常又有"选择放置点"和"定义距离"两种具体的操作方式。使用"选择放置点"移动图形对象,一般都需要通过手动选取某个特征点作为图形移动的新放置点;而使用"定义距离"的方式来移动图形对象时,只需移动十字光标指定方向,再输入相应的距离值就可以快速的定义出图形移动的新放置点。关于图形移动的两种常用定义方式,如图5-32所示。

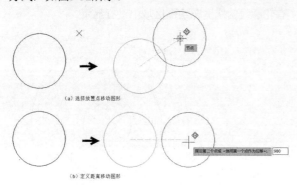

(a) 选择放置点移动图形

(b) 定义距离移动图形

图5-32 两种移动方式

"移动"命令的执行方法主要有以下3种。

◇ 菜单栏:修改>移动。

◇ 命令行:MOVE或M。

◇ 功能区:单击"修改"命令区域中的 移动 按钮,如图5-33所示。

图5-33 "移动"命令按钮

操作方法

Step1 输入M并按空格键,执行"移动"命令,如图5-34所示。

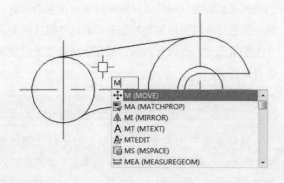

图5-34 执行"移动"命令

Step2 定义移动对象。

01 选择需要移动的图形对象,按空格键完成图形对象的指定。

02 选择圆形的圆心为图形移动的基点,如图5-35所示;按空格键完成移动基点的指定。

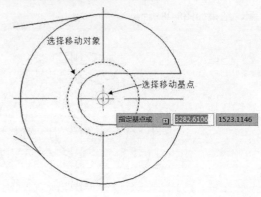

图5-35 定义移动对象

Step3 定义移动放置点。选择如图5-36所示的特征点为图形移动的放置点,完成图形对象的移动操作。

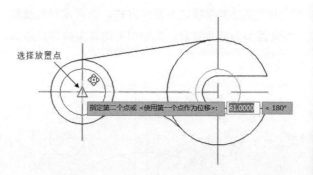

图5-36 定义移动放置点

> **注意**
>
> 在完成移动基点的指定后,移动十字光标可指定图形移动的方向,在命令行中输入相应的数字可指定图形移动的具体距离。

参数解析

在移动图形的过程中,命令行中将出现相关的提示信息,如图5-37所示。

图5-37 命令行提示信息

- **选择对象**：用于选择需要移动的图形对象，其还将显示出已选择图形对象的数量。
- **指定基点**：用于选择图形移动的参考点。
- **指定第二点**：用于选择图形移动的放置点。也可以直接在命令行中输入数字，指定图形移动的距离来定义图形移动的放置点。

功能实战：模板

实例位置　实例文件>Ch05>模板.dwg
实用指数　★★☆☆☆
技术掌握　熟练"移动"命令来辅助零件视图的绘制

本实例将以"模板"为讲解对象，主要运用了图层的创建方法、圆弧与直线段的绘制以及图形的移动操作技巧等，最终结果如图5-38所示。

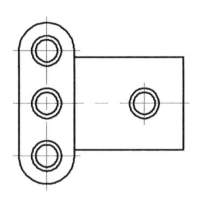

图5-38 模板

思路解析

在"模板"的实例操作过程中，将体现图形移动操作在零件绘图过程中的辅助作用，主要有以下几个基本步骤。

（1）创建机械设计图层。根据机械制图中的"线型""线宽"规则，创建出"中心线"和"轮廓线"图层。

（2）绘制基准线和平面圆孔轮廓。使用"构造线"命令创建出定义基准线，再绘制出同心圆组。

（3）绘制模板零件的外形轮廓。使用"直线"命令绘制出模板零件的基本外形轮廓线。

（4）移动对齐图形。使用"移动"命令将模板零件的外形轮廓线与平面圆孔进行移动对齐操作。

Step1 新建图层。

01 打开"图层特性管理器"，完成模板图层的设置，如图5-39所示。

02 在"图层特性管理器"中，将"中心线"图层设置为"置为当前"。

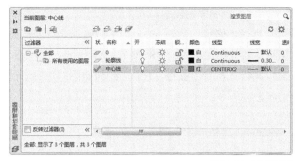

图5-39 图层设置

Step2 绘制基准线。

01 执行"构造线"命令（XL），分别绘制一条水平构造线和一条垂直构造线。

02 执行"偏移"命令（O），将水平基准构造线分别向上下各偏移26，将垂直基准构造线向右偏移50，如图5-40所示。

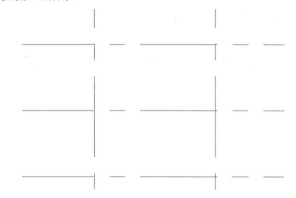

图5-40 绘制基准线

Step3 绘制平面圆孔轮廓。

01 在"图层"工具栏中选择"轮廓线"图层。

02 执行"圆心、半径"圆命令（C），捕捉基准构造线的交点为圆心，分别绘制半径为7.5和5.5的4组同心圆，如图5-41所示。

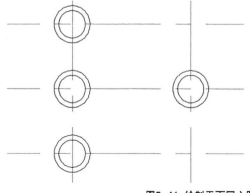

图5-41 绘制平面同心圆

Step4 绘制模板轮廓。

01 执行"偏移"命令（O），将右侧的垂直基准构造线向右偏移20、48、118。

02 执行"执行"命令（L），绘制如图5-42所示的直线段。

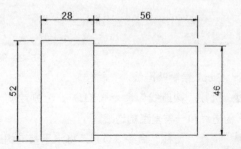

图5-42 绘制直线段

03 执行"起点、端点、半径"圆弧命令，分别捕捉直线的两端点为圆弧的起点和端点，设置圆弧半径为14，绘制出如图5-43所示的两条圆弧；执行"删除"命令（E），删除圆弧的两条参考水平直线。

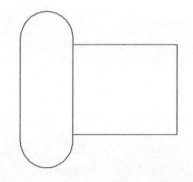

图5-43 绘制圆弧

Step5 移动对齐图形。

01 执行"移动"命令（M），框选模板外形轮廓的所有曲线为需要移动的图形对象，按空格键完成图形对象的指定。

02 选择圆弧的圆心为移动的基点，如图5-44所示；按空格键完成移动基点的指定。

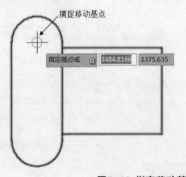

图5-44 指定移动基点

03 选择如图5-45所示的圆心为图形移动的放置点，完成图形对象的移动操作。

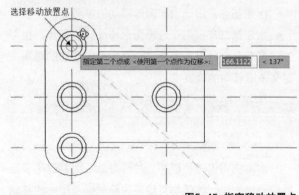

图5-45 指定移动放置点

04 执行"修剪"命令（TR），修剪水平、垂直基准构造线，以整理模板视图。

Step6 显示线宽。单击状态栏上的 ▤ 按钮，将所有轮廓线的线宽在绘图区域中进行显示。

5.3.2 旋转（RO）

旋转图形对象是以某一特征点为旋转的参考基点，将指定的图形对象旋转一定的角度，从而改变图形对象的空间位置。

在AutoCAD中旋转图形对象主要有两种常用的方式，一种是通过指定参照基点来定义旋转角度，另一种是通过指定旋转角度值来定义图形的旋转空间位置。

"旋转"命令的执行方法主要有以下3种。

◇ 菜单栏：修改>旋转。

◇ 命令行：ROTATE或RO。

◇ 功能区：单击"修改"命令区域中的 旋转 按钮，如图5-46所示。

图5-46 "旋转"命令按钮

操作方法

Step1 输入RO并按空格键，执行"旋转"命令，如图5-47所示。

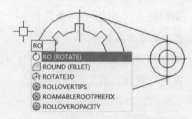

图5-47 执行"旋转"命令

Step2 定义旋转对象。

01 选择如图5-48所示的两个同心圆形和两条相切直线，按空格键完成旋转对象的指定。

02 选择如图5-48所示的基准线交点，按空格键完成旋转基点的指定。

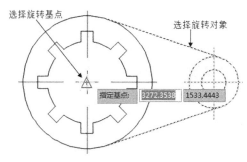

图5-48 定义旋转对象

Step3 定义旋转角度。在命令行中输入数字以指定旋转角度，如45；按空格键完成图形的旋转操作，如图5-49所示。

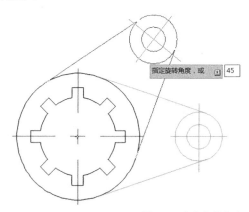

图5-49 定义旋转角度

注意

在指定旋转角度时，输入正值，系统将按照逆时针旋转；输入负值，系统将按照顺时针旋转。

参数解析

在旋转图形的过程中，命令行中将出现相关的提示信息，如图5-50所示。

```
命令：RO
ROTATE
UCS 当前的正角方向：  ANGDIR=逆时针   ANGBASE=0
选择对象：指定对角点：找到 6 个
选择对象：
指定基点：
指定旋转角度，或 [复制(C)/参照(R)] <45>：
键入命令
```

图5-50 命令行提示信息

- **选择对象**：用于选择需要旋转的图形对象。
- **指定基点**：用于选择旋转操作的参考基点，从而确定图形对象的旋转位置。

- **指定旋转角度**：用于直接指定旋转的参考角度值，用户可输入正值或负值来调整旋转的方向。
- **复制（C）**：在命令行中输入字母C，按空格键，可将旋转的图形对象在原位置处先复制一个副本，再将其进行空间旋转，如图5-51所示。

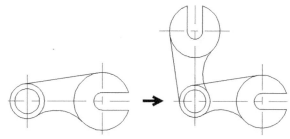

图5-51 复制旋转图形

- **参照（R）**：在命令行中输入字母R并按空格键，可以以假想的一条水平直线为基准，再以顺时针方向为参考，按照指定的交点旋转图形。

功能实战：阀体俯视图

实例位置	实例文件>Ch05>阀体俯视图.dwg
实用指数	★★☆☆☆
技术掌握	熟练运用旋转复制的操作技巧来创建多个形状相同的局部结构图形

本实例将以"阀体俯视图"为讲解对象，综合运用基准定位方法和"旋转复制"的技巧来完成零件视图的绘制，结果如图5-52所示。

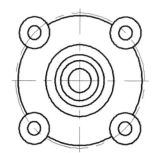

图5-52 阀体俯视图

思路解析

在"阀体俯视图"的实例操作过程中，将体现图形旋转操作在零件绘图过程中的辅助作用，主要有以下几个基本步骤。

（1）创建机械设计图层。根据机械制图中的"线型""线宽"规则，创建出"中心线"和"轮廓线"图层。

（2）绘制基准线。使用"直线"和"圆心、半径"圆命令绘制图形的定位中心。

（3）绘制阀体的基础轮廓。使用"圆心、半径"圆命令绘制出阀体俯视图的基础圆形轮廓。

（4）旋转复制同心圆形。使用"旋转"命令来创建出多个同心圆副本图形。

Step1 新建图层。

01 打开"图层特性管理器",完成模板图层的设置,如图5-53所示。

02 在"图层特性管理器"中,将"中心线"图层设置为"置为当前"。

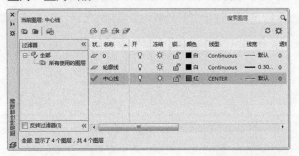

图5-53 图层设置

Step2 绘制基准线。

01 执行"直线"命令(L),分别绘制长度为108的水平直线和垂直直线。

02 执行"圆心、半径"圆命令(C),捕捉基准直线的交点为圆心,绘制一个半径为51的基准圆形,如图5-54所示。

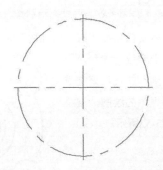

图5-54 绘制基准线

Step3 绘制阀体基础轮廓。

01 在"图层"工具栏中选择"轮廓线"图层。

02 执行"圆心、半径"圆命令(C),捕捉基准直线的交点为圆心,分别绘制半径为9、15、19.5、27的4个同心圆形,如图5-55所示。

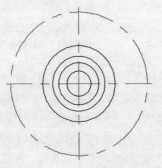

图5-55 绘制同心圆

03 执行"圆心、半径"圆命令(C),捕捉水平基准直线与基准圆形的交点为圆心,分别绘制半径为5.2和12的两个同心圆形,如图5-56所示。

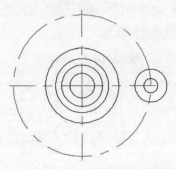

图5-56 绘制同心圆

Step4 旋转复制同心圆。

01 执行"旋转"命令(RO),将右侧的两个同心圆形逆时针旋转45°,如图5-57所示。

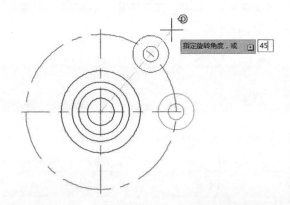

图5-57 定义旋转角度

02 执行"旋转"命令(RO),选择右侧的两个同心圆形为旋转对象,选择基准直线的交点为旋转基点;在命令行中输入字母C并按空格键,使用"复制"模式来选择图形;指定旋转角度为90°,按空格键完成同心圆的旋转复制操作,如图5-58所示。

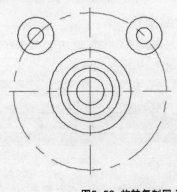

图5-58 旋转复制同心圆

03 执行"旋转"命令（RO），选择水平基准直线上方的两组同心圆为旋转对象，选择基准直线的交点为旋转基点；在命令行中输入字母C并按空格键，使用"复制"模式来选择图形；指定旋转角度为180°，按空格键完成同心圆的旋转复制操作，如图5-59所示。

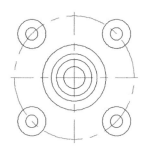

图5-59 旋转复制同心圆

04 执行"圆心、半径"圆命令（C），捕捉基准直线的交点为圆心，绘制半径为30的圆形；执行"修剪"命令（TR），将圆形的相交部分进行修剪操作，结果如图5-60所示。

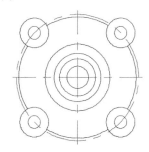

图5-60

Step5 显示线宽。单击状态栏上的 ≡ 按钮，将所有轮廓线的线宽在绘图区域中进行显示。

典型实例：浇口套

实例位置 实例文件>Ch05>浇口套.dwg
实用指数 ★★★☆☆
技术掌握 熟练掌握二维图形的定位、旋转操作

本实例将以"浇口套"为讲解对象，主要运用了连续直线段的绘制方法，以及图形旋转的定义技巧，结果如图5-61所示。

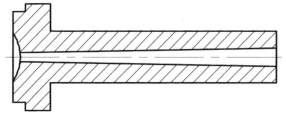

图5-61 浇口套

> 📖 **思路解析**
> 　在"浇口套"的实例操作过程中，其主要综合运用图层管理、二维绘图以及图形旋转的相关技巧。关于浇口套的绘制，主要有以下几个基本步骤。
> 　（1）创建机械设计图层。根据机械制图中的"线型""线宽"规则，创建出"中心线""轮廓线""细实线""虚线"等图层。
> 　（2）绘制浇口套外形轮廓。使用"直线"命令绘制连续封闭的直线段图形，从而构建出浇口套的基本外形。
> 　（3）绘制剖视轮廓。使用"直线"命令和"旋转"命令，创建出浇口套内部的锥形结构线。使用"图案填充"命令创建出浇口套的剖面线。

Step1 新建图层。

01 打开"图层特性管理器"，完成模板图层的设置，如图5-62所示。

02 在"图层特性管理器"中，将"轮廓线"图层设置为"置为当前"。

图5-62 图层设置

Step2 绘制浇口套外形轮廓。执行"直线"命令（L），绘制如图5-63所示的连续封闭直线段图形。

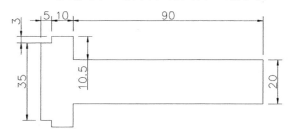

图5-63 绘制连续直线段

Step3 创建剖视轮廓。

01 执行"偏移"命令（O），将浇口套左侧的垂直直线向左偏移13；执行"圆心、半径"圆命令（C），捕捉偏移直线的中点为圆心，绘制半径为16的一个圆形；执行"直线"命令（L），捕捉偏移直线的中点为起点，绘制一条长为135的水平直线，如

图5-64所示。

图5-64 绘制圆形和直线

02 执行"移动"命令（M），将绘制的水平直线向上垂直移动1.8；执行"旋转"命令（RO），将移动后的水平直线按逆时针旋转1°；执行"镜像"命令（MI），以垂直直线的两个中点为镜像参考点，将旋转后的直线进行镜像复制操作，结果如图5-65所示。

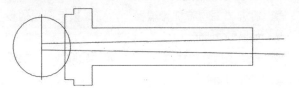

图5-65 镜像角度直线

03 执行"修剪"命令（TR），将两条角度直线和圆形进行修剪操作，结果如图5-66所示。

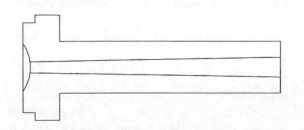

图5-66 修剪图形

Step4 创建剖面线。

01 在"图层"工具栏中选择"细实线"图层。

02 执行"图案填充"命令（H），选择ANSI31型图案为填充样式；分别选择角度直线两侧的封闭区域为图案填充的对象，按空格键完成剖视线的创建，如图5-67所示。

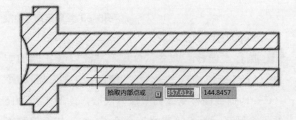

图5-67 定义剖面线

Step5 显示线宽。单击状态栏上的 ≡ 按钮，将所有轮廓线的线宽在绘图区域中进行显示。

5.4 图形副本创建

本节知识概要

知识名称	作用	重要程度	所在页
系统剪贴板复制对象	了解使用Windows系统的剪贴板工具复制二维图形对象的一般方法	低	P106
复制	掌握使用AutoCAD的"复制"命令来创建副本图形的两种基本思路	高	P107
镜像	掌握使用"镜像"命令来创建结构对称的副本图形的一般方法	高	P110
阵列	掌握使用"阵列"命令快速创建多个规则排列且具有关联特性的副本图形的技巧	中	P112
偏移	掌握使用"偏移"命令创建具有平行特性的副本图形的基本思路	高	P116

在使用AutoCAD进行工程制图的过程中，常常需要绘制出结构相同的多个局部图形，而直接使用二维绘图命令来绘制又往往增加工作时间，降低了工作效率。因此，在AutoCAD的图形编辑工具集中，系统提供了多种图形"复制"工具以供用户快速创建设计需要的副本结构图形。

使用"系统剪贴板复制对象"的方式可以快速简单的创建出图形副本，而使用"复制"命令则可以实现"多个"复制、"距离"复制等多种定位方式的图形副本创建。

使用"镜像""阵列""偏移"命令来复制图形副本时，不仅可以创建出结构相同的图形对象，还可以对副本图形进行空间位置的精确定位。

5.4.1 利用系统剪贴板复制对象

使用Windows系统的剪贴板复制图形对象时，可以在当前文件中复制图形对象，也可以将当前文件中的图形对象复制到其他AutoCAD图形文件中。这种复制方法每次只能复制出一个图形对象，如需复制多个对象，需要重复操作。其复制的操作方式主要有以下两种。

直接插入图形对象。使用Windows系统中的"复制"和"粘贴"命令，可快速创建出二维图形的副本。其基本操作步骤如下。

Step1 定义复制对象。选择任意的二维图形对象为复制对象，按Ctrl+C执行计算机系统的"复制"命令。

Step2 定义粘贴位置。按Ctrl+V执行计算机系统的"粘贴"命令，在"指定插入点"的提示下，选择任意一点为副本图形的放置点，系统将完成指定图形的复制粘贴操作，如图5-68所示。

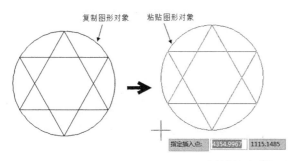

图5-68 直接插入复制图形

指定基点复制图形对象。通过指定图形对象上的某一点为图形放置的参考基点，从而精确定位副本图形的空间位置。其基本操作步骤如下。

Step1 定义复制对象。选择任意的二维图形对象为复制对象，按Ctrl+ Shift +C执行计算机系统的"复制"命令。

Step2 定义基点。捕捉选择图形对象上的某个特征点为图形插入的定位基点。

Step3 定义粘贴位置。按Ctrl+ Shift+V执行计算机系统的"粘贴"命令，在"指定插入点"的提示下，选择任意一点为副本图形的放置点，系统将完成指定图形的复制粘贴操作。

5.4.2 复制（CO）

复制图形是将选定的图形对象，按照指定的空间位置进行副本创建。其形状和尺寸不会得到修改，而只是重新定义了图形的空间位置。

"复制"命令的执行方法主要有以下3种。

◇ 菜单栏：修改>复制。

◇ 命令行：COPY或CO。

◇ 功能区：单击"修改"命令区域中的 按钮，如图5-69所示。

图5-69 "复制"命令按钮

操作方法

Step1 输入CO并按空格键，执行"复制"命令，如图5-70所示。

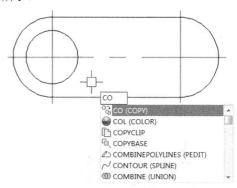

图5-70 执行"复制"命令

Step2 定义复制对象。

01 选择绘图区域中的圆形为复制的源对象图形，按空格键完成复制对象的指定。

02 选择圆形的圆心点为复制的基点，如图5-71所示。

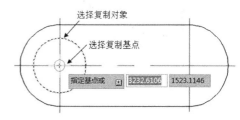

图5-71 定义复制对象

Step3 定义复制放置点。向右水平移动十字光标，捕捉垂直基准直线的垂直点为副本图形的放置点，如图5-72所示。

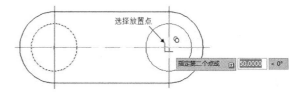

图5-72 定义放置点

注意

在完成复制基点的指定后，移动十字光标可指定副本图形的放置方向，在命令行中输入数字可指定复制基点与放置点的距离值，从而完成副本图形的放置。

参数解析

在复制图形的过程中，命令行中将出现相关的提示信息，如图5-73所示。

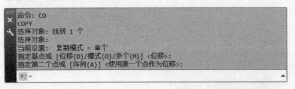

图5-73 命令行提示信息

- **选择对象：** 用于选择需要复制操作的图形对象。

- **当前设置：** 用于显示当前"复制"命令的模式，系统一般默认使用"单个"复制模式。

- **指定基点：** 用于选择复制源对象的参考基点。

- **位移（D）：** 在命令行中输入字母D并按空格键，可通过指定位移距离的方式来定义副本图形的放置点。

- **模式（O）：** 在命令行中输入字母O并按空格键，可重新定义系统的复制模式，如图5-74所示。

图5-74 定义复制模式

- **多个（M）：** 在命令行中输入字母M并按空格键，可将源对象图形进行连续复制操作，如图5-75所示。

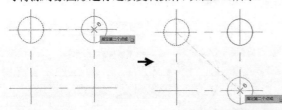

图5-75 连续复制图形

- **指定第二个点：** 用于选择副本图形对象的放置点。

功能实战：法兰盘

实例位置	实例文件>Ch05>法兰盘.dwg
实用指数	★☆☆☆☆
技术掌握	熟练使用多个模式复制二维图形的方法

本实例将以"法兰盘"为讲解对象，综合运用"构造线"命令、"圆心、半径"圆命令以及"复制"和"修剪"命令来完成法兰盘的绘制，结果如图5-76所示。

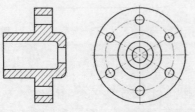

图5-76 法兰盘

思路解析

在"法兰盘"的实例操作过程中，其主要综合运用图层管理、二维绘图、图形复制的相关技巧。关于法兰盘的绘制，主要有以下几个基本步骤。

（1）创建机械设计图层。根据机械制图中的"线型""线宽"规则，创建出"中心线""轮廓线""细实线"等图层。

（2）绘制基准线和法兰盘主视图。在"中心线"图层上绘制出能定位的基准直线和基准圆形，在"轮廓线"图层中绘制出平面圆孔特征并将其多个复制到指定的基准线交点上。

（3）绘制法兰盘右剖视图。使用"构造线"命令构建出右视图的外形轮廓和平面圆孔的投影轮廓。

Step1 新建图层。

01 打开"图层特性管理器"，完成模板图层的设置，如图5-77所示。

02 在"图层特性管理器"中，将"中心线"图层设置为"置为当前"。

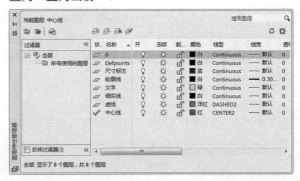

图5-77 图层设置

Step2 绘制基准线。执行"直线"命令（L），分别绘制长度为162的水平直线、垂直直线以及与垂直直线成60°的两条倾斜直线，如图5-78所示。

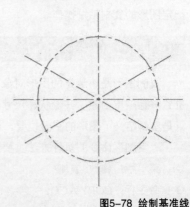

图5-78 绘制基准线

Step3 绘制法兰盘主视图。

01 在"图层"工具栏中选择"轮廓线"图层。

02 执行"圆心、半径"圆命令（C），捕捉垂直基准直线与基准圆形的交点为圆心，绘制半径为7.5的圆形。

03 执行"复制"命令（CO），选择绘制的圆形为复制对象，然后指定复制的模式为"多个"，选择圆心为复制基点，创建出如图5-79所示的多个圆形副本。

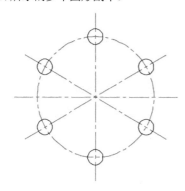

图5-79 复制圆形

04 执行"圆心、半径"圆命令（C），捕捉基准直线的交点为圆心，分别绘制半径为12.5、22.5、36.5、76.5的4个同心圆形，如图5-80所示。

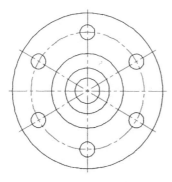

图5-80 绘制同心圆

Step4 绘制法兰盘右剖视图。

01 执行"构造线"命令（XL），分别捕捉主视图上圆形的上下界限点为通过点，绘制8条水平构造线。

02 执行"构造线"命令（XL），在主视图的左侧绘制一条垂直构造线；执行"偏移"命令（O），将垂直构造线分别向左偏移14、23、54、107，如图5-81所示。

03 执行"修剪"命令（TR），修剪所有相交的构造线图形，结果如图5-82所示。

04 执行"构造线"命令（XL），分别捕捉主视图上平面圆孔的上下两个界限点为通过点，绘制4条水平构造线，如图5-83所示。

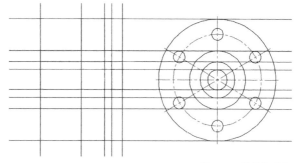

图5-81 绘制构造线

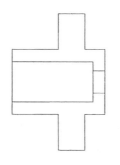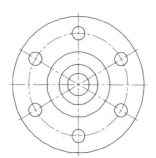

图5-82 修剪图形

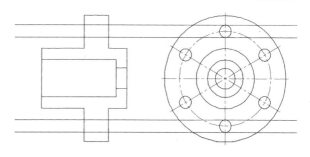

图5-83 绘制构造线

05 执行"修剪"命令（TR），修剪4条水平构造线，结果如图5-84所示。

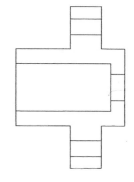

图5-84 修剪图形

06 执行"图案填充"命令（H），选择ANSI31型图案为填充样式；分别选择右视图上的封闭区域为填充区域，按空格键完成剖视线的创建，如图

5-85所示。

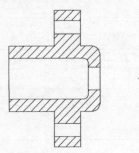 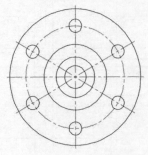

图5-85 定义剖面线

Step5 显示线宽。单击状态栏上的 按钮，将所有轮廓线的线宽在绘图区域中进行显示。

5.4.3 镜像（MI）

镜像图形是通过将选定的二维图形以某一对称轴线为参考对象，进行结构形状的对称复制操作。在整个镜像复制的过程中，源对象图形将保持不变，而目标对象图形则是源对象图形在镜子中反射出来的形状。

"镜像"命令的执行方法主要有以下3种。

◇ 菜单栏：修改>镜像。

◇ 命令行：MIRROR或MI。

◇ 功能区：单击"修改"命令区域中的 按钮，如图5-86所示。

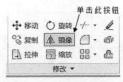

图5-86 "镜像"命令按钮

操作方法

Step1 输入MI并按空格键，执行"镜像"命令，如图5-87所示。

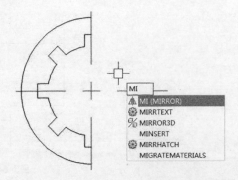

图5-87 执行"镜像"命令

Step2 定义镜像源对象。选择垂直基准直线左侧的圆弧与直线段图形，按空格键完成镜像源对象的指

定，如图5-88所示。

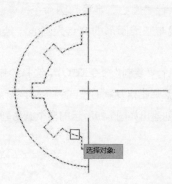

图5-88 定义镜像源对象

Step3 定义镜像对称参考点。

01 选择垂直基准直线上方的端点为镜像线的第1点，如图5-89所示。

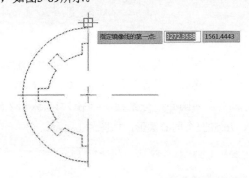

图5-89 定义镜像线第1点

02 选择垂直基准直线下方的端点为镜像线的第2点，如图5-90所示。

03 在系统提示的"要删除源对象吗？"选项中，选择"否（N）"选项，按空格键完成图形的镜像复制。

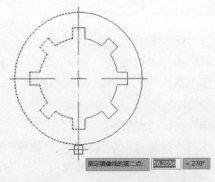

图5-90 定义镜像线第2点

注意

当系统提示"要删除源对象吗？"时，系统一般默认设置为"否（N）"，表示不删除源对象。如选择"是（Y）"选项，系统将在镜像复制操作后删除源对象图形。

参数解析

在镜像图形的过程中，命令行中将出现相关的提示信息，如图5-91所示。

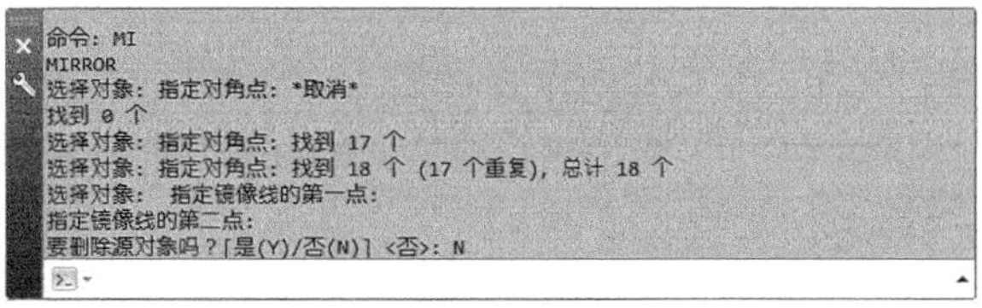

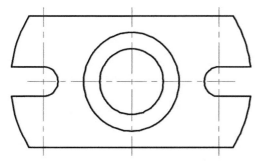

图5-91 命令行提示信息

- **选择对象：** 用于选择需要镜像复制的源对象图形。

- **指定镜像线的第一点：** 选择绘图区域中任意一个已知的特征点作为镜像线的第1个点。

- **指定镜像线的第二点：** 选择绘图区域中任意一个已知的特征点作为镜像线的第2个点，从而完成镜像对称参考线的指定。

- **是（Y）：** 在命令行中输入字母Y并按空格键，可在镜像复制图形操作后删除源对象图形。

- **否（N）：** 在命令行中输入字母N并按空格键，可在镜像复制图形操作后保持源对象图形的不变。

功能实战：固定压板

实例位置：实例文件>Ch05>固定压板.dwg
实用指数：★★☆☆☆
技术掌握：熟练"镜像"命令来创建对称结构的副本图形

本实例将以"固定压板"为讲解对象，综合运用"圆心、半径"圆命令、"直线"命令以及"镜像"和"修剪"命令来完成固定压板的绘制，结果如图5-92所示。

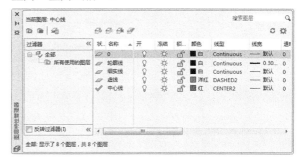

图5-92 固定压板

思路解析

在"固定压板"的实例操作过程中，其主要综合运用图层管理、二维绘图、图形镜像复制的相关技巧。关于固定压板的绘制，主要有以下几个基本步骤。

（1）创建机械设计图层。根据机械制图中的"线型""线宽"规则，创建出"中心线""轮廓线""虚线"等图层。

（2）绘制基准线。使用"直线"和"偏移"命令绘制出定位图形结构的参考基准线。

（3）绘制压板对称结构图形。通过"修剪"命令创建出压板左侧的基本结构形状。

（4）创建镜像结构图形。使用"镜像"命令快速创建出压板对称位置上的图形结构。

Step1 新建图层。

01 打开"图层特性管理器"，完成模板图层的设置，如图5-93所示。

02 在"图层特性管理器"中，将"中心线"图层设置为"置为当前"。

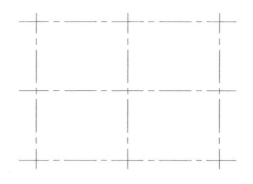

图5-93 图层设置

Step2 绘制基准线。

01 执行"直线"命令（L），分别绘制一条长度为130的水平直线和长度为90的垂直直线。

02 执行"偏移"命令（O），将水平基准直线分别向上下各偏移40，将垂直基准直线分别向左右各偏移55，如图5-94所示。

图5-94 绘制基准直线

Step3 绘制压板对称结构。

01 在"图层"工具栏中选择"轮廓线"图层。

02 执行"圆心、半径"圆命令（C），捕捉基准直线的交点为圆心，分别绘制半径为20、30、75.5的3

个同心圆形，如图5-95所示。

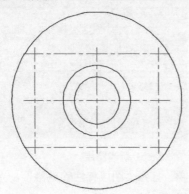

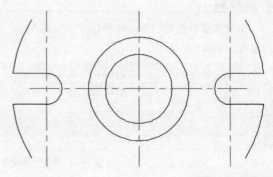

图5-98 镜像图形

图5-95 绘制同心圆

03 执行"圆心、半径"圆命令（C），捕捉左侧基准直线的交点为圆心，绘制半径为9的圆形；执行"直线"命令（L），捕捉圆形的界限点，分别绘制两条长度为35的水平直线，如图5-96所示。

02 执行"直线"命令（L），分别捕捉两圆弧的端点为直线的起点和终点，绘制出连接直线。

03 执行"镜像"命令（MI），以水平基准直线的两个端点为镜像点，将绘制的水平直线段进行镜像复制操作，如图5-99所示。

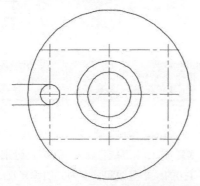

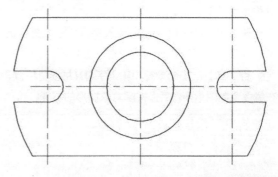

图5-99 镜像图形

图5-96 绘制圆与直线

04 执行"修剪"命令（TR），修剪相交的圆形和水平直线，如图5-97所示。

Step5 显示线宽。单击状态栏上的 ☰ 按钮，将所有轮廓线的线宽在绘图区域中进行显示。

5.4.4 阵列（AR）

阵列图形是通过将选定的二维图形以矩形、路径、极轴（环形）方式，进行规则形状的排列复制操作。

矩形阵列是通过指定行与列的数目以及它们之间的距离来控制阵列效果的一种阵列方式，它的主要特点是阵列对象沿**X**和**Y**轴做路径复制。

极轴（环形）阵列是通过指定阵列的旋转中心点，设置阵列旋转的填充角和项目数来确定环形阵列效果。

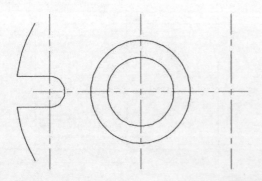

图5-97 修剪图形

Step4 镜像结构图形。

01 执行"镜像"命令（MI），以中心垂直基准直线的两个端点为镜像点，将左侧的圆弧段和直线段进行镜像复制操作，如图5-98所示。

路径阵列是通过指定一个图形对象作为路径来阵列图形，其阵列特点具有矩形阵列和环形阵列的一些功能特点，且更具灵活性。关于阵列图形的几种类型，如图5-100所示。

图5-100 阵列类型

"阵列"命令的执行方法主要有以下3种。

◇ 菜单栏：修改>阵列。

◇ 命令行：ARRAY或AR。

◇ 功能区：在"修改"命令区域中展开"阵列"命令的功能菜单，如图5-101所示。

图5-101 "阵列"命令按钮

操作方法

Step1 输入AR并按空格键，执行"阵列"命令，如图5-102所示。

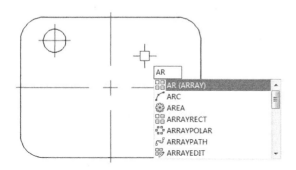

图5-102 执行"阵列"命令

Step2 定义阵列对象。选择左上方的圆形和圆的基准直线，按空格键完成阵列对象的指定，如图5-103所示。

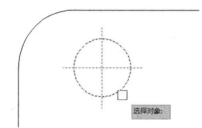

图5-103 定义阵列对象

Step3 定义阵列类型。在弹出的"输入阵列类型"选项中，选择"矩形（R）"为图形阵列的类型方式，如图5-104所示。

图5-104 定义阵列类型

Step4 定义阵列参数。

01 在"列"参数区域中设置列数为2，介于值为50；在"行"参数区域中设置行数为2，介于值为-40，如图5-105所示。

图5-105 定义列数与行数

> **注意**
> 在"介于"文本框中输入的数字不仅是决定阵列的间距值，同时也可定义出阵列的参考方向。当输入的数字为负值时，可调整系统默认的阵列方向。

02 按空格键完成图形的矩形阵列复制，结果如图5-106所示。

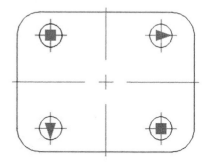

图5-106 完成矩形阵列图形

> **注意**
> 阵列后的图形对象将会成为一个整体式的图块，选择任意一个阵列图形都将重新激活"阵列"参数设置面板，用户可重新定义出阵列的相关参数。
> 另外，如需要单独对阵列中的某个图形进行编辑，通常需要对整个阵列图形块进行"分解"操作。

参数解析

在阵列图形的过程中，命令行中将出现相关的提示信息，如图5-107所示。

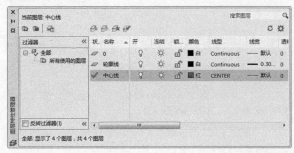

图5-107 命令行提示信息

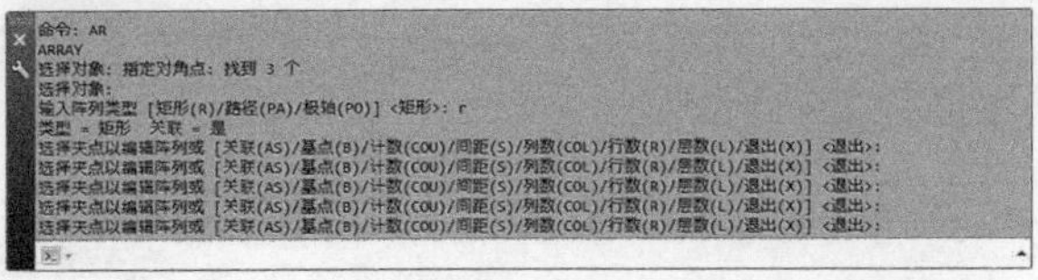

- **选择对象**：用于选择需要阵列复制的源对象图形。

- **输入阵列类型**：用于选择源对象图形的阵列复制方式，其主要包括"矩形（R）""路径（PA）"和"极轴（PO）"3种阵列类型。

功能实战：铣刀俯视图

实例位置	实例文件>Ch05>铣刀俯视图.dwg
实用指数	★☆☆☆☆
技术掌握	熟练使用"环形阵列"命令来创建结构副本图形

本实例将以"铣刀俯视图"为讲解对象，综合运用"圆心、半径"圆命令、"偏移"命令以及"阵列"命令来完成铣刀俯视图的绘制，结果如图5-108所示。

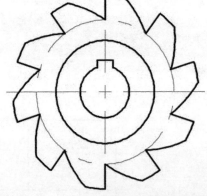

图5-108 铣刀俯视图

思路解析

在"铣刀俯视图"的实例操作过程中，其主要综合运用二维绘图、图形阵列复制的相关技巧。关于铣刀俯视图的绘制，主要有以下几个基本步骤。

（1）创建机械设计图层。根据机械制图中的"线型""线宽"规则，创建出"中心线""轮廓线"图层。

（2）绘制基准线。使用"直线"和"圆心、半径"圆命令绘制出铣刀俯视图的定位基准。

（3）绘制铣刀基础轮廓。通过"修剪"命令创建出铣刀的基础外形结构。

（4）绘制环形阵列结构。通过"阵列"命令创建出铣刀的外形阵列图形结构。

Step1 新建图层。

01 打开"图层特性管理器"，完成模板图层的设置，如图5-109所示。

02 在"图层特性管理器"中，将"中心线"图层设置为"置为当前"。

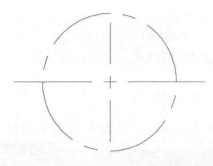

图5-109 图层设置

Step2 绘制基准线。

01 执行"直线"命令（L），分别绘制一条长度为100的水平直线和长度为60的垂直直线。

02 执行"圆心、半径"圆命令（C），捕捉基准直线的交点为圆心，绘制一个半径为35的基准圆形，如图5-110所示。

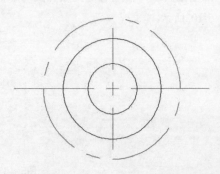

图5-110 绘制基准线

Step3 绘制铣刀基础轮廓。

01 在"图层"工具栏中选择"轮廓线"图层。

02 执行"圆心、半径"圆命令（C），捕捉基准直线的交点为圆心，分别绘制半径为12.5、25的两个同心圆形，如图5-111所示。

图5-111 绘制同心圆

03 执行"偏移"命令（O），将水平基准直线向
上偏移15.5，将垂直基准直线向左右各偏移4，如图
5-112所示。

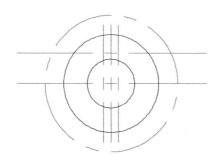

图5-112 偏移基准直线

04 执行"直线"命令（L），捕捉偏移基准直线
的交点，绘制3条连续的直线段；执行"修剪"命令
（TR），将与直线修剪的圆形进行修剪操作，结果
如图5-113所示。

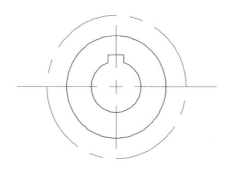

图5-113 修剪图形

05 执行"构造线"命令（XL），捕捉基准直线的
交点，绘制一条垂直的构造线；执行"偏移"命令
（O），将垂直构造线向右偏移10，如图5-114所示。

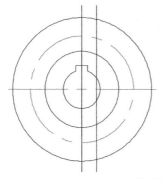

图5-114 绘制构造线

06 执行"修剪"命令（TR），将两垂直构造线与
圆形进行修剪操作，如图5-115所示。

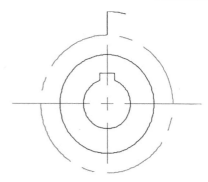

图5-115 修剪图形

Step4 创建环形阵列结构。

01 执行"阵列"命令（AR），选择修剪后的直线
和圆弧为阵列对象，选择基准直线的交点为阵列基
点，使用"极轴"方式将图形进行环形阵列复制操
作，如图5-116所示。

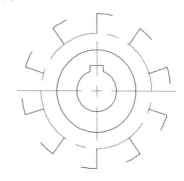

图5-116 环形阵列图形

02 执行"起点、端点、半径"圆弧命令，分别选择
阵列线段的两个端点为圆弧的起点和端点，指定圆弧
半径为53，绘制如图5-117所示的圆弧图形。

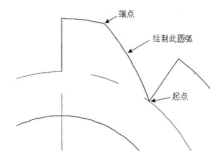

图5-117 绘制圆弧

03 执行"阵列"命令（AR），选择绘制的圆弧段
为阵列对象，选择基准直线的交点为阵列基点，使用
"极轴"方式将图形进行环形阵列复制操作，如图
5-118所示。

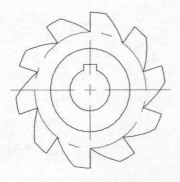

图5-118 环形 阵列图形

Step5 显示线宽。单击状态栏上的 ≡ 按钮，将所有轮廓线的线宽在绘图区域中进行显示。

5.4.5 偏移（O）

偏移图形是将指定的图形对象以一定的距离增量做平行复制操作，从而创建出与源对象图形外形结构相同空间位置平行的副本图形。

在AutoCAD中，偏移图形的方式主要有"通过指定距离""通过指定点"和"通过指定图层"3种，其中"通过指定距离"的方式最为普遍，也是系统默认激活的偏移方式。

"偏移"命令的执行方法主要有以下3种。

◇ 菜单栏：修改>偏移。

◇ 命令行：OFFSET或O。

◇ 功能区：单击"修改"命令区域中的 ▣ 按钮，如图5-119所示。

图5-119 "偏移"命令按钮

操作方法

Step1 输入O并按空格键，执行"偏移"命令，如图5-120所示。

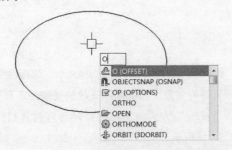

图5-120 执行"偏移"命令

Step2 定义偏移对象。

01 在命令行中输入数字，如5，按空格键完成偏移距离的指定。

02 选择绘制的椭圆图形为偏移的源对象，然后向椭圆内部移动十字光标指定偏移方向，如图5-121所示。

03 单击鼠标左键完成偏移位置的指定。

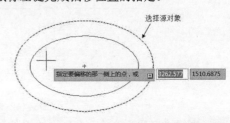

图5-121 定义偏移对象

> **注意**
> 在执行"偏移"命令后，系统一般将默认使用上一次偏移操作中的设置的偏移距离值。

参数解析

在偏移图形的过程中，命令行中将出现相关的提示信息，如图5-122所示。

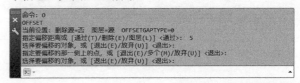

图5-122 命令行提示信息

▪ **指定偏移距离**：用于定义当前偏移操作的具体距离值。

▪ **通过（T）**：在命令行中输入字母T并按空格键，可指定偏移对象的某个通过点来定义出图形的偏移位置，如图5-123所示。

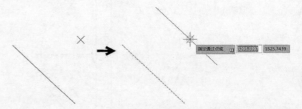

图5-123 "通过"偏移选项

▪ **删除（E）**：在命令行中输入字母E并按空格键，系统将弹出"要在偏移后删除源对象吗？"选项对话框，如图5-124所示。用户可在此选项中，选择创建偏移图形后是否再删除偏移的源对象图形。

图5-124 "删除"偏移选项

- **图层（L）**：在命令行中输入字母L并按空格键，系统将弹出"输入偏移对象的图层选项"对话框，如图5-125所示。用户可在此选项中，定义出偏移图形是否放置在源对象图形所在的图层上。

图5-125 "图层"偏移选项

- **选择要偏移的对象**：用于指定出偏移操作的源对象图形。

- **指定要偏移的那一侧上的点**：用于指定源对象图形的偏移方向。

- **多个（M）**：在命令行中输入字母M并按空格键，可连续创建出多个偏移对象。

功能实战：机械平键

实例位置 实例文件>Ch05>机械平键.dwg
实用指数 ★★☆☆☆
技术掌握 熟练使用"偏移"命令来完成结构图形的绘制

本实例将以"机械平键"为讲解对象，综合运用"圆心、半径"圆命令、"直线"命令以及"修剪"和"偏移"命令来完成机械平键的视图绘制，结果如图5-126所示。

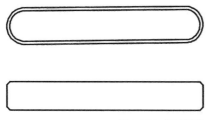

图5-126 机械平键

思路解析

在"机械平键"的实例操作过程中，其主要综合运用二维绘图、图形偏移复制的相关技巧。关于机械平键的绘制，主要有以下几个基本步骤。

（1）创建机械平键主视图。使用"圆心、半径"圆命令、"直线"命令以及"修剪"命令绘制出平键主视图的基础外形，使用"偏移"命令绘制出主视图上平键的倒角结构线。

（2）创建机械平键俯视图。使用"构造线"命令、"修剪"命令绘制出平键俯视图的基础外形，使用"修剪"命令、"倒角"命令完成平键俯视图的结构绘制。

Step1 绘制平键主视图。

01 执行"圆心、半径"圆命令（C），绘制一个半径为10.8的圆形。

02 执行"复制"命令（CO），将绘制的圆形向右水平距离复制98.4；执行"直线"命令（L），捕捉两个圆形的象限点，分别绘制两条水平直线，如图5-127所示。

图5-127 绘制圆形与直线

03 执行"修剪"命令（TR），将两个圆形与直线相交的内部圆弧段进行修剪操作，如图5-128所示。

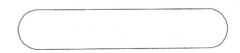

图5-128 修剪图形

04 执行"偏移"命令（O），将两条水平直线和两条连接圆弧段向内偏移1.8，结果如图5-129所示。

图5-129 偏移图形

Step2 绘制平键俯视图。

01 执行"构造线"命令（XL），捕捉主视图上两条圆弧的象限点，分别绘制两条垂直构造线。

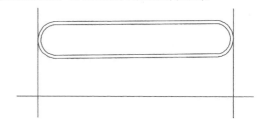

图5-130 绘制构造线

02 执行"构造线"命令（XL），在主视图下方绘制一条水平构造线；执行"偏移"命令（O），将水平构造线向下偏移16.8；执行"修剪"命令（TR），将4条相交的构造线的外侧部分进行修剪操作，如图5-131所示。

图5-131 修剪图形

03 执行"倒角"命令（CHA），在命令行中输入字母D，按空格键确定；指定两倒角距离为1.8，分别选择两个相交的直线段为倒角对象，创建如图5-132所示的倒角线。

图5-132 图形倒角

Step3 显示线宽。单击状态栏上的 按钮，将所有轮廓线的线宽在绘图区域中进行显示。

典型实例：连接盘

实例位置　实例文件>Ch05>连接盘.dwg
实用指数　★★☆☆☆
技术掌握　熟练使用"镜像"命令、"复制"命令以及"偏移"命令的操作技巧

本实例将以"连接盘"为讲解对象，主要运用基本二维图形的绘制方法，以及图形复制、图形镜像和偏移的操作技巧，结果如图5-133所示。

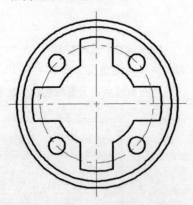

图5-133 连接盘

📖 **思路解析**

在"连接盘"的实例操作过程中，其主要综合运用图层管理、二维绘图，以及图形复制、镜像、偏移的相关技巧。关于连接盘的绘制，主要有以下几个基本步骤。

（1）创建机械设计图层。根据机械制图中的"线型""线宽"规则，创建出"中心线""轮廓线""细实线"等图层。

（2）绘制基准线和异形平面孔。使用"直线"和"圆心、半径"圆命令创建出图形的定位基准，使用"修剪"和"镜像"命令来完成4个位置对称平面孔的绘制。

（3）绘制连接盘外形结构。使用"复制"命令创建出连接盘的4个定位平面孔，使用"偏移"命令创建出连接盘的外形边结构。

Step1 新建图层。

01 打开"图层特性管理器"，完成模板图层的设置，如图5-134所示。

02 在"图层特性管理器"中，将"中心线"图层设置为"置为当前"。

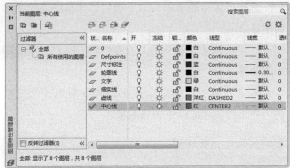

图5-134 图层设置

Step2 绘制基准线。

01 执行"直线"命令（L），分别绘制长度为110的水平直线和垂直直线。

02 执行"圆心、半径"圆命令（C），捕捉基准直线的交点为圆心，绘制一个半径为35的基准圆形，如图5-135所示。

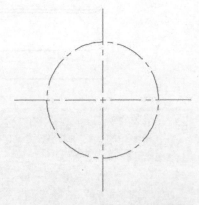

图5-135 绘制基准线

Step3 绘制连接盘异形平面孔。

01 在"图层"工具栏中选择"轮廓线"图层。

02 执行"圆心、半径"圆命令（C），捕捉基准直线的交点为圆心，分别绘制半径为25、40的两个同心

圆形；执行"偏移"命令（O），将水平基准直线分别向上下各偏移10，将垂直基准直线分别向左右各偏移10；执行"特性匹配"命令（MA），选择圆形为匹配源对象，选择偏移基准直线为匹配对象，完成图形的特性匹配操作，如图5-136所示。

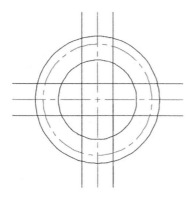

图5-136 图形匹配

03 执行"修剪"命令（TR），修剪4条偏移直线和两个相交圆形，结果如图5-137所示。

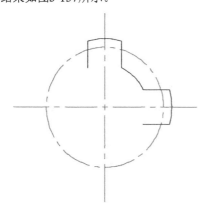

图5-137 修剪图形

04 执行"镜像"命令（MI），分别以垂直基准直线和水平基准直线的端点为参考镜像点，将修剪后的圆弧段和直线段进行镜像复制操作，如图5-138所示。

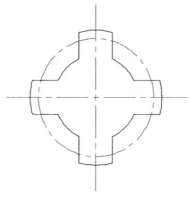

图5-138 镜像图形

Step3 绘制连接盘外形结构。

01 执行"构造线"命令（XL），在命令行中输入字母B并按空格键，选择基准直线的交点为顶点，分别选择垂直基准直线与水平基准直线的端点为构造线的起点和端点，绘制出如图5-139所示的两条角等分构造线。

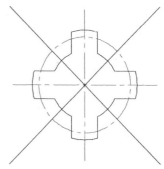

图5-139 绘制二等分构造线

02 执行"圆心、半径"圆命令（C），捕捉构造线与基准圆形的交点为圆心，绘制半径为5的圆形；执行"复制"命令（CO），选择圆形为复制对象，选择圆心为复制的参考基点，使用"多个"模式复制出如图5-140所示的圆形。

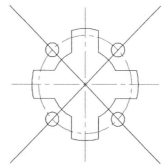

图5-140 多个复制圆形

03 执行"圆心、半径"圆命令（C），捕捉基准直线的交点为圆心，绘制半径为46的圆形；执行"偏移"命令（O），将绘制的圆形向外侧偏移4，结果如图5-141所示。

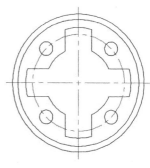

图5-141 偏移圆形

5.5 图形的修剪

本节知识概要

知识名称	作用	重要程度	所在页
修剪	掌握"边界"修剪和"快速"修剪的操作方法与技巧	高	P120
延伸	了解二维图形延伸操作的一般方法	低	P123
圆角	掌握相交图形的圆角操作方法与技巧	高	P123
倒角	掌握相交直线的倒角操作方法与技巧,其包括了"距离"倒角、"角度"倒角等常用方式	高	P125
拉伸	了解二维图形在平面上进行拉伸操作的一般方法	低	P127

在AutoCAD设计系统中,编辑修改图形外形结构的常用命令一般有"修剪"命令、"延伸"命令、"圆角"命令、"倒角"命令以及"拉伸"命令。

使用"修剪"命令是直接对相交图形对象的某一段指定曲线进行删除操作的编辑方法,其主要表现为图形缩短。而"延伸"命令与"拉伸"命令则是对指定的图形对象进行延长的操作,其主要表现为图形实体的增长。

"圆角"命令是对相交线段的转角处使用相切圆弧曲线进行过渡连接的一种修剪方式,而"倒角"命令是对相交线段的转角处使用倾斜直线段进行过渡连接的一种修剪方式。

5.5.1 修剪(TR)

在AutoCAD设计系统中,修剪图形既可以通过指定修剪边界来定义修剪范围,也可使用直接对相交曲线的某一段进行删除修剪操作。

"修剪"命令的操作对象包括圆弧、圆、直线、面域图形以及开放的二维或三维多段线,而对于"块"文件图形,先将其进行分解后才能使用"修剪"命令来完成图形的修剪操作。

"修剪"命令的执行方法主要有以下3种。

◇ 菜单栏:修改>修剪。

◇ 命令行:TRIM或TR。

◇ 功能区:单击"修改"命令区域中的 ⊬⁻ 按钮,

如图5-142所示。

单击此按钮

图5-142 "修剪"命令按钮

操作方法

Step1 输入TR并按空格键,执行"修剪"命令,如图5-143所示。

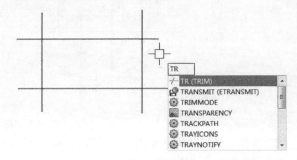

图5-143 执行"修剪"命令

Step2 定义修剪边界。选择两垂直直线为修剪边界对象,如图5-144所示。

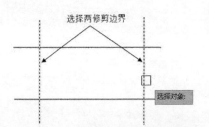

图5-144 定义修剪边界

> **注意**
>
> 在执行"修剪"命令后,可不选择任何图形作为修剪边界并再次按空格键,然后再选择修剪对象,系统将以图形的相交对象为边界自动判断出修剪结果。

Step3 定义修剪对象。按空格键完成修剪边界的指定,在系统信息提示下,选择下方水平直线的中间部分为修剪对象,如图5-145所示。

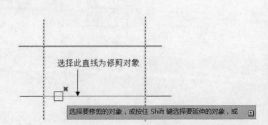

图5-145 定义修剪对象

Step4 按Esc键完成直线的修剪并退出命令。

参数解析

在修剪图形的过程中，命令行中将出现相关的提示信息，如图5-146所示。

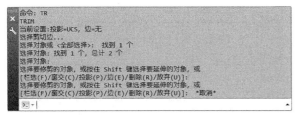

图5-146 命令行提示信息

- **选择剪切边**：用于指定修剪对象的参考边界。

- **选择要修剪的对象**：指定需要修剪的图形对象，在该信息提示下，单击某个对象可将该对象进行修剪操作。

- **栏选（F）**：在命令行中输入字母F并按空格键，可通过绘制直线段的方式来定义修剪对象，如图5-147所示。

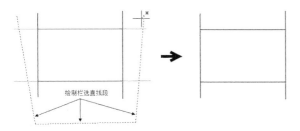

图5-147 "栏选"修剪方式

- **窗交（C）**：在命令行中输入字母C并按空格键，可通过窗选的方式来定义修剪对象，如图5-148所示。

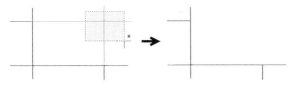

图5-148 "窗交"修剪方式

- **投影（P）**：在命令行中输入字母P并按空格键，可通过投影的方式来定义修剪对象。其包含"无（N）""UCS（U）"和"视图（V）"3种投影选项，如图5-149所示。

图5-149 "投影"修剪选项

- **边（E）**：在命令行中输入字母E并按空格键，可设置修剪对象时是否延伸窗口剪切边。其主要包含"延伸（E）"和"不延伸（N）"两种模式。当窗口剪切边与修剪对象不相交时，可使用"延伸"方式来完成修剪操作，如图5-150所示。

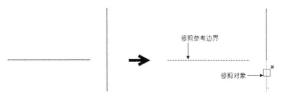

图5-150 "延伸"修剪方式

- **删除（R）**：在命令行中输入字母R并按空格键，可在命令的执行过程中删除选定的对象，而不用退出"修剪"命令。

功能实战： 手柄

实例位置	实例文件>Ch05>手柄.dwg
实用指数	★★☆☆☆
技术掌握	熟练使用"修剪"命令来快速修剪图形，辅助结构图形的绘制

本实例将以"手柄"为讲解对象，综合运用"圆心、半径"圆命令、"圆角"命令、"修剪"命令以及图层管理工具，结果如图5-151所示。

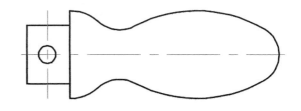

图5-151 手柄

> **思路解析**
>
> 在"手柄"的实例操作过程中，其主要综合运用二维绘图和图形偏移、修剪的相关技巧。关于手柄的绘制，主要有以下几个基本步骤。
>
> （1）创建机械设计图层。根据机械制图中的"线型""线宽"规则，创建出"中心线""轮廓线"等图层。
>
> （2）绘制基准线和柄头轮廓。使用"偏移"和"修剪"命令，完成手柄定位基准和柄头轮廓的创建。
>
> （3）绘制手柄主体轮廓。使用"圆心、半径"圆命令和"修剪"命令，创建出手柄主体的曲线外形结构。

Step1 新建图层。

01 打开"图层特性管理器"，完成模板图层的设置。

02 在"图层特性管理器"中，将"中心线"图层设置为"置为当前"。

Step2 绘制基准线。

01 执行"构造线"命令（XL），绘制一条水平基准构造线和一条垂直基准构造线。

02 执行"偏移"命令（O），将水平基准构造线分别向上下各偏移10，将垂直基准构造线向左偏移7，向右偏移8，如图5-152所示。

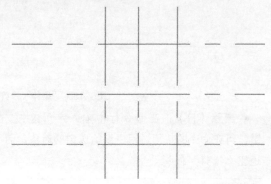

图5-152 绘制基准构造线

Step3 绘制柄头轮廓。

01 在"图层"工具栏中，选择"轮廓线"图层，执行"圆心、半径"圆命令（C），捕捉中心基准构造线的交点为圆心，绘制半径为3的圆形。

02 执行"偏移"命令（O），将水平基准构造线分别向上下各偏移15；执行"特性匹配"命令（MA），选择圆形为匹配的源对象，选择偏移的基准构造线为特性匹配对象。

03 执行"修剪"命令（TR），将特性匹配后的相交构造线进行修剪操作，结果如图5-153所示。

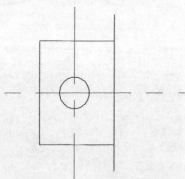

图5-153 修剪图形

Step4 绘制手柄主体轮廓。

01 执行"偏移"命令（O），将水平基准构造线分别向上下各偏移35，将垂直基准构造线向右偏移53，如图5-154所示。

02 执行"圆心、半径"圆命令（C），捕捉垂直直线的中点为圆心，绘制半径为15的圆形，如图5-155所示。

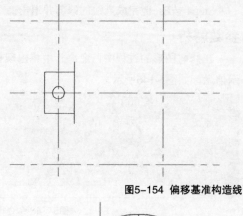

图5-154 偏移基准构造线

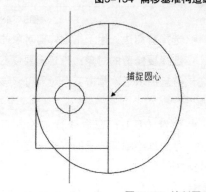

图5-155 绘制圆形

03 执行"圆心、半径"圆命令（C），分别捕捉偏移基准构造线的交点为圆心，绘制半径为50的两个圆形，如图5-156所示。

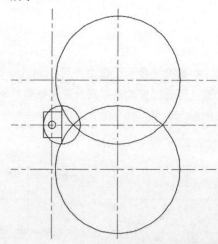

图5-156 绘制圆形

04 执行"修剪"命令（TR），将相交的3个圆形进行修剪操作，结果如图5-157所示。

05 执行"圆角"命令（F），指定圆角半径为12，选择左侧连接的两条圆弧为圆角对象；执行"圆角"命令（F），指定圆角半径为10，选择上下两侧连接圆弧为圆角对象，完成图形的圆角操作，结果如图5-158所示。

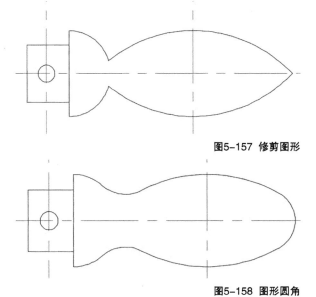

图5-157 修剪图形

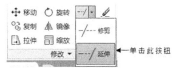

图5-158 图形圆角

Step5 显示线宽。单击状态栏上的 ▬ 按钮，将所有轮廓线的线宽在绘图区域中进行显示。

5.5.2 延伸（EX）

延伸图形是将独立二维图形的一个端点沿该图形的曲率延伸至指定图形边界上，它与"修剪"命令类似，但不同的是修剪操作会将图形对象修剪到剪切边，而延伸操作则相反。如以有宽度的2D多段线作为延伸参考边界时，系统将会忽略其宽度直接将指定对象延伸至多段线的中心线上。

"延伸"命令的执行方法主要有以下3种。

◇ 菜单栏：修改>延伸。

◇ 命令行：EXTEND或EX。

◇ 功能区：单击"修改"命令区域中的 ▬ 按钮，如图5-159所示。

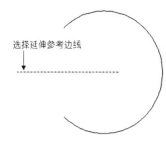

图5-159 "延伸"命令按钮

操作方法

Step1 输入EX并按空格键，执行"延伸"命令，如图5-160所示。

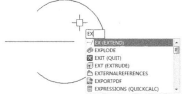

图5-160 执行"延伸"命令

Step2 定义延伸参考边。

01 选择水平直线段为延伸的参考边，如图5-161所示。

02 按空格键完成延伸参考边线的指定。

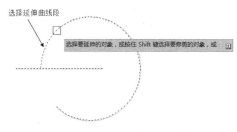

图5-161 定义延伸参考边

Step2 定义延伸对象。

01 选择圆弧曲线的上侧部分为延伸对象，系统将预览出延伸结果，如图5-162所示。

02 按空格键完成图形对象的延伸操作。

图5-162 定义延伸对象

> **注意**
> 在定义延伸对象时，用户应该在图形需要延伸操作的一侧来选择颜色对象，如此系统将根据选择图形的位置点而自动判断出延伸结果。
> 在延伸操作过程中，如参考边界不与延伸对象直接相交，系统将假想延伸该参考边线，从而使延伸对象能正确地进行延伸操作。

5.5.3 圆角（F）

圆角是工程设计中最常用的工程特征，合适的圆角特征不仅使产品外观更为美观，更能减少产品在直角处的应力作用，增加产品的强度和使用寿命。而在AutoCAD设计系统中，图形的圆角处理是用指定半径的圆弧连接两个图形对象。

"圆角"命令的执行方法主要有以下3种。

◇ 菜单栏：修改>圆角。

◇ 命令行：FILLET或F。

◇ 功能区：单击"修改"命令区域中的 按钮，如图5-163所示。

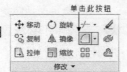

单击此按钮

图5-163 "圆角"命令按钮

操作方法

Step1 输入F并按空格键，执行"圆角"命令，如图5-164所示。

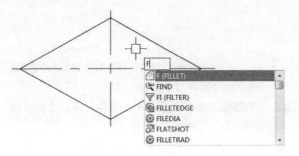

图5-164 执行"圆角"命令

Step2 定义修剪圆角。

01 在命令行中输入字母R，按空格键确定；然后在命令行中输入数字10，按空格键完成圆角半径的指定。

02 在命令行中输入字母T，按空格键完成修剪模式的设定；选择两条相交的直线为圆角对象，如图5-165所示。

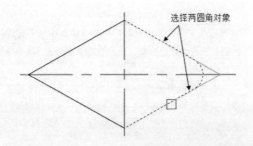

选择两圆角对象

图5-165 定义圆角对象

> **注意**
>
> 在第一次执行"圆角"命令时，系统将默认使用"修剪"模式来完成圆角操作。另外，在使用"不修剪"模式来创建圆角曲线后，系统也将在此后的"圆角"命令中继承这一参数设定。

Step3 重复使用圆角参数。

01 按空格键重复执行"圆角"命令。

02 使用默认的圆角参数设置，选择如图5-166所示的两条相交直线为圆角对象。

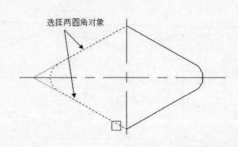

选择两圆角对象

图5-166 定义圆角对象

参数解析

在图形的圆角操作过程中，命令行中将出现相关的提示信息，如图5-167所示。

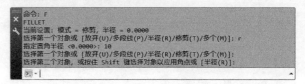

图5-167 命令行提示信息

- **当前设置**：用于显示当前"圆角"命令默认使用的相关参数设置，其一般将显示圆角的模式和圆角的半径值。

- **半径（R）**：在命令行中输入字母R并按空格键，可重新定义图形的圆角半径值。

- **修剪（T）**：在命令行中输入字母T并按空格键，可重新定义图形圆角的修剪模式。其主要包括"修剪（T）"和"不修剪（N）"两种模式，如图5-168所示。

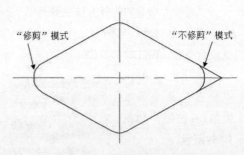

"修剪"模式　　　　　　"不修剪"模式

图5-168 "修剪"与"不修剪"圆角

- **多个（M）**：在命令行中输入字母M并按空格键，可连续执行当前参数设置的"圆角"命令。

功能实战：　限位盖

实例位置	实例文件>Ch05>限位盖.dwg
实用指数	★★☆☆☆
技术掌握	熟练使用"圆角"命令来相切连接两个独立的图形对象

本实例将以"限位盖"为讲解对象，综合运用"直线"和"圆心、半径"圆命令以及"偏移"和

"圆角"命令来完成限位盖的绘制，结果如图5-169所示。

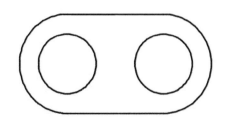

图5-169 限位盖

思路解析

在"限位盖"的实例操作过程中，其主要综合运用二维绘图和图形圆角处理的相关技巧。关于限位盖的绘制，主要有以下几个基本步骤。

（1）绘制限位盖基础轮廓。使用"直线"和"偏移"命令绘制两平行直线，使用"圆角"命令创建出相切连接两平行直线的圆弧段。

（2）绘制平面圆孔。使用"圆心、半径"圆命令和距离"复制"命令，创建出限位盖的平面圆孔轮廓。

Step1 绘制限位盖基础轮廓。

01 执行"直线"命令（L），绘制一条长度为50的水平直线；执行"偏移"命令（O），将水平直线向下偏移50，如图5-170所示。

图5-170 偏移水平直线

02 执行"圆角"命令（F），指定圆角半径为25，选择两条平行的直线为圆角对象，结果如图5-171所示。

图5-171 图形圆角

Step2 绘制平面圆孔。

01 执行"圆心、半径"圆命令（C），捕捉左侧圆弧的圆心点为新圆形的圆心，绘制半径为15的圆形。

02 执行"复制"命令（CO），选择绘制的圆形为复制对象，选择圆心为复制的参考基点，向右水平移动十字光标并指定复制距离为50，按空格键完成圆形的距离复制，结果如图5-172所示。

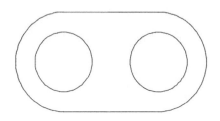

图5-172 距离复制圆形

Step3 显示线宽。单击状态栏上的 按钮，将所有轮廓线的线宽在绘图区域中进行显示。

5.5.4 倒角（CHA）

倒角是机械工程上的术语，倒角特征是机械加工中重要的工艺特征，它是在几何实体的锐角处截取一段平直剖面材料，从而在两个平面之间创建一个过渡平面。简单来说，倒角就是在那个90度的棱上面再加工一个具有一定倾斜角度的小平面。

在AutoCAD系统中，图形的倒角处理是可以通过延伸或修剪的方法，用一条斜线连接两个非平行的图形对象。

"倒角"命令的执行方法主要有以下3种。

◇ 菜单栏：修改>倒角。

◇ 命令行：CHAMFER或CHA。

◇ 功能区：单击"修改"命令区域中的 按钮，如图5-173所示。

图5-173 "倒角"命令按钮

操作方法

Step1 输入CHA并按空格键，执行"倒角"命令，如图5-174所示。

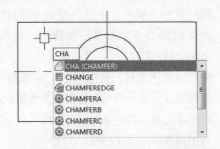

图5-174 执行"倒角"命令

Step2 定义距离倒角。

01 在命令行中输入字母D，按空格键确定；然后在命令行中输入数字15，按空格键完成第一倒角距离的指定；使用相同的参数设置出第二倒角距离。

02 分别选择两条相交直线段为第一倒角边线和第二倒角边线，如图5-175所示。

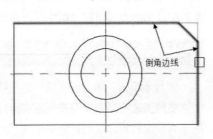

图5-175 定义倒角对象

03 按空格键重复执行"倒角"命令，使用默认的倒角参数，分别选择矩形右侧垂直直线和下侧的水平直线为倒角边线，结果如图5-176所示。

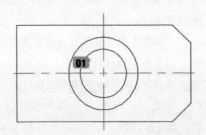

图5-176 定义倒角对象

Step3 定义不修剪模式倒角。

01 按空格键重复执行"倒角"命令，使用默认的倒角距离参数。

02 在命令行中输入字母T，按空格键确定；在弹出的"输入修剪模式选项"中选择"不修剪（N）"为当前倒角操作的修剪模式，如图5-177所示。

03 选择如图5-178所示的两相交直线段为倒角对象，完成不修剪模式的倒角操作。

图5-177 定义修剪模式

图5-178 定义倒角对象

参数解析

在图形的倒角操作过程中，命令行中将出现相关的提示信息，如图5-179所示。

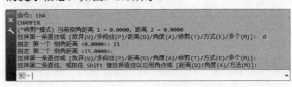

图5-179 命令行提示信息

- **"修剪"模式**：用于显示当前"倒角"命令默认使用的相关参数设置，其一般将显示系统默认的倒角距离1和距离2。

- **距离（D）**：在命令行中输入字母D并按空格键，可重新定义倒角的第1距离和第2距离。

- **角度（A）**：在命令行中输入字母A并按空格键，可通过定义第1倒角边线的长度和角度，来完成图形的倒角操作，如图5-180所示。

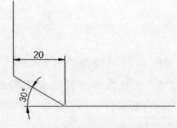

图5-180 "角度"倒角

- **修剪（T）**：在命令行中输入字母T并按空格键，可重新定义图形的倒角修剪模式。其主要包括"修剪（T）"和"不修剪（N）"两种模式。

功能实战： 定位销

实例位置	实例文件>Ch05>定位销.dwg
实用指数	★☆☆☆☆
技术掌握	熟练使用"倒角"和"直线"命令来完成零件倒角特征的绘制

本实例将以"定位销"为讲解对象，综合运用"矩形"和"直线"命令，以及"倒角"命令来完成定位销的绘制，结果如图5-181所示。

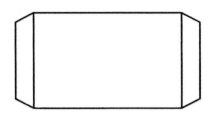

图5-181 定位销

思路解析

在"定位销"的实例操作过程中，其主要综合运用二维绘图和图形偏移、倒角处理的相关技巧。关于定位销的绘制，主要有以下几个基本步骤。

(1) 绘制定位销基础轮廓。使用"矩形"命令和距离"倒角"命令来创建定位销的基础结构。

(2) 绘制倒角投影线。使用"直线"命令绘制出定位销倒角特征的视图投影线。

Step1 绘制定位销基础轮廓。

01 执行"矩形"命令（REC），绘制一个长度为20、宽度为10的矩形，如图5-182所示。

图5-182 绘制矩形

02 执行"倒角"命令（CHA），指定第一倒角距离为1，第二倒角距离为2；选择两条相交的直线边为倒角对象，如图5-183所示。

图5-183 矩形倒角

03 执行"倒角"命令（CHA），使用系统默认的倒角参数，完成矩形其他3个顶角的倒角处理，如图5-184所示。

图5-184 完成矩形倒角

Step2 绘制倒角投影线。执行"直线"命令（L），分别捕捉倒角直线的两个端点，绘制两条垂直直线，结果如图5-185所示。

Step3 显示线宽。单击状态栏上的 ▤ 按钮，将所有轮廓线的线宽在绘图区域中进行显示。

图5-185 绘制投影直线

5.5.5 拉伸（S）

"拉伸"命令是将图形按指定的方向和角度，来完成二维图形对象的缩放操作。同时"拉伸"命令还可以使图形在指定方向上按比例缩放。

"拉伸"命令的执行方法主要有以下3种。

◇ 菜单栏：修改>拉伸。

◇ 命令行：STRETCH或S。

◇ 功能区：单击"修改"命令区域中的 🗗拉伸 按钮，如图5-186所示。

图5-186 "拉伸"命令按钮

操作方法

Step1 输入S并按空格键，执行"拉伸"命令，如图5-187所示。

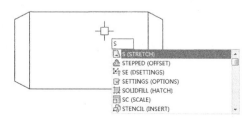

图5-187 执行"拉伸"命令

Step2 定义拉伸对象。

01 使用交叉窗口选取的方式选择拉伸图形对象，如图5-188所示；按空格键完成拉伸对象的指定。

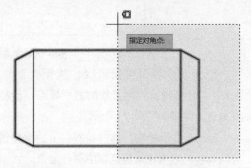

图5-188 选择拉伸对象

02 选择图形对象上的一个特征点为拉伸的参考基点，如图5-189所示。

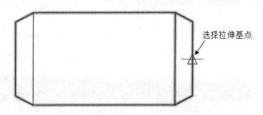

图5-189 指定拉伸基点

Step3 定义拉伸放置点。向右移动十字光标，选择水平方向上的任意一个特征点为拉伸的位移参考点，如图5-190所示。

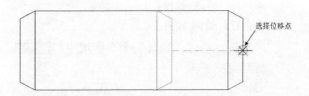

图5-190 定义拉伸放置点

 注意

在选择拉伸对象时，必须使用交叉框选来选取对象，然后可通过指定放置距离或选择一个放置点的方式定义出拉伸的长度。

参数解析

在图形的拉伸操作过程中，命令行中将出现相关的提示信息，如图5-191所示。

- **选择对象：**用于选择拉伸操作的图形对象，一般必须使用交叉窗口或交叉多边形的选取方式来定义拉伸对象。
- **指定基点：**在指定拉伸的图形对象上选择相应的

特征点，作为拉伸操作的参考基点。

- **指定第二个点：**用于定义拉伸图形对象的放置点，其一般可通过直接选择某个特征点的方式快速定义出图形拉伸的距离，也可以通过指定具体的距离值来定义图形拉伸的距离。

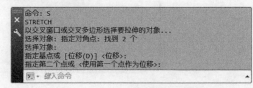

图5-191 命令行提示信息

典型实例：机械吊钩

实例位置	实例文件>Ch05>机械吊钩.dwg
实用指数	★★☆☆☆
技术掌握	熟练使用"修剪"命令、"圆角"命令以及"倒角"命令的操作技巧

本实例将以"机械吊钩"为讲解对象，主要运用基本二维图形的绘制方法，以及图形修剪、圆角、倒角的操作技巧，结果如图5-192所示。

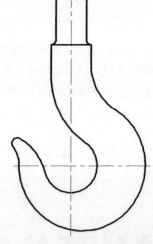

图5-192 机械吊钩

📖 **思路解析**

在"机械吊钩"的实例操作过程中，其主要综合运用图层管理、二维绘图，以及图形修剪、圆角、倒角的相关技巧。关于机械吊钩的绘制，主要有以下几个基本步骤。

（1）创建机械设计图层。根据机械制图中的"线型""线宽"规则，创建出"中心线""轮廓线"图层。

（2）绘制基准线和吊钩主体轮廓。使用"构造线"命令和"偏移"命令创建出吊钩的定位基准，使用"圆心、半径"圆命令、"圆角"命令和"修剪"命令创建出吊钩的主体结构轮廓。

（3）绘制吊钩细节轮廓。使用"偏移"命令、"特性匹配"命令、"修剪"命令、"倒角"和"圆角"命令创建出吊钩细节局部的结构轮廓。

Step1 新建图层。

01 打开"图层特性管理器",完成模板图层的设置。

02 在"图层特性管理器"中,将"中心线"图层设置为"置为当前"。

Step2 绘制基准线。

01 执行"构造线"命令(XL),绘制一条水平基准构造线和一条垂直基准构造线。

02 执行"偏移"命令(O),将水平基准构造线向上偏移89,向下偏移15,将垂直基准构造线分别向左右各偏移15,如图5-193所示。

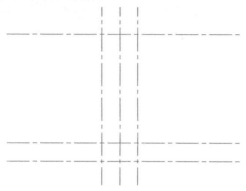

图5-193 绘制基准构造线

Step3 绘制吊钩主体轮廓。

01 在"图层"工具栏中选择"轮廓线"图层。

02 执行"圆心、半径"圆命令(C),捕捉基准构造线的交点为圆心,分别绘制半径为20、48的两个同心圆形,如图5-194所示。

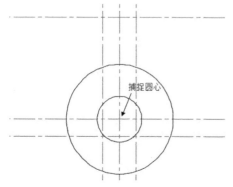
捕捉圆心

图5-194 绘制同心圆

03 执行"移动"命令(M),将半径为48的圆形向右水平移动9;执行"圆角"命令(F),指定圆角半径为60,分别选择半径为20的圆形和左侧的偏移垂直构造线为圆角对象,完成图形的圆角操作,如图5-195所示。

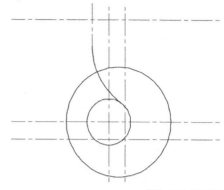

图5-195 图形圆角

04 执行"圆角"命令(F),指定圆角半径为40,分别选择右侧的偏移构造线和相交圆形为圆角对象,完成图形的圆角操作,如图5-196所示。

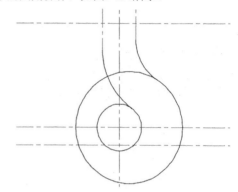

图5-196 图形圆角

05 执行"修剪"命令(TR),将所有相交的图形对象进行修剪操作,结果如图5-197所示。

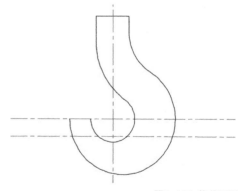

图5-197 修剪图形

Step4 绘制吊钩细节轮廓。

01 执行"偏移"命令(O),将水平基准构造线向上偏移128,将垂直基准构造线分别向左右各偏移11.5,如图5-198所示。

02 执行"特性匹配"命令(MA),选择圆弧曲线为特性匹配的源对象,选择偏移基准构造线为特性匹配的目标对象;执行"修剪"命令(TR),将偏移的构造线进行修剪操作，如图5-199所示。

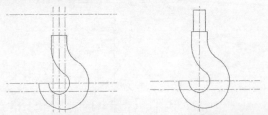

图5-198 偏移基准构造线　　图5-199 修剪图形

03 执行"倒角"命令（CHA），分别指定两个倒角距离为2，选择两条相交直线段为倒角对象，完成图形的倒角操作；执行"圆角"命令（F），指定圆角半径为3.5并使用"不修剪"模式，选择下侧两条相交直线段为圆角对象，完成图形的圆角操作，结果如图5-200所示。

04 执行"偏移"命令（O），将垂直基准构造线向左偏移62；执行"圆心、半径"圆命令（C），捕捉基准构造线的交点为圆心，捕捉圆弧段上的切点为圆的通过点，绘制如图5-201所示的圆形。

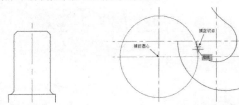

图5-200 图形倒角与圆角　　图5-201 绘制圆形

05 执行"圆心、半径"圆命令（C），捕捉基准构造线的交点为圆心，捕捉圆弧段上的切点为圆的通过点，绘制如图5-202所示的圆形。

06 执行"圆心、半径"圆命令（C），然后在命令行中输入字母T并按空格键，使用"相切、相切、半径"的方式分别绘制出半径4的相切圆形，如图5-203所示。

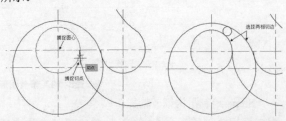

图5-202 绘制圆形　　图5-203 绘制相切圆

07 执行"修剪"命令（TR），对3个圆形以及相切的两个圆弧段进行修剪操作，结果如图5-204所示。

Step5 显示线宽。单击状态栏上的按钮，将所有轮廓线的线宽在绘图区域中进行显示。

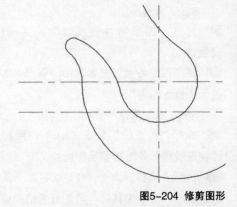

图5-204 修剪图形

5.6 思考与练习

　　通过本章的介绍与学习，讲解了AutoCAD 编辑二维基础图形的基本方法。为对知识进行巩固和考核，布置相应的练习题，使读者进一步灵活掌握本章的知识要点。

5.6.1 冲压件

　　利用图层工具、基础二维绘图工具绘制出冲压件，如图5-205所示，其基本思路如下。

01 在"图层特性管理器"中，设置"中心线""轮廓线"等图层。

02 在"中心线"图层中绘制基准中心线。

03 在"轮廓线"图层中绘制冲压件的基本轮廓线。

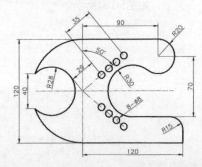

图5-205 冲压件

5.6.2 思考问答

01 使用系统的"Ctrl+C"组合键和"Ctrl+V"组合键可实现什么操作？

02 复制图形有哪些方式？这些方式有何区别？

03 修剪图形有哪些方式？这些方式有何区别？

第6章 块、文字和表格

在AutoCAD设计系统中，图形块的应用属于高级操作内容，图块的操作主要是创建块、保存块和插入块，它对于快速制图有着重要的辅助作用。

文字是机械图形的重要组成部分，文字操作主要用于技术说明和标题栏的填写，它是图形绘制中不可缺少的重要组成部分，几乎所有的图形结构中都包含了尺寸标注文字或图形解释文字，这些文字一般统称为技术注释。而表格应用则主要用于创建机械装配图的零件明细表和各种零件的参数说明。

本章学习要点

★ 掌握块图形的创建、保存与插入
★ 了解制图的文字样式
★ 了解文字样式的设置方法
★ 掌握单行、多行文字的创建方法
★ 表格的设置方法
★ 表格的插入与编辑方法

本章知识索引

本章实例索引

6.1 块文件

本节知识概要

知识名称	作用	重要程度	所在页
块的创建	掌握在当前绘图环境中创建块文件的操作流程	中	P132
块的保存	掌握块文件磁盘保存的一般方法	中	P133
块的插入	了解在图形文件中插入块文件的基本方法	中	P134

在AutoCAD中，块图形一般为独立的图形对象。它可以是直线、圆或圆弧等图形对象所定义组成的图形，块图形可以保存在系统指定的图形文件中，也可由用户指定保存路径将其保存在计算机的磁盘中。

使用AutoCAD的块操作对于制图主要有以下3个优点。

第1点：快速生成制图过程中需要重复使用的结构图形对象，提高工作效率。

第2点：集中管理常用结构图形对象，减少图形文件的大小。

第3点：快速准确地批量修改结构图形对象，修改块文件后所有引用块文件的图形对象将得到相应更新。

单击功能区中的"插入"选项卡，系统将切换功能命令集，而在此功能区域中将完整地显示出所有关于块的命令，如图6-1所示。

图6-1 "插入"功能区命令集

6.1.1 块的创建（B）

在AutoCAD中如要进行块文件的插入操作，一般需要先定义出块文件的结构图形，然后再将其反复应用至当前的图形文件中以完成制图需求。

"创建块"命令的执行方法主要有以下3种。

◇ 菜单栏：绘图>块>创建。

◇ 命令行：BLOCK或B。

◇ 功能区：单击"块"命令区域中的按钮，如图6-2所示。

图6-2 "创建块"命令按钮

操作方法

Step1 绘制块文件结构形状。使用二维图像绘制与编辑工具，绘制螺母俯视图结构，如图6-3所示。

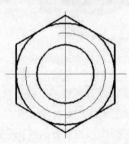

图6-3 绘制螺母俯视图

Step2 定义块文件。

01 输入B并按空格键，执行"创建块"命令，系统弹出"块定义"对话框，如图6-4所示。

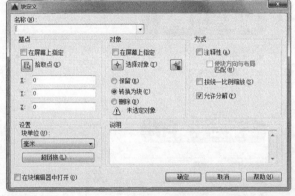

图6-4 "块定义"对话框

02 在"块定义"对话框中的名称栏输入文字"螺母"，单击基点栏中的"拾取点"按钮；系统将返回绘图区中，选择螺母图形的基准线交点为插入基点，如图6-5所示。

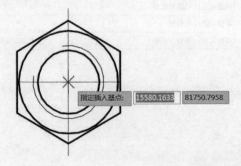

图6-5 定义插入基点

03 在"对象"区域栏中单击"选择对象"按钮 ⊕，系统将返回绘图区中，选择螺母的所有组成线段为块的定义对象，如图6-6所示。

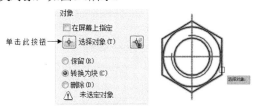

图6-6 定义插入对象

 注意

在"对象"区域栏中，用户如未指定插入对象，系统将显示"未选定对象"的警示。当完成插入对象的指定后，系统将在此区域栏中显示出已选择对象的数量。

04 按空格键返回"块定义"对话框中；单击 确定 按钮完成块的创建。

6.1.2 块的保存（WBL）

在完成块文件的创建后，系统一般将该图形结构以"块"文件的形式存入当前图形文件中，从而能使绘图用户重复使用这种"块"图形结构。而在AutoCAD的其他图形文件中插入该"块"图形结构时，则需要先将此"块"文件存入计算机磁盘当中，否则只能插入当前图形文件中创建的"块"图形结构。

"写块"命令的执行方法主要有以下2种。

◇ 命令行：WBLOCK或WBL。

◇ 功能区：在"插入"功能区域中单击 按钮，如图6-7所示。

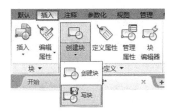

图6-7 "块保存"命令按钮

操作方法

Step1 绘制块文件结构形状。使用二维图像绘制与编辑工具，绘制螺母俯视图结构。

Step2 定义块保存。

01 输入WBL并按空格键，执行"写块"命令，系统弹出"写块"对话框，如图6-8所示。

图6-8 "写块"对话框

02 在"写块"对话框的"源"区域栏中勾选"对象"，在基点选项组中单击"拾取点"按钮 ⑧；系统将返回绘图区中，选择螺母图形的基准线交点为插入基点。

03 在"对象"区域栏中单击"选择对象"按钮 ⊕，系统将返回绘图区中，选择螺母的所有组成线段为块的定义对象；按空格键返回"写块"对话框中；在"文件名和路径（F）"文本框中定义块文件的磁盘保存路径，如图6-9所示。

04 单击 确定 按钮，完成块文件的保存操作。

图6-9 "写块"对话框

 注意

单击"文件名和路径（F）"文本框后的 ... 按钮，系统将弹出"浏览图形文件"对话框，用户可在此对话框中重新定义出当前"块"图形文件在磁盘中的保存位置。

6.1.3 块的插入（Ⅰ）

在AutoCAD中完成块文件的创建后，就可以在当前图形文件中反复插入使用，而在新的图形文件中插入块文件则可以插入磁盘中已存储的块结构图形。

无论采用哪种方式插入块文件，其操作思路都基本相同。且在插入图形块时，用户还可指定块的插入点、缩放比例、旋转角等参数，其中块的插入点对应于创建块时指定的基点。

"块插入"命令的执行方法主要有以下2种。

◇ 命令行：INSERT或I。
◇ 功能区：在"默认"或"插入"功能区域中，单击按钮。

操作方法

Step1 输入I并按空格键，执行"块插入"命令，系统将弹出"插入"对话框，如图6-10所示。

图6-10 "插入"对话框

 注意
在打开"插入"对话框后，系统将默认选择当前图形文件中创建的"块"结构图形为插入对象。

Step2 定义插入对象。

01 在"插入"对话框中单击 浏览(B)... 按钮，系统弹出"选择图形文件"对话框。

02 浏览到计算机磁盘上已保存的图形文件夹，选择任意一个AutoCAD图形文件，系统将在预览区域中显示该文件的预览图形，如图6-11所示。

03 单击 打开(O) 按钮，返回"插入"对话框；使用系统默认的"比例""旋转"参数，单击 确定 按钮完成插入对象的指定。

图6-11 选择插入对象

选择绘图区域中的任意一个特征点为块图形的插入点，系统将把指定块图形插入到当前图形文件中。

典型实例： 粗糙度符号

实例位置	实例文件>Ch06>粗糙度符号.dwg
实用指数	★ ☆ ☆ ☆ ☆
技术掌握	熟练"直线"命令的绘制技巧以及块创建的基本操作流程

本实例将以"粗糙度符号"为讲解对象，综合运用二维绘图命令、块文件创建、块文件保存的操作，最终结果如图6-12所示。

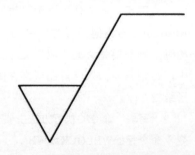

图6-12 粗糙度符号

📖 **思路解析**
在"粗糙度符号"的实例操作过程中，将体现"块"文件创建与保存的基本流程和思路，主要有以下几个基本步骤。

（1）绘制粗糙度符号。按照机械制图中关于粗糙度符号的绘制标准，使用"直线"命令，绘制出粗糙度符号的基本外形结构。

（2）创建"块"文件。使用"创建块"命令，将绘制的粗糙度符号图形指定为块文件。

（3）保存"块"文件。使用"写块"命令，将当前图形文件中的块结构图形保存至计算机磁盘中。

Step1 绘制粗糙度符号。执行"直线"命令（L），绘制粗糙度符号的基本外形结构，如图6-13

所示。

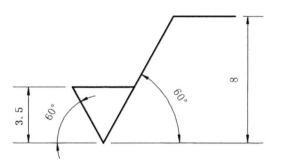

图6-13 绘制粗糙度符号

Step2 创建"块"文件。

01 执行"块创建"命令（B），指定块名称为"粗糙度符号"，选择如图6-14所示的特征点为块的插入基点。

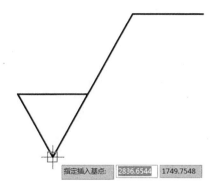

指定插入基点：2836.6544 1749.7548

图6-14 定义插入基点

02 选择所有的直线段为块的定义对象，如图6-15所示。

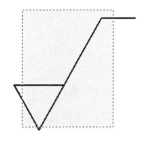

图6-15 定义插入对象

03 按空格键返回"块定义"对话框中；单击 确定 按钮完成粗糙度符号块的创建。

Step3 保存粗糙度符号块。

01 执行"写块"命令（WBL），选择粗糙度符号上的任意一个特征点为写块操作的插入点，如图6-16所示。

02 选择绘图区中的粗糙度符号结构为写块操作的保存对象，在"文件名和路径（F）"文本框中定义块

文件的磁盘保存路径；单击 确定 按钮，完成粗糙度符号块的保存操作。

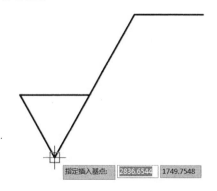

指定插入基点：2836.6544 1749.7548

图6-16 定义写块插入点

> **注意**
> 在机械制图过程中，表面粗糙度符号的画法与尺寸大小都有具体的标准，其线宽、高度尺寸的基本规范如表6-1所示。

表6-1 粗糙度符号尺寸

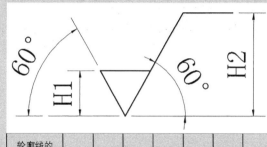

轮廓线的线宽	0.35	0.5	0.7	1	1.4	2	2.8
字符高度	2.5	3.5	5	7	10	14	20
字符线宽	0.25	0.35	0.5	0.7	1	1.4	2
粗糙度符号高度H1	3.5	5	7	10	14	20	28
粗糙度符号高度H2	8	11	15	21	30	42	60

6.2 文字的应用

本节知识概要

知识名称	作用	重要程度	所在页
关于制图的文字样式	了解AutoCAD机械制图使用的基本文字样式	中	P136

设置文字样式	掌握在AutoCAD中设置文字样式的基本操作	中	P136
单行文字	了解在AutoCAD中创建单行文字的操作方法	中	P137
多行文字	掌握在AutoCAD中创建多行文字的操作技巧	高	P138
特殊符号的插入	掌握在单行文字、多行文字中添加特殊字符的操作方法	高	P138

在AutoCAD的图形创建中，文字图形是一种比较特殊的二维图形结构。同时文字也是AutoCAD的一项重要功能，在使用AutoCAD进行机械制图时，文字一般用于标题栏的填写和特殊尺寸的文字标注，但最广泛的应用还是在图纸的技术要求说明上，如图6-17所示。

本节将针对文字工具在机械制图中的应用，重点讲解文字样式的设置、单行文字的创建、多行文字的创建、文字的编辑与修改等内容。

技术要求

1. 铸件不得有砂眼、气孔等缺陷。
2. 铸件应进行时效处理。
3. 未注明铸件倒角为C1。
4. 未注明铸件圆角为R3-R5。

图6-17 技术说明文字

6.2.1 关于制图的文字样式

在使用AutoCAD绘制机械图形时，常常还需用汉字、字母、数字等字符来标注尺寸或说明零件在设计、装配、制作时的各项要求。

在机械工程图中书写的汉字、字母、数字必须做到：字体工整、笔画清楚、间隔均匀、排列整齐。字体高度（用h表示）的公称尺寸系列为：1.8、2.5、3.5、5、7、10、14、20（mm）8种。如需要更大的字，其字体高度应按2的比率递增。字体高度代表字体的号数，如5号字的高度为5mm，7号字的高度为7mm。

机械工程图上的汉字应写成长仿宋体，并采用国家正式公布的简化字，其一般汉字高度应不小于3.5mm，字宽一般为$h/2$。关于机械工程图上长仿宋

字体的样式，如图6-18所示。

机械制图

图6-18 汉字长仿宋字体

字母和数字按照其字宽可以分为A型和B型两种，A型字体的宽度为字高的1/14，而B型字体的宽度为字高的1/10。字母和数字可写成长仿宋字体，也可写成斜体字体。当采用斜体字体时，字头应该向右倾斜，与水平基准参考线成75°角，如图6-19所示。

Mechanical

图6-19 倾斜字母

6.2.2 设置文字样式（ST）

在AutoCAD中，文字属于一种特殊的图形对象。因此在创建文字前需要对文字的颜色、字高、文字特效等内容进行相应的设置。

关于AutoCAD的文字样式设置思路主要有两种方式，一种是在"样板文件"中直接对图形文件进行统一的预设定，另一种是在当前的图形文件中通过"文字样式"命令对该图形文件的所有文字进行设置。

"文字样式"命令的执行方法主要有以下2种。

◇ 菜单栏：格式>文字样式。
◇ 命令行：DDSTYLE或ST。

操作方法

Step1 输入ST并按空格键，执行"文字样式"命令，系统将弹出"文字样式"对话框，如图6-20所示。

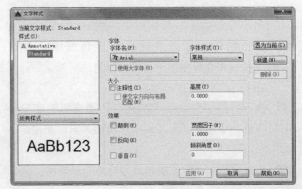

图6-20 "文字样式"对话框

Step2 新建文字样式。

01 单击 新建(N)... 按钮，系统弹出"新建文字样式"对话框，在样式名处输入字母GB，如图6-21所示。

图6-21 定义样式名称

> **注意**
>
> 为便于生产指导和对外技术交流，中国国家标准对机械工程图上的有关内容做出了统一的规定，中国国家标准（简称"国标"）的代号为GB。

02 单击 确定 按钮，返回"文字样式"对话框；在"字体名"列表中选择"仿宋"字体，在"高度"文本框中输入3.5，指定当前文字样式的字高，如图6-22所示。

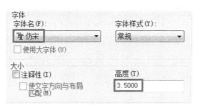

图6-22 定义字体及高度

03 单击 应用(A) 按钮，完成新文字样式的设置。

Step3 应用新文字样式。

01 在左侧的"样式（S）"列表中选择GB样式。

02 单击 置为当前(C) 按钮将GB字体样式应用到当前图形文件中。

参数解析

关于"文字样式"对话框的部分功能说明如下。

- **字体名（F）**：用于设置文字的显示字体。

- **字体样式（Y）**：用于设置文字的显示样式。如加粗、常规等。

- 置为当前(C)：单击此按钮，可将指定的文字样式运用到当前的图形文件中。

- 新建(N)...：单击此按钮，可在当前图形文件中再新建一个文字样式。

- **高度（T）**：用于设置文字的字高。

- **宽度因子（W）**：用于设置文字宽度的比例大小，此系数越大，字体就越宽，此系数越小，字体就越窄，如图6-23所示。

AtuoCAD 机械设计
(a) 宽度因子为：1

AtuoCAD 机械设计
(b) 宽度因子为：2

AtuoCAD 机械设计
(c) 宽度因子为：0.5

图6-23 不同宽度因子的字体比较

- **倾斜角度（O）**：用于设置文字显示的倾斜角度，当输入的角度为正值时，字体向右倾斜，当输入的角度为负值时，字体向左倾斜，如图6-24所示。

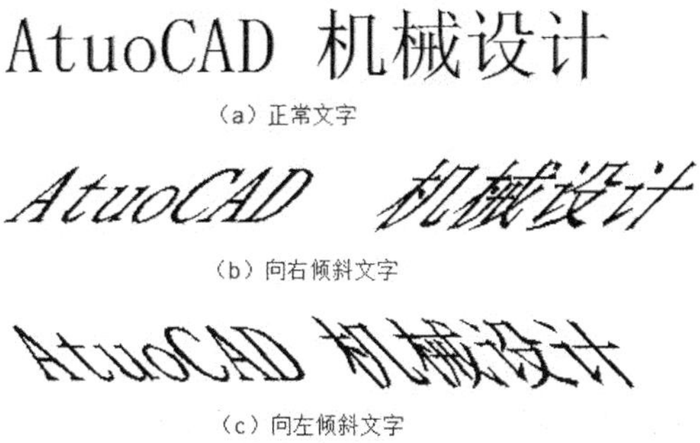

AtuoCAD 机械设计
（a）正常文字

AtuoCAD 机械设计
（b）向右倾斜文字

AtuoCAD 机械设计
（c）向左倾斜文字

图6-24 不同倾斜角度的字体比较

6.2.3 单行文字（DT）

单行文字是一个独立的AutoCAD文字图形对象，它一般由汉字、字母、符号等系统提供的完整语法句子所组成。使用"单行文字"命令可以创建一行或多行文字，其中每一行文字都是彼此独立的对象，可对其中任意一行文字进行单独设置，而不影响其他行的文字。

"单行文字"命令的执行方法主要有以下3种。

◇ 菜单栏：绘图>文字>单行文字。

◇ 命令行：TEXT或DT。

◇ 功能区：单击"注释"命令区域中的 A 单行文字 按钮，如图6-25所示。

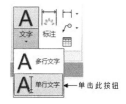

图6-25 "单行文字"命令按钮

操作方法

Step1 输入DT并按空格键，执行"单行文字"命令。

Step2 定义文字放置方位。

01 在系统信息提示下，在绘图区任意位置选择一个特征点作为文字的起点，移动十字光标，系统将显示出临时线段。

02 在命令行中输入15，按空格键完成文字角度的指定，如图6-26所示。

图6-26 定义放置角度

注意
打开"正交模式"，用户可快速定义出水平、垂直放置的文字图形。

Step3 定义文字内容。

01 在文本框中输入"AutoCAD机械设计"，如图6-27所示。

图6-27 输入文字内容

02 连续按Enter键，完成单行文字的创建并退出命令。

6.2.4 多行文字（T）

多行文字是在指定的文本框中直接创建一行或多行文字或多个段落的文字，AutoCAD系统会将所有的段落文字视为一个独立的文字对象。

在AutoCAD中，多行文字由沿垂直方向任意数目的文字行或段落构成，可以指定文字行段落的水平宽度，用户还可对其进行移动、旋转、复制、镜像等操作。

"多行文字"命令的执行方法主要有以下3种。

◇ 菜单栏：绘图>文字>多行文字。

◇ 命令行：MTEXT或T。

◇ 功能区：单击"注释"命令区域中的 A多行文字 按钮。

操作方法

Step1 输入T并按空格键，执行"多行文字"命令。

Step2 定义文本框位置。

01 在系统信息提示下，选择绘图区中任意一点作为文本框的第1个角点。

02 移动十字光标，系统将出现临时文本框并提示指定对角点；选择绘图区中的任意一点作为文本框的第2个角点，如图6-28所示。

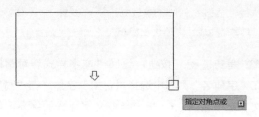

图6-28 定义文本框

Step3 定义文字内容。

01 在创建的文本框中输入字母"AutoCAD"。

02 按Enter键换行，在第2行中输入汉字"机械设计"，如图6-29所示。

图6-29 输入文字内容

03 按Esc键，系统将弹出"多行文字-未保存的更改"对话框，如图6-30所示；单击 是 按钮，完成多行文字的创建。

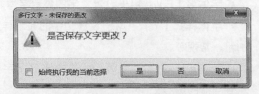

图6-30 "多行文字-未保存的更改"对话框

注意
移动十字光标，在绘图区任意空白位置单击左键，可快速完成多行文字的创建并退出命令。

6.2.5 特殊符号的插入

在输入文字或标注尺寸文本时，常常需要输入一些特殊的符号，如直径符号、度数符号、公差符号等。

在AutoCAD的多行文字创建过程中，用户可通过键盘上的上/下划线以及右键快捷菜单来实现"符号"的插入操作，如图6-31所示。

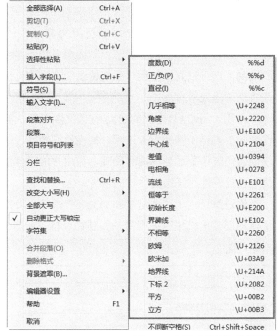

图6-31 右键"符号"快捷菜单

而在单行文字的创建过程中，用户则只能通过使用特殊的代码来创建特殊的字符和格式。其基本格式是通过使用两个百分号（%%）配合其他代码来快速生成这些特殊的符号。关于常用的几种特殊符号的代码介绍，如表6-2所示。

表6-2 常用特殊字符代码

代码	名称
%% p	正、负公差符号（±）
%% o	开、关上画线模式
%% u	开、关下画线模式
%% d	添加度符号（°）
%% c	添加圆形直径符号（ø）

操作方法

Step1 输入DT并按空格键，执行"单行文字"命令。

Step2 定义直径文本。

01 在系统信息提示下，分别指定单行文字的起点与终点，激活文本框。

02 输入字符"%%C20"，在输入过程中%%C将会自动转换为直径符号，如图6-32所示。

03 连续按Enter键，完成单行文字的创建并退出命令。

图6-32 输入符号与文字

典型实例：齿轮轴

实例位置	实例文件>Ch06>齿轮轴.dwg
实用指数	★☆☆☆☆
技术掌握	熟练设置AutoCAD文字样式以及文字创建的基本操作方法

本实例将以"齿轮轴"为讲解对象，综合运用文字样式设置、创建多行文字的操作技巧等，最终结果如图6-33所示。

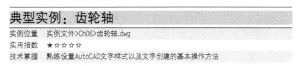

技术要求
1. 轮齿在粗加工后应进行调质处理200~500HB。
2. 未注明倒角为C1。

图6-33 齿轮轴

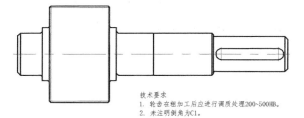

思路解析

在"齿轮轴"的实例操作过程中，将体现AutoCAD文字样式的设置与多行文字的创建，主要有以下几个基本步骤。

（1）创建机械设计图层。根据机械制图中的"线型""线宽"规则，创建"中心线""轮廓线"图层。

（2）绘制齿轮轴结构。分别在"中心线"和"轮廓线"图层中绘制出齿轮轴的基础外形结构。

（3）创建技术说明文字。使用"多行文字"命令，创建出齿轮轴零件的技术说明文字。

Step1 新建图层。

01 打开"图层特性管理器"，完成模板图层的设置，如图6-34所示。

02 在"图层特性管理器"中，将"中心线"图层设置为"置为当前"。

图6-34 图层设置

Step2 绘制齿轮轴结构。使用二维绘图命令和编辑命令,绘制出齿轮轴的基本外形结构,结果如图6-35所示。

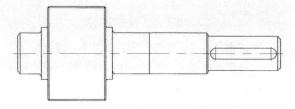

图6-35 绘制齿轮轴结构

Step3 创建技术说明文字。

01 执行"文字样式"命令(ST),新建一个名为GB的文字样式;设置文字样式为"仿宋"字体,字高为3.5,比例因子为1,倾斜角度为0。

02 单击 应用(A) 按钮,完成GB文字样式的创建;单击 置为当前(C) 按钮将GB字体样式应用到当前图形文件中。

03 执行"多行文字"命令(T),分别指定两点为文本框的对角点;在激活的文本框中输入齿轮轴的相关技术说明文字,如图6-36所示。

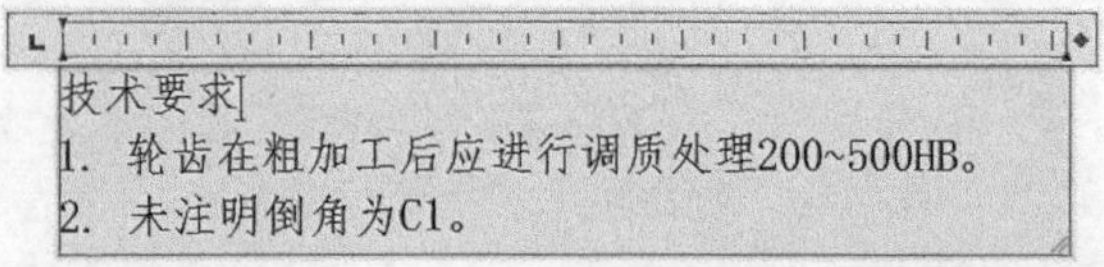

技术要求
1. 轮齿在粗加工后应进行调质处理200~500HB。
2. 未注明倒角为C1。

图6-36 定义文本内容

04 在绘图区空白处单击鼠标左键,完成齿轮轴技术说明文字的创建。

6.3 表格的应用

本节知识概要

知识名称	作用	重要程度	所在页
设置表格样式	了解AutoCAD表格样式的基本设置方法	中	P140
插入表格	掌握表格插入时,其行、列等参数的设置	高	P141
编辑表格	掌握表格文字、表格特性、单元格特性的编辑修改方法	高	P143

AutoCAD 2016不仅可以使用"直线""偏移""修剪"等命令来完成工程制图中各种表格图形的绘制,还可以直接使用该系统提供的"表格"工具来自动创建表格对象。

使用AutoCAD提供的自动创建表格工具,其不仅能减少表格绘制的烦琐过程,提高绘图效率,还能使创建的表格更加地标准和美观,使用户能更容易快捷地设置并创建好指定样式的表格。

通过综合运用"表格"和"文字"命令,可方便快捷地创建出机械制图需要的标题栏表格,如图6-37所示。

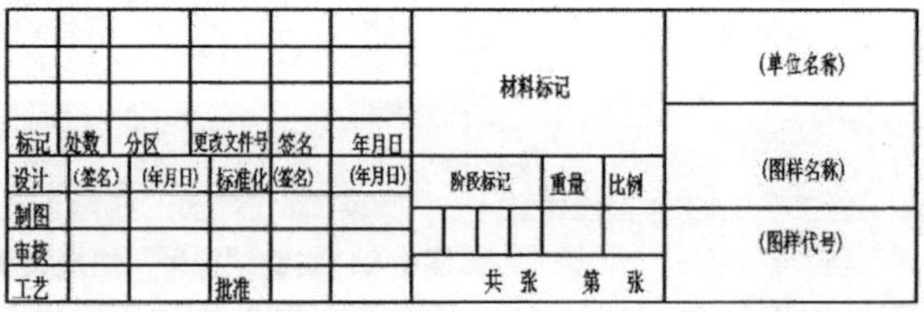

图6-37 标题栏表格

6.3.1 设置表格样式(TS)

表格样式是决定表格外观的主要因素,它包括字体样式、颜色、字高等内容。在创建表格前,用户可根据行业制图标准自定义需要使用的表格样式。

"表格样式"命令的执行方法主要有以下2种。

◇ 菜单栏:格式>表格样式。

◇ 命令行:TABLESTYLE或TS。

操作方法

Step1 输入TS并按空格键,执行"表格样式"命令,系统将弹出"表格样式"对话框,如图6-38所示。

Step2 定义新表格样式。

01 单击 新建(N) 按钮,系统将弹出"创建新的表格样式"对话框;在"新样式名(N)"文本框中输入GB,指定新表格的样式名称,如图6-39所示。

02 单击 继续 按钮,系统将弹出"新建表格样式:GB"对话框,如图6-40所示;分别对该表格的

"常规""文字""边框"选项卡内容进行设置，单击 确定 按钮完成新表格的参数设置。

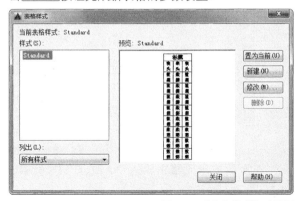

图6-38 "表格样式"对话框

图6-39 定义新表格名称

图6-40 "新建表格样式"对话框

03 在返回的"表格样式"对话框中，选择创建的GB表格样式；单击 置为当前(0) 按钮，将定义的表格样式应用至当前图形文件中。

参数解析

关于"新建表格样式"对话框的部分功能说明如下。

- **起始表格**：用于将绘图区中已有的表格样式参数复制应用到当前新建的表格样式中。
- **单元样式**：用于设置单元的表达格式，如标题、数据、表头。
- **表格方向（D）**：用于设置单元样式的排列方式，如向下、向上。

- **"常规"选项卡**：用于设置当前新建表格的各种常规参数，如填充颜色、对齐方式、页边距等，如图6-41所示。

图6-41 表格的"常规"参数设置

- **"文字"选项卡**：用于设置当前新建表格中的文字符号参数，如文字样式、文字高度、文字颜色等，如图6-42所示。

图6-42 表格的"文字"参数设置

- **"边框"选项卡**：用于设置当前新建表格的边框线显示样式，如线宽、线型、颜色等，如图6-43所示。

图6-43 表格的"边框"参数设置

6.3.2 插入表格（TB）

在完成表格样式的创建后，将其"置为当前"就可以把表格参数应用到当前的图形文件中，再执行表格插入命令就可以在绘图区中创建需要的表格。

"表格"命令的执行方法主要有以下3种。

◇ 菜单栏：绘图>表格。

◇ 命令行：TABLE或TB。

◇ 单击"注释"命令区域中的 按钮，如图6-44所示。

单击此按钮 ←

图6-44 "表格"命令按钮

操作方法

Step1 输入TB并按空格键，执行"表格"命令，系统将弹出"插入表格"对话框，如图6-45所示。

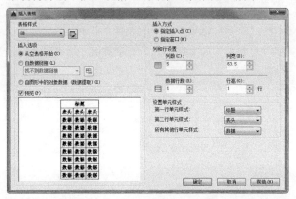

图6-45 "插入表格"对话框

Step2 定义表格行和列。

01 在"表格样式"列表中选择GB为当前表格的样式，勾选"指定插入点"选项，指定表格插入方式。

02 设置列数为6，列宽为12，数据行数为3，行高为1，如图6-46所示。

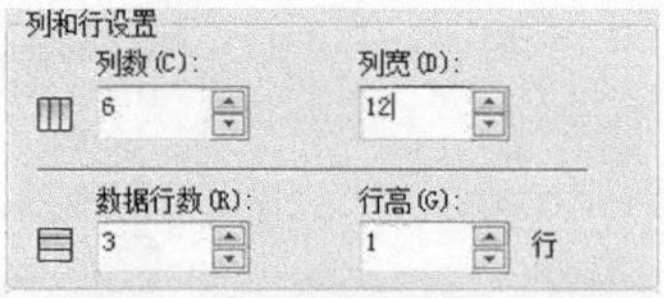

列和行设置
列数（C）： 6   列宽（D）： 12
数据行数（R）： 3   行高（G）： 1 行

图6-46 定义行、列参数

Step3 定义表格内容。

01 单击 确定 按钮，系统将返回绘图区并出现"指定插入点"提示信息，如图6-47所示。

指定插入点：3814.6275 1727.0765

图6-47 定义表格插入点

02 选择绘图区中的任意一点为表格的插入点，系统

将插入并激活选定的表格，如图6-48所示。

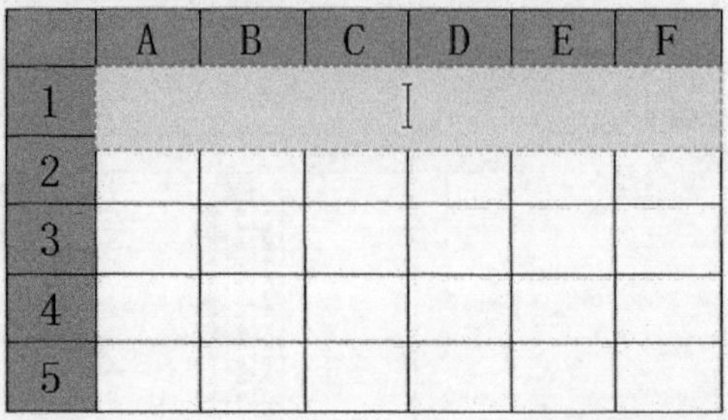

	A	B	C	D	E	F
1						
2						
3						
4						
5						

图6-48 插入表格

03 在激活的单元格中输入"AutoCAD 机械设计"，如图6-49所示。

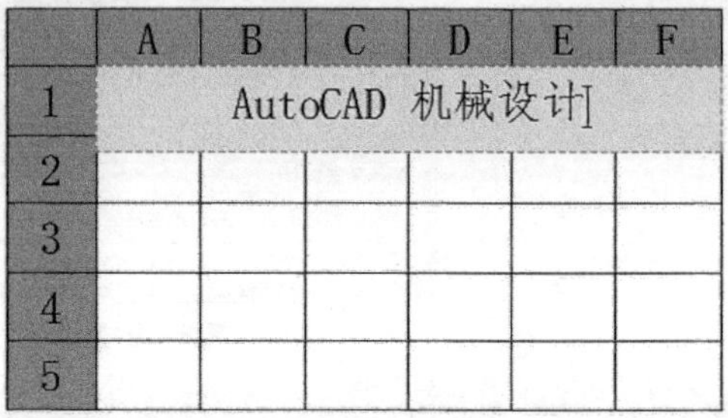

	A	B	C	D	E	F
1	AutoCAD 机械设计					
2						
3						
4						
5						

图6-49 输入表格内容

> **注意**
> 通过双击表格中的任意一个单元格，系统将激活该单元格进入编辑状态，用户可在激活的单元格中输入汉字、字母等字符，从而完整地表达设计意图。

04 在绘图区空白处单击鼠标左键，完成表格文字的输入并退出编辑状态，如图6-50所示。

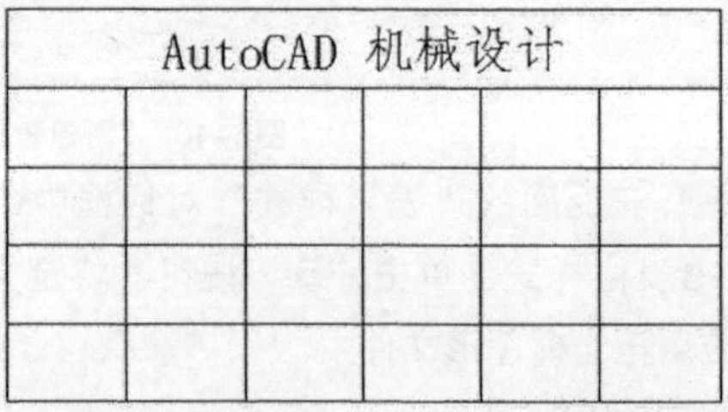

图6-50 完成表格插入

参数解析

关于"插入表格"对话框的部分功能说明如下。

■ **从空表格开始（S）：** 手动输入数据时使用该选项。

■ **自数据链接（L）：** 勾选此选项，系统将根据Microsoft Excel（电子表格）或逗号分隔值（CSV）

文件创建表格，且使用该选项设置时，"插入表格"对话框中的其余大部分选项将不可用。

- **自图形中的对象数据（数据提取）（X）**：勾选该选项，系统将根据图形中现有对象的特性创建表格（只用于AutoCAD）。

- **预览（P）**：系统一般默认勾选此选项，其主要目的是用于对当前的表格进行预览展示。

- **指定插入点（I）**：系统一般默认勾选此选项，其主要是通过指定一个插入点的方式将表格放置到绘图区域中，且用户可通过"列和行设置"中的选项来确定列数、列宽以及行数和行高。

- **指定窗口（W）**：勾选此选项，用户可以拾取一个点作为表格的左上角，然后移动十字光标并指定右下角，从而完成表格位置的指定。

- **设置单元样式**：用于定义表格中单元格的样式，一般包括"标题""表头"和"数据"3个选项。

6.3.3 编辑表格

在AutoCAD的表格创建过程中，不管是表格中的数据字符还是表格的基本外观，都可以快捷方便地进行编辑修改。其主要表现在"表格文字""表格特性"和"单元格特性"3个方面的编辑。

编辑表格文字符号的方法与编辑单行、多行文字的方法一致，用户通过双击表格中的文字，可快速进入当前表格的文字编辑状态，然后可对当前的文字对象进行字体样式、字体高度等修改。

通过双击表格的任意一表格线，系统将弹出"特性"对话框，用户可在此对话框中重新定义表格的相关特性，如颜色、行数、行高、列数、列宽等样式。

通过对多个单元格的合并、取消合并、行插入、列插入等操作，可快速对当前表格进行结构的编辑修改。

操作方法

Step1 编辑表格文字。

01 双击"AutoCAD 2016"所在的单元格，进入文字编辑状态，如图6-51所示。

02 选择单元格中的所有字符，单击"格式"命令区域中的"粗体"按钮 **B** 和"斜体"按钮 *I*；在"字体"列表中选择"仿宋"为当前文字的字体样式，在

"颜色"列表中选择"红"色为当前文字的显示颜色；在绘图区空白处单击鼠标左键，完成单元格文字的修改，结果如图6-52所示。

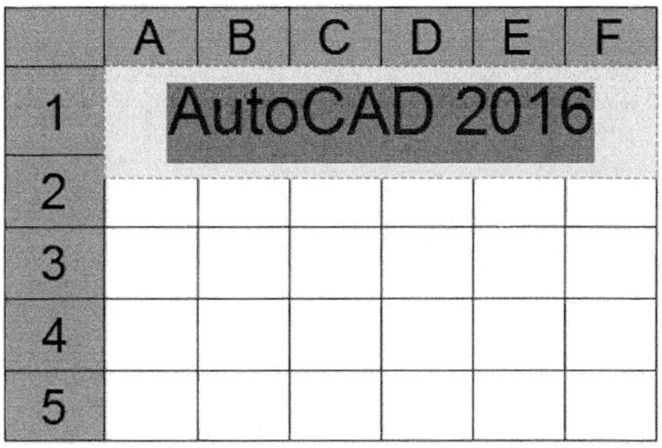

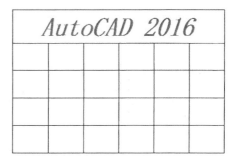

图6-51 激活文字编辑状态

图6-52 修改表格文字

> **注意**
> 双击单元格后，系统将在功能区域添加"文字编辑器"功能选项卡，并使选择的单元格自动进入文字编辑状态。

Step2 编辑表格特性。

01 单击表格的任意一条表格线，系统将在表格线的转角处和其他几个单元的连接处显示出夹点，如图6-53所示。

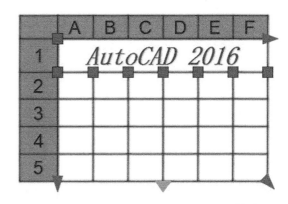

图6-53 选择表格线

02 选择表格左上角的夹点，再移动十字光标，可快速对当前的表格进行移动操作，如图6-54所示。

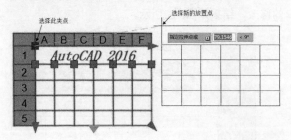

图6-54 移动表格

03 选择表格右上角的三角形夹点，再水平移动十字光标，可快速对当前表格的整体宽度进行修改，如图6-55所示。

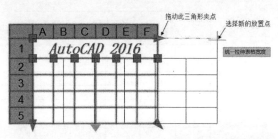

图6-55 调整表格宽度

注意

当拖动表格垂直线上的矩形夹点时，可单独对表格的每一列进行列宽设置。

04 选择表格左下角的三角形夹点，再向下垂直移动十字光标，可快速对当前表格的整体高度进行修改，如图6-56所示。

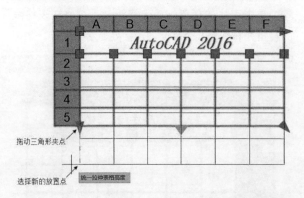

图6-56 调整表格高度

05 选择表格右下角的三角形夹点，再向右下方移动十字光标，可快速对当前表格的整体高度、宽度进行修改，如图6-57所示。

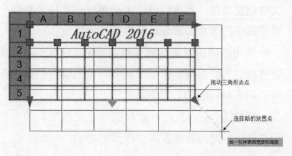

图6-57 调整表格宽度、高度

Step3 编辑单元格特性。

01 选择A2单元格，再按Shift键选择C3单元格，系统将选中两单元格之间的所有单元格，如图6-58所示。

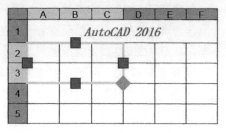

图6-58 选择多个单元格

02 展开"合并"命令集，再单击 按钮，系统将把选择的单元格合并为一个单元格，如图6-59所示；在绘图区空白处单击鼠标左键，完成单元格的合并操作。

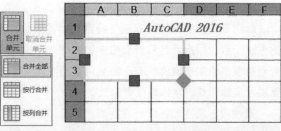

图6-59 合并单元格

03 双击插入的表格，系统将打开表格的"特性"对话框，如图6-60所示。

图6-60 "特性"对话框

04 展开"表格"选项栏,将方向改为"向下",表格宽度设置为120,表格高度设置为70;关闭表格"特性"对话框,按Esc键退出表格编辑状态,结果如图6-61所示。

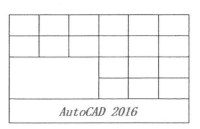

AutoCAD 2016

图6-61 修改单元格特性

典型实例:零件明细表

实例位置: 实例文件>Ch06>零件明细表.dwg
实用指数: ★★☆☆☆
技术掌握: 熟练使用"表格"和"文字"命令的综合运用方法

本实例将以"零件明细表"为讲解对象,综合运用文字样式、表格样式、插入表格、编辑表格的相关技巧来完成零件明细表的绘制,最终结果如图6-62所示。

零件明细表			
序号	零件名称	材料	重量
1	机件	铸铁	100
2	端盖	铸铁	10
3	轴套	黄铜	4
4	主轴	42Cr	12
5	定位销	45钢	1
6	紧固螺钉	结构钢	1

图6-62 零件明细表

> 📖 **思路解析**
>
> 在"零件明细表"的实例操作过程中,将体现"文字"和"表格"工具的综合运用技巧,主要有以下几个基本步骤。
>
> (1)设置字体样式。打开"文字样式"对话框,按照GB制图要求设置机械制图的文字样式。
>
> (2)设置表格样式。使用"表格样式"工具快速创建指定行数、列数的表格对象。
>
> (3)填写表格内容。使用文字创建工具,在表格中填写零件明细内容。

Step1 设置文字样式。

01 执行"文字样式"命令(ST),新建一个名为GB的文字样式;设置文字样式为"仿宋"字体,字高为3.5,比例因子为1,倾斜角度为0,如图6-63所示。

02 单击 应用(A) 按钮,完成GB文字样式的创建;单击 置为当前(C) 按钮将GB字体样式应用到当前图形文件中。

图6-63 设置文字样式

Step2 设置表格样式。

01 执行"表格样式"命令(TS),新建一个名为GB的表格样式;设置表格方向为"向下",选择GB样式为当前表格的文字样式,如图6-64所示。

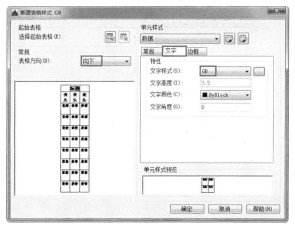

图6-64 设置表格样式

02 单击 确定 按钮返回"表格样式"对话框,选择GB表格样式并单击 置为当前(U) 按钮,将GB表格样式应用至当前图形文件中。

Step3 创建明细表格。

01 执行"表格"命令(TB),在"表格样式"列表中选择GB为当前表格的样式,勾选"指定插入点"选项,指定表格插入方式;设置列数为4,列宽为30,行数为6,行高为1,如图6-65所示。

02 单击 确定 按钮,系统将返回绘图区并选择任意一点为表格的插入点;分别激活表格的单元格,输入零件明细表的基本格式栏名称,如图6-66所示。

图6-65 定义行、列参数

	A	B	C	D
1	零件明细表			
2	序号	零件名称	材料	重量
3		1		
4		2		
5		3		
6		4		
7		5		
8		6		

图6-66 定义基本格式栏

03 分别激活表格中的单元格，填写装配图的各个零件名称、零件材料以及重量数字；在绘图区空白处单击鼠标左键，完成零件明细表的文字填写，结果如图6-67所示。

零件明细表

序号	零件名称	材料	重量
1	机件	铸铁	100
2	端盖	铸铁	10
3	轴套	黄铜	4
4	主轴	42Cr	12
5	定位销	45钢	1
6	紧固螺钉	结构钢	1

图6-67 完成表格文字填写

6.4 思考与练习

通过本章的介绍与学习，讲解了AutoCAD的"块"图形应用、文字应用、表格应用的基本操作方法。为了对知识进行巩固和考核，布置相应的练习题，使读者进一步灵活掌握本章的知识要点。

6.4.1 创建技术说明文字

使用"文字样式"命令和"多行文字"命令，创建如图6-68所示的技术要求说明文字，其基本思路如下。

01 在"文字样式"对话框中，创建GB标准的文字样式。

02 使用"多行文字"命令，创建出零件图的文字说明。

技术要求
1. 泵工作时，两阀要一吸一排，如不符合要求，可调弹簧3。
2. 球13与阀体接触处应冷压一球痕，保证球定位和关启作用。

图6-68 技术要求

6.4.2 绘制柱塞泵装配图明细表

使用"文字样式""表格样式"和"表格"命令，创建如图6-69所示的柱塞泵装配图明细表，其基本思路如下。

01 在"文字样式"对话框中，创建GB标准的文字样式。

02 在"表格样式"对话框中，创建GB标准的表格样式。

03 使用"表格"命令，创建指定行、列参数的表格对象。

04 激活表格的各个单元格，填写装配明细表的文字说明内容。

柱塞泵				
序号	名称	数量	材料	备注
1	封油圈	2	工业用革	
2	调节塞	2	235	
3	弹簧1x4x20	2	60Si2Mn	
4	弹簧16x12x60	1	60Si2Mn	
5	油杯B-15	1	235	GB/T 1154-1989
6	泵蕃	1	45	
7	泵体	1	HT200	
8	滚动轴承	2		GB/T 44597-1998
9	衬蕃	1	HT200	
10	轴	1	40Cr	
11	柱塞	1		
12	单向阀体	2	45	
13	球 φ5	2		GB/T 308-1977
14	球托	2	235	
15	螺塞R3/8	1	235	GB/T 75-1988
16	垫片	1	塑料纸	
17	垫片	1	塑料纸	

图6-69 柱塞泵装配明细表

6.4.3 思考问答

01 "创建块"命令有几种执行方法？

02 "写块"命令是否需要指定当前块文件在计算机上的保存路径？

03 AutoCAD的文字样式设置思路主要有几种？

04 单行文字与多行文字有何区别和特点？

05 表格的编辑主要包括哪几个方面？

第7章 尺寸标注

绘制一张完整的工程图纸，不仅需要图形来表达物体的形状，还需要标注尺寸来说明物体的大小规格和空间位置，有时针对复杂的图形还需要文字与表格来辅助说明。

使用AutoCAD绘制工程图，尺寸标注是一个非常重要的组成内容。使用尺寸标注能准确地表达出物体的结构形状、大小以及结构间的关系，它是用户识别图形和辅助施工的重要依据。

本章将介绍AutoCAD的尺寸标注设置、尺寸标注方式以及编辑修改尺寸标注的基本方法。

本章学习要点

★ 新建标注样式
★ 尺寸标注的单位设置
★ 线型尺寸标注、对齐尺寸标注
★ 直、半径尺寸标注

★ 行位公差标注
★ 添加机械标注符号
★ 添加尺寸公差

本章知识索引

知识名称	作用	重要程度	所在页
尺寸标注样式	掌握AutoCAD尺寸标注样式的创建与设置方法	中	P150
图形尺寸标注	掌握AutoCAD各种常用尺寸标注的操作方法	高	P160
编辑尺寸标注	了解编辑修改尺寸标注的常用技巧	低	P177

本章实例索引

7.1 尺寸标注概述

零件图中的尺寸是零件图形的重要内容之一，它是零件图加工制造的主要依据。使用AutoCAD进行尺寸标注除了必须要满足正确、齐全、清晰等基本要求外，还应满足尺寸标注的合理要求。

所谓的尺寸标注合理，就是指图形的尺寸标注既要满足设计需求，又要满足加工、测量等制造工艺的要求。因此，在对零件图进行尺寸标注时，应对该零件进行结构分析、工艺分析，从而确定尺寸基准，选择合理的标注形式。

在一幅完整的零件图纸上，尺寸标注应包括设计尺寸标注、工艺尺寸标注以及技术要求说明文本，如图7-1所示的齿轮轴零件图。

设计尺寸标注是根据零件的结构和设计要求，用以确定零件在整个产品中的一些点、线、面的基准参考对象；工艺尺寸标注是根据零件的加工制造、测量等工艺要求所选定的一些点、线、面的基准参考对象；技术要求说明文本则是对零件图进行如：表面粗糙度、尺寸公差、行位公差、材料及其热处理、表面处理等质量要求的文本标注。

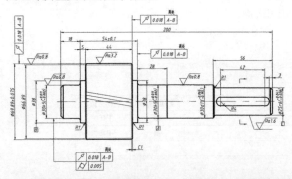

图7-1 齿轮轴零件图

课前引导实例：标注机械吊钩

实例位置	实例文件>Ch07>标注机械吊钩.dwg
实用指数	★★★☆☆
技术掌握	熟练尺寸标注样式的创建、应用与图形尺寸标注的操作技巧，完成二维图形结构的尺寸标注

本实例将使用尺寸标注样式的创建、设置、应用与各种尺寸标注命令来完成机械吊钩的尺寸标注，最终结果如图7-2所示。

Step1 打开文件。打开实例文件>Ch07>标注机械吊钩.dwg图形文件。

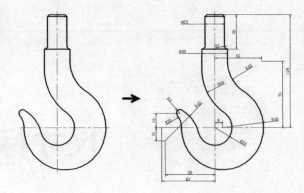

图7-2 标注机械吊钩

Step2 新建GB标注样式。

01 执行"标注样式"命令（D），系统将弹出"创建新标注样式"对话框；创建一个名为GB的标注样式，如图7-3所示。

图7-3 创建GB标注样式

02 按照机械制图标准，分别对"线""符号箭头""文字"进行相应的设置。选择"线"选项卡，设置超出尺寸线距离为2；选择"文字"选项卡，单击文字样式浏览按钮，在弹出的"文字样式"对话框中设置字体为"仿宋"，字体高度为3.5，如图7-4所示。单击应用按钮完成设置，单击关闭按钮退出该对话框。

图7-4 设置标注文字样式

03 选择"主单位"选项卡，在精度栏设置保留尺寸整数，即为0；设置小数分隔符为"句点"，如图7-5所示。

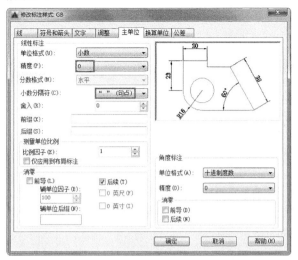

图7-5 设置标注主单位

04 返回"标注样式管理器"对话框，将新建的GB标注样式置为当前。

Step3 标注半径尺寸。

01 在"图层"工具栏中，选择"尺寸标注"图层。

02 执行"半径标注"命令（DRA），选择图中一段圆弧段为标注对象；按空格键重复使用"半径标注"命令，标注出图中所有的圆弧段半径尺寸，结果如图7-6所示。

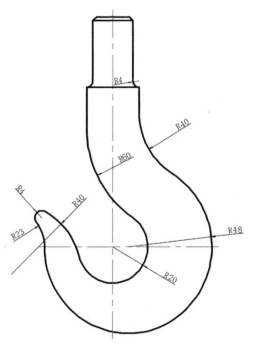

图7-6 标注圆弧半径

Step4 标注定位、定形尺寸。

01 执行"线性标注"命令（DLI），对所有圆弧图形的圆心进行水平方向、垂直方向的距离尺寸标注，结果如图7-7所示。

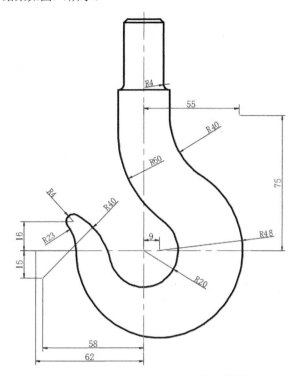

图7-7 标注线性定位尺寸

02 执行"线性标注"命令（DLI），对机械吊钩外形轮廓的大小进行长度尺寸标注；分别激活距离为23和30的两个线性标注尺寸，再在文字前添加%%C符号，结果如图7-8所示。

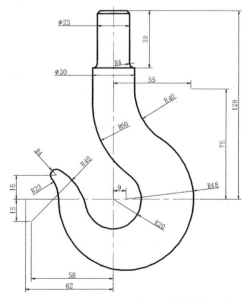

图7-8 标注线性定形尺寸

7.2 尺寸标注样式

本节知识概要

知识名称	作用	重要程度	所在页
新建标注样式	掌握在AutoCAD系统中创建标注样式的基本规律和方法	中	P150
尺寸线和尺寸界线	了解"尺寸线和尺寸界线"的设置方法	中	P151
箭头符号	了解在AutoCAD系统中设置符号标注要求的箭头符号	中	P152
设置标注文字	掌握在尺寸标注样式中编辑修改文字字体的基本方法	高	P153
尺寸调整	了解对尺寸标注的元素进行自动调整的设置方法	中	P155
换算单位	了解公制、英制单位的换算方法	低	P156
尺寸公差	掌握在基础尺寸标注之上，添加机械公差尺寸的基本方法	中	P157

使用AutoCAD对零件进行尺寸标注，一般包括标注端点、尺寸界线、尺寸线、箭头符号、标注文字几个组成部分，如图7-9所示。

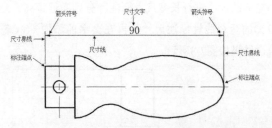

图7-9 尺寸标注的组成

标注端点：标注端点是标注图形对象上的参考起点和终点，其主要是用于计算出尺寸标注对象的距离。

尺寸界线：尺寸界线是标示尺寸标注范围的两直线段，其主要是用于限制尺寸线的极限范围。尺寸界线由细实线绘制，并由图形的轮廓线、轴线或中心线处引出。

尺寸线：尺寸线用于表明度量尺寸的方向和范围，一般由一条带有两个箭头符号的直线组成。

箭头符号：箭头符号是用于指出尺寸测量的起始

位置的图形符号，一般在机械制图中使用实心封闭的箭头图形符号。

尺寸文字：尺寸文字用于标注出机件的实际尺寸大小，其数值通常注写在尺寸线的上方或中断处。

7.2.1 新建标注样式（D）

在AutoCAD的默认设置下，系统将使用名为Standard的标注样式。在绘制图形时选择了米制单位，AutoCAD将使用"ISO-25"标注样式。

对于已存在的标注样式，用户可为其再创建一个子项的标注样式，其子样式的设置仅用于某种特定的尺寸标注。例如，在一个标注样式下，新建一个使用不同类型的箭头图形符号的标注子样式，又或是新建一个使用不同显示颜色的标注子样式。针对具体的行业需求，用户也可创建一个全新的标注样式，使其能更好地满足行业制图的标准。

关于"标注样式"命令的执行方法主要有以下2种。

◇ 菜单栏：格式>标注样式（标注>标注样式）。

◇ 命令行：DIMSTYLE或D。

操作方法

Step1 输入D并按空格键，执行"标注样式"命令，系统将弹出"标注样式管理器"对话框，如图7-10所示。

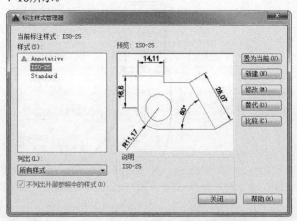

图7-10 "标注样式管理器"对话框

Step2 定义新建标注样式类型。

01 在"标注样式"对话框中，单击 新建(N)... 按钮，系统将弹出"创建新标注样式"对话框。

02 在"新样式名（N）"文本框中输入GB，在"基础样式（S）"下拉列表中选择Annotative选项为新标注样式的基础样式，在"用于（U）"下拉列表中选择"所有标注"，如图7-11所示。

图7-11 "创建新标注样式"对话框

> **注意**
> 当在"用于（U）"下拉列表中选择"所有标注"选项时，系统将新建一个全新的标注样式。如选择的是"线性标注""角度标注"等选项时，系统将新建一个子项标注样式。

03 单击 继续 按钮，系统将弹出"新建标注样式：GB"对话框；单击 确定 按钮，完成GB标注样式的创建。

参数解析

关于"标注样式管理器"对话框的部分功能说明如下。

- **样式（S）**：用于显示当前图形文件中的标注样式。
- 置为当前(U)：用于将选定的标注样式应用到当前的绘图文件中。
- 新建(N)...：用于创建一个新的标注样式。
- 修改(M)...：用于打开"修改标注样式"对话框，在该对话框中可以修改指定的标注样式。
- 替代(O)...：用于打开"替代当前样式"对话框，在该对话框中可以设置标注样式的临时替代。
- 比较(C)...：用于打开"比较标注样式"对话框，在该对话框中可以比较两种标注样式的特性，也可以列出某种标注样式的所有特性，如图7-12所示。

关于"创建新标注样式"对话框的部分功能选项说明如下。

- **新样式名（N）**：用于指定新标注样式的名称。
- **基础样式（S）**：用于选择新建标注样式的基础参考样式，新样式将在基础参考样式上进行修改。当勾选"注释性（A）"选项时，新建的标注样式为注

释性标注。

- **用于（U）**：该下拉列表主要用于定义新建标注样式的控制范围，系统一般将默认使用"所有标注"选项为新建标注样式的范围。当选择"线性标注""角度标注""半径标注"等选项时，系统将把当前新建的标注样式定义为子项标注样式。

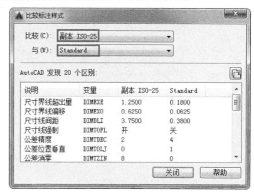

图7-12 "比较标注样式"对话框

7.2.2 尺寸线和尺寸界线

在"新建标注样式"对话框中，用户可在"线"选项卡中对尺寸线和尺寸界线进行具体的设置。关于"线"选项卡中的各项设置面板，如图7-13所示。

图7-13 "线"选项卡

1. 尺寸线

在"尺寸线"设置区域中，主要包括了"颜色（C）""线型（L）""线宽（G）""超出标记（N）""基线间距（A）"以及"隐藏"6个设置项。

颜色（C）：用于设置当前标注样式的尺寸线显

示颜色。在系统默认状态下，尺寸线的颜色将使用"置为当前"的图层颜色；当展开颜色下拉列表后，用户可自定义当前尺寸线的显示颜色，如图7-14所示。

图7-14 "颜色"列表

线型（L）：用于设置当前标注样式的尺寸线显示线型。在系统默认状态下，尺寸线的线型将使用当前图层的显示线型；展开线型下拉列表后，用户可快速选择系统加载的任意一种线型选项来定义当前尺寸线的显示线型。另外，选择"其他"选项时，系统还将弹出"选择线型"对话框，用户可在此对话框中再加载新的线型到当前标注样式中。

线宽（G）：用于设置当前标注样式的尺寸线显示线宽。一般的制图标准中，尺寸线都将使用细实线作为尺寸标注的显示线宽。

超出标记（N）：用于在不同的制图标准下，设置尺寸线超出尺寸界线的长度。

基线间距（A）：用于设置各尺寸线之间的距离，如图7-15所示。

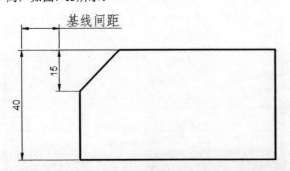

图7-15 基线间距

隐藏：用于设置"尺寸线1（M）"和"尺寸线2（D）"的显示与隐藏功能，如图7-16所示。

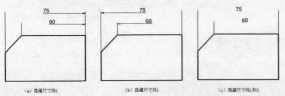

图7-16 尺寸线隐藏比较

2. 尺寸界线

在"尺寸界线"设置区域中，主要包括了"颜色（R）""尺寸界线1的线型（I）""尺寸界线2的线型（T）""线宽（W）""隐藏""超出尺寸线（X）""起点偏移量（F）"以及"固定长度的尺寸界线（O）"8个设置项。

颜色（R）：用于设置当前标注样式的尺寸界线的显示颜色。

尺寸界线1的线型（I）和尺寸界线2的线型（T）：用于设置两尺寸界线的显示线型。

线宽（W）：用于设置当前尺寸界线的显示线宽，一般使用细实线作为尺寸界线的显示线宽。

隐藏：用于设置"尺寸界线1"和"尺寸界线2"的显示与隐藏功能，如图7-17所示。

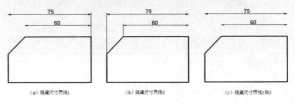

图7-17 尺寸界线隐藏比较

超出尺寸线（X）：用于设置两尺寸界线超过尺寸线的长度，如图7-18所示。

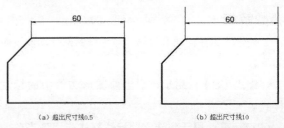

图7-18 超出尺寸线比较

起点偏移量（F）：用于设置尺寸界线与标注端点的距离，如图7-19所示。

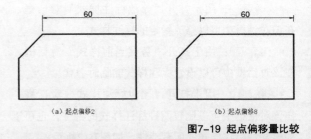

图7-19 起点偏移量比较

7.2.3 箭头符号

在"新建标注样式"对话框中，用户可在"符号和箭头"选项卡中对箭头图形进行具体的设置。关于"符号和箭头"选项卡中的各项设置面板，如图7-20所示。

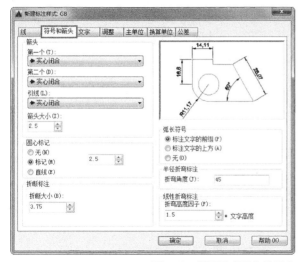

图7-20 "符号和箭头"选项卡

1. 箭头

在"箭头"设置区域中，主要包括了"第一个（T）""第二个（D）""引线（L）"和"箭头大小（I）"4个设置项。

第一个（T）和第二个（D）：用于设置当前尺寸线的两箭头外观形状。为满足不同行业的制图标准，AutoCAD系统中提供了多种箭头样式，用户可以选择符号，设计需要的箭头形状，如图7-21所示。

图7-21 "箭头"样式

引线（L）：用于设置引线标注的箭头外观形状。

箭头大小（I）：用于设置箭头图形的显示尺寸大小。

2. 圆心标记

在"圆心标记"设置区域中，主要包括了"无（N）""标记（M）"和"直线（E）"3个设置项，如图7-22所示。

无（N）：勾选此选项时，系统将不对圆弧类的

图形进行圆心的标记。

标记（M）：勾选此选项时，系统将对圆弧类的图形绘制圆心标记符号，而在其后的文本框中可以设置圆心标记符号的显示大小。

直线（E）：勾选此选项时，系统将对圆弧类的图形绘制中心线。

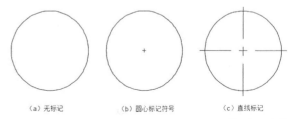

（a）无标记　（b）圆心标记符号　（c）直线标记

图7-22 圆心标记比较

3. 弧长符号

在"弧长符号"区域中，主要包括了"标注文字的前缀（P）""标注文字的上方（A）"和"无（O）"3个设置项，如图7-23所示。

标注文字的前缀（P）：勾选此选项时，系统将把弧长符号放置在标注文字前。

标注文字的上方（A）：勾选此选项时，系统将把弧长符号放置在标注文字的上方。

无（O）：勾选此选项时，系统将隐藏弧长符号。

（a）标注文字的前缀　（b）标注文字的上方　（c）无

图7-23 "弧长符号"位置比较

4. 半径折弯标注

在折弯角度的文本框中输入相应的数值，可用于设置半径尺寸标注的尺寸界线与尺寸线的横向直线的转折角度。

5. 线性折弯标注

在折弯高度因子文本框中输入相应的数值，用于设置文字折弯高度的比例因子。

7.2.4 设置标注文字

在"新建标注样式"对话框中，用户可在"文字"选项卡中对尺寸标注的文本字体进行具体的设置。关于"文字"选项卡中的各项设置面板，如图

7-24所示。

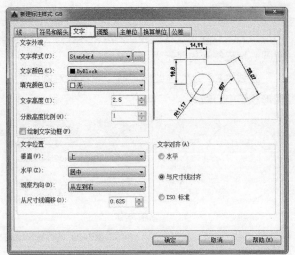

图7-24 "文字"选项卡

1. 文字外观

在"文字外观"区域中，主要包括了"文字样式（Y）""文字颜色（C）""填充颜色（L）""文字高度（T）""分数高度比例（H）"以及"绘制文字边框"6个设置项。

文字样式（Y）：用于设置当前尺寸标注的文字样式。通过单击 按钮，系统将弹出"文字样式"对话框，从而能对尺寸标注的文字样式快速地重新定义，如图7-25所示。

图7-25 "文字样式"对话框

文字颜色（C）：用于设置标注尺寸的文字颜色。

填充颜色（L）：用于设置标注尺寸的文字背景颜色，系统一般默认为"无"。

文字高度（T）：用于设置标注尺寸的文字字体高度。如在"文字样式"对话框中统一设置过字高，此对话框将不被激活。

分数高度比例（H）：用于设置标注文字的分数

与其他标注文字的显示比例。

绘制文字边框：勾选此选项时，可用于设置标注文字的边框，如图7-26所示。

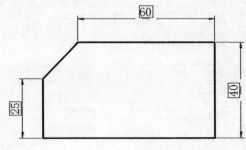

图7-26 添加文字边框

2. 文字位置

在"文字位置"区域中，主要包括了"垂直（V）""水平（Z）""观察方向（D）"和"从尺寸线偏移（O）"4个设置项。

垂直（V）：用于设置标注文字与尺寸线在垂直方向上的空间位置，包括了"居中""上""外部""下"等选项，如图7-27所示。

居中：选择此选项，可把标注文字放置在尺寸线的中间。

上：选择此选项，可把标注文字放置在尺寸线的上方。

外部：选择此选项，可把标注文字放置在尺寸线远离标注起点的一侧方向。

下：选择此选项，可把标注文字放置在尺寸线的下方。

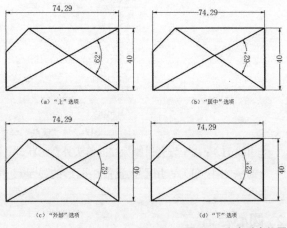

图7-27 文字垂直位置

水平（Z）：用于设置标注文字与尺寸线、尺寸界线在水平方向上的空间位置。包括了"居中""第一条尺寸界线""第二条尺寸界线上方""第二条尺寸界线上方"4个选项，如图7-28所示。

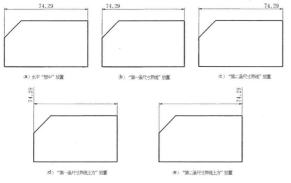

（a）水平"居中"放置　（b）"第一条尺寸界线"放置　（c）"第二条尺寸界线"放置

（d）"第一条尺寸界线上方"放置　（e）"第二条尺寸界线上方"放置

图7-28 文字水平放置

观察方向（D）：用于设置标注文字的显示方向。

从尺寸线偏移（O）：用于设置标注文字和尺寸线之间的距离值，如图7-29所示。

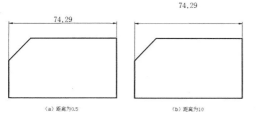

（a）距离为0.5　　　　（b）距离为10

图7-29 文字与尺寸线距离比较

7.2.5 尺寸调整

在"修改标注样式"对话框中，用户可在"调整"选项卡中对尺寸标注的文字、箭头等进行具体的位置调整。关于"调整"选项卡中的各项设置面板，如图7-30所示。

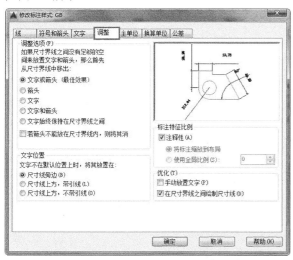

图7-30 "调整"选项卡

1. 调整选项（F）

在"调整选项"设置区域中，主要包括了"文字或箭头（最佳效果）""箭头""文字""文字和箭头""文字始终保持在尺寸界线之间""若箭头不能放在尺寸界线内，则将其消"6个设置选项，如图7-31所示。

图7-31 "调整选项"功能

2. 文字位置

在"文字位置"设置区域中，主要包括了"尺寸线旁边（B）""尺寸线上方，带引线（L）"和"尺寸线上方，不带引线（O）"3个设置选项，具体如下。

尺寸线旁边（B）：勾选此选项后，当文字不在默认的位置上时，系统将把尺寸文字放置在尺寸线旁边。

尺寸线上方，带引线（L）：勾选此选项后，当文字不在默认的位置上时，系统将把尺寸文字放置在尺寸线上方，再用引线将其与尺寸线相连。

尺寸线上方，不带引线（O）：勾选此选项后，当文字不在默认的位置上时，系统将把尺寸文字放置在尺寸线上方，但中间不用引线连接。

3. 标注特征比例

注释性（A）：勾选此选项后，"将标注缩放到布局"和"使用全局比例（S）"选项将呈灰色显示，而不可使用。

将标注缩放到布局：勾选此选项后，系统将根据当前模型空间视口和图纸空间的缩放关系来设置尺寸比例。

使用全局比例（S）：勾选此选项后，系统将对所有的标注样式进行缩放比例的设置。

7.2.6 尺寸主单位

在"新建标注样式"对话框中，用户可在"主单位"选项卡中对尺寸标注的精度进行具体的设置。关于"主单位"选项卡中的各项设置面板，如图7-32所示。

在"主单位"功能选项卡中，可设置尺寸标注的主要单位、精度、文本前缀、文本后缀等。

图7-32 "主单位"选项卡

1. 线性标注

在"线性标注"设置区域中，可设置所有长度型标注尺寸的单位及精度，主要包括了"单位格式（U）""精度（P）""分数格式（M）""小数分隔符（C）""舍入（R）""前缀（X）"和"后缀（S）"7个设置项。

单位格式（U）：用于设置线性尺寸标注使用的单位制，主要有"科学""小数""工程""建筑""分数""Windows桌面"6种单位格式。

精度（P）：用于设置线性尺寸标注的小数保留位数。

分数格式（M）：用于设置线性尺寸标注的分数格式，其主要包括"水平""对角"和"非堆叠"3种形式。

小数分隔符（C）：用于设置线性尺寸标注的分隔符，一般包括"逗点""句点""空格"3种方式。

舍入（R）：用于设置线性尺寸测量值的舍入方式。

前缀（X）和后缀（S）：用于设置标注文字的前缀、后缀字符。

> 💡 **注意**
>
> 在前、后缀文本框中可以输入文字，也可以使用控制符号来创建特殊字符。但如果在标注半、直径尺寸前，添加了一个固定的前缀符号，系统将使用该前缀符号来替代半、直径符号。

2. 测量单位比例

用于设置当前标注样式自动测量时的比例因子，如图7-33所示。当"比例因子（E）"设置为2时，系统将把实际测量的尺寸以2倍数值的方式进行显示。

图7-33 测量比例因子

3. 角度标注

在"角度标注"设置区域中，可设置标注角度时系统采用的角度单位。主要包括了"单位格式（A）""精度（O）"和"消零"3个基本设置项，如图7-34所示。

单位格式（A）：用于设置角度单位制，一般系统提供了"十进制度数""度/分/秒""百分度"和"弧度"4种单位格式。

图7-34 "角度标注"设置区域

精度（O）：用于设置角度标注尺寸的小数保留位数。

消零：用于设置是否取消角度尺寸标注的前导和后续为0。

7.2.7 换算单位

在"新建标注样式"对话框中，用户可在"换算单位"选项卡中对公制、英制单位换算尺寸进行设置。关于"换算单位"选项卡中的各项设置面板，如图7-35所示。

在"换算单位"功能选项卡中，可对公制与英制单位进行换算设置。

图7-35 "换算单位"选项卡

1. 显示换算单位

在AutoCAD默认的设置环境中，换算单位默认为公制单位。勾选此选项后，系统将激活"换算单位"的相关功能设置项，从而使标注的尺寸显示出公制和英制两种单位，如图7-36所示。

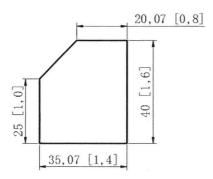

图7-36 激活换算单位

2. 换算单位

在"换算单位"设置区域中，主要包括了"单位格式（U）""精度（P）""换算单位倍数（M）""舍入精度（R）""前缀（F）""后缀（X）"6个设置项。

单位格式（U）：用于设置换算英制单位所采用的单位格式，其一般有"科学""小数""建筑""分数""Windows桌面"5个设置选项。

精度（P）：用于设置换算英制单位后，尺寸的小数保留位数。

换算单位倍数（M）：用于设置主单位和换算的英制单位之间的转换因子。

舍入精度（R）：用于设置除角度尺寸外的所有标注尺寸类型的换算单位的舍入方式。

前缀（F）和后缀（X）：用于设置换算单位文本的固定前缀和后缀。

3. 位置

在"位置"设置区域中，可设置换算单位尺寸标注的放置方位。

主值后（A）：勾选此选项后，换算单位的尺寸将放置在主单位的后面。

主值下（B）：勾选此选项后，换算单位的尺寸将放置在主单位的下方，如图7-37所示。

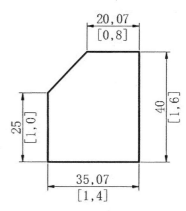

图7-37 换算单位放在下方

7.2.8 尺寸公差

在"新建标注样式"对话框中，用户可在"公差"选项卡中对图形的公差标注进行设置。关于"公差"选项卡中的各项设置面板，如图7-38所示。

图7-38 "公差"选项卡

1. 公差格式

在"公差格式"设置区域中，主要包括了"方式（M）""精度（P）""上偏差（V）""下偏差（W）""高度比例（H）""垂直位置（S）"等设置项。

方式（M）：用于设置公差标注的形式。通过展开其下拉列表，可选择系统提供的标注公差尺寸形式，包括"无""对称公差""极限公差""极限尺寸""基本尺寸"5种形式类型，如图7-39所示。

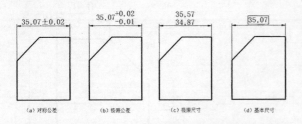

图7-39 公差标注形式比较

精度（P）：用于设置尺寸公差的小数保留位数。

上偏差（V）：用于设置尺寸的上偏差值。

下偏差（W）：用于设置尺寸的下偏差值。

注意

当设置尺寸公差后，系统将自动在上下偏差值前添加"+""-"符号。如上偏差是负值，下偏差是正值，则需要在偏差值前面分别再添加一个"-"符号。

高度比例（H）：用于设置尺寸公差文字与基本尺寸之间的高度比例。

垂直位置（S）：用于设置"对称"和"极限公差"两种公差标注形式的文字对齐方式，其主要有"上""中""下"3个设置选项，如图7-40所示。

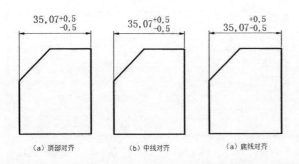

图7-40 公差文字对齐方式比较

2. 换算单位公差

用于设置换算单位的公差尺寸标注的精度和是否取消其前导、后续为0。该设置区域必须在"换算单位"被激活的状态下才能使用。

典型实例：机械制图标注样式

实例位置　实例文件＞Ch07＞机械制图标注样式.dwg
实用指数　★★☆☆☆
技术掌握　熟练尺寸线、尺寸界线、箭头符号、标注文字、尺寸主单位等参数的设置方法

本实例将以"机械制图标注样式"为讲解对象，综合运用标注样式的各种参数设置技巧，最终结果如图7-41所示。

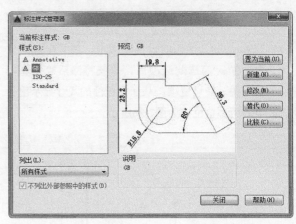

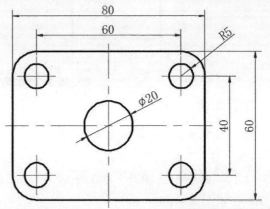

图7-41 机械制图标注样式

思路解析

在"机械制图标注样式"的实例操作过程中，将综合体现使用机械制图标准来创建标注样式的操作方法，主要有以下几个基本步骤。

（1）新建图形文件。

（2）新建GB标注样式。

（3）设置GB标注样式的各项参数。主要包括"线""符号和箭头""文字"等参数选项的设置。

（4）创建机械设计图层。根据机械制图中的"线型""线宽"规则，创建出"中心线""轮廓线"和"尺寸标注"图层。

（5）绘制二维结构图形，标注二维结构图形。

Step1 新建文件。

01 单击快速访问工具栏中的按钮，执行"新建"命令。

02 选择acadiso.dwt为新图形文件的样板，单击打开①按钮，完成图形文件的创建。

Step2 新建名为GB的标注样式。

01 执行"标注样式"命令（D），再单击新建⑩按

钮，系统将弹出"创建新标注样式"对话框。

02 设置新样式名为GB，指定基础样式为Annotative，指定标注样式为"所有标注"，如图7-42所示。

图7-42 新建标注样式

Step3 设置尺寸线与尺寸界线。

01 单击 继续 按钮，系统将弹出"新建标注样式：GB"对话框；单击"线"选项卡切换功能设置区。

02 在"尺寸线"设置区域中，使用系统默认的颜色、线型、线宽参数，设定"基线间距"为5，如图7-43所示。

图7-43 设置尺寸线参数

03 在"尺寸界线"设置区域中，使用系统默认的颜色、线型、线宽参数，设定"超出尺寸线"为2.5，如图7-44所示。

图7-44 设置尺寸界线参数

Step4 设置符号和箭头。

01 单击"符号和箭头"选项卡切换功能设置区。在"箭头"设置区域中，设定"引线"的符号为"小点"，设定箭头大小为2.5，如图7-45所示。

图7-45 设置箭头符号

02 设定"圆心标记"大小为2.5，在"弧长符号"设置区域中勾选"标注文字的前缀"选项，其他参数使用系统默认。

Step5 设置标注文字。

01 单击"文字"选项卡切换功能设置区。单击"文字样式"栏中的 按钮，将弹出"文字样式"对话框；设置字体为"仿宋"、字体高度为3.5、文字宽度因子为1，如图7-46所示；单击 应用(A) 按钮完成文字样式的设置。

图7-46 设置文字样式

02 在"文字位置"设置区域中，设置文字垂直方向的位置为"上"，设置文字水平方向的文字为"居中"，观察方向为"从左向右"。

03 在"文字对齐"设置区域中勾选"与尺寸线对齐"选项，完成标注文字与尺寸线的对齐放置方式。

Step6 设置尺寸标注主单位。

01 单击"主单位"选项卡切换功能设置区。在"线性标注"设置区域中，选择"小数"选项为尺寸标注的单位格式，调整精度为0.0，其他参数设置使用系统默认。

02 在"角度标注"设置区域中，选择"十进制度数"选项为尺寸标注的单位格式，调整精度为0。

Step7 完成GB标注样式设置。

01 单击"新建标注样式：GB"对话框中的 确定 按钮，系统将返回"标注样式管理器"对话框。

02 选择GB标注样式，单击 置为当前(U) 按钮，将GB标注尺寸标注样式应用至当前绘图文件中；单击 关闭 按钮，完成GB标注尺寸标注样式的设置。

Step8 新建图层。

01 打开"图层特性管理器"，完成模板图层的设置，如图7-47所示。

02 在"图层特性管理器"中，将"中心线"图层设置为"置为当前"。

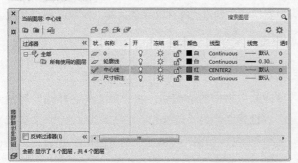

图7-47 图层设置

Step9 绘制二维图形轮廓。使用"圆心、半径"圆命令、"偏移"命令、"直线"命令、"圆角"命令，绘制出二维结构图形，结果如图7-48所示。

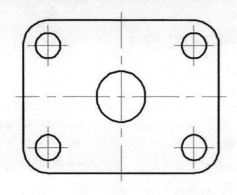

图7-48 绘制二维结构图形

Step10 标注二维结构图形。

01 执行"线性标注"命令（DLI），标注出结构图形的外形尺寸和定位尺寸。

02 执行"半径标注"命令（DRA），标注出圆形的半径尺寸；执行"直径标注"命令（DDI），标注出中心位置的圆形直径尺寸，结果如图7-49所示。

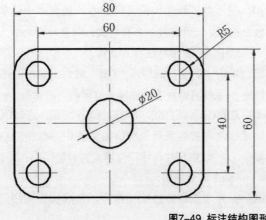

图7-49 标注结构图形

7.3 图形尺寸标注

本节知识概要

知识名称	作用	重要程度	所在页
线性标注	掌握图形长度尺寸标注、距离尺寸标注的基本方法	高	P161
对齐标注	了解对两图形对象直线距离的尺寸标注的操作方法	低	P163
角度标注	掌握对两相交图形角度测量与标注的操作方法	中	P164
半径标注	掌握圆弧类图形半径尺寸测量与标注的基本操作方法	高	P166
直径标注	掌握圆弧类图形直径尺寸测量与标注的操作技巧	高	P166
坐标标注	了解坐标标注的基本流程与操作方法	低	P168
折弯标注	了解圆弧图形折弯标注的基本设置方法	低	P170
圆形标记	掌握圆弧类图形圆心标记的设置与操作方法	中	P170
新建多重引线样式	了解多重引线样式的创建方法	低	P172
多重引线标注	了解多重引线标注的基本操作流程	低	P174
行位公差标注	掌握使用AutoCAD标注机械行位公差的基本方法	中	P174

在机械设计中，尺寸标注主要用来表明图形的空间位置和图形的结构大小，以及生产过程中需要的公差符号和注释等。尺寸的标注主要包括线性尺寸、对齐尺寸、半径和直径尺寸、角度尺寸、坐标尺寸等。

展开"注释"命令区域中的尺寸标注命令集，系统将显示出常用的尺寸标注命令，如图7-50所示。

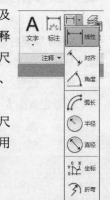

图7-50 常用尺寸标注命令

7.3.1 线性标注（DLI）

线性尺寸主要用于标注图形对象的线性距离和长度，包括"水平标注""垂直标注""旋转标注"3种类型。

"线性标注"命令的执行方法主要有以下3种。

◇ 菜单栏：标注>线性。

◇ 命令行：DIMLINEAR或DLI。

◇ 功能区：单击"注释"命令区域中的 按钮。

操作方法

Step1 输入DLI并按空格键，执行"线性标注"命令，如图7-51所示。

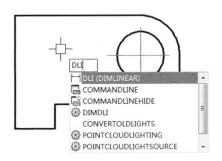

图7-51 执行"线性标注"命令

Step2 定义尺寸界线原点。

01 捕捉左侧垂直直线的上端点为第1条尺寸界线的参考原点，如图7-52所示。

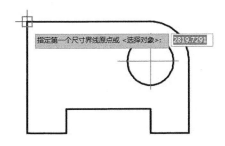

图7-52 定义尺寸界线原点

02 移动十字光标，捕捉右侧垂直直线的上端点为第2条尺寸界线的参考原点，如图7-53所示。

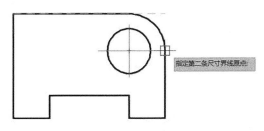

图7-53 定义尺寸界线原点

Step3 定义尺寸线位置。

01 向上移动十字光标，系统将预览出线性尺寸标注结果，如图7-54所示。

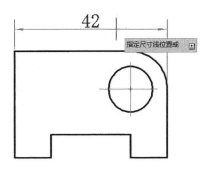

图7-54 定义尺寸线位置

02 单击鼠标左键，确定尺寸线的放置点，完成线性尺寸标注。

> **注意**
> 在定义尺寸线位置时，系统将根据十字光标的移动方向，自动判断出两尺寸界线原点的计算方式。
> 当十字光标在垂直方向上移动时，系统将标注出两原点的水平距离。
> 当十字光标在水平方向上移动时，系统将标注出两原点的垂直距离。

参数解析

在线性尺寸的标注过程中，命令行中将出现相关的提示信息，如图7-55所示。

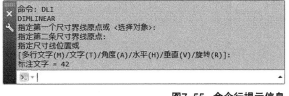

图7-55 命令行提示信息

■ **指定第一个尺寸界线原点**：用于提示选择任意一特征点作为尺寸界线的第1个参考原点。

■ **指定第二个尺寸界线原点**：用于提示选择另一特征点作为尺寸界线的第2个参考原点。

■ **指定尺寸线位置**：用于定义标注尺寸线的放置点。

■ **多行文字（M）**：在命令行中输入字母M，按空格键，可进入标注文字编辑状态，可给标注文字添加前缀、后缀等字符。

■ **文字（T）**：在命令行中输入字母T，按空格键，可直接指定标注文字的内容。在激活的文本框中可输入任意的字符作为当前尺寸的标注文字，如图

7-56所示。

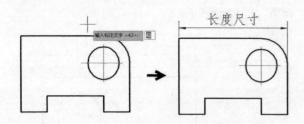

图7-56 指定标注文字

- **角度（A）**：在命令行中输入字母A，按空格键，可自定义标注文字的放置角度，如图7-57所示。

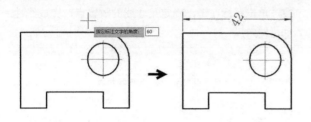

图7-57 指定标注文字角度

- **水平（H）**：在命令行中输入字母H，按空格键，系统将只标注出两参考原点的水平距离尺寸。

- **垂直（V）**：在命令行中输入字母V，按空格键，系统将只标注出两参考原点的垂直距离尺寸。

- **旋转（R）**：在命令行中输入字母R，按空格键，系统将根据指定的旋转角度，标注出两参考原点的直线距离尺寸，如图7-58所示。

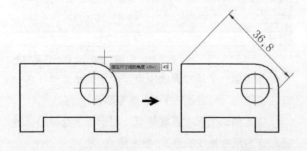

图7-58 标注旋转尺寸

功能实战：标注浇口套

实例位置　实例文件>Ch07>标注浇口套.dwg
实用指数　★★☆☆☆
技术掌握　熟练一般线性标注的操作方法，掌握"多行文字"线性标注的技巧

本实例将以"浇口套"为讲解对象，综合运用了线性标注的一般操作方法和使用"多行文字"线性标注的操作技巧，最终结果如图7-59所示。

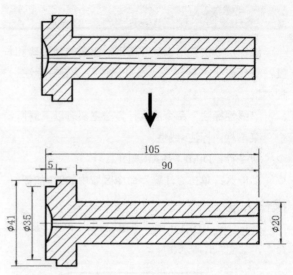

图7-59 浇口套的标注

📖 **思路解析**

在"标注浇口套"的实例操作过程中，将体现线性标注的常用技巧，主要有以下几个基本步骤。

（1）新建GB标注样式。根据机械制图标准，设置符号行业标注的标注样式。

（2）标注水平尺寸。使用"线性标注"命令，标注出浇口套在水平方向上的距离尺寸。

（3）标注垂直尺寸。使用"多行文字"的线性标注方式，标注出浇口套的外形直径尺寸。

Step1 打开文件。打开"实例文件>Ch07>标注浇口套.dwg"图形文件。

Step2 新建GB标注样式。

01 执行"标注样式"命令（D），系统将弹出"标注样式管理器"对话框。

02 创建一个名为GB的标注样式，按照机械制图标准分别对"线""符号箭头""文字"进行相应的设置。

Step3 标注水平尺寸。

01 在"图层"工具栏中，选择"尺寸标注"图层。

02 执行"线性标注"命令（DLI），标注出浇口套图形水平方向上的距离尺寸，结果如图7-60所示。

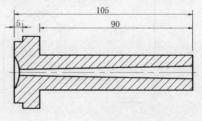

图7-60 标注水平尺寸

Step4 标注垂直尺寸。

01 执行"线性标注"命令（DLI），分别捕捉右侧垂直直线的上下两个端点为标注的参考原点。

02 向右移动十字光标，在命令行中输入字母M，按空格键确定；在激活的标注文本框中添加字符%%C，单击鼠标左键，退出文本编辑状态。

03 向右移动十字光标，单击鼠标左键确定尺寸线的放置，完成垂直方向的尺寸标注，结果如图7-61所示。

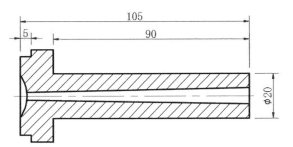

图7-61 标注垂直尺寸

04 使用上述的标注方法，完成其他位置上的垂直尺寸标注，结果如图7-62所示。

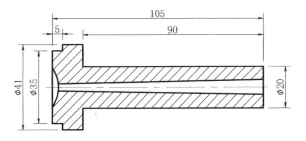

图7-62 完成垂直尺寸标注

7.3.2 对齐标注（DAL）

对齐标注也属于线性尺寸标注，对齐标注的尺寸线与两尺寸界线的原点的连线始终成空间平行状态，若标注对象是圆弧类图形，系统则将尺寸线与圆弧两端点的连接线保持空间平行。

"对齐标注"命令的执行方法主要有以下3种。

◇ 菜单栏：标注>对齐。

◇ 命令行：DIMALIGNED或DAL。

◇ 功能区：单击"注释"命令区域中的 ⟍ 按钮。

操作方法

Step1 输入DAL并按空格键，执行"对齐标注"命令，如图7-63所示。

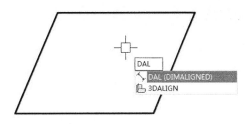

图7-63 执行"对齐标注"命令

Step2 定义尺寸界线原点。

01 捕捉左侧倾斜直线的上端点为第1条尺寸界线的参考原点，如图7-64所示。

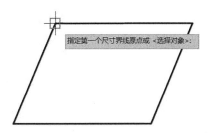

图7-64 定义尺寸界线原点

02 移动十字光标，捕捉左侧倾斜直线的下端点为第2条尺寸界线的参考原点，如图7-65所示。

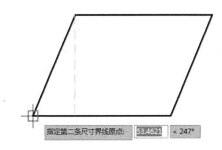

图7-65 定义尺寸界线原点

Step3 定义尺寸线位置。

01 向左侧移动十字光标，系统将预览出对齐标注结果，如图7-66所示。

02 单击鼠标左键，确定尺寸线的放置点，完成对齐尺寸标注。

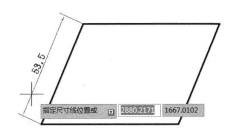

图7-66 定义尺寸线位置

7.3.3 角度标注（DAN）

角度标注主要用于标注两条不平行直线间的角度大小。当标注的对象是相交直线时，系统将测量两对象之间的夹角度数；当标注的对象是圆弧类图形时，系统将测量圆弧两端点到圆心的连接直线的夹角度数。

"角度标注"命令的执行方法主要有以下3种。

◇ 菜单栏：标注>角度。

◇ 命令行：DIMANGULAR或DAN。

◇ 功能区：单击"注释"命令区域中的△按钮。

操作方法

Step1 输入DAN并按空格键，执行"角度标注"命令，如图7-67所示。

图7-67 执行"角度标注"命令

Step2 选择角度标注对象。

01 选择左侧的倾斜直线为角度标注的第1个对象。

02 选择下方的水平直线为角度标注的第2个对象，如图7-68所示。

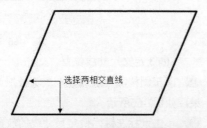

图7-68 定义角度标注对象

Step3 定义尺寸线位置。

01 向图形内侧移动十字光标，系统将预览出角度标注结果，如图7-69所示。

02 单击鼠标左键，确定尺寸线的放置点，完成角度尺寸标注。

注意

在定义尺寸线位置时，系统将根据十字光标的移动方向，自动计算并判断出标注对象的夹角尺寸。

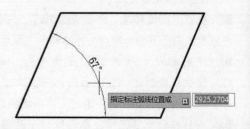

图7-69 定义尺寸线位置

参数解析

在角度尺寸的标注过程中，命令行中将出现相关的提示信息，如图7-70所示。

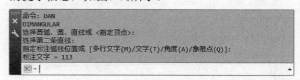

图7-70 命令行提示信息

■ 选择圆弧、圆、直线：用于提示选择角度尺寸标注的第1个图形对象，一般可选择圆弧类图形或直线段图形。当选择的对象为圆弧类图形时，系统将直接标注出该圆弧的包含角，如图7-71所示。

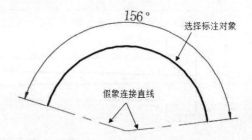

图7-71 标注圆弧包含角

■ 使用三个特征点标注角度。在系统"选择圆弧、圆、直线或<指定顶点>"的信息提示下，直接按Enter键；选择B点为角的顶点，选择A、C两点为角的端点；移动十字光标，单击鼠标左键确定尺寸线的放置，完成角度尺寸的标注，如图7-72所示。

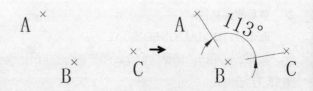

图7-72 使用三个特征点标注角度

功能实战：标注异形垫片

实例位置　实例文件>Ch07>标注异形垫片.dwg
实用指数　★★☆☆☆
技术掌握　熟练新建标注样式的一般方法与"角度标注"的一般操作流程

本实例将以"异形垫片"为讲解对象，综合运用新建标注样式的两种方式与"角度标注"的一般操作技巧，最终结果如图7-73所示。

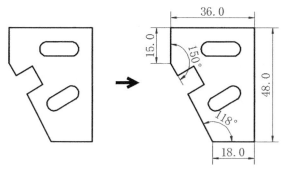

图7-73 标注异形垫片

> 📖 **思路解析**
>
> 　在"标注异形垫片"的实例操作过程中，将体现角度标注的一般方法，主要有以下几个基本步骤。
> 　（1）新建GB标注样式。根据机械制图标准，设置符号行业标注的标注样式。
> 　（2）新建"角度标注"样式。使用GB标注样式为基础样式，创建出子项标注样式。
> 　（3）标注水平尺寸。使用"线性标注"命令，标注出异形垫片在水平、垂直方向上的距离尺寸。
> 　（4）标注角度尺寸。使用"角度标注"命令，标注出异形垫片倾斜直线的角度尺寸。

Step1 打开文件。打开"实例文件>Ch07>标注异形垫片.dwg"图形文件。

Step2 新建GB标注样式。

01 执行"标注样式"命令（D），系统将弹出"标注样式管理器"对话框。

02 创建一个名为GB的标注样式，按照机械制图标准分别对"线""符号箭头""文字"进行相应的设置。

Step3 新建GB标准的"角度标注"样式。

01 执行"标注样式"命令（D），再单击 新建(N)... 按钮，定义样式名称为"角度标注"，选择GB为基础样式，如图7-74所示。

02 单击 继续 按钮，进入"新建标注样式：角度标注"对话框；单击"文字"选项卡，设置角度标注的文字样式，如图7-75所示。

图7-74 创建"角度标注"样式

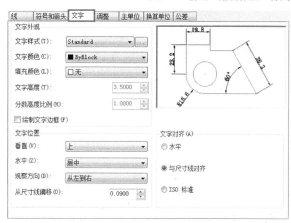

图7-75 设置"角度标注"文字样式

03 单击 确定 按钮，完成角度标注样式的创建，返回"标注样式管理器"对话框。

Step4 标注基础外形尺寸。

01 在"图层"工具栏中，选择"尺寸标注"图层。

02 执行"线性标注"命令（DLI），标注出垫片基础外形的线性距离尺寸，如图7-76所示。

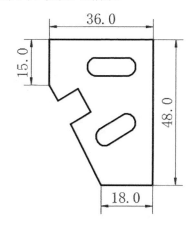

图7-76 标注线性尺寸

Step5 标注角度尺寸。

01 执行"标注样式"命令（D），选择"角度标注"样式，再单击 置为当前(U) 按钮将此标注样式应用至当前图形文件中；单击 关闭 按钮，退出"标注样式管理器"对话框。

02 执行"角度标注"命令（DAN），标注出垫片倾斜直线的相接直线的角度尺寸，如图7-77所示。

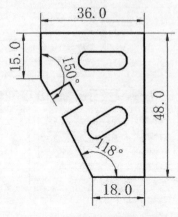

图7-77 标注角度尺寸

7.3.4 半径标注（DRA）

半径标注主要用来标注圆弧类图形的半径大小，它是由一条具有指向圆或圆弧的箭头半径尺寸线与半径数值组成。

"半径标注"命令的执行方法主要有以下3种。

◇ 菜单栏：标注>半径。

◇ 命令行：DIMRADIUS或DRA。

◇ 功能区：单击"注释"命令区域中的 按钮。

操作方法

Step1 输入DRA并按空格键，执行"半径标注"命令，如图7-78所示。

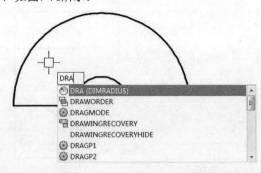

图7-78 执行"半径标注"命令

Step2 定义标注对象。

01 选择绘制的圆弧图形为半径尺寸的标注对象。

02 移动十字光标，在圆弧图形外侧单击鼠标左键，确定尺寸线的放置点，完成半径尺寸的标注，如图7-79所示。

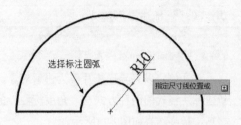

图7-79 标注半径尺寸

注意
在完成尺寸线的指定后，系统将自动完成半径尺寸的标注并退出该命令。

Step3 重复半径标注命令。

01 按空格键，再次执行"半径标注"命令；选择另一圆弧图形为半径尺寸的标注对象。

02 移动十字光标，在圆弧外侧单击鼠标左键，确定尺寸线的放置点，完成半径尺寸的标注，如图7-80所示。

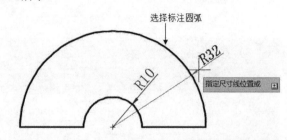

图7-80 标注半径尺寸

7.3.5 直径标注（DDI）

直径标注主要是用来标注圆弧或圆的直径大小，其主要是由一条具有指向圆或圆弧的箭头的直径尺寸线所组成。

"直径标注"命令的执行方法主要有以下3种。

◇ 菜单栏：标注>直径。

◇ 命令行：DIMDIAMETER或DDI。

◇ 功能区：单击"注释"命令区域中的 按钮。

操作方法

Step1 输入DDI并按空格键，执行"直径标注"命令，如图7-81所示。

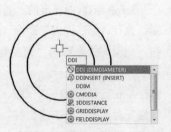

图7-81 执行"直径标注"命令

Step2 定义标注对象。

01 选择绘制的圆弧图形为直径尺寸的标注对象。

02 移动十字光标，在圆形内侧单击鼠标左键，确定尺寸线的放置点，完成直径尺寸的标注，如图7-82所示。

图7-82 标注直径尺寸

Step3 重复直径标注命令。

01 按空格键，再次执行"直径标注"命令；选择另一个圆形为直径尺寸的标注对象。

02 移动十字光标，在圆形外侧单击鼠标左键，确定尺寸线的放置点，完成直径尺寸的标注，如图7-83所示。

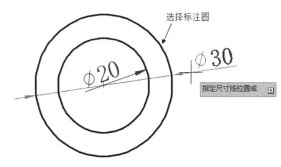

图7-83 标注直径尺寸

功能实战：标注限位盖

实例位置	实例文件>Ch07>标注限位盖.dwg
实用指数	★☆☆☆☆
技术掌握	熟练使用"半径标注"、"直径标注"命令对圆弧类图形进行尺寸创建

本实例将以"限位盖"为讲解对象，综合运用"半径标注"和"直径标注"的一般操作方法，最终结果如图7-84所示。

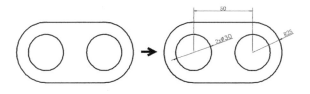

图7-84 标注限位盖

> **思路解析**
>
> 在"标注限位盖"的实例操作过程中，将体现半径、直径标注的一般方法，主要有以下几个基本步骤。
>
> （1）新建GB标注样式。根据机械制图标准，设置符号行业标注的标注样式。
>
> （2）标注水平尺寸。使用"线性标注"命令，标注出限位盖平面圆孔的圆心距离。
>
> （3）标注半径、直径尺寸。使用"半径标注"命令，标注出限位盖圆弧的半径尺寸和平面圆孔的直径尺寸。

Step1 打开文件。打开"实例文件>Ch07>标注限位盖.dwg"图形文件。

Step2 新建GB标注样式。

01 执行"标注样式"命令（D），系统将弹出"标注样式管理器"对话框。

02 创建一个名为GB的标注样式，按照机械制图标准分别对"线""符号箭头""文字"进行相应的设置。

Step3 标注圆心距尺寸。

01 在"图层"工具栏中，选择"尺寸标注"图层。

02 执行"线性标注"命令（DLI），标注出限位盖平面圆孔的圆心距离尺寸，如图7-85所示。

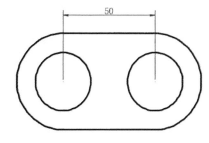

图7-85 标注圆心距尺寸

Step4 标注半、直径尺寸。

01 执行"半径标注"命令（DRA），标注出限位盖的圆弧半径尺寸，如图7-86所示。

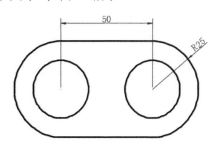

图7-86 标注圆弧半径尺寸

02 执行"直径标注"命令（DDI），标注出限位盖的圆形直径尺寸，如图7-87所示。

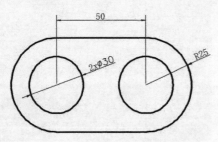

图7-87 标注圆形直径尺寸

7.3.6 坐标标注（DOR）

坐标标注是通过标明特征点相对于当前坐标系原点的坐标值，它是由X坐标、Y坐标和标注引线所组成的。坐标标注能快速的标明出零件重要特征点的空间位置，其一般用于模具绘图中。

"坐标标注"命令的执行方法主要有以下3种。

◇ 菜单栏：标注>坐标。

◇ 命令行：DIMORDINATE或DOR。

◇ 功能区：单击"注释"命令区域中的 按钮。

操作方法

Step1 定义坐标原点。

01 选择绘图区域左下角的坐标系图标，选择坐标系的原点为移动参考基点。

02 将坐标系原点与图形上的某个特征点对齐，如图7-88所示。

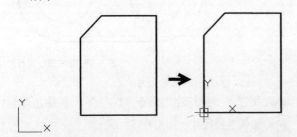

图7-88 对齐坐标系

Step2 标注Y坐标尺寸。

01 输入DOR并按空格键，执行"坐标标注"命令，如图7-89所示。

02 选择与坐标系原点对齐的特征点为坐标标注的对象，向左移动十字光标，单击鼠标左键确定尺寸线的位置，完成Y坐标的标注；重复执行"坐标标注"命令，完成其他特征点的Y坐标尺寸标注，结果如图

7-90所示。

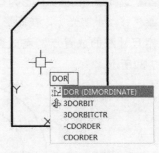

图7-89 执行"坐标标注"命令

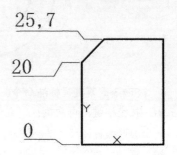

图7-90 标注Y坐标

> **注意**
> 在完成一个特征点的坐标标注后，系统将自动退出"坐标标注"命令。按空格键，可再次执行上一个绘图命令。

Step3 标注X坐标尺寸。

01 按空格键，再次执行"坐标标注"命令，选择与坐标系原点对齐的特征点为坐标标注的对象，向下移动十字光标，单击鼠标左键确定尺寸线的位置，完成X坐标的标注。

02 按空格键，再次执行"坐标标注"命令，选择倒角直线的上端点为坐标标注的对象，向上移动十字光标，单击鼠标左键确定尺寸线的位置，完成X坐标的标注，结果如图

7-91所示。

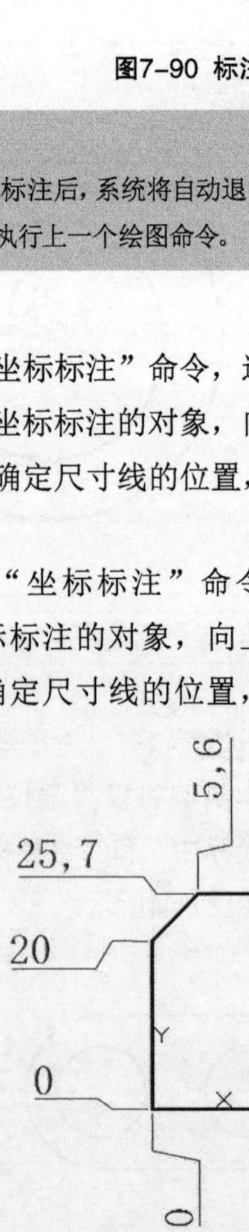

图7-91 标注X坐标

参数解析

在坐标尺寸的标注过程中，命令行中将出现相关的提示信息，如图7-92所示。

图7-92 命令行提示信息

- **指定引线端点**：根据机件位置和引线端点的放置方位，确定它是x坐标标注还是y坐标标注。

  - **X基准（X）**：用于定义X坐标标注。

  - **Y基准（Y）**：用于定义Y坐标标注。

  - **多行文字（M）**：在命令行中输入字母M，按空格键，可进入标注文字编辑状态，可给标注文字添加前缀、后缀等字符。

  - **文字（T）**：在命令行中输入字母T，按空格键，可直接指定标注文字的内容。在激活的文本框中可输入任意的字符作为当前尺寸的标注文字。

  - **角度（A）**：在命令行中输入字母A，按空格键，可指定标注文字的放置角度，如图7-93所示。

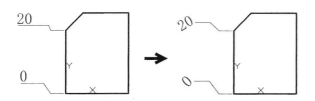

图7-93 指定标注文字角度

功能实战：标注模板孔

实例位置	实例文件>Ch07>标注模板孔.dwg
实用指数	★☆☆☆☆
技术掌握	熟练使用"坐标标注"命令对图形特征点进行标注

本实例将以"标注模板孔"为讲解对象，运用"坐标系移动"与"坐标标注"的一般操作方法，结果如图7-94所示。

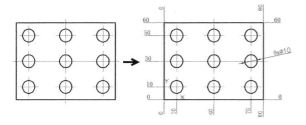

图7-94 标注模板孔

思路解析

在"标注模板孔"的实例操作过程中，将体现坐标标注图形的操作技巧，主要以以下几个基本步骤。

（1）新建GB标注样式。根据机械制图标准，设置符号行业标注的标注样式。

（2）标注模板外形坐标。将坐标系的原点与模板特征点对齐后，将模板的4个顶点用坐标的形式进行标注。

（3）标注模板平面圆孔坐标。使用"坐标标注"命令，对模板图形的所有圆孔特征的X和Y轴坐标进行标注。

（4）标注平面圆孔的直径尺寸。使用"多行文字"的方式，标注出平面圆孔的直径大小。

Step1 打开文件。打开"实例文件>Ch07>标注模板孔.dwg"图形文件。

Step2 新建GB标注样式。

01 执行"标注样式"命令（D），系统将弹出"标注样式管理器"对话框。

02 创建一个名为GB的标注样式，按照机械制图标准分别对"线""符号箭头""文字"进行相应的设置。

Step3 标注模板外形坐标。

01 在"图层"工具栏中，选择"尺寸标注"图层。

02 将坐标系原点与模板孔左下角的特征点进行对齐，如图7-95所示。

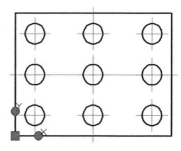

图7-95 对齐坐标系

03 执行"坐标标注"命令（DOR），分别对模板图形的4个顶点进行坐标尺寸的标注，结果如图7-96所示。

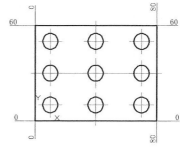

图7-96 标注外形坐标

Step4 标注模板平面圆孔坐标。

01 执行"坐标标注"命令（DOR），分别选择平面圆孔的各水平基准线的端点为坐标标注对象，标注出各平面圆孔的x坐标。

02 执行"坐标标注"命令（DOR），分别选择平面圆孔的各垂直基准线的端点为坐标标注对象，标注出各平面圆孔的Y坐标，结果如图7-97所示。

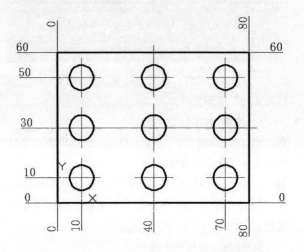

图7-97 标注圆孔坐标

Step5 标注模板平面圆孔的直径。

01 执行"直径尺寸"命令（DDI），选择任意一个圆形为标注对象。

02 向右移动十字光标，在命令行中输入字母M，按空格键确定；在激活的标注文本框中添加字符9×，单击鼠标左键，退出文本编辑状态。

03 向右移动十字光标，单击鼠标左键确定尺寸线的放置，完成直径尺寸标注，如图7-98所示。

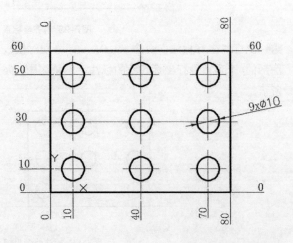

图7-98 标注直径尺寸

7.3.7 折弯标注（DJO）

折弯标注是圆或圆弧的中心位于布局之外且无法在位置上显示时，将引线采取折弯处理的标注方式。

"折弯标注"命令的执行方法主要有以下3种。

◇ 菜单栏：标注>折弯。

◇ 命令行：DIMJOGGED或DJO。

◇ 功能区：单击"注释"命令区域中的 按钮。

操作方法

Step1 输入DJO并按空格键，执行"折弯标注"命令，如图7-99所示。

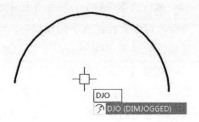

图7-99 执行"折弯标注"命令

Step2 定义折弯标注。

01 选择绘制的圆弧图形为折弯尺寸的标注对象。

02 移动十字光标，在圆形内部选择非圆心的点，指定其为中心位置。

03 在圆形内部任意位置单击指定其为尺寸线的放置点，在圆形内部任意位置单击指定其为折弯位置的放置点，结果如图7-100所示。

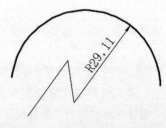

图7-100 折弯标注

7.3.8 圆形标记（DCE）

圆心标记是使用十字线对圆弧、圆形的圆心点进行位置标示的一种符号。圆心标记可以是短十字线，也可以是中心线，用户可在"标注样式管理器"对话框的"符号和箭头"选项卡中对"圆心标记"进行相应的设置。

"圆心标记"命令的执行方法主要有以下2种。

◇ 菜单栏：标注>圆心标记。

◇ 命令行：DIMCENTER或DCE。

操作方法

Step1 设置圆心标记样式。

01 执行"标注样式"命令（D），系统将弹出"标注样式管理器"对话框；单击 修改(M)... 按钮，弹出"修改标注样式"对话框。

02 单击"符号和箭头"选项卡，在"圆心标记"设置区域，勾选"直线"选项，如图7-101所示、

03 退出"标注样式管理器"对话框。

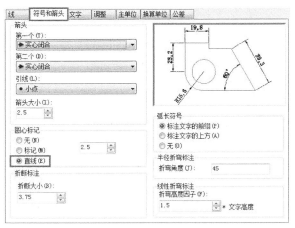

图7-101 修改圆心标记样式

Step2 定义圆心标记。

01 输入DCE并按空格键，执行"圆心标记"命令，如图7-102所示。

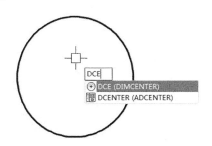

图7-102 执行"圆心标记"命令

02 选择已绘制的圆形为圆心标记对象，系统将使用十字直线标记出该圆的圆心，如图7-103所示。

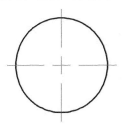

图7-103 标记圆心

> 💡 **注意**
>
> 在执行"圆心标记"命令前，可先将"中心线"图层置为当前。如此，可将圆心标记直线进行特性匹配。

功能实战：标注壳体零件

实例位置	实例文件>Ch07>标注壳体零件.dwg
实用指数	★☆☆☆☆
技术掌握	熟练使用"圆心标记"命令来对平面图形的圆心进行标示

本实例将以"壳体零件"为讲解对象，运用"圆心标记"与"坐标标注"的一般操作方法，结果如图7-104所示。

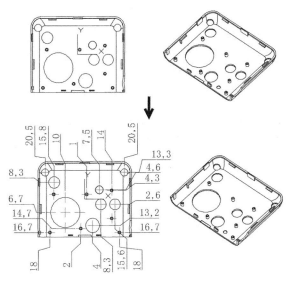

图7-104 标注壳体零件

> 📖 **思路解析**
>
> 在"标注壳体零件"的实例操作过程中，将体现圆心标记、坐标标注的操作技巧，主要有以下几个基本步骤。
>
> （1）新建GB标注样式。根据机械制图标准，设置符号行业标注的标注样式。
>
> （2）创建圆心标记。在"中心线"图层中，对所有圆形的圆心使用十字直线进行标记。
>
> （3）标注圆心坐标。在"尺寸标注"图层中，使用"坐标标注"命令对各圆心进行x和y坐标的标注。

Step1 打开文件。打开"实例文件>Ch07>标注壳体零件.dwg"图形文件。

Step2 新建GB标注样式。

01 执行"标注样式"命令（D），系统将弹出"标注样式管理器"对话框。

02 创建一个名为GB的标注样式，按照机械制图标准分别对"线""符号箭头""文字"进行相应的设置。

Step3 创建圆心标记。

01 在"图层"工具栏中选择"中心线"图层。

02 将坐标系原点移至壳体零件俯视图的中心位置。

03 修改标注样式中圆心标记的样式为"直线"，执行"圆心标记"命令（DCE），选择壳体零件俯视图的任意一个圆形为圆心标记的对象，完成圆心标记直线的创建，结果如图7-105所示。

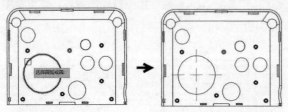

图7-105 标记圆心

04 重复执行"圆心标记"命令（DCE），对其他圆形进行圆心标记操作，结果如图7-106所示。

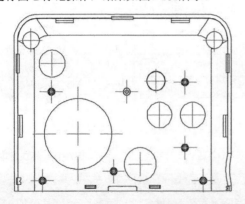

图7-106 标记所有圆心

Step3 标注圆心坐标。

01 在"图层"工具栏中，选择"尺寸标注"图层；将坐标系原点移动至壳体零件俯视图的中心。

02 执行"坐标标注"命令（DOR），分别选择圆形的水平基准线的端点为坐标标注对象，标注出各圆形的x坐标，如图7-107所示。

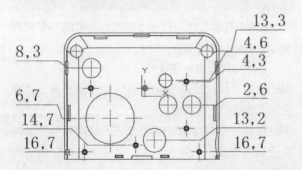

图7-107 标注x坐标

03 执行"坐标标注"命令（DOR），分别选择圆形垂直基准线的端点为坐标标注对象，标注出各圆形的y坐标，如图7-108所示。

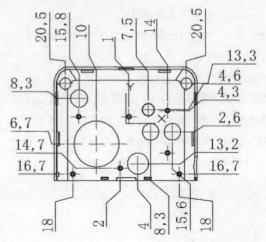

图7-108 标注y坐标

7.3.9 新建多重引线样式（MLEA）

在使用AutoCAD绘制机械图时，对图形对象做局部特殊标注时就需使用AutoCAD中的引线标注方法。在绘制装配图时，也需使用引线标注来完成零件的序号说明。

在执行"多重引线标注"命令前，通常需要先创建多重引线标注的样式。系统一般将默认采用STANDARD的引线标注样式，而用户在使用引线标注时可创建符号行业标准规范的引线标注样式。

"多重引线样式"命令的执行方法主要有以下2种。

◇ 菜单栏：格式>多重引线样式。

◇ 命令行：MLEADERSTYLE或MLEA。

操作方法

Step1 输入MLEA并按空格键，执行"多重引线样式"命令，系统将弹出"多重引线样式管理器"对话框，如图7-109所示。

图7-109 "多重引线样式管理器"对话框

Step2 新建多重引线样式。

01 单击 新建(N)... 按钮，系统将弹出"创建新多重引线样式"对话框。

02 在"新样式名（N）"文本框中输入GB，在"基础样式（S）"下拉列表中选择Standard选项为新引线样式的基础样式，如图7-110所示。

图7-110 "创建新多重引线样式"对话框

03 单击 继续 按钮，系统将弹出"修改多重引线样式：GB"对话框；单击 确定 按钮，完成GB标注样式的创建。

参数解析

关于"多重引线样式管理器"对话框的部分功能说明如下。

- **样式（S）**：用于显示当前图形文件中已创建的多重引线样式。

- 置为当前(U)：用于将选定的引线样式应用到当前的绘图文件中。

- 新建(N)...：用于创建一个新的多重引线样式。

- 修改(M)...：用于打开"修改多重引线样式"对话框，在该对话框中可以修改指定的引线样式。

关于"修改多重引线样式"对话框的功能说明如下。

- **"引线格式"选项卡**：在此功能选项卡中，可对引线的类型、颜色、线型以及箭头符号等样式进行设置，如图7-111所示。

图7-111 "引线格式"选项卡

- **常规**：在该设置区域中，主要包括了"类型""颜色""线型"和"线宽"4个设置项。

- **箭头**：为满足不同行业的制图标准，AutoCAD系统中提供了多种箭头样式，用户可以选择符号设计需要的箭头形状，如图7-112所示。

图7-112 "箭头"样式

- **"引线结构"选项卡**：在此功能选项卡中，可对多重引线的约束条件、基线进行相应的设置，如图7-113所示。

图7-113 "引线结构"选项卡

- **约束**：在该设置区域中，可对多重引线的控制约束进行设置。主要包括"最大引线点数（M）""第一段角度（F）""第二段精度（S）"3个设置项。

- **基线设置**：在该设置区域中，可对多重引线的基线进行相应的样式设置。其主要包括了"自动包含基线（A）"和"设置基线距离（D）"两个设置项。

- **比例**：在该设置区域中，可对多重引线的缩放比例进行设置。主要包括"注释性（A）""将多重引线缩放到布局（L）""指定比例（E）"3个设置项。

- **"内容"选项卡**：在此功能选项卡中，可对多重引线的类型、文字样式、引线连接的方式进行设置，如图7-114所示。

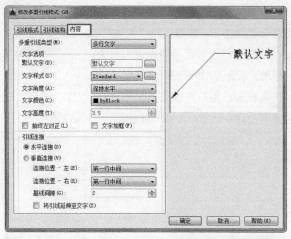

图7-114 "内容"选项卡

7.3.10 多重引线标注（MLD）

多重引线样式创建完成后，将其置为当前后再执行"多重引线"标注命令，可对图形对象进行标注说明。

"多重引线"命令的执行方法主要有以下2种。

◇ 菜单栏：标注>多重引线。

◇ 命令行：MLEADER或MLD。

操作方法

Step1 输入MLD并按空格键，执行"多重引线"命令，如图7-115所示。

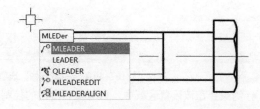

图7-115 执行"多重引线"命令

Step2 定义多重引线标注。

01 在系统信息提示下，捕捉倒角直线的中点为引线箭头的放置点，如图7-116所示。

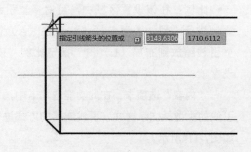

图7-116 指定引线箭头位置

02 移动十字光标，在绘图区任意位置处单击鼠标左键，指定其为引线基线的放置点，如图7-117所示。

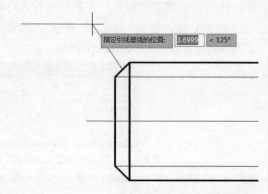

图7-117 指定引线基线位置

03 在激活的文本框中输入文字"1×45°"，再在绘图区空白处单击鼠标左键，完成多重引线标注，如图7-118所示。

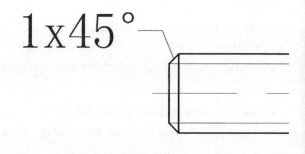

图7-118 完成引线标注

7.3.11 行位公差标注（TOL）

在机械设计制造过程中，因机械加工水平的限制，不可能制造出尺寸完全精确的零件，加工的零件和设计的零件有一定程度的差异。为保证尺寸差异在一个合理的范围内，就需要在机械图纸上标注出行位公差值。

根据GB/T 1182—1996规定，行位公差在图样中应采用代号标注，而代号则由公差项目符号、框格、指引线、公差数值以及其他相关符号所组成，如图7-119所示。

"公差"命令的执行方法主要有以下2种。

◇ 菜单栏：标注>公差。

◇ 命令行：TOLERANCE或TOL。

图7-119 行位公差组成

关于行位公差各项目符号，如表7-1所示。

表7-1 行位公差项目符号

符号	含义	符号	含义
—	直线度	//	平行度
▱	平面度	⊥	垂直度
○	圆度	∠	倾斜度
⌿	圆柱度	◎	同轴度
⌒	线轮廓度	⹀	对称度
⌓	面轮廓度	⊕	位置度
↗	圆跳动	↗↗	全跳动

操作方法

Step1 输入TOL并按空格键，执行"公差"命令，系统将弹出"行位公差"对话框，如图7-120所示。

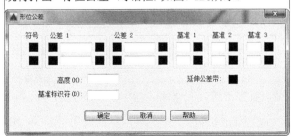

图7-120 "行位公差"对话框

Step2 定义公差符号。

01 在"符号"设置区域中，单击小黑框（■），系统将弹出"特征符号"对话框，如图7-121所示。

图7-121 "特征符号"对话框

02 在"特征符号"对话框中选择"平行度"符号（//），在"公差1"文本框中输入0.02，以指定几何公差值。

03 在"基准1"文本框中输入大写字母A，指定行

位公差的基准符号；单击"行位公差"对话框中的 确定 按钮，完成行位公差的设置。

04 在系统信息提示下，选择绘图区中任意一点为几何公差的放置点，完成行位公差的创建，结果如图7-122所示。

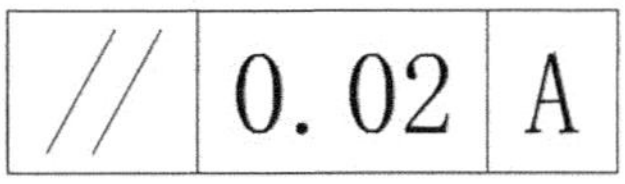

// | 0.02 | A

图7-122 完成公差标注

参数解析

关于"行位公差"对话框的部分功能说明如下。

- **"符号"设置区域**：单击"符号"列中的小黑框（■），系统将弹出"特征符号"对话框。用户可通过选择系统提供的几何公差符号，从而快速定义当前公差标记的类型。

- **"公差1"和"公差2"设置区域**：单击小黑框（■），系统将在此黑框中添加一个直径符号。在"公差"文本框中可自由设置几何公差值。单击文本框后的小黑框，系统将弹出"附加符号"对话框。

- **"基准1""基准2"和"基准3"设置区域**：在该文本框中可设置行位公差的基准符号。

- **高度（H）**：在该文本框中可设置投影公差值，该公差值可用于调整固定垂直部分延伸区的高度变化，从而控制公差精度。

- **基准标示符（D）**：在该文本框中可通过输入大写字母作为基准标示符。

典型实例： 标注齿轮轴

实例位置	实例文件>Ch07>标注齿轮轴.dwg
实用指数	★★☆☆☆
技术掌握	熟练

本实例将以"标注齿轮轴"为讲解对象，主要运用线性标注、引线标注、行位公差标注等操作技巧，最终结果如图7-123所示。

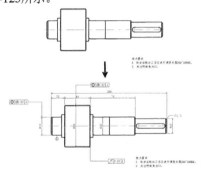

图7-123 齿轮轴标注

思路解析

在"齿轮轴"的实例操作过程中，将综合体现零件图的标注思路和方法，主要有以下几个基本步骤。

（1）新建GB标注样式。根据机械制图标准，设置符号行业标注的标注样式。

（2）标注基本外形尺寸。在"尺寸标注"图层中，使用"线性标注"命令对齿轮轴的基本外形进行标注。

（3）标注倒角尺寸。

（4）标注行位公差。设置行位公差样式，标注公差参考基准，创建出齿轮轴的行位公差尺寸。

Step1 打开文件。打开实例文件>Ch07>标注齿轮轴.dwg图形文件。

Step2 新建GB标注样式。

01 执行"标注样式"命令（D），系统将弹出"标注样式管理器"对话框。

02 创建一个名为GB的标注样式，按照机械制图标准分别对"线""符号箭头""文字"进行相应的设置。

Step3 标注齿轮轴基本外形尺寸。

01 在"图层"工具栏中，选择"尺寸标注"图层；执行"线性标注"命令（DLI），标注出齿轮轴的长度尺寸，如图7-124所示。

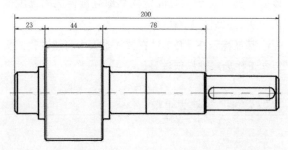

图7-124 标注长度尺寸

02 执行"线性标注"命令（DLI），使用"多行文字"的标注方式，在标注文字前添加%%C字符，标注出齿轮轴的直径尺寸，如图7-125所示。

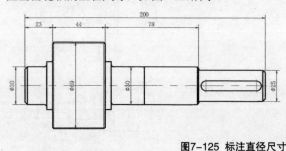

图7-125 标注直径尺寸

Step4 标注齿轮轴倒角尺寸。

01 执行"多重引线样式"命令（MLEA），新建一个GB引线标注样式，再将其置为当前。

02 执行"多重引线"命令（MLD），对齿轮轴的倒角直线进行引线标注，结果如图7-126所示。

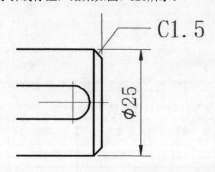

图7-126 引线标注倒角尺寸

Step5 标注齿轮轴引线行位公差。

01 执行"块插入"命令（I），对齿轮轴标注出参考基准，如图7-127所示。

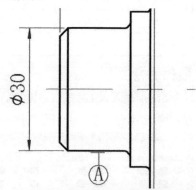

图7-127 添加基准符号

02 执行"引线"命令（LE），然后在命令行中输入字母S，按空格键，系统将打开"引线设置"对话框。

03 在注释选项卡中勾选"公差"选项，如图7-128所示。

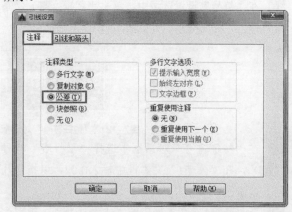

图7-128 "引线设置"对话框

04 单击 **确定** 按钮返回绘图区，选择齿轮轴直径为30的尺寸界线为公差标注对象，标注出同心度公差，如图7-129所示。

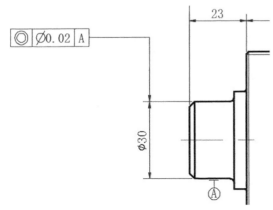

图7-129 标注同心度公差

05 参照上述行位公差标注方法，完成齿轮轴的其他行位公差标注，结果如图7-130所示。

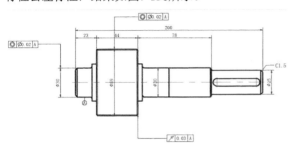

图7-130 完成行位公差标注

7.4 编辑尺寸标注

本节知识概要

知识名称	作用	重要程度	所在页
编辑尺寸夹点位置	掌握使用移动尺寸夹点的方法来编辑修改已标注的尺寸	中	P177
添加机械标注符号	掌握在已标注的尺寸文字上添加各种机械标注符号	高	P178
编辑尺寸特性	了解对已标注的尺寸进行特性编辑修改的基本方法	中	P178

在AutoCAD中，修改尺寸标注的方法主要有3种。一是使用"标注样式管理器"来修改标注样式，此种方法会修改图形中所有与该样式有关联的尺寸标注；二是使用尺寸标注编辑命令，对图形中的尺寸标注单独进行修改；三是使用夹点来编辑尺寸标注，此种方法主要用于编辑标注尺寸的位置。

7.4.1 编辑尺寸夹点位置

在AutoCAD中，修改尺寸标注的位置最常用的方法就是直接通过移动尺寸标注夹点的方法来完成编辑任务。

操作方法

Step1 移动尺寸标注位置。

01 在绘图区中选择水平方向的尺寸标注对象，如图7-131所示。

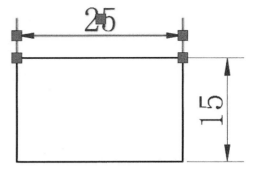

图7-131 选择标注对象

02 选择标注文字处的夹点框，向下移动十字光标，将尺寸标注拖动到图形下方放置，如图7-132所示；单击鼠标左键完成尺寸标注的修改。

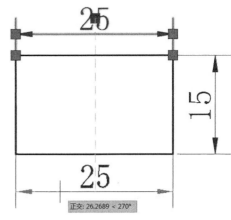

图7-132 移动尺寸标注

> **注意**
> 在执行"圆心标记"命令前，可先将"中心线"图层置为当前。如此，可将圆心标记直线进行特性匹配。

Step2 移动尺寸标注数值。

01 在绘图区中选择垂直方向的尺寸标注对象。

02 选择尺寸界限处的夹点框，向上移动十字光标，将尺寸标注拖动到图形上方放置；单击鼠标左键完成尺寸标注的修改，如图7-133所示。

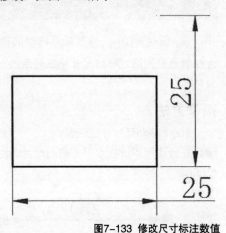

图7-133 修改尺寸标注数值

7.4.2 添加机械标注符号

在AutoCAD中，添加标注符号的方法主要有使用标注命令和直接单击修改两种方法，其中，使用鼠标直接单击的方法运用较为灵活、方便、快捷，故使用频率较高。

使用标注命令添加标注符号是通过在命令行中激活"多行文字"子选项命令，再在标注文本框中添加机械标注符号。

鼠标直接单击的方式添加标注符号是在完成尺寸标注后，再次激活标注文本框并添加机械标注符号。

操作方法

Step1 激活标注文本框。双击图形上的直径尺寸12，系统进入"文字编辑器"对话框中，如图7-134所示。

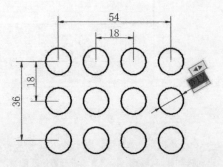

图7-134 激活文本框

Step2 添加标注符号。

01 在文字编辑器的"格式"栏选择字体为"仿宋"，将十字光标移动到直径尺寸前，并在窗口中输入字符"12×"，如图7-135所示。

02 在绘图区空白处单击鼠标左键，完成标注符号的添加并退出文字编辑器。

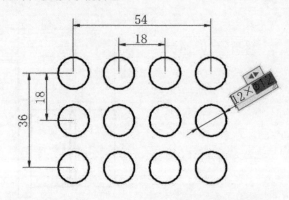

图7-135 添加标注符号

> **注意**
> 双击尺寸文字进入编辑状态后，可以在文本框中输入任何文字及符号，并能对其进行文字类型、大小、颜色的修改以及替换原来的尺寸文字。

7.4.3 编辑尺寸特性

特性管理器是对目标对象的一个综合管理，它包括常规、直线和箭头、文字、主单位、换算单位、公差等项目。在AutoCAD中，用户通过这些项目可以对尺寸标注进行单独的编辑与修改。

选择任意一个尺寸标注对象，再按Ctrl+1组合键，系统将弹出"特性"对话框，如图7-136所示。

图7-136 尺寸标注"特性"对话框

在"特性"对话框中，主要包括了"常规""其他""直线和箭头""文字""调整""主单位""换算单位"和"公差"8个尺寸标注定义选项。

1. 文字

在"文字"设置区域项中，主要有"文字颜色""文字高度""水平放置位置""文字样式""文字旋转""文字替代"等常规设置选项，如图7-137所示。

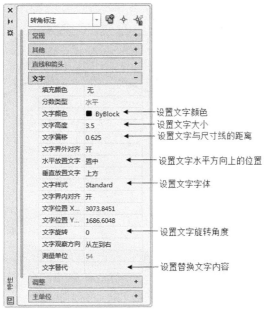

图7-137 "文字"设置区域项

2. 直线和箭头

在"直线和箭头"设置区域项中，主要有"箭头1""箭头2""箭头大小""尺寸线线宽""尺寸界线线宽""尺寸线颜色""尺寸线的线型""尺寸界线1""尺寸界线2"等设置选项，如图7-138所示。

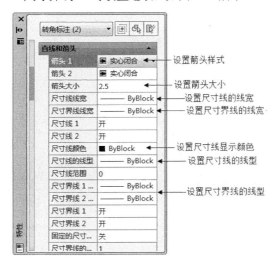

图7-138 "直线和箭头"设置区域项

3. 公差

在"公差"设置区域项中，主要包括了"显示公差""公差上偏差""公差下偏差""水平放置公差""公差精度""公差文字高度"等设置选项，如图7-139所示。

图7-139 "公差"设置区域项

7.5 思考与练习

通过本章的介绍与学习，讲解了AutoCAD的"尺寸标注样式""尺寸标注命令""编辑尺寸标注"的基本操作方法。为对知识进行巩固和考核，布置相应的练习题，使读者进一步灵活掌握本章的知识要点。

7.5.1 标注平面扳手

使用二维绘制命令、图形编辑命令、尺寸标注命令绘制出平面扳手的轮廓结构，如图7-140所示，其基本思路如下。

01 在"图层特性管理器"中，设置"中心线""轮廓线""尺寸标注"等图层。

02 绘制平面扳手的外形结构。

03 创建GB标注样式，标注出平面扳手的结构尺寸。

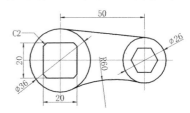

图7-140 标注平面扳手

7.5.2 标注手柄图形

使用二维绘制命令、图形编辑命令、尺寸标注命令绘制出手柄的外形结构，如图7-141所示，其基本思路如下。

01 在"图层特性管理器"中，设置"中心线""轮廓线""尺寸标注"等图层。

02 使用"直线""圆弧""修剪"等命令绘制出手柄的基本外形结构。

03 创建GB标注样式，标注出手柄的圆弧半径尺寸、定位和定形尺寸。

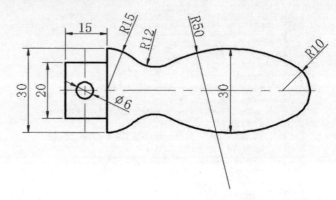

图7-141 标注手柄

7.5.3 思考问答

01 尺寸标注主要由哪些元素组成？

02 AutoCAD的尺寸标注样式有哪些设置内容？

03 常用的AutoCAD尺寸标注命令有哪些？

04 在尺寸标注上添加标注符号的方法主要有哪几种？

05 尺寸特性主要包括哪些设置内容？

格式转换与输出打印

在图形对象绘制完成后，通常情况需要将图形文件进行打印输入或格式转换，以方便各部门和单位的技术交流。本章主要讲解AutoCAD的图形文件格式的输出转换以及图形文件的打印设置和打印技巧，通过对本章的学习，将快速掌握AutoCAD与其他图形文件格式的转换以及打印图形的基本设置思路与技巧。

本章学习要点

★ 了解使用AutoCAD读取其他格式图形文件的方法
★ 掌握使用AutoCAD转换其他格式图形文件的方法
★ 掌握打印设备的定义

★ 掌握打印颜色的定义
★ 了解打印预览的操作

本章知识索引

知识名称	作用	重要程度	所在页
AutoCAD 数据转换	了解使用AutoCAD进行数据格式转换的各种方法与技巧	中	P182
图形打印基础	掌握在AutoCAD设计系统中设置各种打印参数的方法，掌握图形打印输出的常用设置选项	高	P184

本章实例索引

实例名称	所在页
典型实例：挂轮架DWG格式转换WMF图像格式	P184
典型实例：打印转轴支架	P187

8.1 AutoCAD 数据转换

本节知识概要

知识名称	作用	重要程度	所在页
读取其他格式图形文件	了解使用AutoCAD打开其他格式图形文件的基本方法	中	P182
输出其他格式文件	掌握使用AutoCAD的"输出"命令转换多种格式图形文件的基本思路与操作流程	高	P182

在使用AutoCAD绘制图形结构后，系统一般将以DWG格式保存该图形文件，但这种文件格式不能适用于其他设计系统。因此，如需要在其他设计系统中打开AutoCAD图形文件，就必须先将其转换为该系统能读取的文件格式。

在AutoCAD 2016设计环境下，用户不仅能通过"另存为"的方式来转换图形保存格式，还能使用"输出"命令直接将其转换为其他数据格式的文件，如WMF、DXB、ACIS、3D Studio等格式。

8.1.1 读取其他格式图形文件

在AutoCAD中系统可以直接打开多种平面图形格式的文件，如DXF、DWT格式的文件。在打开其他格式的图形文件后，使用保存命令系统会自动将其转换为AutoCAD的图形文件格式。

使用AutoCAD读取其他格式的图形文件的方法主要有以下3种：

◇ 菜单栏：文件>输入。

◇ 命令行：IMPORT或IMP。

◇ 功能区：单击"快速访问工具栏"命令区域中的 按钮。

当使用"功能区"的方式执行"打开"命令后，可在弹出的"选择文件"对话框中的"文件类型"下拉列表中选择指定的文件类型，如图8-1所示。

当使用"菜单栏"和"命令行"的方式执行"输入"命令后，可在弹出的"输入文件"对话框中选择指定的文件类型，如图8-2所示。

如图8-2所示，使用"IMP"命令打开"输入文件"对话框，可以使AutoCAD读取更多格式类型的图形文件，比如CATIA V4、CATIA V5、IGES、NX、

Pro/ENGINEER等三维图形文件格式。

图8-1 选择打开文件类型

图8-2 选择输入文件类型

下面就常用的图形格式进行具体的介绍和说明。

3D Studio：一种常用的三维图形格式，主要用于3D图形的交换。

CATIA V4/V5：法国达索公司设计系统的3D/2D图形文件格式。

IGES：工程数模软件数据之间的一种转换格式。

Inventor：AutoDesk公司的3D/2D图形文件格式，能与AutoCAD文件完全兼容且能保持一定的关联性。

NX：UGS公司设计系统的3D/2D图形文件格式。

Pro/ENGINEER：美国参数技术公司（PTC)设计系统的3D/2D图形文件格式。

SolidWorks：法国达索公司设计系统的3D/2D图形文件格式。

图元文件：Windows系统的一种图形格式。

8.1.2 输出其他格式文件

在机械设计和加工过程中，往往会使用不同的设计系统来读取或修改AutoCAD所绘制的图形文件。如在线切割加工中，就需要使用专业的线切割系统来打

开相应类型的图形格式文件。为图形交流方便，就需要使用AutoCAD将绘制的图形转换为其他设计系统能读取的文件格式。

使用AutoCAD输出其他格式的图形文件的方法主要有以下3种。

◇ 菜单栏：文件>另存为或文件>输出。

◇ 命令行：EXPRRT或EXP

◇ 功能区：单击"快速访问工具栏"命令区域中的 按钮。

当使用"另存为"方式来完成图形文件的格式转换时，其只针对能被AutoCAD系统读取的二维图形格式，如DWG、DXF、DWT图形格式文件。

当使用"输入"方式来完成图形文件的格式转换时，其能将当前的AutoCAD二维、三维图形格式转换为更多类型的图形格式文件，如DXF、ACIS、WMF、BMP等图形格式文件。

1. 使用"另存为"转换DXF文件

DXF图形格式是最常用的图形交换文件格式，目前大多数的平面图形设计系统都能将其读取并修改。

当采用其他设计系统来读取或修改AutoCAD的图形文件时，经常要先将AutoCAD的图形文件转换为DXF格式的图形文件。

操作方法

Step1 绘制结构图形。新建一个DWG图形文件，绘制如图8-3所示的连杆平面图形。

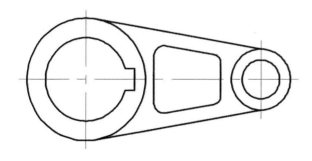

图8-3 绘制连杆平面图形

Step2 定义文件保存格式。

01 单击"快速访问工具栏"命令区域中的 按钮，系统将打开"图形另存为"对话框。

02 展开文件类型栏，并在下拉列表中选择"AutoCAD 2013 DXF"文件格式选项，如图8-4所示。

图8-4 选择文件保存格式

Step3 定义文件保存路径。

01 在"图形另存为"对话框中，指定新文件的存放路径。

02 单击 保存(S) 按钮，完成图形文件的格式转换。

> **注意**
> 在"图形另存为"对话框中，系统提供了多种版本的AutoCAD文件格式类型。为更方便地交换二维图形数据，可选择版本较低的文件格式作为新文件的保存类型。

2. 使用"输出"转换BMP文件

BMP图形格式是一种位图格式的标准图像文件格式，它能被多种Windows应用程序所读取，其特点是包含的图像信息丰富，几乎没有经过压缩处理，能完整的表达出图形的所有图像信息。因此在Windows环境中运行的图形图像软件都支持BMP图像格式。

操作方法

Step1 绘制结构图形。新建一个DWG图形文件，完成结构图形的绘制。

Step2 定义文件输出格式。

01 输入EXP并按空格键，执行"输出"命令，系统将弹出"输出数据"对话框，如图8-5所示。

图8-5 "输出数据"对话框

02 展开文件类型栏，并在下拉列表中选择"位图"文件格式选项，如图8-6所示。

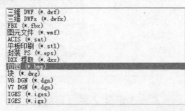

图8-6 选择文件输出类型

Step3 定义位图文件保存路径。

01 在"输出数据"对话框中，指定新文件的存放路径。

02 单击 保存(S) 按钮，在绘图区选择所有的DWG图形为转换对象；按空格键，完成图形文件的格式转换。

典型实例：挂轮架DWG格式转换WMF图像格式

实例位置	实例文件>Ch08>挂轮架.dwg、挂轮架.WMF
实用指数	★★★☆☆
技术掌握	熟练"输出"命令转换AutoCAD图形文件格式

本实例将以"挂轮架"为讲解对象，主要体现DWG格式转换WMF图像格式的基本流程，最终结果如图8-7所示。

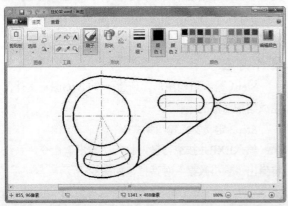

图8-7 打开图像文件

> 📖 **思路解析**
> 在"挂轮架"的实例操作过程中，将体现"输出"命令转换图形文件格式的方法与技巧，主要有以下几个基本步骤。
> （1）打开DWG图形文件。
> （2）定义文件输出格式。使用"输出"命令，将DWG图形文件转换为WMF图像文件。
> （3）打开已转换的WMF图像文件。

Step1 打开文件。打开"实例文件>Ch08>挂轮架.dwg"图形文件，如图8-8所示。

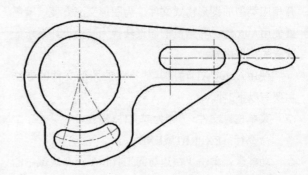

图8-8 打开DWG图形文件

Step2 定义文件输出格式。

01 执行"输出"命令（EXP），在文件类型下拉列表中选择"图元文件"选项为图形转换格式，如图8-9所示。

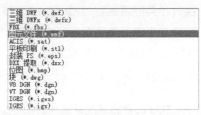

图8-9 选择"图元文件"格式

02 指定图元文件的保存路径为"实例文件>Ch08>挂轮架.WMF"。

03 单击 保存(S) 按钮，在绘图区选择所有的DWG图形为转换对象；按空格键，完成挂轮架DWG格式转换为WMF格式的操作。

Step3 打开WMF文件。使用Windows系统的"画图"软件，打开挂轮架.WMF文件。

8.2 图形打印基础

本节知识概要

知识名称	作用	重要程度	所在页
定义打印设备	掌握打印设备的打印方法与选择技巧	高	P185
设置打印颜色	掌握对各图层颜色的打印设置方法与技巧	高	P185
图纸幅面与打印区域	掌握打印图纸幅面的设置方法与打印区域的定义技巧	中	P186
打印偏移与打印比例	了解图幅偏移的设置方法与打印比例的基本设置方法	低	P187
预览打印效果	掌握预览图形对象打印效果的基本操作技巧	中	P187

在传统的图形输出中，一般是将绘制完成的图形文件进行物理的图纸打印输入。而在AutoCAD打印环境中，系统提供了两种图形显示模式。一种是模型空间模式，它主要应用于绘制和编辑各种图形对象；另一种是图纸空间模式，它主要应用于设置视图的布局，即为视图的打印输出作相关的准备。

在机械设计制图中，应用较广泛的方式是直接在模型空间中打印输出相关的技术文件。因此掌握此种打印方法就显得尤为重要。

8.2.1 定义打印设备

由于不同的打印设备会影响图形的可打印区域，因此在打印图形前，需要对已配置的打印机或绘图仪器进行打印参数的设置。在完成打印设置后，一般还可进行打印预览，观察打印设置对图形打印的具体结果。如果预览的结果符合设计图纸的需要，就可以继续执行"打印"命令将其指定的图形通过打印机进行输出。

"打印"命令的执行方法主要有以下3种。

◇ 菜单栏：文件>打印。

◇ 快捷键：Ctrl+P。

◇ 功能区：单击"输出"命令区域中的按钮。

操作方法

Step1 按快捷键Ctrl+P，执行"打印"命令，系统将弹出"打印-模型"对话框。

图8-10 "打印-模型"对话框

Step2 展开"打印机/绘图仪"的名称列表栏，系统将显示能识别到的打印设备，如图8-11所示。

Step3 选择用户已连接的打印设备项，如AutoCAD PDF（Smallest File）.pc3。

图8-11 选择打印设备

注意

在连接打印设备时，计算机系统会自动提示安装相应的打印机驱动程序。安装相应的打印机驱动程序后，AutoCAD会自动识别到该设备。

8.2.2 设置打印颜色

在使用AutoCAD绘制工程制图时，经常会使用颜色不同的图层来管理结构图形。根据打印效果的需要，用户可以自由进行打印颜色的相关设置。如不进行线型颜色的设置，系统则默认使用图形显示的颜色进行打印输入。

在实际工作中，打印输入的图形常为"白纸黑图"的模式。因此需要对图形对象的打印颜色进行统一的设置。

操作方法

Step1 按快捷键Ctrl+P，执行"打印"命令，系统将弹出"打印-模型"对话框。

Step2 定义打印样式。

01 单击"打印-模型"对话框右下方的"更多选项"按钮（⊙），展开更多的打印设置选项。

02 在"打印样式表"下拉列表中选择acad.ctb选项，系统将弹出"问题"对话框，如图8-12所示。

图8-12 "问题"对话框

03 单击 是(Y) 按钮，完成打印样式的布局指定。

Step3 修改打印样式的颜色。

01 单击"打印样式表"栏中的编辑器按钮（圖），如图8-13所示。

图8-13 执行打印样式编辑命令

02 激活"打印样式编辑器"对话框的"表格视图"选项卡，在"打印样式（P）"显示栏中选择所有的颜色图块，如图8-14所示。

图8-14 选择打印显示样式

03 在"特性"区域的"颜色（C）"下拉列表中，选择"黑"选项为所选图块的打印颜色，如图8-15所示。

图8-15 定义打印颜色

04 单击对话框中的 保存并关闭 按钮，完成打印颜色的修改，返回"打印-模型"对话框。

 注意

在"特性"区域中，不仅可以对图形对象进行打印颜色的设置，还可以对图形的打印线型、打印线宽、填充样式等进行相应的设置。

8.2.3 图纸幅面与打印区域

在打印输出图形前，通常需要对图纸的打印幅面、打印区域进行相关的设置，以便控制打印的效果。

操作方法

Step1 定义图纸幅面。

01 在完成打印颜色的设置后，展开"图纸尺寸（Z）"的选项列表。

02 在列表中可选择"ISO A4（210.00×297.00毫米）"选项为打印图纸的尺寸，如图8-16所示。

图8-16 选择打印图纸尺寸

Step2 定义打印区域。

01 在"打印区域"中展开"打印范围（W）"的选项列表。

02 在下拉列表中单击选择"窗口"选项为打印范围的定义方式，如图8-17所示。

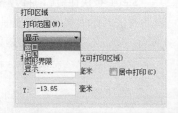

图8-17 选择"窗口"打印范围

03 在返回的绘图区中指定两对角点定义出框选区域，如图8-18所示。

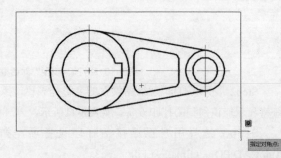

图8-18 定义打印窗口范围

注意

在完成打印窗口的指定后，系统将直接返回"打印-模型"对话框中。

参数解析

关于"打印范围（W）"列表中的各选项说明如下。

- **窗口**：选择此选项后，将返回绘图区中框选出需要打印的图形区域。
- **范围**：系统将打印当前图形文件中的所有图形。
- **图形界限**：系统将指定图形界限为打印范围。
- **显示**：打印当前图形文件在屏幕中显示的区域。

8.2.4 打印偏移与打印比例

打印偏移是指定相对于可打印区域左下角或图纸边界的偏移尺寸，用户可分别在X方向和Y方向上设置打印的偏移尺寸。如勾选"居中打印（C）"选项，系统将关闭打印偏移设置，如图8-19所示。

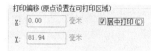

图8-19 设置打印偏移

注意

当勾选"居中打印（C）"选项后，系统将自动把指定的打印对象居中放置在图纸上。

打印比例主要用于设置图形在打印图纸上的显示比例。如勾选"布满图纸"，系统则自动确定一个打印比例将需要打印的图形布满整个图纸。

图8-20 设置打印比例

8.2.5 预览打印效果

在完成各项打印设置后，最终打印输入图形前，用户可以用系统的打印预览功能检查各项设置的正确性，以及提前观察图形打印的最终效果。

执行打印预览命令最直接的方法是直接单击"打印-模型"对话框左下角的 预览(P)... 按钮，系统将进入

预览窗口，如图8-21所示。

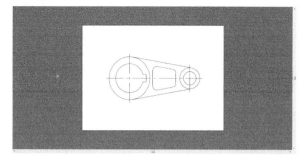

图8-21 预览打印结果

按Esc键，系统将退出预览窗口；单击鼠标右键，可在快捷菜单中选择"打印"命令，系统将打印预览窗口中的图形。

注意

在"打印-模型"对话框中右下角的"图形方向"区域，可调整图形在图纸上的放置方向。其一般只包括了"纵向"和"横向"两个设置方式。

典型实例： 打印转轴支架

实例位置	实例文件>Ch08>转轴支架.dwg
实用指数	★★☆☆☆
技术掌握	熟练打印颜色的设置、打印幅面与打印区域的定义方法以及打印效果的预览

本实例将以"转轴支架"为讲解对象，主要运用打印设备的定义方法、打印颜色的设置技巧、打印预览的操作方法，打印预览效果如图8-22所示。

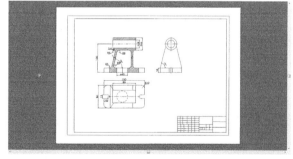

图8-22 打印预览转轴支架

思路解析

在"打印转轴支架"的实例操作过程中，将体现如何在"打印—模型"对话框中设置图形打印的具体操作技巧，主要有以下几个基本步骤。

（1）打开AutoCAD图形文件。

（2）设置打印设备与颜色。

（3）设置打印布局样式。

（4）定义打印范围。

（5）打印输出图形。

Step1 打开文件。打开"实例文件>Ch08>转轴支架.dwg"图形文件，如图8-23所示。

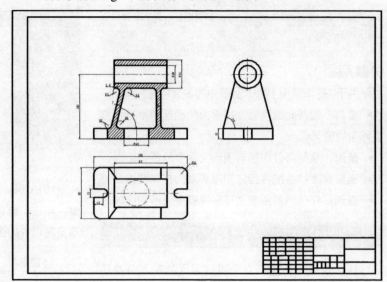

图8-23 打开图形文件

Step2 设置打印设备与颜色。

01 按快捷键Ctrl+P，执行"打印"命令，系统将弹出"打印-模型"对话框。

02 在"打印机/绘图仪"区域中选择AutoCAD PDF（General Documentation）.pc3为打印设备，在"打印样式表"中选择acad.ctb为打印的布局样式，单击 按钮激活"打印样式编辑器"对话框，将所有打印样式的颜色设置为"黑"。

Step3 设置打印布局样式。

01 在"图形方向"区域中勾选"横向"为图形在图纸上的放置方向。

02 在"图纸尺寸（Z）"列表中选择" ISO A4（210.00×297.00 毫米）"选项为打印图纸的尺寸，在"打印偏移"区域中勾选"居中打印"选项，如图8-24所示。

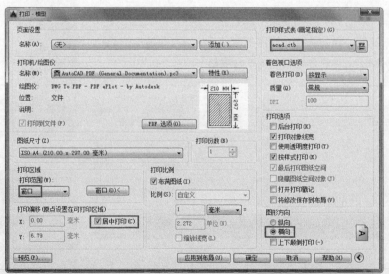

图8-24 设置打印布局样式

Step4 定义打印范围。

01 在"打印范围（W）"下拉列表中选择"窗口"选项为打印的定义范围。

02 在返回的绘图区中，分别选择图框的左上角顶点与右下角顶点，完成打印范围的指定。

03 在返回的"打印-模型"对话框中单击 预览(P)... 按钮，系统将进入预览窗口。

Step5 打印输出图形。

01 按Esc键退出打印预览窗口。

02 在返回的"打印-模型"对话框中单击 确定 按钮，系统将以设定的打印样式打印出图形对象。

8.3 思考与练习

通过本章的介绍与学习，讲解了AutoCAD的"数据转换"和"图形打印基础"的基本操作方法。为对知识进行巩固和考核，布置相应的练习题，使读者进一步灵活掌握本章的知识要点。

8.3.1 转换PDF格式文件

使用二维绘制命令、图形编辑命令、尺寸标注命令绘制出法兰盘的轮廓结构，再使用"输出"命令将DWG图形文件转换为PDF格式的文件。其基本思路介绍如下。

01 在"图层特性管理器"中，设置"中心线""轮廓线""尺寸标注"等图层。

02 绘制法兰盘的基本结构，如图8-25所示。

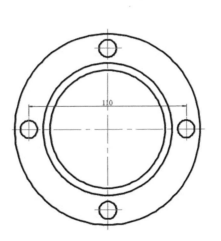
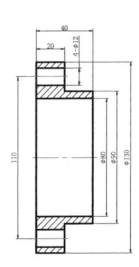

图8-25 法兰盘

03 执行"输出"命令菜单中的PDF命令项，如图8-26所示；在"另存为"对话框中指定PDF文件的保存路径和名称，单击 保存(S) 按钮完成PDF文件的转换操作。

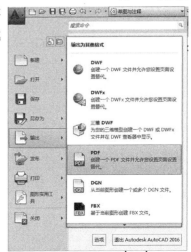

图8-26 执行PDF文件转换命令

8.3.2 打印阀盖图形

使用各种打印设置选项对阀盖图形进行打印设定，再顺利地将其打印输出。该练习重点是熟悉打印设置的设置技巧，其基本思路如下。

01 在"图层特性管理器"中，设置"中心线""轮廓线""尺寸标注"等图层。

02 绘制阀盖图形的主视图和右剖视图结构，再添加A4图框，如图8-27所示。

03 设置打印设备、打印颜色、打印的图纸幅面、打印方向、打印偏移等参数。

04 预览打印效果，再将其数据传送至打印机输出阀盖图纸。

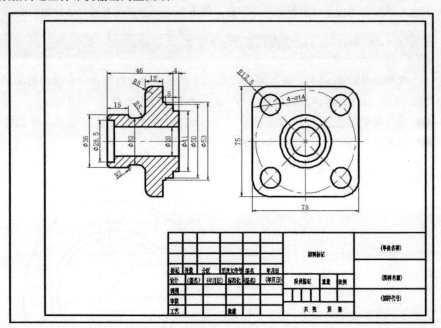

图8-27 阀盖

8.3.3 思考问答

01 二维图形交换常用的文件格式有哪些？

02 PDF格式文件应用什么系统来打开？

03 转换DXF、DWT文件常用的命令是什么？

04 使用"另存为"和"输出"命令转换数据格式文件有何区别？

05 怎样将不同颜色图层中的图形对象使用统一的颜色进行打印？

06 怎样设置图形对象在图纸幅面的放置方向？

机械制图表达方法

在使用AutoCAD进行机械制图时，需要遵循机械制图中的一些基本规定和画法，如线型、字体、标注样式等。本章将介绍有关机械制图的一些基本概念，在学习本章节时应注意培养空间想象能力，牢固掌握视图的基本表达方法，透彻理解机械制图的基本概念，以便灵活运用本章知识进行机械图的绘制。

本章学习要点

★ 机械制图的一般规范
★ 零件图的绘制方法
★ 看零件图的基本方法与步骤

★ 装配图的基本规定画法
★ 零部件序号与明细表的制作
★ AutoCAD产品测绘的基本注意事项

本章知识索引

知识名称	作用	重要程度	所在页
机械制图的一般规范	掌握GB标准的机械制图基本规范，熟练应用工程视图的基本概念与创建方法	高	P192
零件图的表达	掌握产品零件的工程制图基本原则与视图的选取方法、看图方法	高	P196
装配图的表达	掌握产品装配体的工程制图画法、视图选取方法以及零部件序号的制作方法	高	P201

9.1 机械制图的一般规范

本节知识概要

知识名称	作用	重要程度	所在页
幅面与图框格式	了解机械制图的图幅幅面与图框格式规范	中	P192
基本视图	掌握机械工程制图的基本投影视图	高	P192
向视图	了解自由配置视图方位的基本规范与表达方法	低	P193
局部视图	掌握局部视图的基本概念与表达方法	高	P193
斜视图	了解斜视图的投影方向与放置方向的基本规范	低	P194
剖视图	掌握各种剖切视图的基本规范与表达方法	高	P194
局部放大视图	掌握局部放大视图的基本规范与应用范围	高	P196
断面图	了解断面视图的基本类型、表达方法与应用范围	低	P196

机械工程图是工程技术的交流语言，设计师通过它来表达产品的设计意图，制造工程师通过它来指导制造生产。因此，机械工程图是设计与生产中的重要文件，是工程技术思想的媒介与工具，是每个从事工程技术工作的人员所必须掌握的技能。

为便于生产指导和对外技术交流，中国国家标准对机械工程图上的相关内容做出了统一的规定，中国国家标准（简称"国标"）的代号为GB。

9.1.1 幅面与图框格式

图纸幅面是指图纸本身的规格尺寸，在机械制图中常用的有A0~A4几种基本的图纸幅面。在绘制机械工程图时，一般应优先采用GB规范标准的基本幅面，如图9-1所示。

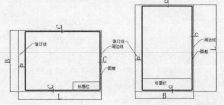

图9-1 基本幅面样式

关于GB图纸基本幅面的尺寸关系，如表9-1所示。

表9-1 图纸幅面尺寸

尺寸代号	幅面代号	
	A0	A1
B（宽）×L（长）	（841×1189）mm	（594×841）mm
C	10mm	
a	25mm	

尺寸代号	幅面代号		
	A2	A3	A4
B（宽）×L（长）	（420×594）mm	（297×420）mm	（210×297）mm
C	5mm		
a	25mm		

制作一幅完整的机械工程图，需要在每张图纸的右下角画出标题栏并填写其规定的内容。标题栏是图框的重要组成部分，其内容有助于阅读机械工程图。

标题栏的相关规范尺寸，如图9-2所示。

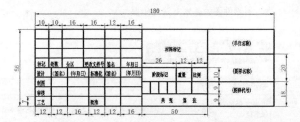

图9-2 标题栏尺寸

图纸上图形与实物相应几何图素的线性尺寸之比称为比例。随着现代CAD技术的快速发展和普及，设计人员可以在有限的视角中绘制任意尺寸的图形，所有一般情况均采用1：1的绘图比例来绘制机械图形以配合现代加工技术。

9.1.2 基本视图

物体向6个基本投影方向投射所得的视图，称为基本视图。

将物体放置在正六面体中，并使其处于观察者与投影面之间，采用6个基本投射方向，分别向6个投影面投射，可得到6个基本视图。

6个基本视图之间要保持"长对正、高平齐、宽相等"的投影关系，即主、俯、仰视图长对正，主、左、右、后视图高平齐，俯、左、仰、右视图宽相等，如图9-3所示。

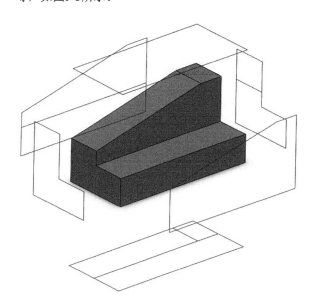

图9-3 6个基本视图的投影形成

当采用第一角投影视图时，主视图反映机件正前方，且位置保持不动，俯视图放在主视图的正下方，左视图放在主视图的正右方，右视图放在主视图的正左方，仰视图放在主视图的正上方，后视图放置左视图的正右方，如图9-4所示。

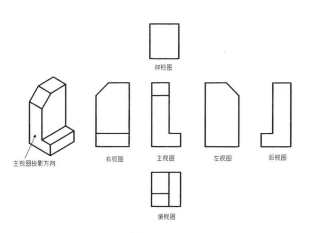

图9-4 第一角投影视图

当采用第三角投影视图时，主视图反映机件正前方，且位置保持不动，俯视图放在主视图的正上方，左视图放在主视图的正左方，右视图放在主视图的正右方，仰视图放在主视图的正下方，后视图放置右视图的正右方，如图9-5所示。

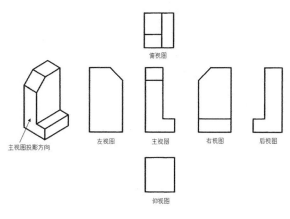

图9-5 第三角投影视图

9.1.3 向视图

向视图是一种可以自由配置方位的视图。由于6个基本视图配置固定，有时不能同时将6个基本视图都画在同一张图纸上面，为此可采用向视图。

画向视图时，应在向视图的上方标注X（X为大写拉丁字母）并在相应的视图上标明相应的字母，如图9-6所示。

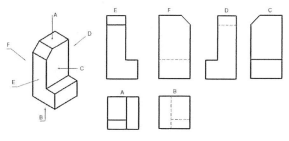

图9-6 向视图的配置方式

9.1.4 局部视图

将物体的某一局部结构向基本投影面投射所得的视图，称为局部视图。

当某一机件产品的局部结构尺寸太小不能在基本视图中表达清楚时，可单独将这一局部结构向基本投影面进行投影得到局部视图。

标注局部视图时，通常在局部视图上方用大写的拉丁字母标出视图的名称，再在基本视图上也标明对应的字母和方向箭头，如图9-7所示。

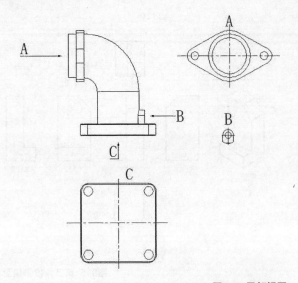

图9-7 局部视图

9.1.5 斜视图

　　物体向不平行于6个基本投影面的假想平面投影所得的视图，称为斜视图。

　　当物体上某部分的倾斜结构不平行于任何一个基本投影面时，在基本视图中不能反映该部分的实际结构形状，会给看图和制图带来困难。因此，可以假想一个新的辅助投影面，使它与物体倾斜部分平行，再将物体上倾斜的结构部分向假想的投影面上进行投影，最后将假想的投影面旋转到与其垂直的基本投影面重合的位置，就可以得到反映该部分实形的视图。

　　在标注斜视图时，通常在斜视图上方用拉丁字母标出视图的名称，在基本视图上也标明对应的字母和旋转箭头，如图9-8所示。

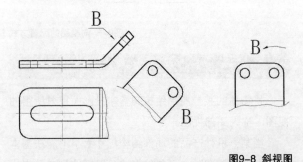

图9-8 斜视图

9.1.6 剖视图

　　当物体的内部结构复杂时，视图中会出现很多的细虚线，这些细虚线往往与外形轮廓线重叠交错，这不仅增加了设计人员的制图难度，同时还不方便识图人员对视图的理解。为使不可见的部分转化为可见从而使细虚线变为粗实线，国家标准规定了剖视图的基本表达方法。

　　用假想的剖切面剖开物体，将剖切面与观察视角之间的物体部分移除后，其他剩余物体结构部分向投影面投影所得的图形，称为剖视图。其中，假想的剖切面与物体的交集部分称为剖面区域，而剖面区域一般用剖面线填充，如图9-9所示。

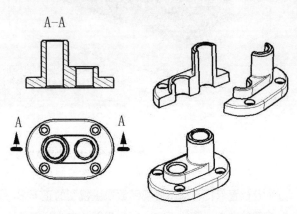

图9-9 剖视图

　　按照物体的剖切范围可将剖视图划分为：全剖视图、半剖视图、局部剖视图。按照剖切面数量、位置和形状可将剖视图划分为：单一剖切、阶梯剖、旋转剖。

　　全剖视图：用假想的剖切面完整地剖开物体所得的剖视图叫做全剖视图。全剖视图用于表达内部形状复杂且不对称的物体或外形简单的物体，如图9-10所示。

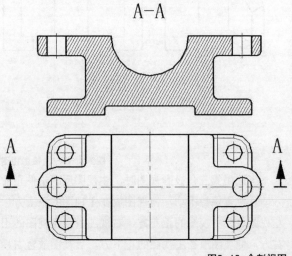

图9-10 全剖视图

半剖视图：当被剖切的物体有对称结构时，在其对称面位置上进行剖切得到的投影图形，可以以对称中心为剖切界限，一半保留为基本视图的结构，而另一半画成剖视图，这种视图就叫做半剖视图，如图9-11所示。

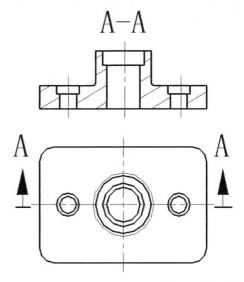

图9-13 单一剖切视图

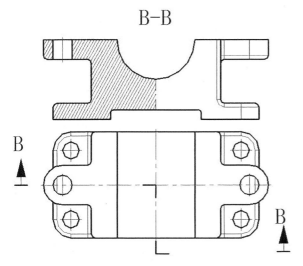

图9-11 半剖视图

局部剖视图：在物体的局部位置上使用剖切面所得到的视图称为局部剖视图，如图9-12所示。

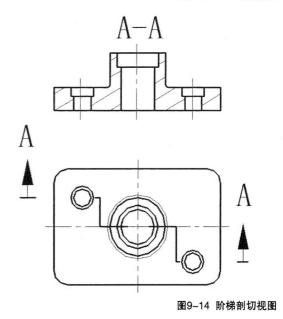

图9-14 阶梯剖切视图

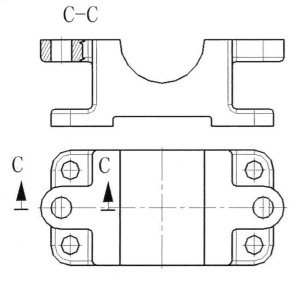

图9-12 局部剖视图

单一剖切：只用一个独立的假想剖切面剖开物体的方法称为单一剖切，如图9-13所示。

阶梯剖：用连续的几个平行的假想剖切面剖开物体的方法称为阶梯剖，如图9-14所示。

旋转剖：用相交的两个假想剖切面剖开物体的方法称为旋转剖，如图9-15所示。

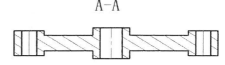

图9-15 旋转剖切视图

9.1.7 局部放大视图

当物体的局部细节结构用大于基本视图的比例画出时，其表达视图一般称为局部放大图。

在机械工程制图中，为使图形清晰和画图方便，国家标准中制定了局部放大图的一些规范。绘制局部放大图时应用细实线圈出被放大的部位并配置在被放大部位的附近，且局部放大图可以画成各种剖视图、断面图等。如画为剖视图或断面图，其剖面线的方向和间隔应与原图中有关的剖面线方向和间隔相同，如图9-16所示。

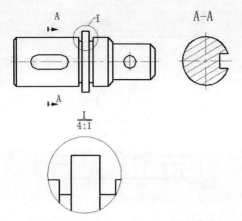

图9-16 局部放大视图

9.1.8 断面图

假想用剖切面将物体的某处切断，仅画出该剖切面与物体接触部分的图形称为断面图，简称断面。

根据断面位置不同，将断面分为移出断面和重合断面。画在视图之外的断面称为移出断面，如图9-17所示。

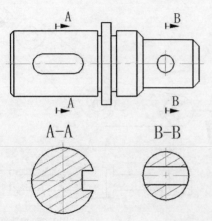

图 9-17 移出断面

画在视图之内的断面称为重合断面，如图9-18所示。

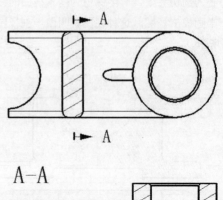

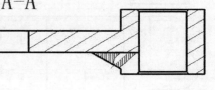

图9-18 重合断面

9.2 零件图的表达

本节知识概要

知识名称	作用	重要程度	所在页
零件图的画法	掌握零件图的视图选择方法、尺寸标注的方式等基本规范	高	P197
看零件图的方法	了解零件视图的看图方法、看图基本步骤等基本思路	中	P199

用来表达零件结构形状、尺寸大小以及技术要求的图样称为零件图。本小节主要介绍零件的具体内容、如何正确绘制零件图和怎样识读零件图。

任何机械或产品，都是由若干零件按一定的装配关系和技术要求装配而成的。在实际生产中，从毛坯到零件加工主要依据就是零件图。所以，零件图是设计和生产中必不可少的重要技术文件。零件图主要包括：图形、尺寸、技术要求、标题栏4方面的内容，如图9-19所示。

图形：用一组图形将零件的结构形状完整、正确、清晰的表达出来。可以选用各种视图来综合表达复杂物体的内外部结构。

尺寸：用一组尺寸将制造零件所需的尺寸完整、正确、清晰、合理的标注出来，为制造和检验零件尺寸提供依据。

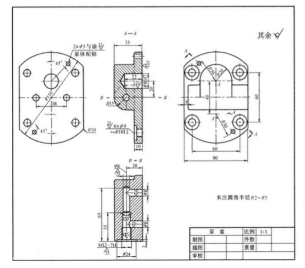

图9-19 零件图的基本内容

技术要求：用规定的代号、数字、字母或文字，完整简明地给出零件在制造和检验时应达到的质量要求。如表面粗糙度、尺寸公差、形位公差等。

标题栏：一般填写单位名称、零件图样名称、材料代号、比例、数量等。

9.2.1 零件图的画法

由于机件中的各个零件所起的作用不同，它们的结构形状也不同。因此，在视图表达上应根据具体的情况选用合理的表达方案。零件图的视图选择的基本要求是：完整、正确、清晰的表达零件的内外部结构形状。

1．主视图的选择

主视图是零件图形的核心，选择恰当与否将直接影响到其他视图的数量和位置的选择以及看图的方便。其选择原则有以下3个。

表示加工位置：主视图应尽量表示零件在机械加工中所处的位置。如车加工的轴套类零件、轮盘类零件，一般都按加工位置将其轴线水平位置当作安放主视图的位置，如图9-20所示。

表示零件的结构形状特征：主视图应尽量反映零件各组成部分的结构形状和相对位置。这需要选取较好的投射方向，如图9-21所示。

表示零件的工作位置或安装位置：主视图应尽量反映零件在机器上的工作位置或安装位置，这样容易将零件和组件联系起来，想象它的工作情况。

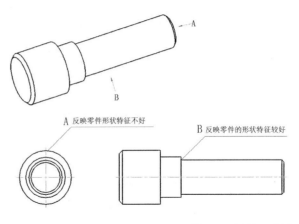

图9-20 表示加工位置

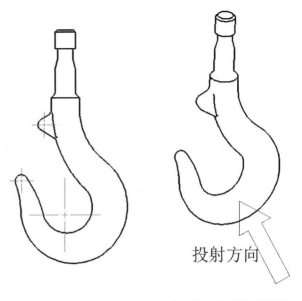

图9-21 表示结构形状

2．投影视图的选择

一般情况下，一个主视图是无法将零件的结构形状完整的表达清楚，对主视图表达未尽的部分，还需要选择其他视图完善表达，其具体选用原则如图9-22所示。

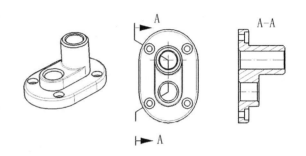

图9-22 视图的选择

视图数量：每个所选的视图必须有独立存在的意义，并相互配合同时要避免视图数量过多、表达松散。

选图方案：首先应选用基本视图，然后再选其他视图。先表达零件的主要形状和相对位置，再表达零件的细节特征。应尽量避免使用虚线来表达零件的轮廓线。

图形清晰：其他视图的选择，除应正确完整地表达零件外，还应该做到图形清晰，方便看图。

3. 零件图尺寸标注

零件图上的尺寸是零件加工、检验的依据。因此，在零件图上标注的尺寸除了要达到正确完整清晰外，还要做到尺寸标注合理。

尺寸标注合理是指零件图上所注的尺寸既要满足设计要求，又要满足加工、测量和检验等制造工艺要求。因此，必须对零件进行结构分析、工艺分析，再确定尺寸基准并选择合理的标注形式对零件图进行标注。

尺寸基准的概念：尺寸基准就是标注尺寸的起点，它是零件上几何元素位置的一些点、线、面。尺寸基准一般分为设计基准和工艺基准。

尺寸基准的选择：任何零件都有长、宽、高3个方向的尺寸，每个尺寸都会有基准，所以每个方向都至少有一个基准。同一方向上有多个基准时，选择其中一个作为主要基准，其余的作为辅助基准。标注尺寸应尽可能地将设计基准和工艺基准统一起来，即工艺基准和设计基准相互重合，一般称为"基准重合原则"。这样既能满足设计要求又能满足工艺要求。

尺寸标注形式：常用的尺寸标注形式有以下几种。

▪ 链状式：在零件的同一方向的几个尺寸依次首尾相接，后一尺寸以它邻接的前一尺寸的终点为基准成链状排列，称为链状式尺寸。链状式尺寸可以保证所注各段尺寸的精度要求，但由于基准依次推移，所以使各段的位置误差累加。当零件对总长度要求不高而对各段长度的尺寸精度要求较高时或零件中各孔中心距的尺寸精度要求较高时，适合采用链状式尺寸，如图9-23所示。

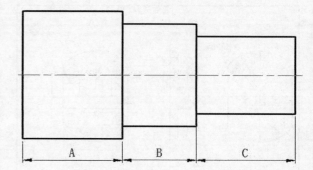

图9-23 链状尺寸

▪ 坐标式：零件在同一方向的几个尺寸由同一基准出发进行标注，称为坐标标注。坐标标注既能保证所注各段尺寸的精度要求，又因各段尺寸精度互不影响，因此不产生位置误差累加。当零件从同一基准定出一组精确的尺寸时，适合采用坐标式尺寸标注，如图9-24所示。

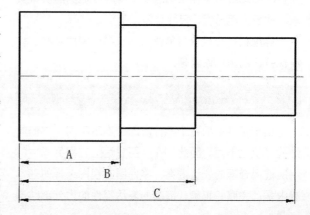

图9-24 坐标尺寸

▪ 综合式：零件在同一方向的多个尺寸，既有链状式又有坐标式称为综合式尺寸。综合式尺寸既能保证一些精确尺寸，又能减少零件中误差累加。因此，综合式尺寸应用较多，如图9-25所示。

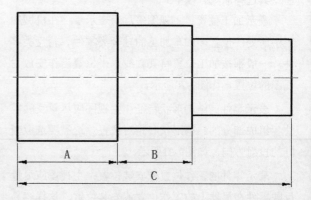

图9-25 综合尺寸

4. 零件图标注注意事项

功能尺寸应直接标出：零件的功能尺寸是指影响产品性能、工作精度、装配精度及互换性的尺寸。为保证设计要求，零件的功能尺寸应从设计基准直接标出，如图9-26所示。

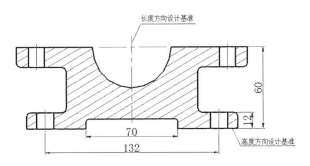

图9-26 功能尺寸的标注

避免标注成封闭尺寸链：封闭尺寸链是首尾相接形成一个封闭圈的一组尺寸，如图9-27所示。

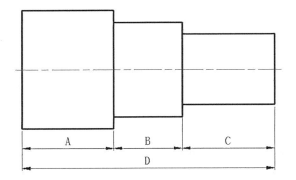

图9-27 封闭尺寸链

9.2.2 看零件图的方法

在工程设计中，看零件图是一项重要的工作。通过了解零件的名称、材料和它在机器中的作用，并通过分析视图、尺寸和技术要求想象出零件各组成部分的结构形状和位置。再在大脑中建立一个完整正确的零件形象，并对其零件特征和制造工艺做到心中有数。

1. 看图方法

看零件图基本方法是以外形分析为主，线、面分析为辅。零件图一般都有数个视图，尺寸和文字说明较多，但对于一个基本形体来说，只需要2~3个视图就可以表达了。因此，看图首先应找出物体的基本形状特征并以此入手，利用视图的"长对正、高平齐、宽相等"的投影关系在另外的视图中找出相对应的特征，这样就可快速地将基本形体分离出来，把复杂的问题简单化。

2. 看图步骤

01 看标题栏：通过阅读标题栏了解零件的名称、材料、比例等情况，从而对零件有个初步的认识。对于比较复杂的零件还应参考相关的资料从中了解该零件的功用、结构特点、技术要求等。

02 分析视图：首先找出主视图并根据投影关系识别其他视图的名称及投影方向，从而明白各视图的表达目的。再运用形体分析的方法，抓住关键特征利用投影关系和各视图的特点将组成零件的各个形体特征想象出来。

03 分析尺寸和技术要求：首先确定图上3个方向的尺寸基准，然后在各视图上找出各相应特征的定位尺寸和定形尺寸。看图时应先找出其特征的定位尺寸，有时定位尺寸和定形尺寸又为同一尺寸。

3. 看图举例

下面就以图9-28所示的泵盖为例，说明零件图的读图方法与步骤。

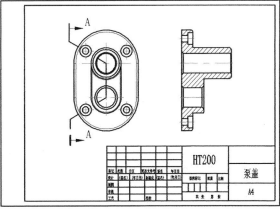

图9-28 泵盖零件图

01 看标题栏：该零件图的名称为泵盖，材料的牌号是HT200，这是常用铸铁，主要用于泵体、泵盖、悬体等零件。画图比例为1:1。

02 分析视图：该零件图只有两个视图，一个主视图，一个旋转剖视图，视图表达简洁，做到了用最少的视图来表达零件。可将该零件分为以下几个特征逐步分析。

■ 一级特征：首先将泵盖的底座归为一级特征，然后分析它的长、宽、高3个方向的定位尺寸和定形尺寸。根据R34、35、12这3个尺寸可以推算出泵盖底座的总长为103，总宽为68，总高为12，如图9-29所示。

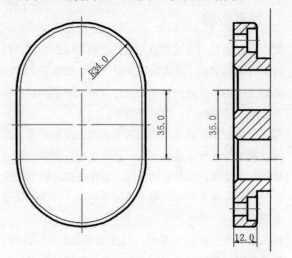

图9-29 一级特征

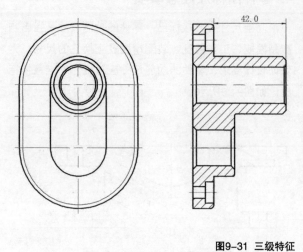

图9-31 三级特征

■ 二级特征：将泵盖底座上的凸台归为二级特征，然后分析它的3个方向的定位尺寸和定形尺寸。根据R16、35、12这3个尺寸可以推算出二级特征的总长为67，总宽为32，总高为12，如图9-30所示。

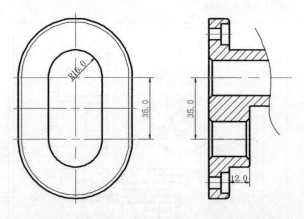

图9-30 二级特征

■ 三级特征：将泵盖上的柱位凸台归为三级特征，然后分析它的3个方向上的定位尺寸和定形尺寸。根据R16、42两个尺寸可以推算出三级特征的其他尺寸，如图9-31所示。

■ 四级特征：将泵盖上的所有孔特征归为四级特征，然后分析它的3个方向上的定位尺寸和定形尺寸。根据R25、60两个尺寸可以确定4个沉孔的定位，剖视图上的沉孔标注可以确定沉孔的外形尺寸。另外两个孔依次类推，如图9-32所示。

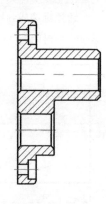

图9-32 四级特征

■ 技术要求说明：查看图中的3条技术要求说明，可以了解泵盖的细节修饰特征，比如圆角、倒角等尺寸。

综上所述，基本上就能对泵盖的外形有个具体的形象了，结果如图9-33所示。

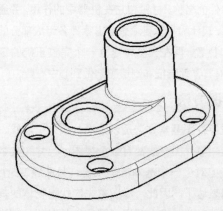

图9-33 视图想象结果

9.3 装配图的表达

本节知识概要

知识名称	作用	重要程度	所在页
规定与特殊画法	掌握机械产品装配视图的基本画法与特殊画法，	高	P201
装配图的尺寸标注	了解装配图中尺寸标注的几种常用类型	中	P203
零部件序号和明细表制作	掌握装配图中零部组件序号的标注类型与装配零部件材料清单的制作流程	高	P204

装配图是用来表达成套机械设备或产品组件的图样，而完整表达一台机械设备的装配图，则称为总装配图。其中表达某个部件或子组件的装配图，称为部件装配图或组件装配图。

装配图是机器设计中设计意图的反映，一般都先由设计部门画出装配图，然后根据装配图拆画出各零件图，而生产部门则依据零件图生产出零件再根据装配图把零件组装成机械设备。

装配图是表达设计思想和技术交流的重要工具，它包括一组图形、必要尺寸、技术要求说明、标题栏和零件明细表（BOM表）。

关于装配图的基本内容，如图9-34所示。

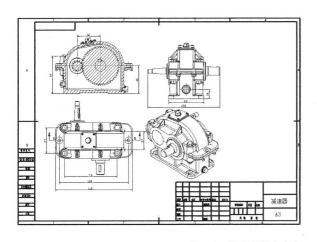

图9-34 装配图基本内容

对于较为复杂的装配零件，有时需要直观的了解其组成零件，这就需要用组件的分解视图（爆炸视图）来说明，图9-35所示的分解装配图。

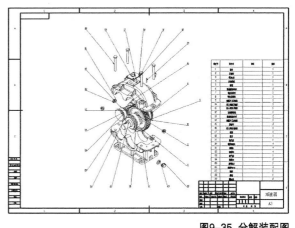

图9-35 分解装配图

9.3.1 规定与特殊画法

机器或部件的表达和零件的表达方法其共同点都是要反映它们的内外结构。所以在表达方法上，组件和零件的表达方法基本相同。不同的是零件图表达的是一个零件，而装配图表达的是由一定数量零件组成的部件。

装配图主要用来表达机械设备的工作原理和各零部件之间的装配关系，只需把组件的内部和外部结构形状表达清楚即可，不需将所有的零件都完整的表达清楚。

1. 基本规定画法

零件图上的各种视图表达方法，如基本视图、剖视图等，在装配图中同样适用。因零件图和装配图的表达重点不同，所以装配图既有规定的基本画法又有特殊画法，其基本规定画法如下。

相接触的两个零件在接触处规定只画一条线，若两零件不接触则各自绘制出轮廓线。

相邻的两个零件的剖面线方向应相反或方向相同间隔不等，目的是区分开不同的零件，如图9-36所示。

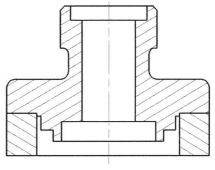

图9-36 剖面线区分零件

标准件和实心件在剖切时不按剖切绘制，如图9-37所示。

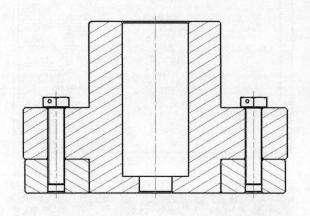

图9-37 标准件的表达

2. 装配图的特殊画法

在机械工程设计过程中，为适用零部件的复杂性和多样性，除使用基本规定画法外，还可以根据视图表达的需要采用一些特殊的表达方法，其特殊画法如下分析。

拆卸画法：在装配图中，如果产品中各个零件的位置及基本连接关系已经在某个视图上表达清楚了，为了清楚表达被遮挡部分的装配关系或零件的形状，可以在其他视图上采用拆卸画法，假想先拆去一个或几个零件，最后画出剩下部分的视图。

沿结合面剖切画法：在装配图中，为表达产品的内部结构，可采用沿结合面剖切的画法，假想沿某些零件之间的结合面剖切，然后将剖切面与观察者之间的零件切掉后再进行投影，此时在零件的结合面上不画出剖面线，只在被剖切的零件上画出剖面线即可。

假想画法：在表达运动零件的运动范围或极限位置，或表达与某个部件有装配关系但又不属于此部件的其他相邻零件时，可以采用细双点画线画出其轮廓。

夸大画法：对薄片零件、微小间隙、小斜度、弹簧等，如果按照实际尺寸和比例绘制则在装配图中很难画出而且表达很不明显。此时，可以不按照实际尺寸绘制而采用夸大的画法绘制。

简化画法：在装配图中，零件的工艺结构可以不绘制出来，如圆角、倒角等。但对于许多相同的零件组，可以详细地绘制出一组或几组，其余只需用点画线表示装配位置即可。

3. 视图的选择方法

装配图重点在于表达机械或部件的工作原理、装配关系和各零件的结构形状而不重点表达零件的全部结构。所以，绘制装配图时，应在满足表达重点的前提下力求制图简洁看图方便，其视图的选择方法与步骤有以下几点。

分析需要表达的对象：首先从实物或机械设备的相关技术资料了解其工作原理、运动规律、功能作用，然后认真分析组件中各个零部件的结构特点和装配关系，进而明确需要表达的内容。

主视图的选择：首先选择最能反映机械设备或部件的工作原理、装配关系和主要结构特征的方向作为主投影方向。其次应选择最能反映机械设备或部件的安装位置的方向为主投影方向。

其他视图的选择：在满足表达重点的前提下，要做到视图数量最少力求简练；选择最能补充主视图未能表达清楚内容的视图方位；充分利用各种表达方法，做到表达明确避免重复表达。

4. 装配图视图选择举例

下面就以气压缸为例，分析整个装配图的表达方案的选择。

01 分析表达的对象：由下图的气缸分解图可知，整个气缸由气缸体、封头、活塞、气缸滑头和一些机械标准件共8种零件组成，如图9-38所示。

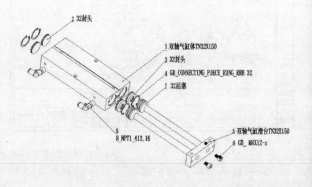

图9-38 气压缸

02 工作原理：气缸体内的腔体被活塞一分为二，有活塞杆的腔称为有杆腔，无活塞杆的腔称为无杆腔。当无杆腔内充入气体时，有杆腔排气，气缸两腔体形成的气压差作用于活塞使其克服阻力载荷从而推动活塞做直线运动，使活塞杆伸出；当有杆腔充入气体时，无杆腔排气，从而使活塞杆缩回。若有杆腔和无杆腔相互交替进气和排气便可以实现活塞杆的往复运动。

03 装配关系分析：由图可知，气缸主要由运动系统和进排气系统组成。其中运动系统主要由气缸体、活塞、活塞杆等零件组成；进排气系统主要由封头、卡环、气嘴等零件组成。因此，在表达视图时要重点表现这两大系统的装配关系和组成结构。

04 主视图的选择：本例装配图应选择气缸工作位置为主投影方向。重点反映的是气缸工作时的运动情况，如图9-39所示。

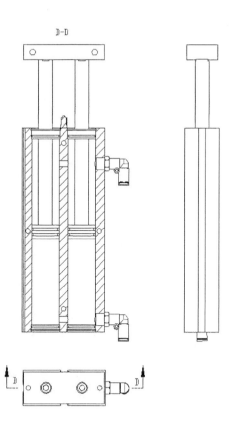

图9-40 投影视图的选择

9.3.2 装配图的尺寸标注

在装配图中，不需要对全部零件都标注尺寸，只需标注出机械设备或部件的性能、工作原理、装配关系等方面的尺寸即可，这些尺寸都是根据装配图的作用而确定的。因此，一般装配图只标注以下几种类型尺寸。

规格尺寸（性能尺寸）：它是机械设备或部件的规格、性能的尺寸。它在设计之初就已经确定了，是设计机械设备或部件的重要依据。

图9-41所示是轴承座的孔径为$\Phi 87$，它表达的是轴承座所支承的轴的直径大小，是功能尺寸的具体表达方式。

装配尺寸与安装尺寸：零件在装配时需要标注出零件的相对位置尺寸和配合尺寸；部件在安装时或连接其他零件时需要的必要位置尺寸称为安装尺寸，如图9-42所示。

外形尺寸：它表示装配图的总长、总宽、总高，提供了装配体在运输和安装过程中所占的空间大小，

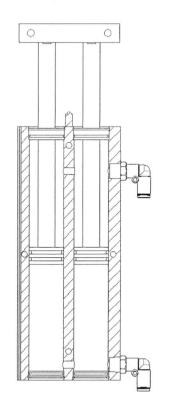

图9-39 主视图的选择

05 其他视图的选择：本例装配图的其他视图主要反映气缸的外形结构和整体尺寸，如图9-40所示。

如图9-43所示。

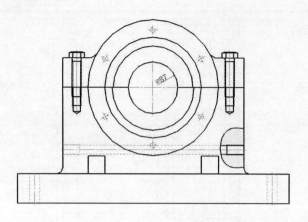

图9-41 性能尺寸标注

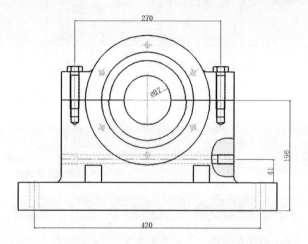

图9-42 安装尺寸标注

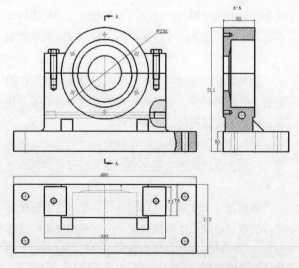

图9-43 基本外形尺寸标注

其他尺寸：在设计过程中经过计算确定或选的尺寸，但又不属于上述的几类尺寸归类为其他尺寸。这

些尺寸在拆画零件图时同样需要保证同时还具有不同的意义，如图9-44所示。

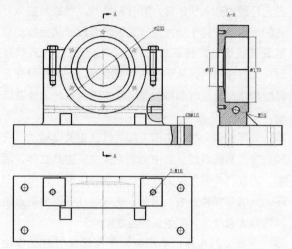

图9-44 其他尺寸标注

技术要求：不同性能的装配体，其技术要求也不尽相同。用文字或符号在装配图中说明对机械设备或部件的性能、装配要求、使用等方面的要求和条件，这些都称为装配图的技术要求。

9.3.3 零部件序号和明细表制作

零部件序号与明细表：在装配图中为了便于看图便于图样管理、制造生产装配图中的零部件一般都必须编注序号，并制作零部件的明细表（BOM表）。关于序号的通用编注形式，如图9-45所示。

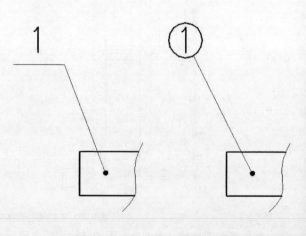

图9-45 序号通用形式

而同一组零件或装配关系清楚的零组件可用公共指引线，如图9-46所示。

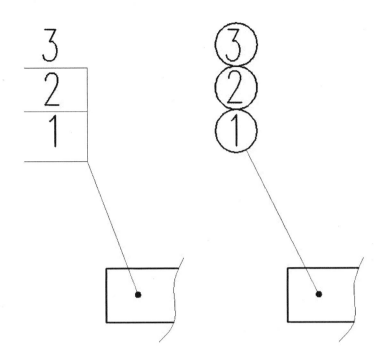

图9-46 公共指引线标注序号

明细表一般由序号、代号、名称、数量、材料等组成。可根据实际需要设置相应内容，明细表一般配置在标题栏的上方，按由下而上的顺序填写。位置不够时可紧靠在标题栏的左边自下而上延伸，如不能在装配图中配置明细表可在装配图的续页中单独给出。表9-2所示的是材料明细表（BOM表）。

表9-2 材料明细表

3	GB/T5781-2000	六角头螺栓-全螺纹-C级 M16X65	2	钢			
2	1001-5-4-2	下座	1	HT200			
1	1001-5-4-1	上座	1	HT200			
序号	代 号	名 称	数量	材 料	单件	总计	备注
					重量		

9.4 思考与练习

通过本章对机械制图基本表达方法的介绍与学习，读者对机械制图的一般规范、零件图的表达、装配图的表达有了一定的掌握，本节将通过几个简单的练习和问答，进一步巩固本章的知识要点。

9.4.1 分析阀盖零件绘图步骤

参照9.2节所介绍的零件图表达方法，分析阀盖零件的基本绘图步骤，如图9-47所示，其基本思路如下。

01 根据阀盖零件的结构特征，选择最能表达该零件外形结构的投影视角作为主视投影方位。

02 使用第一角投影方法，投影出阀盖零件右视图。

03 使用全剖切的方式，在投影的右视图上绘制出阀盖零件中心盲孔特征的投影轮廓线。

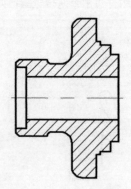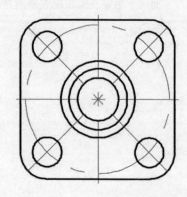

图9-47 阀盖零件

9.4.2 思考问答

01 在机械制图规范中，有哪两种最基本的幅面格式？

02 基本视图的投影原则有哪些？

03 局部视图、局部放大视图、局部剖视图有哪些区别？

04 按照剖切范围划分，剖视图有哪些类型？

05 按照剖切位置、剖切数量划分，剖视图有哪些类型？

06 零件图主视图的选择原则有哪些？

07 零件图尺寸标注有哪些注意事项？

08 装配图有哪几种特殊画法？有哪种常用的尺寸标注类型？

AutoCAD 机械制图技巧

在使用AutoCAD进行机械制图时，为遵循机械制图中的一些基本规定和画法，如线型、字体、标注样式等制图标准，可通过在AutoCAD设计系统中使用标准样板文件的方式，快速定义出当前图形文件的所有制图样式。

本章主要讲解如何使用AutoCAD来根据机械制图的有关规定，制作机械制图的各种样板文件的具体操作方法。

本章学习要点

- ★ 样板文件的内容
- ★ 掌握无图框样板文件的应用
- ★ 掌握标准式样板文件的应用
- ★ 掌握AutoCAD作图顺序法
- ★ 掌握AutoCAD特征投影法
- ★ 掌握AutoCAD作图计算法

本章知识索引

知识名称	作用	重要程度	所在页
AutoCAD样板文件的应用	了解样板文件在AutoCAD设计系统中的具体定义方式与作用	中	P208
无图框样板文件	掌握在AutoCAD中创建无图框样板的操作方法与基本思路	中	P208
标准式样板文件	掌握在无图框样板文件的基础上创建标准图框样板文件的基本思路与操作技巧	高	P214
AutoCAD机械制图思路	掌握使用AutoCAD绘制机械零件图的基本思路与技巧	高	P220

本章实例索引

10.1 AutoCAD样板文件的应用

本节知识概要

知识名称	作用	重要程度	所在页
关于样板文件	了解AutoCAD样板文件在机械制图中的作用	中	P208
样板文件的内容	了解制作AutoCAD样板文件的基本内容	中	P208

使用AutoCAD进行机械制图时，根据行业标准和制图规范的要求，往往需要提前做一些行业规范性的软件设置，如：图层的设置、标注样式的设置等。

在本节中，将重点介绍如何创建符合机械设计的样板文件，以及该样板文件所包含的相关内容。

10.1.1 关于样板文件

使用AutoCAD进行机械制图时，根据行业标准和制图规范的要求常需要做一些规范性的软件设置，如：图层的设置、标注样式的设置、字体的设置等。然而每次新建AutoCAD图形文件时，都需要重新设置符合制图规范要求的样式标准，如此操作既烦琐又降低了工作效率。

因此，在新建AutoCAD图形文件时，系统通常要求加载相应的样板文件来快速创建出符合制图标准的图形文件，避免重复的软件设置工作，提高工作效率。

在执行"新建"命令后，系统将弹出"选择样板"对话框，如图10-1所示。

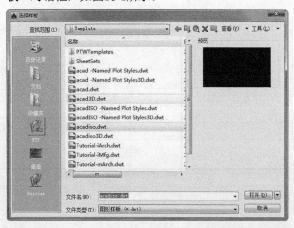

图10-1 "选择样板"对话框

在AutoCAD设计系统中，一般提供了各行业制图标准常用的样板文件，其文件后缀名通常为DWT。用户既可以直接使用这些样板文件来完成当前的设计需求，也可以在指定的样板文件上再创建符合制图标准的各种样式，最后将该图形文件重新保存为DWT文件。

10.1.2 样板文件的内容

使用AutoCAD制作机械制图样板文件时，应根据行业制图的具体要求来规范样板文件的设置内容。其主要包括了机械设计图层的设置、文字样式的设置、尺寸标注样式的设置、图框与标题栏的制作以及文件格式的转换等内容。

关于样板文件的制作内容，在本书前面的各章节中已具体的介绍过相关的操作方法与技巧，本节将综合运用这些知识点来完成AutoCAD样板文件的创建。

关于AutoCAD样板文件的制作思路与步骤，如下介绍。

Step1 新建一个AutoCAD图形文件。

Step2 创建该图形文件的文字样式、尺寸标注样式以及设计图层。

Step3 绘制A0~A4的横向或纵向图框，以及标题栏的制作。

Step4 将当前的图形文件另存为DWT格式的文件，完成机械制图样板文件的制作。

10.2 无图框样板文件

本节知识概要

知识名称	作用	重要程度	所在页
无图框样板文件	掌握无图框样板的设置内容与基本操作流程	中	P209
自动加载样板文件	掌握在AutoCAD系统中将指定的样板文件自动加载至当前的图形文件中	高	P210

在新建AutoCAD图形文件时，系统一般会弹出"选择样板"对话框，用户需要在该对话框中选择系统提供的各类图形样板文件，用以定义当前图形文件的默认标注样式、文字样式等基本样板格式。

在AutoCAD系统中提供的各种默认样板文件

中，都是无图框的样板文件，其主要原因是不同行业的制图标准不同，所用的图框样式也不尽相同。

无图框的样板文件的设置主要包括以下3个基本内容。

- 符合制图标准的图层设置。
- 符合制图标准的文字样式与标注样式设置。
- 预设基准线的绘制与样板文件格式的保存。

10.2.1 无图框样板文件

无图框样板文件一般只包括图层的设置、标注样式的设置以及文字样式的设置，其主要应用于未知图框尺寸大小或常用图框不能满足需要的零部件图形。

操作方法

Step1 新建图形文件。

01 执行"新建"命令，系统将弹出"选择样板"对话框。

02 选择acadiso.dwt为新建图形文件的样板文件。

03 单击[打开(O)]按钮完成图形文件的创建。

Step2 创建机械设计图层。

01 执行"图层特性"命令（LA），打开"图层特性管理器"对话框。

02 新建"轮廓线"图层并设置其颜色为黑色，线型为Contiuous，线宽为0.3；新建"中心线"图层并设置其颜色为红色，线型为CENTER；新建"细实线"图层并设置其颜色为黑色，线型为Contiuous，使用默认线宽；新建"虚线"图层并设置其颜色为洋红，线型为DASHED2，使用默认线宽；新建"尺寸标注"图层并设置其颜色为蓝色，线型为Contiuous，使用默认线宽；新建"文字"图层并设置其颜色为绿色，线型为Contiuous，使用默认线宽，结果如图10-2所示。

03 关闭"图层特性管理器"对话框返回绘图区，完成机械设计图层的设置。

图10-2 机械设计图层

Step3 创建样板基准线。

01 单击功能区中的图层列表按钮，在下拉菜单中选择"中心线"图层，如图10-3所示。

图10-3 选择"中心线"图层

02 执行"构造线"命令（XL），分别绘制一条水平构造线和一条垂直构造线，如图10-4所示。

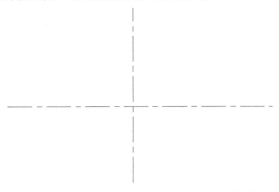

图10-4 绘制基准构造线

Step4 设置文字样式。

01 执行"文字样式"命令（ST），打开"文字样式"对话框。

02 单击[新建(N)...]按钮，系统将弹出"新建文字样式"对话框，在样式名处输入字母GB，如图10-5所示。

图10-5 新建GB样式

03 单击[确定]按钮，返回"文字样式"对话框；在"字体名"列表中选择"仿宋"字体，在"高度"文本框中设置字体高度为3.5，如图10-6所示。

图10-6 设置字体与高度

04 单击[应用(A)]按钮，完成新文字样式的设置；

单击 置为当前(C) 按钮，将GB文字样式应用至当前图形文件中。

Step5 设置尺寸标注样式。

01 执行"标注样式"命令（D），打开"创建新标注样式"对话框。

02 再单击 新建(N)... 按钮，系统将弹出"创建新标注样式"对话框，在样式名处输入字母GB，如图10-7所示。

图10-7 新建GB标注样式

03 单击 继续 按钮，系统将弹出"新建标注样式：GB"对话框。

04 在"线"选项卡中，设置尺寸线的"基线间距"为5，设定尺寸界线的"超出尺寸线"距离为2.5。

05 在"符号和箭头"选项卡中，设定箭头大小为2.5，设定"圆心标记"大小为2.5。

06 在"文字"选项卡中，设置文字样式为GB，设置文字位置在"垂直"方向上的位置为"上"，在"水平"方向上的位置为"居中"，如图10-8所示。

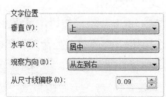

图10-8 设置文字位置

07 在"主单位"选项卡中，选择"小数"选项为尺寸标注的单位格式，调整精度为0.0，其他参数设置使用系统默认。

08 单击"新建标注样式：GB"对话框中的 确定 按钮，系统将返回"标注样式管理器"对话框；选择GB标注样式，单击 置为当前(U) 按钮，将GB标注尺寸标注样式应用至当前绘图文件中；单击 关闭 按钮，完成GB尺寸标注样式的设置。

Step6 保存为样板文件。

01 执行"另存为"命令，系统将弹出"图形另存为"对话框。

02 在"文件类型"栏处单击展开按钮，在下拉列表中选择"AutoCAD 图形样板"；在"文件名"文本框中"GB-无图框样板"，如图10-9所示。

图10-9 "图形另存为"对话框

注意

在选择"AutoCAD图形样板"为文件的保存格式后，系统将自动识别到AutoCAD系统的样板文件夹，再将其作为新样板文件的保存路径。

03 使用系统默认的样板文件保存路径，单击 保存(S) 按钮，系统将弹出"样板选项"对话框，如图10-10所示。

04 单击 确定 按钮，完成样板文件的保存。

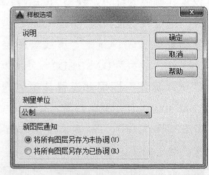

图10-10 "样板选项"对话框

10.2.2 自动加载样板文件

在AutoCAD中采用自动加载样板文件的方式，可跳过选择样板文件的操作步骤，提高工作效率。其主要特点是在创建图形文件的过程中，系统将不会弹出"选择样板"对话框，而是直接采用用户指定的某个样板文件作为当前图形文件的参考样板。

在AutoCAD设计系统中，只有两种方式能激活自动加载样板文件来创建图形文件，具体介绍如下。

启动AutoCAD程序时，系统将自动加载指定的样板文件创建图形文件。

单击"快速工具栏"中的新建文件命令按钮（▢），系统会自动加载指定的样板文件创建图形文件。

当使用菜单栏中"文件>新建"命令或使用Ctrl+N的快捷方式来创建图形文件时，系统将不会自动加载指定的样板文件来创建新图形文件。

关于在AutoCAD设计系统中，设置自动加载样板文件的方法介绍如下。

操作方法

Step1 展开样板设置选项。

01 执行"选项"命令（OP），系统将弹出"选项"对话框；单击"文件"选项卡，切换功能设置区域，如图10-11所示。

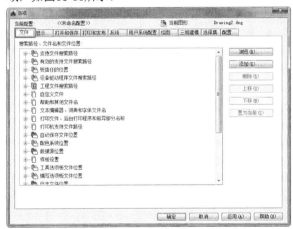

图10-11 "选项"对话框

02 在"文件"选项卡中，展开"样板设置"选项并找到"快速新建的默认样板文件名"，如图10-12所示。

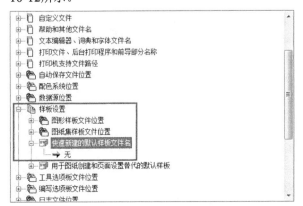

图10-12 展开"样板设置"选项

Step2 指定加载样板文件。

01 选中 →无 图标并单击对话框中的浏览按钮 「浏览(B)...」，系统将弹出"选择文件"对话框。

02 选择"GB-无图框样板"文件，单击对话框中的 「打开(O)」按钮，完成样板文件的选择，如图10-13所示。

图10-13 指定加载样板文件

Step3 查看样板文件加载路径。

01 在返回的"选项"对话框中，查看自动加载的样板文件的路径，如图10-14所示。

02 单击「确定」按钮退出选项对话框，完成样板文件的自动加载设置。

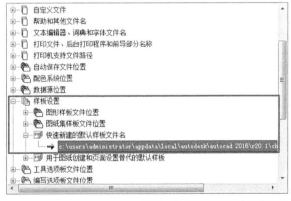

图10-14 查看样板文件加载路径

典型实例：六角头螺栓

实例位置	实例文件>Ch10>六角头螺栓.dwg
实用指数	★★★☆☆
技术掌握	使用无图框样板文件新建机械制图标准的图形文件，再绘制六角头螺栓结构轮廓

本实例将以"六角头螺栓"为讲解对象，运用自动加载样板文件的方法，以及二维图形的绘制与编辑方法等技巧，最终结果如图10-15所示。

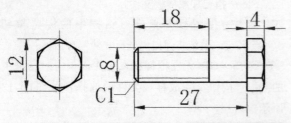

图10-15 六角头螺栓

📖 **思路解析**

　　在"六角头螺栓"的实例操作过程中，将使用自动加载"无图框样板文件"的方式来辅助完成六角头螺栓的结构造型，主要有以下几个基本步骤。

　　（1）设置需要自动加载的样板文件。

　　（2）新建符合制图标准的图形文件。

　　（3）绘制螺栓的主视图。使用二维绘图命令与编辑命令，绘制出螺栓的主视图结构图形。

　　（4）绘制螺栓的左视图。使用"构造线"命令计算出主视图的关键投影点，再绘制出螺栓左视图的结构外形。

Step1 设置自动加载样板文件。

01 参照10.2.1小节讲解的无图框样板文件的操作方法，创建出符合机械制图标准的样板文件。

02 参照10.2.2小节讲解的自动加载样板文件的操作方法，将"快速新建的默认样板文件名"指定为新建的机械制图样板文件。

Step2 新建文件。单击"快速工具栏"中的 🗋 按钮，系统将使用默认加载的样板文件，创建一个新的图形文件，如图10-16所示。

Step3 绘制螺栓主视图。

01 在"图层"工具栏中，选择"轮廓线"图层。

02 执行"正多边形"命令（POL），指定侧面数为6并确定，捕捉基准线的交点为正六边形的中点，选择"内接于圆"选项，指定圆半径为6并确定，完成正六边形的绘制，如图10-16所示。

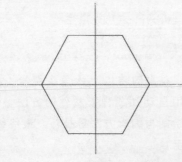

图10-16 绘制正六边形

03 执行"旋转"命令（RO），选择正六边形为旋转对象并确定，选择正六边形的中心点为旋转基点，在命令行中输入-30并确定，完成正六边形的旋转，如图10-17所示。

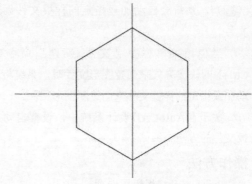

图10-17 旋转正六边形

04 执行"圆"命令（C），选择基准线的交点为圆心，捕捉正六边形边线上的中点为圆的通过点，绘制一个内切于正六边形的圆形，如图10-18所示。

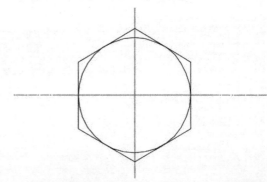

图10-18 绘制相切圆

Step3 绘制螺栓左视图。

01 执行"构造线"命令(XL)，分别捕捉主视图上的3个特征点，绘制3条水平构造线，如图10-19所示。

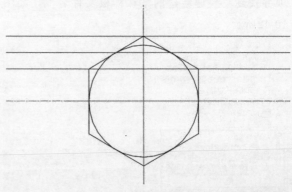

图10-19 绘制水平构造线

02 执行"构造线"命令(XL)，在正六边形右侧绘制一条垂直构造线；执行"偏移"命令（O），将绘制的垂直构造线向左偏移0.5，如图10-20所示。

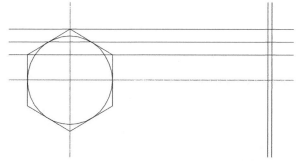

图10-20 绘制构造线

03 执行"圆弧"命令（A），分别捕捉水平构造线与两垂直构造线的交点，绘制一条圆弧；执行"镜像"（MI），选择绘制的圆弧为镜像对象，选择水平基准线上的两点为镜像基点，完成圆弧曲线的镜像复制操作，如图10-21所示。

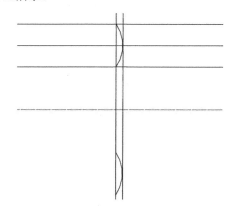

图10-21 创建两圆弧

04 执行"圆弧"命令（A），分别捕捉两对称圆弧的端点和水平基准构造线与垂直构造线的交点，绘制如图10-22所示的圆弧曲线。

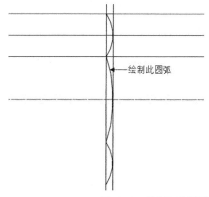

绘制此圆弧

图10-22 绘制三点圆弧

05 执行"移动"命令（M），将左侧的垂直构造线向左移动3.5；执行"镜像"命令（MI），将3条水平

构造线通过水平基准构造线上的两点进行镜像复制，结果如图10-23所示。

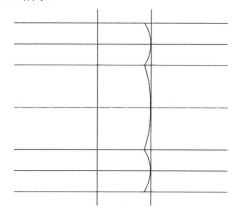

图10-23 镜像构造线

06 执行"修剪"命令（TR），将左视图上的垂直构造线和水平构造线进行修剪操作，结果如图10-24所示。

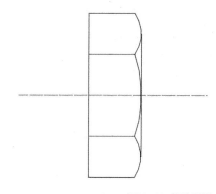

图10-24 修剪图形

07 执行"偏移"命令（O），将水平基准构造线分别向上下各偏移4，将左侧的垂直直线向左侧偏移27，如图10-25所示。

图10-25 偏移构造线和直线

08 执行"修剪"命令（TR），修剪相交的偏移基准构造线和直线段；执行"特性匹配"命令（MA），选择轮廓线图层上的直线为源对象，选择修剪后的基准直线为目标对象，完成直线的特性匹配操作，如图10-26所示。

图10-26 特性匹配直线

09 执行"倒角"命令（CHA），指定倒角距离为1，对3条相交的直线进行倒角处理；执行"直线"命令（L），捕捉两倒角直线的端点，绘制一条垂直直线；执行"偏移"命令（O），将绘制的垂直直线向右偏移17，结果如图10-27所示。

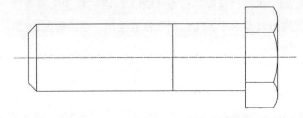

图10-27 绘制两垂直直线

10 在"图层"工具栏中，选择"细实线"图层；执行"直线"命令（L），捕捉倒角直线的端点为起点，捕捉偏移垂直直线上的垂直点，绘制两条水平直线，如图10-28所示。

11 执行"修剪"命令（TR），对当前绘图区中的所有基准构造线进行修剪操作。

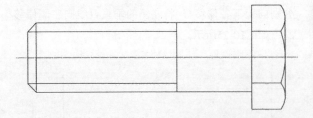

图10-28 绘制两水平直线

Step4 标注螺栓结构尺寸。

01 显示线宽。单击状态栏上的 ≡ 按钮，将所有轮廓线的线宽在绘图区域中进行显示。

02 在"图层"工具栏中，选择"尺寸标注"图层。

03 执行"线性标注"命令（DLI），完成对六角螺栓主视图与左视图的外形尺寸标注，结果如图10-29所示。

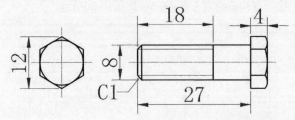

图10-29 标注螺栓外形尺寸

10.3 标准式样板文件

本节知识概要

知识名称	作用	重要程度	所在页
图框样板文件	掌握创建标准图框的样板文件的操作思路与方法	高	P214
手动加载样板文件	了解手动加载指定样板文件创建新图形文件的方法	中	P216

完成一幅机件产品零件图或装配图，不仅需要二维图形来表达产品的结构形状，需要尺寸标注来表达产品的大小规格和空间位置，还需要套用多种尺寸类型的图框来对图形进行统一的技术规范表达。

在机械制图中常用的有A0~A4这几种标准图框，用户可根据需要创建出各种标准的独立图框样板文件，绘制图形时只需加载合适的图框样板文件，不仅能为当前图形文件提供标准的样板格式，还能完成标准图框的创建，极大的提供了工作效率。

10.3.1 图框样板文件

图框样板文件是在无图框样板文件的基础上，通过绘制或插入各种标准图框，从而创建一种新的样板文件格式。创建图框样板文件的方法主要有两种思路，介绍如下。

第一种：直接设置图框样板文件，其基本步骤如下分析。

Step1 使用acadiso.dwt作为基础样板文件，创建一个新的图形文件。

Step2 按照机械制图标准，设置文字样式、标注样式、图层属性等内容。

Step3 绘制或插入符合制图标准的A0~A4类型的图框图形。

Step4 将当前图形文件另存为DWT格式的文件。

第二种：间接创建图框样板文件，其基本步骤如下分析。

Step1 使用已创建的GB无图框样板文件，创建一个新的图形文件。

Step2 绘制或插入入符合制图标准的A0~A4类型的图框图形。

Step3 将当前图形文件保存为DWT格式的文件。

操作方法

Step1 新建图形文件。

01 在"选项"对话框中将"GB-无图框样板"文件设置为系统快速新建的默认样板文件。

02 单击"快速工具栏"中的▣按钮，新建一个符号机械制图标准的图形文件。

Step2 插入图框文件。

01 在"图层"工具栏中，选择"轮廓线"图层。

02 执行"插入"命令（I），系统将弹出"插入"对话框，如图10-30所示。

图10-30 "插入"对话框

03 单击浏览(B)...按钮，系统将弹出"选择图形文件"对话框；浏览到"实例文件>Ch10>A4-图框.dwg"文件，单击打开(O)按钮，返回"插入"对话框。

04 勾选"插入点"区域中的"在屏幕上指定"选项，其他设置使用系统默认，如图10-31所示。

图10-31 设置插入参数

05 单击 确定 按钮，切换至绘图区域；在系统信息提示下，选择绘图区域任意一点为图框的插入点，完成块文件的插入操作。

06 执行"分解"命令（X），将插入的"A4-图框"图块进行分解操作，最终完成图框的创建。

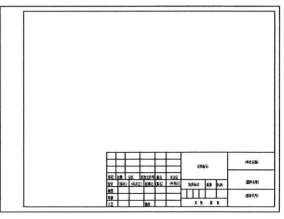

图10-32 完成图框插入

> 💡 **注意**
>
> 使用"插入"命令创建制图标准的图框后，需要对该图框进行"分解"操作，否则不能对图框的文字填写内容进行编辑修改操作。

Step3 保存为样板文件。

01 执行"另存为"命令，系统将弹出"图形另存为"对话框。

02 在"文件类型"栏处单击展开按钮，在下拉列表中选择"AutoCAD 图形样板"；在"文件名"文本框中选择"A4-图框样板"，如图10-33所示。

图10-33 保存样板文件

03 使用系统默认的样板文件保存路径，单击 保存(S) 按钮，系统将弹出"样板选项"对话框。

04 单击 确定 按钮，完成样板文件的保存。

10.3.2 手动加载样板文件

在AutoCAD中，手动加载样板文件的方法主要有两种：一种是通过Ctrl+N快捷键命令新建文件，在弹出的"选择样板"对话框中选择需要加载的样板文件；另一种是执行下拉菜单"文件>新建"命令，在弹出的"选择样板"对话框中选择需要加载的样板文件。

操作方法

Step1 新建图形文件。按Ctrl+N快捷键执行新建文件命令，系统将弹出"选择样板"对话框。

Step2 选择图框样板文件。

01 在"选择样板"对话框中查找并选择"GB-A4图框样式"文件。

02 单击对话框中的 打开⑴ 按钮完成图形文件的创建，如图10-34所示。

图10-34 选择图框样板文件

典型实例：蝶形螺母

实例位置	实例文件>Ch10>蝶形螺母.dwg
实用指数	★★★★☆
技术掌握	使用A4图框样板文件新建机械制图标准的图形文件，再绘制蝶形螺母的结构轮廓

本实例将以"蝶形螺母"为讲解对象，运用手动加载图框样板文件的方法，以及二维图形的绘制与编辑方法等技巧，结果如图10-35所示。

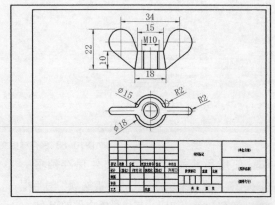

图10-35 蝶形螺母

在"蝶形螺母"的实例操作过程中，将体现图框样板文件在零件绘图过程中的辅助作用，主要有以下几个基本步骤。

(1) 使用A4图框样板创建新的图形文件。

(2) 绘制蝶形螺母主视图轮廓。

(3) 绘制蝶形螺母俯视图轮廓。

(4) 分别在主视图和俯视图上绘制蝶形螺母的螺纹孔特征。

(5) 标注蝶形螺母的基本外形尺寸。

Step1 新建A4图框图形文件。

01 按Ctrl+N快捷键，打开"选择样板"对话框。

02 选择"GB-A4图框样板"文件并单击 打开⑴ 按钮，完成图形文件的创建。

Step2 绘制蝶形螺母主视图。

01 在"图层"工具栏中选择"中心线"图层。

02 执行"构造线"命令（XL），在A4图框中绘制一条水平构造线和一条垂直构造线，如图10-36所示。

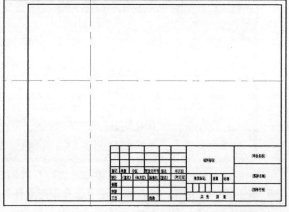

图10-36 绘制基准构造线

03 执行"偏移"命令（O），将水平基准构造线向上偏移10，将垂直基准构造线向左右各偏移7.5和9，如图10-37所示。

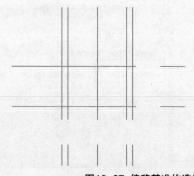

图10-37 偏移基准构造线

04 在"图层"工具栏中，选择"轮廓线"图层。

05 执行"直线"命令（L），捕捉基准构造线的相交点，绘制连续封闭的直线段；执行"删除"命令（E），删除偏移基准构造线，如图10-38所示。

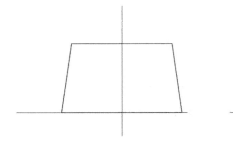

图10-38 绘制直线段

06 执行"偏移"命令（O），将水平基准构造线向上偏移15，将垂直基准构造线向左偏移17，如图10-39所示。

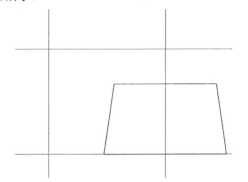

图10-39 偏移基准构造线

07 执行"圆心、半径"圆命令（C），捕捉偏移基准构造线的交点为圆心，绘制半径为7的圆形；执行"直线"命令（L），捕捉梯形上顶点和圆切点绘制一条直线，如图10-40所示。

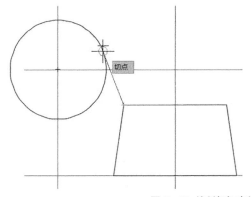

图10-40 绘制相切直线

08 执行"直线"命令（L），捕捉梯形下顶点和圆

切点绘制一条直线，如图10-41所示。

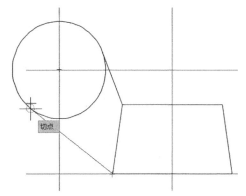

图10-41 绘制相切直线

09 执行"修剪"命令（TR），将偏移基准构造线以圆形为边界进行修剪操作；执行"镜像"命令（MI），选择左侧圆形和连接直线为镜像对象，选择垂直基准构造线上两点为镜像基点，完成图形的镜像复制操作，结果如图10-42所示。

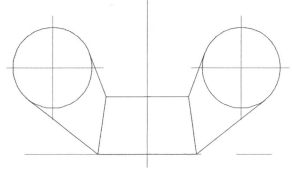

图10-42 镜像图形

10 执行"修剪"命令（TR），将两圆形与直线相交的一侧进行修剪删除操作，结果如图10-43所示。

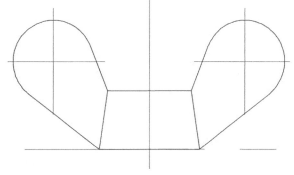

图10-43 修剪图形

Step3 绘制蝶形螺母俯视图轮廓。

01 执行"构造线"命令（XL），捕捉主视图上两个特征点绘制两条垂直构造线，如图10-44所示。

02 执行"圆心、半径"圆命令（C），以基准构造线的交点为圆心，分别捕捉两垂直构造线与水平基准构造线的交点为圆的通过点，绘制两个同心圆心，如图10-45所示。

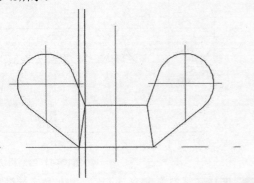

图10-44 绘制投影构造线

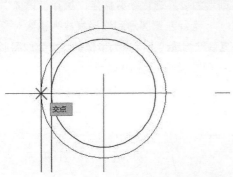

图10-45 绘制同心圆形

03 执行"构造线"命令（XL），捕捉主视图上左侧圆弧上的界限点，绘制一条垂直构造线；再执行"偏移"命令（O），将该垂直构造线向右偏移2，如图10-46所示。

图10-46 绘制投影构造线

04 执行"圆心、半径"圆命令（C），捕捉偏移的垂直构造线与水平基准构造线的交点为圆心，捕捉左侧垂直构造线与水平基准构造线的交点为圆通过点，完成圆形的绘制，如图10-47所示。

05 执行"直线"命令（L），分别捕捉圆形的上下

两个界线点，绘制两条长度为18的水平直线；执行"修剪"命令（TR），将圆形与两直线段进行修剪操作，结果如图10-48所示。

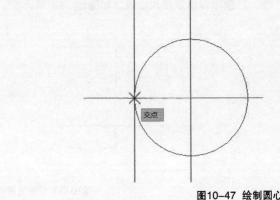

图10-47 绘制圆心

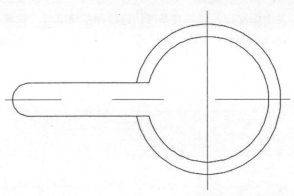

图10-48 修剪图形

06 执行"镜像"命令（MI），将左侧的圆弧和两直线段为镜像对象，选择垂直基准构造线上两点为镜像基点，完成图形的镜像复制操作；执行"修剪"命令（TR），修剪右侧与直线相交的圆弧段，结果如图10-49所示。

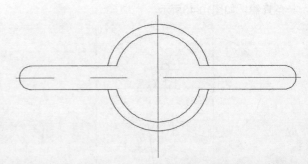

图10-49 修剪图形

07 执行"圆角"命令（F），指定圆角半径为2，分别选择内部圆弧和与其相交的水平直线为圆角对象，结果如图10-50所示。

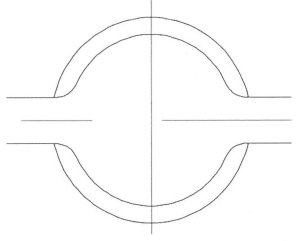

图10-50 图形圆角

Step4 绘制螺纹特征。

01 执行"圆心、半径"圆命令（C），捕捉基准构造线的交点为圆心，绘制半径为4的圆形；执行"构造线"命令（XL），捕捉圆形与水平基准构造线的交点，绘制两条垂直的构造线，如图10-51所示。

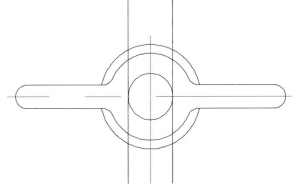

图10-51 绘制投影构造线

02 执行"修剪"命令（TR），在主视图上修剪投影构造线，结果如图10-52所示。

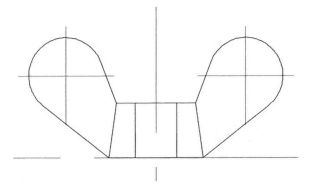

图10-52 修剪图形

03 在"图层"工具栏中，选择"细实线"图层，如图10-53所示。

图10-53 选择图层

04 执行"圆"命令（C），以俯视图基准构造线的交点为圆心，绘制一个半径为5的圆形；执行"修剪"命令（TR），修剪删除圆形在第3象限区域中圆弧部分，结果如图10-54所示。

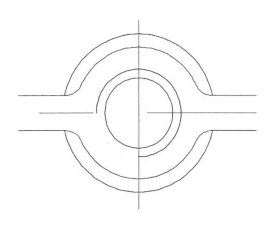

图10-54 修剪图形

05 执行"构造线"命令（XL），捕捉圆弧段与水平基准构造线的交点，绘制两条垂直的构造线，如图10-55所示。

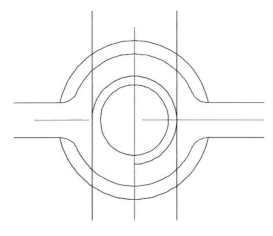

图10-55 绘制投影构造线

06 执行"修剪"命令（TR），在主视图上修剪投影构造线；单击状态栏上的 按钮，将所有轮廓线的线宽在绘图区域中进行显示，结果如图10-56所示。

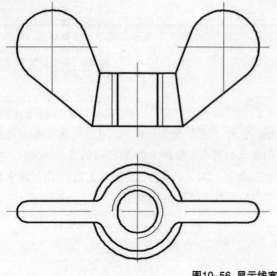

图10-56 显示线宽

Step5 标注蝶形螺母尺寸。

01 在"图层"工具栏中，选择"尺寸标注"图层。

02 执行"线性"标注命令（DLI），标注出主视图的外形尺寸，如图10-57所示。

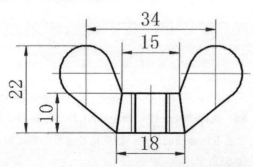

图10-57 标注主视图基本外形尺寸

03 执行"线性"标注命令（DLI），标注出主视图中螺纹的尺寸并在尺寸文字前添加字母M，结果如图10-58所示。

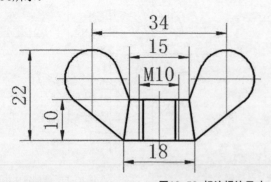

图10-58 标注螺纹尺寸

04 执行"直径"标注命令（DDI），标注出俯视图中的各圆弧的直径尺寸，如图10-59所示。

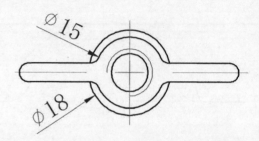

图10-59 标注直径尺寸

05 执行"半径"标注命令（DRA），标注出俯视图中圆角半径的尺寸，如图10-60所示。

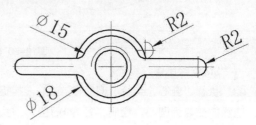

图10-60 标注半径尺寸

10.4 AutoCAD 机械制图思路

本节知识概要

知识名称	作用	重要程度	所在页
特征一致性原则	掌握机械制图的最基本的思路与原则	高	P221
AutoCAD作图顺序法	掌握使用AutoCAD绘制机械零件图的基本顺序	高	P221
AutoCAD特征投影法	掌握机械制图投影法在AutoCAD系统中的具体应用与操作技巧	高	P223
AutoCAD视图参照法	掌握使用AutoCAD中的"移动""复制""旋转"等命令来对各视图重新进行对齐操作，从而辅助零件投影特征的绘制	高	P227
AutoCAD作图计算法	掌握使用AutoCAD来快速完成各种常见结构的尺寸计算	高	P228

使用AutoCAD进行机械制图的思路与手工绘图的思路基本相同，其各视图之间都将遵循"投影法"的基本规律。

根据机械制图要求，各基本视图之间要保持"长对正、高平齐、宽相等"的投影关系，即主、俯、仰视图长对正,主、左、右、后视图高平齐,俯、左、仰、右视图宽相等。因此,各视图上的特征也应该使用同样的方法来投影出基本的结构形状,而使用AutoCAD中的"构造线"命令可快速找出零件特征关键点、线的投影位置,从而辅助设计人员快速完成零件特征的其他视图上的计算与绘制。

10.4.1 特征一致性原则

在绘制某个机件产品时,各基本视图之间不仅要保持"长对正、高平齐、宽相等"的投影关系,其产品的某个特征在各视图上的结构形状与尺寸大小也应该保持正确的投影关系。

而使用AutoCAD来进行机械制图时,就应首先遵循机械制图的基本原则和方法,使各个视图上的特征保持正确的位置和尺寸大小。因此,使用机械制图的"投影法",可将机件物体的点、线、面进行投影变换,从而计算出该视图上的特征在其他视图上的空间位置与结构轮廓。

在AutoCAD机械绘图中为体现"特征一致性原则",绘图时应遵循各种操作方法与技巧,而不是用零散的二维图形来拼凑零件图形的结构。因此,在长期使用AutoCAD进行机械制图的过程中,总结出了几种常用的绘图思路与方法,其主要包括了"作图顺序法""特征投影法""视图参照法"和"作图计算法"4种最基本思路。

10.4.2 AutoCAD 作图顺序法

使用AutoCAD进行机械制图时,首先应选定表达零件的视图,其次是如何使用科学的作图步骤来快速完成设计目标。关于作图顺序,应遵循先绘制参考基准特征和基本外形轮廓,然后再细化修饰各个局部特征的方法。

功能实战:泵盖

实例位置 实例文件>Ch10>泵盖.dwg
实用指数 ★★★★★
技术掌握 熟练使用AutoCAD绘图机械视图特征的基本方法与技巧

本实例将以"泵盖"为讲解对象,主要运用机械制图的"特征投影法"来体现AutoCAD绘制机械零件特征的基本技巧。关于泵盖的绘制流程,如图10-61所示。

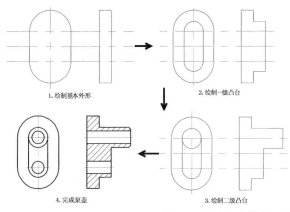

1.绘制基本外形　　2.绘制一级凸台
4.完成泵盖　　3.绘制二级凸台

图10-61 绘制泵盖基本流程

📖 思路解析

在"泵盖"的实例操作过程中,将体现AutoCAD作图顺序法在零件绘图过程中的指导作用,主要有以下几个基本步骤。

(1)使用A图框样板创建新的图形文件。
(2)绘制泵盖主视图与左视图基本外形轮廓。
(3)绘制泵盖一级凸台特征。
(4)绘制泵盖二级凸台特征。
(5)创建视图剖面线。

Step1新建A4图框图形文件。

01 按Ctrl+N快捷键,打开"选择样板"对话框。

02 选择"GB-A4图框样板"文件并单击 打开(O) 按钮,完成图形文件的创建。

Step2绘制泵盖主视图与左视图轮廓。

01 在"图层"工具栏中选择"中心线"图层。

02 执行"构造线"命令(XL),在A4图框中绘制一条水平构造线和一条垂直构造线。

03 执行"偏移"命令(O),将水平基准线分别向上下各偏移12;在"图层"工具栏中,选择"轮廓线"图层。

04 执行"圆心、半径"圆命令(C),捕捉偏移基准构造线与垂直基准构造线的交点,分别绘制两个半径为17的圆形;执行"直线"命令(L),捕捉圆形的界限点,绘制两条垂直相切直线,如图10-62所示。

05 执行"修剪"命令(TR),修剪两圆形内部相交的部分;执行"偏移"命令(O),将垂直基准构造线分别向右偏移40和50;执行"构造线"命令(XL),捕捉圆弧与垂直基准线交点,绘制两条水平构造线,如图10-63所示。

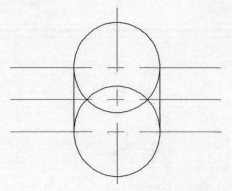

图10-62 绘制圆形与直线

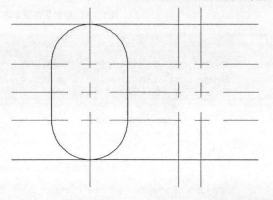

图10-63 绘图参考构造线

06 执行"特性匹配"命令（MA），将偏移的两条垂直基准线放置到轮廓线图层；执行"修剪"命令（TR），修剪4条构造线，结果如图10-64所示。

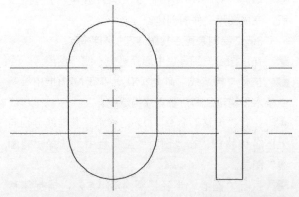

图10-64 修剪图形

Step3 绘制泵盖一级凸台特征。

01 执行"圆心、半径"圆命令（C），指定圆半径为8，绘制与主视图圆弧同心的两个圆形；执行"直线"命令（L），捕捉两圆与水平基准线交点，绘制两条垂直直线，如图10-65所示。

02 执行"修剪"命令（TR），修剪两个圆形与相交直线的内部一侧；执行"构造线"命令（XL），捕捉圆弧与垂直基准线交点，绘制两条水平构造线；

执行"偏移"命令（O），将左视图右侧的垂直直线向右偏移10，如图10-66所示。

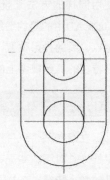

图10-65 绘制圆形与相切直线

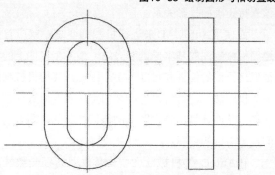

图10-66 绘制投影参考线

03 执行"修剪"命令（TR），修剪左视图中的构造线和偏移的垂直直线，如图10-67所示。

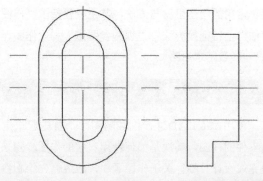

图10-67 修剪图形

Step4 绘制泵盖二级凸台特征。

01 执行"镜像"命令（MI），将主视图上方的一段圆弧通过中心基准线镜像复制；执行"构造线"命令（XL），捕捉两圆弧的界限点，绘制两条水平构造线；执行"偏移"命令（O），将左视图右侧垂直直线向右偏移16，结果如图10-68所示。

02 执行"修剪"命令（TR），修剪左视图上的构造线和偏移直线，如图10-69所示。

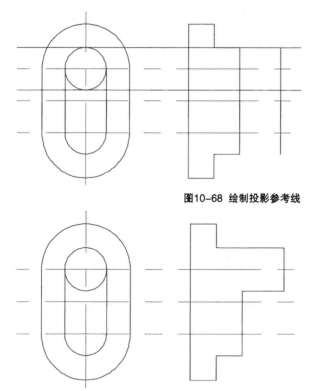

图10-68 绘制投影参考线

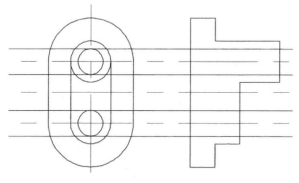

图10-69 修剪图形

03 执行"圆心、半径"圆命令（C），捕捉基准构造线的交点，在主视图上绘制两个半径为5的圆形；执行"构造线"命令（XL），捕捉圆形的上下界限点，绘制4条水平构造线，如图10-70所示。

图10-70 绘制投影构造线

04 执行"修剪"命令（TR），将左视图上的构造线进行修剪，结果如图10-71所示。

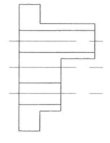

图10-71 修剪图形

Step4 创建剖面线。

01 执行"倒角"命令（CHA），指定倒角距离为1.5，对左视图上的顶角进行倒角操作。

02 在"图层"工具栏中，选择"细实线"图层；执行"图案图层"命令（H），选择ANSI31图案，修改填充比例为1，选择如图10-72所示的封闭区域为填充区域。

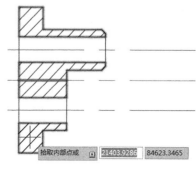

图10-72 添加剖面线

03 执行"修剪"命令（TR），对当前绘图区中的所有基准构造线进行修剪操作；单击状态栏上的 按钮，将所有轮廓线的线宽在绘图区域中进行显示，结果10-73所示。

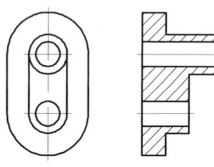

图10-73 显示线宽

10.4.3 AutoCAD 特征投影法

AutoCAD特征投影法是利用各个相关视图上的特征点和构造线、直线做水平或垂直的点投影，从而计算并找出该特征在其他视图上的投影位置。

特征投影法对作图顺序的表达和继承，它是细化并修饰零件各个形状特征的具体操作方式。

功能实战：阀盖

实例位置	实例文件>Ch10>阀盖.dwg
实用指数	★★★★★
技术掌握	熟练使用AutoCAD机械绘图的基本思路与步骤

本实例将以"阀盖"为讲解对象，主要运用机

械制图的"作图顺序法"来体现AutoCAD绘制机械零件图的基本思路。关于阀盖绘制的基本流程，如图10-74所示。

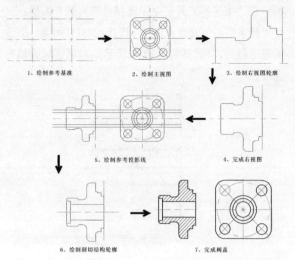

1、绘制参考基准　　2、绘制主视图　　3、绘制右视图轮廓

5、绘制参考投影线　　4、完成右视图

6、绘制剖切结构轮廓　　7、完成阀盖

图10-74 绘制阀盖基本流程

> **思路解析**
> 　　在"阀盖"的实例操作过程中，将体现"特征投影法"在零件绘图过程中的思路指导作用，主要有以下几个基本步骤。
> 　　（1）使用A4图框样板创建新的图形文件。
> 　　（2）绘制阀盖主视图外形轮廓。
> 　　（3）绘制阀盖右视图外形轮廓。
> 　　（4）使用"投影法"计算并绘制出阀盖的孔特征。
> 　　（5）创建视图剖面线。

　　Step1 新建A4图框图形文件。

01 按Ctrl+N快捷键，打开"选择样板"对话框。

02 选择"GB-A4图框样板"文件并单击 打开⑩ 按钮，完成图形文件的创建。

　　Step2 绘制阀盖主视图。

01 在"图层"工具栏中选择"中心线"图层。

02 执行"构造线"命令（XL），在A4图框中绘制一条水平构造线和一条垂直构造线，如图10-75所示。

03 执行"偏移"命令（O），将水平基准线分别向上下偏移37.5，将垂直基准线分别向左右偏移37.5，如图10-76所示。

04 在"图层"工具栏中选择"轮廓线"图层。

05 执行"直线"命令（L），捕捉偏移基准线的交点，连续绘制4条直线线段；执行"删除"命令（E）

删除偏移的基准线，如图10-77所示。

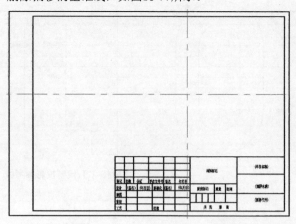

图10-75 绘制基准构造线

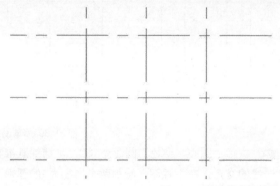

图10-76 偏移基准构造线

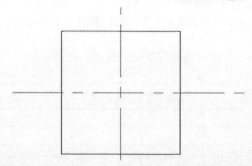

图10-77 绘制直线段

06 执行"圆角"命令（F），指定半径值为12.5，对绘制的相交直线段进行圆角处理，如图10-78所示。

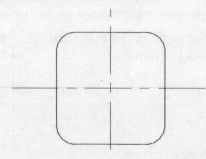

图10-78 图形圆角

07 执行"圆心、半径"圆命令（C），捕捉基准构造线的交点，分别绘制半径为35、18、14.25、10的4个同心圆，如图10-79所示。

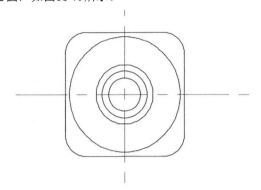

图10-79 绘制同心圆

08 执行"特性匹配"命令（MA），选择基准构造线为源对象，选择半径为35的圆形为目标对象，结果如图10-80所示。

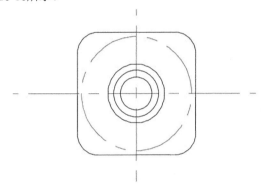

图10-80 特性匹配对象

09 执行"直线"命令（L），捕捉圆弧的中点，分别绘制两条相交直线，如图10-81所示。

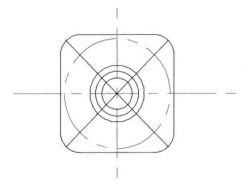

图10-81 绘制两直线

10 执行"特性匹配"命令（MA），选择基准构造线为源对象，选择绘制两条相交直线为目标对象；执行"圆心、半径"圆命令（C），分别捕捉基准圆形与两直线的交点为圆心，绘制半径为7的4个圆形，结果如图10-82所示。

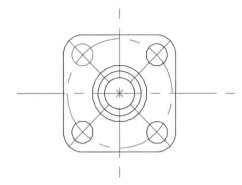

图10-82 绘制圆形

Step3 绘制阀盖右剖视图。

01 执行"偏移"命令（O），将垂直基准线向左偏移80，如图10-83所示。

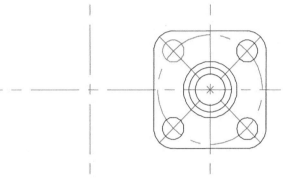

图10-83 偏移基准构造线

02 执行"直线"命令（L），以偏移的基准线和水平基准线的交点为起点，连续绘制直线段，如图10-84所示。

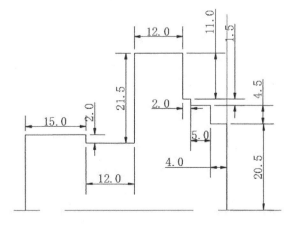

图10-84 绘制直线段

03 执行"圆角"命令（F），指定圆角半径为5，对右视图上的直线段进行圆角处理，如图10-85所示。

225

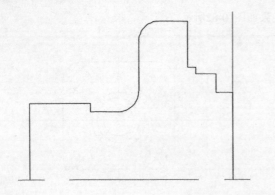

图10-85 图形圆角

04 执行"圆角"命令（F），指定圆角半径为2，对右视图上的左侧相交直线段进行圆角处理，如图10-86所示。

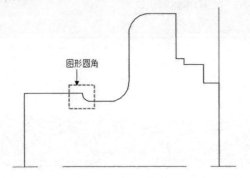

图10-86 图形圆角

05 执行"倒角"命令（CHA），指定倒角距离为1.5，选择右视图上的左侧顶点的两直线为倒角对象，如图10-87所示。

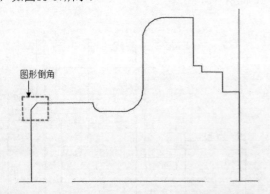

图10-87 图形倒角

06 执行"镜像"命令（MI），选择已绘制的所有多段线为镜像对象，选择水平基准线上两点为基点，完成图形镜像复制操作，如图10-88所示。

07 执行"构造线"命令（XL），分别捕捉主视图上两圆形的上下界线点，绘制4条水平构造线，如图10-89所示。

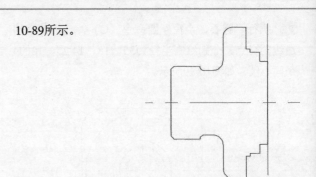

图10-88 镜像图形

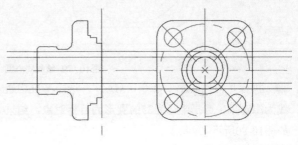

图10-89 绘制投影构造线

08 执行"偏移"命令（O），将右视图左侧的垂直直线向右偏移5，如图10-90所示。

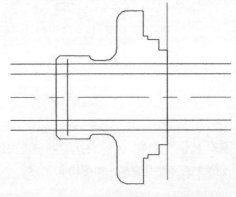

图10-90 偏移垂直直线

09 执行"修剪"命令（TR），修剪4条水平构造线与偏移的垂直直线，结果如图10-91所示。

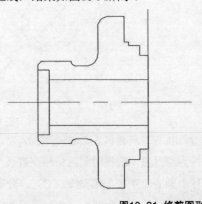

图10-91 修剪图形

Step4 创建剖面线。

01 在"图层"工具栏中选择"细实线"图层。

02 执行"图案图层"命令（H），选择ANSI31图案，修改填充比例为1，选择如图10-92所示的封闭区域为填充区域。

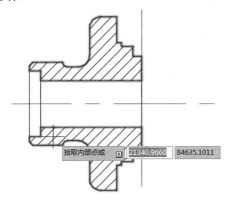

图10-92 添加剖面线

03 执行"修剪"命令（TR），对当前绘图区中的所有基准构造线进行修剪操作；单击状态栏上的 ≡ 按钮，将所有轮廓线的线宽在绘图区域中进行显示，结果10-93所示。

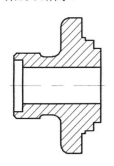 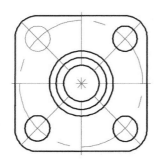

图10-93 显示线宽

10.4.4 AutoCAD 视图参照法

使用AutoCAD进行机械制图时，有时却不可以直接在两视图间使用投影线来计算出细节特征在各视图上的形状，如俯视图和左视图上的投影特征就不可以直接使用投影法。

因此，在绘制视图特征时就需要将相关视图通过复制、移动、旋转等方式来调整视图的方位，并以特征对齐为参考标准从新对齐视图来找出其特征的投影位置。

下面就以卡环上盖为例，说明在其左视图上投影并绘制出相关孔特征的具体操作方法。

操作方法

Step1 绘制卡环上盖基本外形。

01 使用"作图顺序法"绘制出卡环上盖零件的基本外形。

02 使用"特征投影法"绘制出卡环上盖零件主视图、俯视图上的圆孔特征，如图10-94所示。

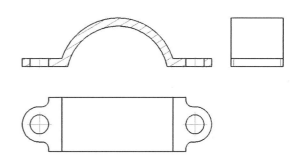

图10-94 基本投影视图

Step2 对齐参考视图。

01 执行"复制"命令（CO），选择俯视图为复制对象，在其右侧的空白绘图区创建一个俯视图的副本。

02 执行"旋转"命令（RO），将副本图形旋转90度并使其和左视图的外形轮廓对齐，如图10-95所示。

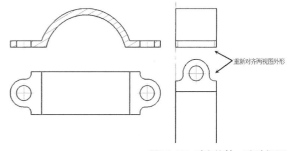

重新对齐两视图外形

图10-95 对齐旋转、移动视图

Step3 绘制左视图上的投影孔特征。

01 执行"构造线"命令（XL），捕捉旋转俯视图副本上圆形的两个界限点，绘制出圆孔在左视图上的投影线，如图10-96所示。

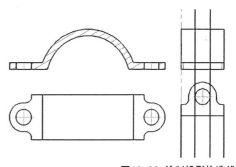

图10-96 绘制投影构造线

02 执行"修剪"命令（TR），修剪左视图孔投影线；执行"删除"命令（E），删除旋转的俯视图副本，完成左视图上投影孔特征的绘制，结果如图10-97所示。

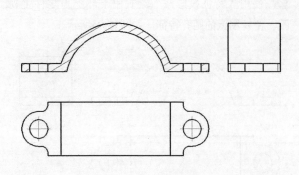

图10-97 完成左视图孔特征的绘制

10.4.5 AutoCAD 作图计算法

在现代机械工程设计中最常用的计算方法有两种，一种是理论计算，一种是作图计算。

理论计算法，也称作传统计算法，它利用现成的科学公式进行计算，其计算严谨但过程烦琐，是传统工程设计中最常采用的方式，比较受人推崇与信任。

作图计算法，也称为CAD作图计算法，它直接利用现代CAD技术，按比例作图以获得理论设计数据的相关图形，再使用各种参照关系，直接绘制出需要的各种结构图形。此种方法的优点是可以跳过理论的计算，直接设计并绘制出理论计算的各种结构图形。

1. 理论计算法

在工程设计中，常常会计算各种结构的理论数据。理论数据一般采用数学公式进行严谨的计算，因计算结果可靠性强，所以广为工程设计人员使用。

下面就以注射模具的顶出结构为例，使用传统计算法来计算斜顶杆的安装角度，如图10-98所示。

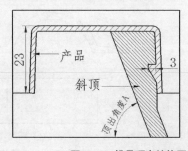

图10-98 模具顶出结构图

由上图可知，产品的顶出距离在0~23之间。设置顶出距离为10，斜顶的横向移动距离至少为3，如图10-99所示。求斜顶的顶出角度是多少？

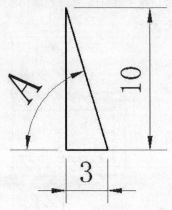

图10-99 三角函数关系图

使用理论计算的方式，可由三角函数关系得出：$\tan A=10/3$，角度A约等于73°。

2. 作图计算法

使用AutoCAD来设计各种工程结构，有时可以跳过一些简单的理论计算。图10-98所示的模具顶出结构图，可先利用直线命令绘制出三角形的3条已知的长度边，再利用标注命令或测量命令可以快速的计算出顶出角度，如图10-100所示。

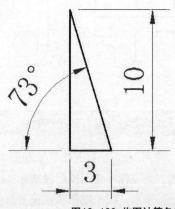

图10-100 作图计算角度值

针对较为复杂的图形，可使用AutoCAD作图计算法避免烦琐的计算过程，如图10-101所示的钣金件图形。

图形中钣金件左视图上的孔特征图形为圆孔的投影形状，由于视角的差异，它在左视图上就表现为椭圆形状，此椭圆的大小尺寸如采用传统计算法来计算过程复杂且数据可靠性低，如采用作图法计算，就可方便快捷的找出此椭圆的各个投影点，从而快速的绘制出椭圆的轮廓，如图10-102所示。

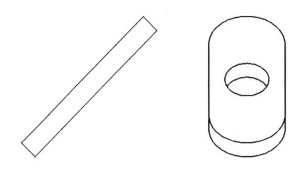

图10-101 钣金件

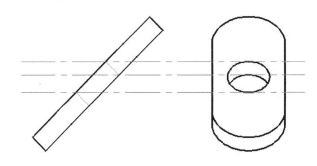

图10-102 作图计算投影点

典型实例：钣金连接零件

实例位置　实例文件>Ch10>钣金连接零件.dwg
实用指数　★★☆☆☆
技术掌握　熟练使用"作图顺序法"、"特征投影法"以及"视图参照法"来绘制零件的结构视图

本实例将以"钣金连接零件"为讲解对象，综合运用基础的二维绘图命令与编辑命令，重点体现了"AutoCAD作图顺序法""AutoCAD特征投影法"的使用方法与技巧，结果如图10-103所示。

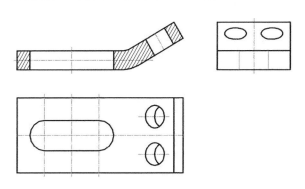

图10-103 钣金连接零件

思路解析

在"钣金连接零件"的实例操作过程中，将体现"作图顺序法"、"特征投影法"以及"作图计算法"在零件绘图过程中的思路指导作用，主要有以下几个基本步骤。

（1）使用A4图框样板创建新的图形文件。

（2）绘制钣金件主视图基本外形轮廓。

（3）绘制钣金件俯视图基本外形轮廓。

（4）绘制钣金件左视图基本外形轮廓。

（5）绘制条形孔特征在主视图、俯视图上的外形结构。

（6）绘制圆孔特征在主视图、俯视图上的投影结构。

（7）绘制圆孔特征在左视图上的投影结构。

（8）创建视图剖面线。

Step1 新建A4图框图形文件。

01 按Ctrl+N快捷键，打开"选择样板"对话框。

02 选择"GB-A4图框样板"文件并单击 打开⑩ 按钮，完成图形文件的创建。

Step2 绘制钣金件主视图。

01 在"图层"工具栏中选择"中心线"图层。

02 执行"构造线"命令（XL），在A4图框中绘制一条水平构造线和一条垂直构造线。

03 执行"偏移"命令（O），将水平基准线向上下各偏移5，将垂直基准线向左右各偏移30，如图10-104所示；选中偏移的所有基准构造线，在"图层"工具栏中，选择"轮廓线"图层，以改变偏移基准构造线的线型属性。

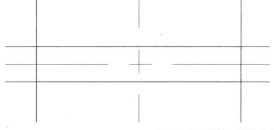

图10-104 特性匹配构造线

04 执行"修剪"命令（TR），对相交的偏移构造线进行修剪操作，结果如图10-105所示。

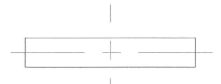

图10-105 修剪图形

05 在"图层"工具栏中，选择"轮廓线"图层；执行"直线"命令（L），捕捉矩形的一顶点为直线的起点，绘制角度为30°，长度为30的直线；执行"偏移"命令（O），将倾斜直线向下偏移10，如图10-106所示。

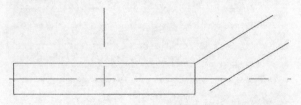

图10-106 绘制角度直线

06 执行"圆角"命令（F），分别指定圆角半径为15和5，对两倾斜直线进行圆角处理，结果如图10-107所示；执行"删除"命令（E），将右侧的垂直直线进行删除操作；执行"直线"命令（L）捕捉两倾斜直线的端点，绘制一条直线，结果如图10-107所示。

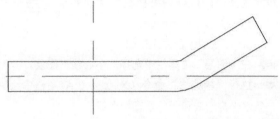

图10-107 绘制圆角曲线与直线

Step3 绘制钣金件俯视图。

01 执行"偏移"命令（O），将主视图的水平基准线向下偏移40；执行"构造线"命令（XL），捕捉主视图上的3个特征点，绘制3条垂直构造线，如图10-108所示。

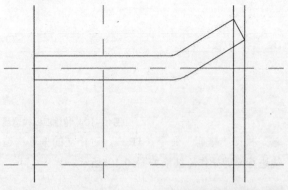

图10-108 绘制投影构造线

02 执行"偏移"命令（O），将俯视图的水平基准线分别向上下偏移20；再执行"特性匹配"命令（MA），选择轮廓线图层的线型为源对象，选择偏移的基准构造线为目标对象；执行"修剪"命令

（TR），修剪出俯视图的基本外形，如图10-109所示。

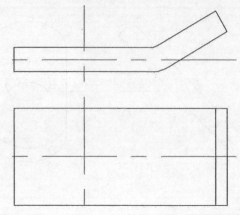

图10-109 修剪图形

Step4 绘制钣金件左视图。

01 执行"偏移"命令（O），将主视图的垂直基准线向右偏移100；执行"构造线"命令（XL），捕捉主视图上3个特征点，绘制3条水平构造线，如图10-110所示。

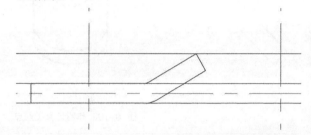

图10-110 绘制投影构造线

02 执行"偏移"命令（O），将左视图的垂直基准线向左右各偏移20；执行"特性匹配"命令（MA），选中轮廓线图层的线型为源对象，选中偏移的基准构造线为目标对象；执行"修剪"命令（TR），修剪左视图的投影构造线，完成左视图基本外形的修剪，如图10-111所示。

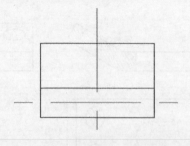

图10-111 修剪图形

Step5 绘制钣金件条形孔特征。

01 执行"偏移"命令（O），将俯视图的垂直基准构造线分别向左右偏移15；执行"圆心、半径"圆

命令（C），选择偏移基准构造线与水平基准线的交点为圆心，绘制两个半径为8的圆形；执行"直线"命令（L），捕捉两圆形的界限点，绘制两条水平直线，结果如图10-112所示。

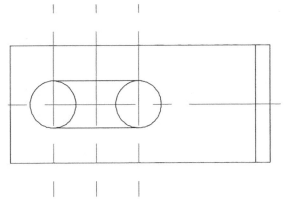

图10-112 绘制圆形与直线

02 执行"修剪"命令（TR），修剪俯视图条形孔轮廓线，如图10-113所示。

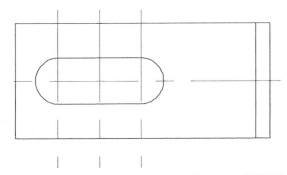

图10-113 修剪图形

03 执行"构造线"命令（XL），捕捉俯视图上两圆弧的界限点，绘制两条垂直构造线，如图10-114所示。

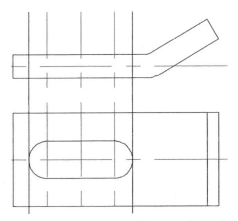

图10-114 绘制投影构造线

04 执行"修剪"命令（TR），修剪主视图上的构

造线，完成条形孔在主视图上投影形状的绘制，如图10-115所示。

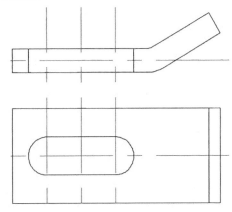

图10-115 修剪图形

Step6 绘制钣金件圆孔特征。

01 执行"偏移"命令（O），将主视图的右侧斜线向左偏移12；执行"特性匹配"命令（MA），选择基准线图层线型为源对象，选择偏移线为目标对象。

02 执行"偏移"命令（O），将上步创建的偏移基准线分别向左右各偏移6；执行"特性匹配"命令（MA），选择轮廓线图层线型为源对象，选择偏移的基准线为目标对象，如图10-116所示。

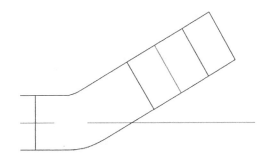

图10-116 特性匹配偏移直线

03 执行"构造线"命令（XL），捕捉主视图上的3个特征点，绘制3条垂直构造线，如图10-117所示。

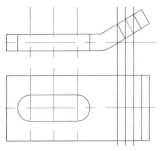

图10-117 绘制投影构造线

231

04 执行"偏移"命令（O），将俯视图水平基准线分别向上偏移10、16；执行"轴、端点"椭圆命令（EL），然后在命令行中输入字母C，按空格键确定；选择偏移距离为10的水平基准线与垂直的构造线的交点为椭圆圆心，再选择另外两个交点为长短半轴的端点，如图10-118所示。

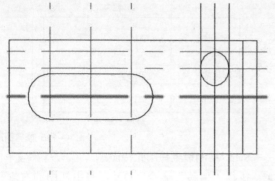

图10-118 绘制椭圆

05 执行"删除"命令（E），删除3条垂直构造线；执行"构造线"命令（XL），捕捉主视图上的两个特征点，绘制两条垂直构造线，如图10-119所示。

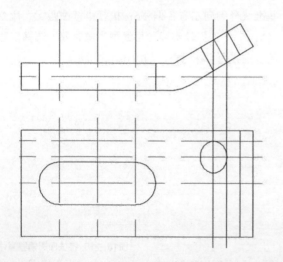

图10-119 绘制投影构造线

06 执行"轴、端点"椭圆命令（EL），然后在命令行中输入字母C，按空格键确定；分别选择构造线的交点为椭圆的圆心与轴端点，绘制如图10-120所示的椭圆。

07 执行"修剪"命令（TR），修剪右侧绘制的椭圆；执行"删除"命令（E），删除投影构造线和基准构造线，如图10-121所示。

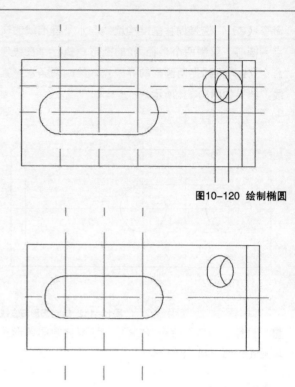

图10-120 绘制椭圆

图10-121 修剪图形

08 执行"镜像"命令（MI），选择俯视图中孔特征所有轮廓线为镜像对象，选择俯视图水平基准线上两点为镜像基点，完成椭圆与椭圆弧的镜像复制，如图10-122所示。

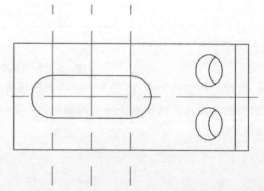

图10-122 镜像图形

Step7 绘制钣金件左视图投影孔特征。

01 执行"复制"命令（CO），在绘图区空白处创建一个俯视图副本；执行"旋转"命令（RO），将俯视图副本旋转90度；执行"构造线"命令（XL），捕捉左视图外形轮廓特征点，绘制一条垂直构造线；执行"移动"命令（M），将复制旋转的俯视图副本移动到构造线上，使其与左视图的外形轮廓对齐，如图10-123所示。

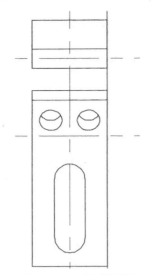

图10-123 对齐视图轮廓

02 执行"构造线"命令（XL），捕捉俯视图副本上椭圆圆心与界限点，绘制两条垂直构造线；捕捉主视图上两特征点，绘制两条水平构造线，如图10-124所示。

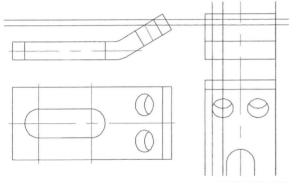

图10-124 绘制投影构造线

03 执行"轴、端点"椭圆命令（EL），在命令行中输入字母C，选择椭圆圆心及长短半轴的端点，绘制如图10-125所示的椭圆图形。

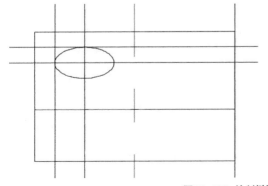

图10-125 绘制椭圆

04 在"图层"工具栏中，选择"虚线"图层；执行"构造线"命令（XL），捕捉俯视图副本上条形孔的两特征点，绘制两条垂直构造线，如图10-126所示。

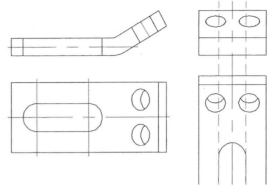

图10-126 绘制投影构造线

05 执行"修剪"命令（TR），将左视图上的构造线进行修剪操作，结果如图10-127所示。

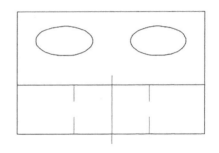

图10-127 修剪图形

Step8 创建剖面线。

01 在"图层"工具栏中，选择"细实线"图层；执行"图案图层"命令（H），选择ANSI31图案，修改填充比例为1，选择如图10-128所示的封闭区域为填充区域。

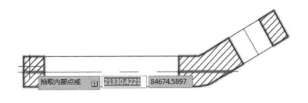

图10-128 添加剖面线

02 执行"修剪"命令（TR），对当前绘图区中的所有基准构造线进行修剪操作；单击状态栏上的 ≡ 按钮，将所有轮廓线的线宽在绘图区域中进行显示，结果10-129所示。

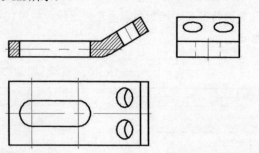

图10-129 显示线宽

10.5 思考与练习

通过本章的介绍与学习，详细介绍了AutoCAD中的机械制图技巧，其包括了AutoCAD样板文件的应用与制作方法、AutoCAD机械制图的一般思路等内容。为对知识进行巩固和考核，布置相应的练习题，使读者进一步灵活掌握本章的知识要点。

10.5.1 传动箱盖

利用图层工具、基础二维绘图与编辑命令，按照"作图顺序法"、"特征投影法"的基本思路，完成传动箱盖零件的视图绘制，如图10-130所示。其基本思路介绍如下。

01 使用A4图框样板文件新建图形文件。

02 按照"作图顺序法"分别绘制出箱盖零件主视图与左视图的基本外形轮廓。

03 按照"特征投影法"分别绘制出箱盖零件在主视图、左视图上的各圆孔特征的结构形状。

04 添加视图剖面线并标注传动箱盖零件的基本结构尺寸。

10.5.2 思考问答

01 AutoCAD样板文件主要包括哪些设置内容？

02 无图框样板文件与标准式样板文件主要有哪些区别？

03 在AutoCAD中设置自动加载样板文件？

04 使用哪种新建AutoCAD图形文件的方式能自动加载系统指定的样板文件？

05 使用AutoCAD进行机械制图时，最重要的制图原则是什么？

06 使用AutoCAD进行机械制图时，有哪些常用的作图思路与技巧？

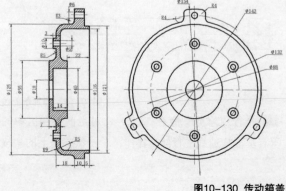

图10-130 传动箱盖

三维建模基础

本章将重点讲解AutoCAD的三维实体基础建模工具，将从三维立体的思维模式来看待相关的图形对象。其内容包括三维实体建模的概述、坐标系统的介绍、视点的设置及观察模式的设置方法。

AutoCAD提供了不同视角和显示图形的设置工具，可以很容易的在不同的用户坐标系和正交坐标系之间切换，从而更方便地绘制和编辑三维实体。

本章学习要点

★ 三维建模概述
★ 三维模型的坐标系统

★ 三维模型的视点设置
★ 三维模型的常用观察模式

本章知识索引

知识名称	作用	重要程度	所在页
三维建模简介	了解AutoCAD三维建模的基本内容、作用以及设计环境	低	P236
坐标系统	掌握工作坐标在AutoCAD三维建模过程中的作用与操作方法	高	P238
视点与观察模式	了解自定义三维空间观察视点的基本内容与设置方法	低	P243

本章实例索引

实例名称	所在页
典型实例：活动钳口	P240
典型实例：观察异形体模型	P247

11.1 三维建模简介

本节知识概要

知识名称	作用	重要程度	所在页
三维建模概述	了解AutoCAD系统中三维建模的基本思路	中	P236
激活三维建模工具	掌握在AutoCAD系统中添加"三维建模"工具的几种常用方法	高	P237

在传统的二维绘图中，表达物体通常使用各种基础投影视图或剖视图，这种方法一般只有具有专业素养的人员才能理解图形中所表达的物体的形态等信息。二维绘图不仅需要分别创建各个视图而且各视图间缺乏关联性，特别是在修改图形方面必须分别对各个视图上的结构特征都进行一一对应的修改。

使用三维实体建模工具则能避免上述问题，不仅能充分的表达物体的形状和特征，而且还能使看图者一目了然的掌握产品的外形形状。

另外，使用三维实体图形能快速生成各种二维视图图形，同时使用三维实体图形还可以快速满足工程分析、工程干涉检查等需求。

11.1.1 三维建模概述

随着计算机技术的普及和运用，三维CAD软件日趋成熟，三维实体造型开始广泛应用于产品设计、机械设计以及模具设计之中。

目前，常用的二维和三维建模软件主要有AutoCAD、CATIA、UG、Pro / Engineer、Solidwork等。上述几种软件中，AutoCAD在三维建模功能方面相对较弱，对形状复杂的物体难以绘制，且精度也较低，不便于用户快速修改。但对于具有AutoCAD二维绘图基础的技术人员来说，AutoCAD三维建模简单易学，容易掌握。

AutoCAD的三维建模工具可以大致分为实体建模、曲面建模和线框网格建模3种类型，系统将根据图形对象的特点分别以不同的方式显示和储存数据。

实体建模：直接使用AutoCAD系统中提供的各种实体造型工具，创建出具有体积容量的实体对象，从而完成三维零件的造型设计，其基本建模思路如图11-1所示。

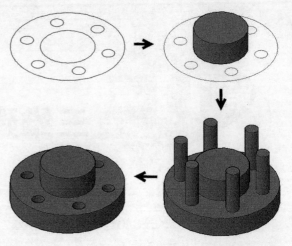

图11-1 实体建模基本思路

曲面建模：针对结构较为复杂的产品，一般需使用曲线曲面的方式进行产品外观造型，最后再将其转换为实体对象，其基本建模思路如图11-2所示。

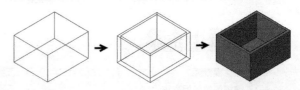

图11-2 曲面建模基本思路

线框网格建模：针对一些辅助性的三维建模，用户可直接使用二维绘图命令创建出三维模型的基本外形结构，其基本建模思路如图11-3所示。

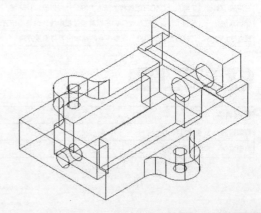

图11-3 线框网格建模

AutoCAD的三维建模工具可以使用户轻松创建出简单的实体、曲面和线型网格对象，从而完成三维对象的构建，其中直接使用实体建模是最常用最快捷的三维建模方式。

另外，使用AutoCAD创建三维实体模型时必须先对模型的结构进行分析。无论三维实体的结构多么复杂，它总是由若干个简单实体所组成。因此，复杂模型的建立过程实际上是不断创建简单实体并将其组合的过程。

11.1.2 激活三维建模工具

使用AutoCAD进行三维建模，需要先添加三维建模工具或进入三维建模的工作环境。使用添加三维建模工具的方式，不仅能保留当前的二维设计工具集，还可以享有主要的三维建模命令。而进入三维建模的设计环境后，将得到所有的三维建模命令。

1. "草图与注释"工作空间建模

在功能区的名称栏处单击鼠标右键，再将鼠标移动到"显示选项卡"命令栏，在弹出的展开菜单中选择"三维工具"命令选项，系统可将"三维工具"选项卡添加到功能区中，如图11-4所示。

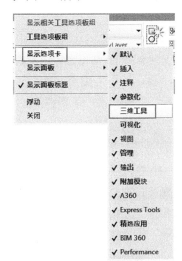

图11-4 添加"三维工具"功能选项卡

在完成"三维工具"命令选项后，再单击该选项卡，系统将进入"三维工具"功能区。在此功能区中，系统提供了最基础的实体建模命令、实体编辑命令、曲面造型命令、基础网格命令，如图11-5所示。

图11-5 "三维工具"功能区

2. "三维建模"工作空间建模

在AutoCAD的工作空间中选择"三维建模"选项，系统将进入完整的三维建模设计环境，如图11-6所示。

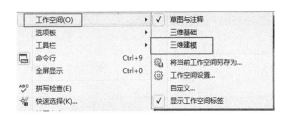

图11-6 切换至"三维建模"工作空间

在完成工作空间的切换后，系统将重新定义当前界面上的功能命令区域。一般将在"常用"功能区域中提供常用的实体建模命令、网格创建命令、实体编辑命令、二维绘图命令以及编辑修改命令，如图11-7所示。

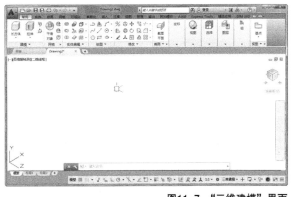

图11-7 "三维建模"界面

单击"实体"功能选项卡，系统将切换至功能更为完整的实体造型工具命令集，其主要包括"图元""实体""布尔值""实体编辑"等功能命令，如图11-8所示。

图11-8 "实体"功能区

单击"曲面"功能选项卡，系统将切换至曲面造型工具命令集，其主要包括曲面的"创建""编辑""控制点""曲线"等功能命令，如图11-9所示。

图11-9 "曲面"功能区

在"网格"功能选项卡中，系统提供了关于三维建模中所有的网格创建工具命令集，其主要包括"图元""网格""网格编辑""转换网格"等功能命令，如图11-10所示。

图11-10 "网格"功能区

11.2 坐标系统

本节知识概要

知识名称	作用	重要程度	所在页
关于右手法则	了解AutoCAD系统中右手法则定义坐标系的基本原则	低	P238
坐标系定义	了解在AutoCAD系统中定义UCS坐标系的基本方法	低	P238
坐标系的创建	掌握在AutoCAD系统中创建坐标系的常用方式与操作技巧	高	P239

在AutoCAD中，坐标系分为世界坐标系(WCS)和用户坐标系(UCS)两种。二维绘图中使用的坐标系都是世界坐标系，其主要使用x和y两个轴坐标。而在三维绘图过程中，为了便于绘制和观察图形，除WCS外用户可以根据需要建立自己的坐标系--用户坐标系(UCS)，这样的坐标系其原点位置和x、y、z轴方向可以任意移动和旋转，甚至可以依赖于图形中某个特定的对象而变化。因此，学会建立用户坐标系将简化三维建模过程，是三维建模的首要操作步骤。

AutoCAD 2016的三维坐标系由3个相交且彼此垂直的坐标轴构成，这3个坐标轴分别称为x轴、y轴和z轴，交点为坐标系的原点，也就是各个坐标轴的坐标零点，如图11-11所示。

以坐标原点为参考对象，沿坐标轴正方向上的点用正的坐标值度量，而沿坐标轴负方向上的点用负的坐标值度量。因此，在AutoCAD的三维空间中，任意一点的位置可以由三维坐标轴上的坐标(x, y, z)唯一确定。

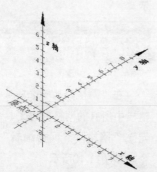

图11-11 AutoCAD三维坐标系

11.2.1 关于右手法则

使用AutoCAD进行三维建模就一定要用到三维坐标系，这是在笛卡尔平面坐标系的基础上产生的能精确定位物体空间位置的一种坐标系统。其主要有左手坐标系和右手坐标系两种类型，原因是当用户在确定了坐标系的x轴与y轴方向后，还需要定义出z轴的方向，而z轴的方向可以分别使用左右手来表达出两个不同的方向。因此，一般就将其称为左右手法则，如图11-12所示。

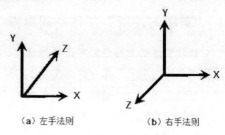

（a）左手法则   （b）右手法则

图11-12 坐标系左右手法则

在AutoCAD设计系统中，将使用右手法则来定义坐标系的z轴正方向以及绕轴线旋转的正方向，其主要包括了"绝对坐标"（x，y，z）和"相对坐标"（@x，y，z）两种形式。

11.2.2 坐标系定义

在使用三维建模工具创建三维实体前，一般需要对AutoCAD系统的坐标系进行相应的设置，其命令的执行方法主要有以下2种。

◇ 菜单栏：工具>命令UCS。
◇ 命令行：UCSMAN或UC。

参数解析

在执行"命名UCS"命令后，系统将弹出"UCS对话框"，如图11-13所示。

图11-13 UCS对话框

■ **"命名UCS"选项卡**：在默认状态下，系统将显示该选项卡中所有内容。在"命名UCS"选项卡中，用户可将当前文件中所有已知的坐标系设置为当前坐标。

■ 置为当前(C)：通过选择列表框中任意一个UCS坐标，再单击"置为当前"按钮，系统将指定的坐标系应用到当前图形文件中。

■ 详细信息(T)：通过单击"详细信息"按钮，用户可查看指定坐标系相对于另一个坐标系的详细信息，如图11-14所示。

图11-14 UCS详细信息

■ **"正交UCS"选项卡**：在此选项卡中用户可将指定的UCS定义为正交模式，其主要是通过选择系统任意一个方位并设定平行距离值（深度值），从而完成坐标系XY平面与用户坐标系原点的距离。关于"正交UCS"选项卡的设置界面，如图11-15所示。

图11-15 "正交UCS"设置界面

■ **"设置"选项卡**：在此选项卡中用户可对当前的UCS图标进行显示与应用范围的设置，如图11-16所示。

图11-16 "设置"设置界面

11.2.3 坐标系的创建（UCS）

使用AutoCAD进行三维建模时，大部分操作将会被系统限制在XY平面内，其常常表现为二维截面的定位只能放置在XY平面上。而在实际的三维建模的过程中，零件的结构相对复杂，常需要在不同的空间平面上创建三维实体。因此，在构建三维实体的操作中常常需要动态调整UCS坐标系，从而满足设计要求创建出精确结构的三维实体对象。

在AutoCAD系统中，用户可在绘图区中任意位置和方向上重新定义出坐标系的原点、x轴、y轴，从而得到一个设计需要的坐标系。

单击菜单栏中的"工具"菜单，选择"新建UCS（W）"命令选项，系统将展开该命令项的所有子命令，如图11-17所示。

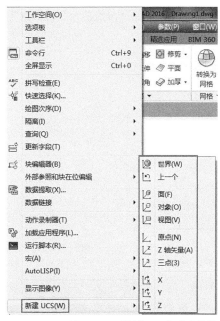

图11-17 "新建UCS"命令菜单

> **注意**
> 在命令行中输入字母UCS，按空格键，系统将快速执行坐标系创建命令。用户可继续在命令行中输入子项命令的字母代码来选择UCS坐标系的创建方式。

参数解析

关于"新建UCS（W）"各子项命令的介绍说明如下。

■ **面（F）**：使用该选项命令，系统将把UCS与已知的三维实体平面进行对齐。在选择实体平面时，系统将加亮显示被放置平面,且UCS的x轴将与放置平面上最近的一边对齐。另外,在完成放置平面的指定后,系统将弹出"输入选项"菜单,其包括了"接受""下一个(N)""X轴反向(X)"和"Y轴反向(Y)"4个调整坐标轴的选项,如图11-18所示。

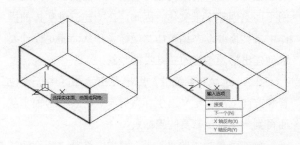

图11-18 使用"面"定义坐标系

- **对象(O)**:使用该选项命令,系统将在指定三维实体对象上选择最近的一个顶点作为坐标系原点,而坐标系的x轴将与十字光标所在的边线重合,如图11-19所示。

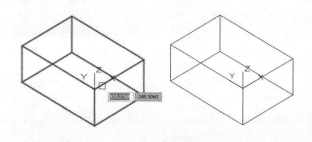

图11-19 使用"对象"定义坐标系

- **视图(V)**:使用该选项命令,系统将以绘图平面的法向平面为xy平面,从而创建出新的坐标系。
- **原点(N)**:使用该选项命令,系统需要指定3个点来定义新坐标系的原点以及两个轴方向。
- **世界(W)**:使用该选项命令,系统将把当前用户坐标系定义为世界坐标系。
- **X、Y、Z**:通过重定义x、y、z轴正半轴,从而改变当前坐标系的方位。

典型实例:活动钳口

实例位置	实例文件>Ch011>活动钳口.dwg
实用指数	★★☆☆☆
技术掌握	熟练掌握坐标系的创建方法与技巧

本实例将以"活动钳口"为讲解对象,主要运用坐标系的基本操作技巧等,最终结果如图11-20所示。

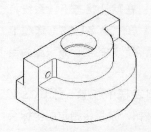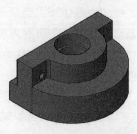

图11-20 活动钳口

> 📖 **思路解析**
>
> 在"活动钳口"的实例操作过程中,将体现坐标系操作在零件造型过程中的辅助作用,主要有以下几个基本步骤。
> (1)新建GB样式的图形文件。
> (2)创建基础拉伸实体。
> (3)创建拉伸凸台实体。使用"面"方式创建坐标系,再完成凸台实体二维截面轮廓的绘制。
> (4)创建槽口特征。
> (5)创建通孔、沉孔特征。使用"原点"方式创建坐标系,再完成孔特征的二维截面曲线的创建。
> (6)创建定位销孔特征。

Step1 新建文件。

01 单击"快速工具栏"中的 按钮,创建一个GB无图框样式的图形文件。

02 在"图层"工具栏中选择"轮廓线"图层。

Step2 创建基础拉伸实体。

01 将绘图视角调整为"俯视"视角。

02 执行"直线"命令(L)和"圆角"命令(F),绘制如图11-21所示的连续封闭轮廓线段。

03 执行"合并"命令(J),将连接的圆弧与直线进行合并操作。

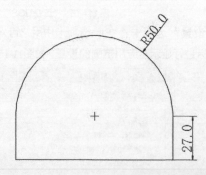

图11-21 绘制圆弧与直线

04 执行"拉伸"命令(EXT),选择合并的轮廓曲线为拉伸实体的截面曲线,指定拉伸距离为27,完成拉伸实体的创建,如图11-22所示。

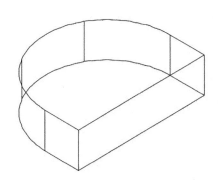

图11-22 拉伸实体

Step3 创建拉伸凸台实体。

01 执行"新建UCS"命令（UCS），在命令行中输入字母F，按空格键，指定使用"面"方式创建坐标系。

02 在系统信息提示下，选择拉伸实体的顶平面为坐标系的放置平面；按空格键，完成坐标系的创建，结果如图11-23所示。

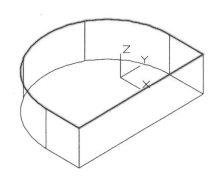

图11-23 创建坐标系

03 将绘图视角调整为"俯视"视角，绘制如图11-24所示的直线与圆弧；执行"合并"命令（J），将绘制圆弧与连接直线进行合并操作。

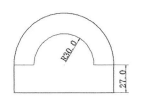
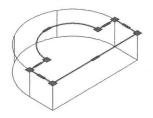

图11-24 绘制圆弧与直线

04 执行"拉伸"命令（EXT），选择合并的轮廓曲线为拉伸实体的截面曲线，指定拉伸距离为19，完成拉伸实体的创建，结果如图11-25所示。

05 执行"并集"命令（UNI），将两个相交的拉伸实体进行合并操作。

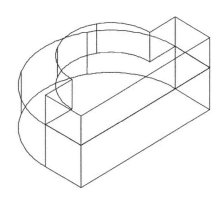

图11-25 拉伸实体

Step4 创建槽口特征。

01 执行"新建UCS"命令（UCS），在命令行中输入字母F，按空格键，指定使用"面"方式创建坐标系。

02 在系统信息提示下，选择三维实体的顶平面为坐标系的放置平面；按空格键，完成坐标系的创建，结果如图11-26所示。

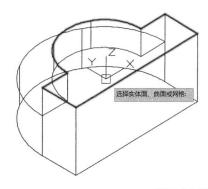

图11-26 创建坐标系

03 将绘图视角调整为"俯视"视角，绘制如图11-27所示的矩形。

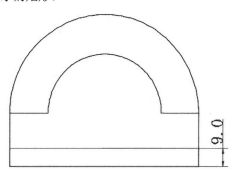

图11-27 绘制矩形

04 执行"拉伸"命令（EXT），选择矩形为拉伸实体的截面曲线，指定拉伸距离为27，完成拉伸实体的创建；执行"差集"命令（SU），分别选择相交的两个拉伸实体为求差对象，完成实体的求差操作，结果如图11-28所示。

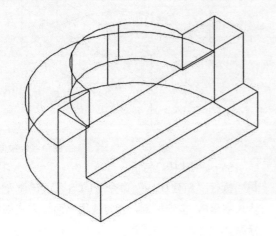

图11-28 实体求差

Step5 创建通孔、沉孔特征。

01 执行"新建UCS"命令（UCS），使用默认的"原点"方式创建坐标系。

02 选择实体顶平面上圆弧边的圆心为新坐标系的原点；按空格键，完成坐标系的创建，结果如图11-29所示。

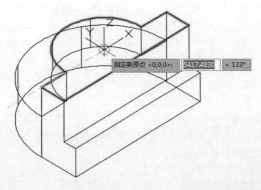

图11-29 创建坐标系

03 执行"圆心、半径"圆命令（C），捕捉圆弧圆心分别绘制直径为28和32的两个圆形，如图11-30所示。

04 执行"拉伸"命令（EXT），选择直径为28的圆形为拉伸实体的截面曲线，指定拉伸距离为50，完成拉伸实体的创建；执行"拉伸"命令（EXT），选择直径为32的圆形为拉伸实体的截面曲线，指定拉伸距离为12，完成拉伸实体的创建。

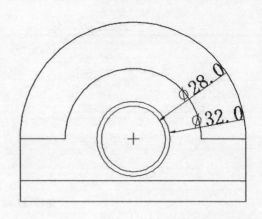

图11-30 绘制圆形

05 执行"差集"命令（SU），分别对3个相交的实体进行求差操作，完成通孔与沉孔特征的创建，结果如图11-31所示。

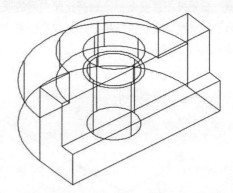

图11-31 实体求差

Step6 创建定位销孔特征。

01 执行"新建UCS"命令（UCS），在命令行中输入字母F，按空格键，指定使用"面"方式创建坐标系。

02 在系统信息提示下，选择三维实体的侧平面为坐标系的放置平面；按空格键，完成坐标系的创建，结果如图11-32所示。

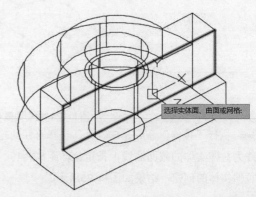

图11-32 创建坐标系

03 将绘图视角调整为"前视"视角，绘制如图11-33所示的两个圆形。

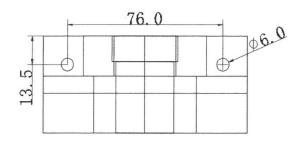

图11-33 绘制圆形

04 执行"拉伸"命令（EXT），选择直径为6的两个圆形为拉伸实体的截面曲线，指定拉伸距离为30，完成拉伸实体的创建。

05 执行"差集"命令（SU），分别对3个相交的实体进行求差操作，完成定位销孔特征的创建，结果如图11-34所示。

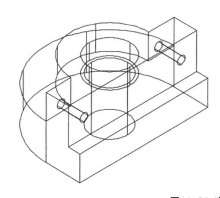

图11-34 实体求差

06 使用"概念"显示模式将活动钳口实体重新着色显示在绘图区中，如图11-35所示。

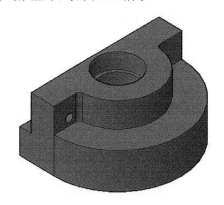

图11-35 "概念"显示实体

11.3 视点与观察模式

本节知识概要

知识名称	作用	重要程度	所在页
预设观察视点	掌握在AutoCAD中设定观察视点的基本方法	高	P243
罗盘视点	了解使用"罗盘"工具观察三维模型的基本思路	中	P244
自由动态观察模型	掌握在AutoCAD中动态观察三维模型的几种常用操作技巧	高	P244
视图控制器	掌握使用"视图控制器"来调整三维模型观察视角的基本方法	高	P245
相机视角	了解使用"相机"工具来观察三维模型局部结构的操作技巧	中	P246
运动路径动画	了解运动路径动画制作的基本流程	低	P246

在使用AutoCAD进行三维建模的过程中，系统一般将提供"前视""后视""左视""右视""俯视""仰视"6个基本视角以及多个轴测视角，用户可使用这些预定的视角对当前三维模型进行观察。如系统提供的标准观察视角不能满足设计工作需要，用户还可以通过"视点预设"命令来设置精确的视图方位。

另外，在AutoCAD系统中还提供了多种三维模型的观察模式，用户可通过使用这些观察模式快速对三维实体的指定结构进行动态观察。

11.3.1 预设观察视点（DDVPOINT）

观察视点是三维图形空间中观察图形对象的方位。在绘制三维实体模型的过程中，用户常需要对三维图形从不同方位进行查看，因此用户可根据需要对各观察视点提前进行设置操作。

"预设视点"命令的执行方法主要有以下两种。

◇ 菜单栏：视图>三维视图>视点预设。

◇ 命令行：DDVPOINT。

参数解析

在执行"视点预设"命令后，系统将弹出"视点预设"对话框，如图11-36所示。

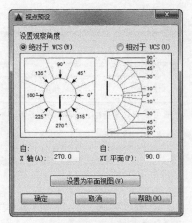

图11-36 "视点预设"对话框

- **绝对于WCS（W）**：勾选此项，系统将以世界坐标系为参考对象设置新的观察视角。

- **相对于 UCS（U）**：勾选此项，系统将以当前用户坐标系为参考对象设置新的观察视角。

- **x轴（A）和xy平面（P）**：用户可通过x轴和xy平面输入相关的观察角度提前预设出用户需要的视角观察点。通过"x轴（A）"参数可设定xy平面上x轴的旋转角度，如设置为270（前视图）、90（后视图）、180（左视图）、0（右视图）。

- **设置为平面视图**：用于设置图形对象的平面视图。

11.3.2 罗盘视点（VPOINT）

在AutoCAD系统中，罗盘是一种能控制观察视角的显示工具，它主要由坐标系轴线架和显示指南针组成，如图11-37所示。

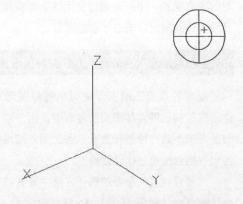

图11-37 轴线架和指南针

用户可通过"罗盘"工具来快速定义三维实体的观察视点，"视点"命令的执行方法主要有以下两种。

◇ 菜单栏：视图>三维视图>视点。

◇ 命令行：VPOINT。

执行"视点"命令系统将激活罗盘工具，用户只需移动十字光标从而重定义坐标系的方位。当完成坐标系的方位调整后，AutoCAD系统将以新的视角在绘图区显示出三维实体对象，如图11-38所示。

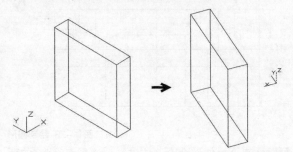

图11-38 使用"罗盘"定义视角

11.3.3 自由动态观察模型（3DO）

自由动态观察图形对象是通过三维动态观察器并利用鼠标来控制三维对象在空间中自由旋转，从而达到用户对三维模型的观察目的。

"自由动态观察"命令的执行方法主要有以下3种。

◇ 菜单栏：视图>动态观察>自由动态观察。

◇ 命令行：3DFORBIT或3DO。

◇ 导航栏：在绘图区右侧的导航栏中单击按钮，如图11-39所示。

图11-39 "自由动态观察"命令按钮

在执行"自由动态观察"命令后，系统将在绘图区中央位置上出现观察球，按住鼠标左键并移动鼠标可对当前三维模型进行自由旋转操作，从而动态观察三维对象，如图11-40所示。

使用"自由动态观察"命令观察三维模型主要有以下几种操作技巧。

环形旋转：将光标移动到环形圈上或圈外，它将变成一个环形的箭头图标（⊙），此时按住鼠标左键并拖动光标，三维模型将绕环形圈中心并法向于绘图平面的假想轴做旋转运动。

任意方位旋转：将光标移动到环形圈内部，它将变成为两条线环绕的小球形状图标（⬚），此时按住鼠标左键并拖动光标，系统将根据鼠标的移动方向来定义旋转方向。

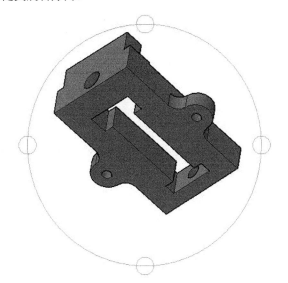

图11-40 动态观察模型

水平旋转：将光标移动到等分环形圈左边或右边的小圆圈上，它将变成为椭圆形状的图标（◎），此时按住鼠标左键并拖动光标，系统将把三维模型做水平方向上的旋转运动。

垂直旋转：将光标移动到等分环形圈顶部或底部的小圆圈上，它将变成为椭圆形状的图标（⊕），此时按住鼠标左键并拖动光标，系统将把三维模型做垂直方向上的旋转移动。

11.3.4 视图控制器（NAVVCUBE）

在AutoCAD设计系统中，一般在绘图区左上角的视图菜单里提供了"俯视""仰视""左视""右视""前视""后视""西南等轴测""东南等轴测""东北等轴测"和"西北等轴测"10个基本视图观察方位，如图11-41所示。

图11-41 预定义视角菜单

同时，在绘图区的右上角系统还提供了"视图控制器"来辅助视图观察方位的设置，如图11-42所示。

图11-42 视图控制器

用户可单击视图控制器的平面来调整视图的方位，其各个平面都一一对应预对应视角菜单中的视图方位。如上（俯视）、下（仰视）、左（左视）、右（右视）等，如图11-43所示。

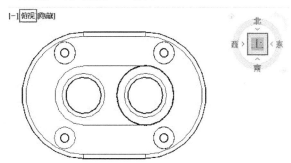

图11-43 视图对应调整

另外，用户还可单击视图控制器的顶角点来定义轴测视图，如图11-44所示。

图11-44 轴测视角显示模型

> **注意**
>
> 在命令行中输入字母NAVVCUBE，按空格键，系统将弹出"输入选项"菜单，如图11-45所示。在此列表中可通过选择"开（ON）"或"关（OFF）"来打开或关闭视图控制器。

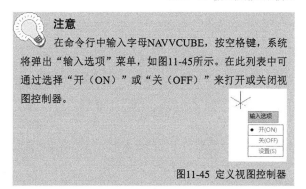

图11-45 定义视图控制器

11.3.5 相机视角（CAMERA）

相机是AutoCAD系统中另一种动态观察三维对象的工具，其特点是相机观察位置相对于三维对象不会发生变化，而使用动态观察三维对象则会移动视角点。

"相机"命令的执行方法主要有下两种。

◇ 菜单栏：视图>创建相机。

◇ 命令行：CAMERA。

操作方法

Step1 输入CAMERA并按空格键，执行"创建相机"命令。

Step2 定义相机观察参数。

01 在系统信息提示下，在绘图区任意位置单击鼠标左键，完成相机位置的指定，如图11-45所示。

图11-45 选择相机放置点

02 移动十字光标调整相机剪裁范围，单击鼠标左键，完成相机目标范围的定义，如图11-46所示。

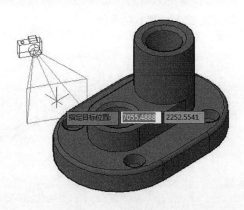

图11-46 定义目标位置

03 在弹出的子项菜单中，选择"高度（H）"，再设置相机的范围高度值，如230；按空格键，完成相机的创建。

Step3 预览相机观察范围。

01 在绘图区中选择相机图标，系统将显示出相机的观察范围并弹出"相机预览"对话框，如图11-47所示。

02 选择相机观察范围上的夹点框，拖动该夹点框可重新调整相机的观察范围。

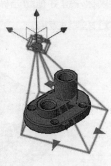

图11-47 预览相机观察范围

参数解析

在完成相机目标位置的定义后，系统将弹出"输入选项"子菜单，如图11-48所示。

图11-48 "输入选项"菜单

■ **位置（LO）**：用于定义当前相机的空间位置。

■ **高度（H）**：用于重定义当前相机的放置高度。

■ **镜头（LE）**：用于定义当前相机的焦距值。

■ **剪裁（C）**：用于设置相机的剪裁平面，从而定义出相机的观察范围。在剪裁范围外的三维对象，将在"相机预览"对话框中被隐藏，如图11-49所示。

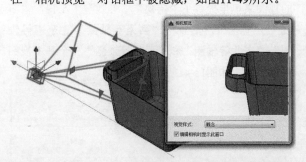

图11-49 定义剪裁范围

11.3.6 运动路径动画（ANIPATH）

使用AutoCAD运动路径动画功能，用户只需设定出三维模型的运动路径，再转换出运动过程中的动画文件就可以预览出三维对象。

"运动路径动画"命令的执行方法主要有以下两种。

◇ 菜单栏：视图>运动路径动画。

◇ 命令行：ANIPATH。

操作方法

Step1 输入ANIPATH并按空格键，执行"运动路径动画"命令，系统将弹出"运动路径动画"对话框，如图11-50所示。

图11-50 "运动路径动画"对话框

Step2 定义运动路径。

01 在"将相机链接至"区域中勾选"路径（A）"，再单击⊕按钮，选择如图11-51所示的空间样条曲线为运动的路径曲线。

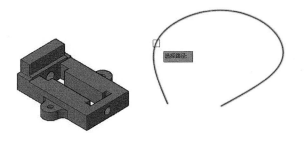

图11-51 选择运动路径曲线

02 在弹出的"路径名称"对话框中，完成当前运动路径名称的定义，如图11-52所示。

图11-52 定义路径名称

Step3 定义运动目标链接点。

01 在"将目标链接至"区域中勾选"点（O）"，再单击⊕按钮，选择三维实体上的一个顶点作为目标

点，如图11-53所示。

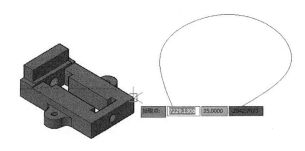

图11-53 选择运动目标点

02 在弹出的"点名称"对话框中，完成当前运动链接点名称的定义，如图11-54所示。

图11-54 定义点名称

Step4 定义动画分辨率。

01 在"格式（R）"列表中选择WMV为当前运动动画的保存格式。

02 在"分辨率（S）"列表中选择800×600，如图11-55所示。

图11-55 定义分辨率

Step5 保存动画文件。

01 单击"运动路径动画"对话框中的 确定 按钮，完成三维对象运动参数的定义。

02 在弹出的"另存为"对话框中选择动画文件的保存路径，单击 保存(S) 按钮，完成动画文件的创建。

典型实例：观察异形体模型

实例位置	实例文件>Ch011>异形体.dwg
实用指数	★★★☆☆
技术掌握	熟练使用多种观察模式来检查三维模型的造型结构

本实例将以"异形体"为讲解对象，主要运用多种三维模型的观察技巧，最终结果如图11-56所示。

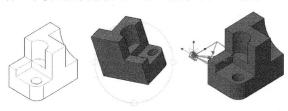

图11-56 异形体模型

思路解析

在"异形体"的实例操作过程中，将体现"视点"观察、"自由动态观察"等操作在零件造型过程中的辅助作用，主要有以下几个基本步骤。

（1）打开已创建的三维实体模型。

（2）使用"视点"模式观察三维模型。

（3）使用"自由动态观察"模式旋转三维模型，以实时的观察模型不同视角结构。

（4）使用"视图控制器"观察三维模型。

（5）使用"相机"观察三维模型，以实时观察模型的局部结构。

Step1 打开三维模型文件。

01 打开"实例文件>Ch11>异形体.dwg"文件。

02 执行"视图>视觉样式>消隐"命令，系统将以不显示隐藏线的方式显示当前实体模型，如图11-57所示。

图11-57 消隐显示模型

Step2 使用"视点"观察模型。

01 执行"视点"命令（VPOINT），进入视点观察模式。

02 在第2象限范围中移动十字光标至指南针内环与外环之间，单击鼠标左键，完成视点的定义，系统将重新显示出三维模型的观察视点，如图11-58所示。

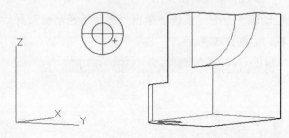

图11-58 使用罗盘观察模型

Step3 自由动态观察模型。

01 执行"视图>视觉样式>概念"命令，系统将以着色的方式显示出三维模型。

02 执行"自由动态观察"命令（3DO），旋转当前三维模型，如图11-59所示。

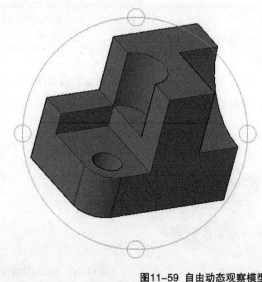

图11-59 自由动态观察模型

Step4 使用"视图控制器"观察模型。

01 单击鼠标右键，选择"退出"命令选项，退出"自由动态观察"模式。

02 在"视图控制器"上单击"上""前""左"平面的顶点，系统将重定义三维模型的观察视点，结果如图11-60所示。

Step5 使用"相机"观察模型。

01 执行"创建相机"命令（CAMERA），完成相机的放置点与目标点的定义，如图11-61所示。

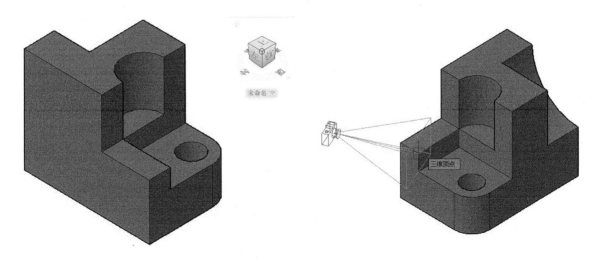

图11-60 使用"视图控制器"观察模型　　　　图11-61 定义相机视角

02 选择绘图区的相机图标，激活"相机预览"对话框；在"视觉样式"列表中选择"概念"选项为实体预览部分的显示样式，如图11-62所示。

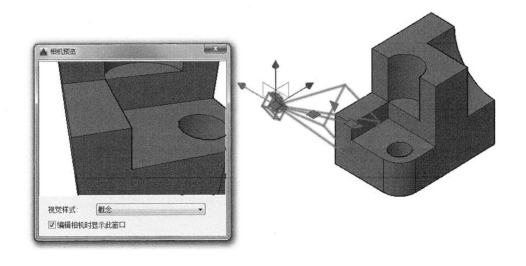

图11-62 相机预览模型

11.4 思考与练习

通过本章的介绍与学习，讲解了AutoCAD 三维建模的基础知识，为对知识进行巩固和考核，布置相应的练习题，使读者进一步灵活掌握本章的知识要点。

11.4.1 使用"相机"观察机械模板

使用"相机"命令对机械模板三维零件进行局部观察，如图11-63所示，其基本思路如下。

01 定义出相机的放置点与观察目标点。

02 拖动相机的坐标轴，移动相机的放置点，从而调整相机的观察视角。

03 在"相机预览"对话框中，选择"概念"方式为预览的显示样式。

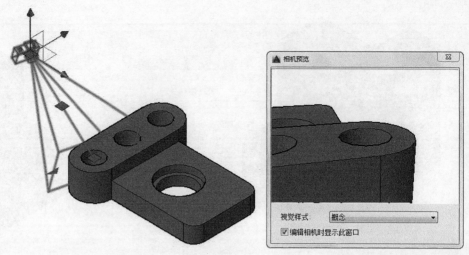

图11-63 相机观察机械模板

11.4.2 思考问答

01 坐标系的创建方式有哪些？

02 三维建模的过程中，系统一般将默认哪个基准平面为绘图的工作平面？

03 AutoCAD默认提供的观察视点有哪些？

04 视图控制器中提供的方向面与系统提供的观察视点有哪些对应关系？

05 使用"自由动态观察"命令来观察三维模型有哪些技巧？

第12章 曲面设计

曲面设计是三维产品造型过程中必不可少的一项设计技巧，而使用AutoCAD来进行三维曲面设计时，其造型思路与其他设计系统有明显的区别。

因此，本章将讲解在AutoCAD中使用"曲面"造型工具来进行产品的三维建模操作，其主要介绍了各种基础曲线、曲面的创建技巧与造型思路。

本章学习要点

★ 掌握一般曲面的创建方法与技巧
★ 掌握偏移面、延伸面的创建技巧
★ 了解过渡面、修补面、曲面圆角的一般创建方法

★ 掌握曲面转换三维实体的几种方式
★ 了解网格面的多种创建方法

本章知识索引

知识名称	作用	重要程度	所在页
一般曲面的创建	掌握多种基础曲面特征的创建技巧与思路	高	P254
衍生型曲面	掌握曲面的编辑、修改的思路与操作方法	高	P260
网格面	了解网格面的多种创建方法	中	P271

本章实例索引

实例名称	所在页
课前引导实例：饮料瓶体	P252
典型实例：手提箱壳体	P258
典型实例：工艺茶壶	P268
典型实例：电话座壳体	P277

12.1 曲面设计概述

在现代工业产品造型设计过程中，各种复杂的曲面造型被广泛应用于产品外形设计，其合理平滑的曲面设计不仅能使产品更为美观，给人带来视觉上的感受，而且还能减少产品的应力作用提高产品的使用寿命。

曲线是构建曲面的几何基础，是整个曲面构建过程中最基础的构建单元。因此，熟练掌握曲线的创建方法是学习AutoCAD曲面设计的前提基础。

曲面也称为片体，它是一种没有厚度的特征。按照数学的定义方式，曲面是由一条曲线沿指定的路径在空间中做连续的运动所产生的轨迹，如图12-1所示的曲线、曲面、三维实体的比较可知三者的外形特征。

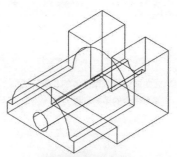

图12-1 曲线、曲面、实体

曲面设计通常应用于一般实体建模不能直接完成的设计目标，如具有流线外形的时尚电子产品、概念汽车、航空航天器、船舶等。因此，曲面设计的意义就是辅助产品的实体建模并最终创建出具有工程指导意义的三维实体数据。

使用AutoCAD设计系统进行产品曲面设计的一般规律和过程如下。

Step1：定义曲面特征的截面轮廓线。

Step2：创建基本曲面单元。

Step3：编辑和修改创建的曲面对象。

Step4：合并各曲面特征将其转换为三维实体对象。

本章将讲解在AutoCAD 2016设计系统中使用各种曲线、曲面造型工具来完成产品三维曲面的外观设计，其主要包括了"一般曲面""衍生曲面"以及"网格面"3种基本曲面类型的介绍。

课前引导实例：饮料瓶体

实例位置	实例文件>Ch12>饮料瓶体.dwg
实用指数	★★☆☆☆
技术掌握	熟练使用基础曲面的创建技巧与曲面转换实体的基本方法

本实例将使用"圆弧"、"直线"、"合并"等二维图形绘制与编辑命令来完成瓶体截面轮廓的创建，再使用"旋转""加厚"等命令来修饰瓶体的细节特征，最终结果如图12-2所示。

图12-2 饮料瓶体

Step1 新建文件。

01 单击"快速工具栏"中的▣按钮，创建一个GB无图框样式的图形文件。

02 在"图层"工具栏中，选择"轮廓线"图层。

Step2 创建基础旋转曲面。

01 将绘图视角调整为"前视"视角。

02 执行"直线"命令（L）与"圆弧"命令（A），分别绘制一条垂直基准直线与连续的多段线，如图12-3所示。

03 执行"合并"命令（J），将连续的直线段与圆弧曲线进行合并操作。

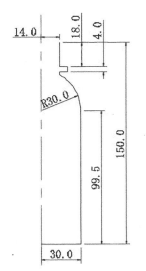

图12-3 绘制轮廓曲线

04 执行"旋转"命令（REV），选择合并的曲线为旋转曲面的截面轮廓曲线，如图12-4所示。

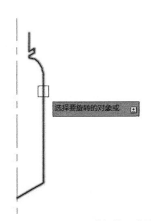

图12-4 选择截面曲线

05 在命令行中输入字母MO，按空格键，系统将弹出"闭合轮廓创建模式"选项列表；在列表中选择"曲面（SU）"选项为旋转特征的创建模式，如图12-5所示。

06 在系统信息提示下，分别选择垂直中心线的两个端点为旋转轴的起点、终点，如图12-6所示。

07 在命令行中输入数字360，按空格键，完成旋转角度的定义，系统将创建出旋转曲面特征，如图12-7所示。

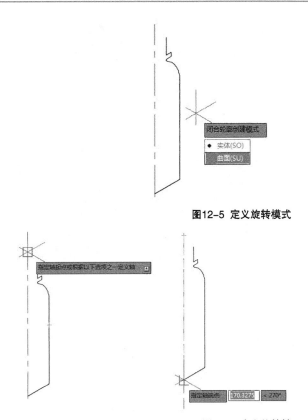

图12-5 定义旋转模式

图12-6 定义旋转轴

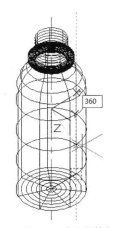

图12-7 定义旋转角度

Step3 曲面圆角。

01 执行"圆角边"命令（FILLETEDGE），设置圆角半径为8，选择旋转曲面的底部边线为圆角对象；按空格键，完成曲面边线的圆角操作，结果如图12-8所示。

02 执行"圆角边"命令（FILLETEDGE），设置圆角半径为1，选择旋转曲面顶部的两条棱角边线为圆角对象；按空格键，完成曲面边线的圆角操作，结果如图12-9所示。

图12-8 曲面圆角

图12-9 曲面圆角

Step4 转换三维实体。

01 执行"加厚"命令（TH），选择瓶体曲面为加厚曲面；在命令行中输入数字2，指定曲面的加厚尺寸，如图12-10所示。

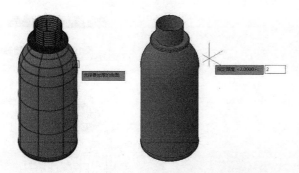

图12-10 定义加厚曲面

02 按空格键，完成加厚曲面的定义，系统将把曲面特征转换为三维实体对象，结果如图12-11所示。

图12-11 转换三维实体

12.2 一般曲面的创建

本节知识概要

知识名称	作用	重要程度	所在页
转换曲面	了解曲线、三维实体转换为曲面对象的基本方法	低	P254
拉伸曲面	掌握使用"拉伸"命令创建曲面特征的基本思路	高	P255
旋转曲面	掌握创建旋转曲面的基本流程与方法	高	P256
扫掠曲面	了解创建一般扫掠曲面的基本要素	中	P256
放样曲面	了解放样曲面的基本特点与创建方法	中	P257

在AutoCAD的三维建模工具中，"拉伸""旋转""扫掠"与"放样"命令是最为常用的造型工具，其不仅能创建出三维实体对象，且能通过模式的重定义创建出三维曲面对象。

本节将以"三维建模"工作空间的"曲面"工具界面为基本界面进行介绍，如图12-12所示。

图12-12 "曲面"工具区域

12.2.1 转换曲面（CONVTOSU）

在使用AutoCAD创建曲面特征的过程中，使用转换方式是最快捷方便的一种操作技巧，其主要是通过将封闭的曲线或三维实体对象直接转换为片体曲面特征。

"转换曲面"命令的执行方法主要有以下2种。

◇ 菜单栏：修改>三维操作>转换为曲面。

◇ 命令行：CONVTOSURFACE或CONVTOSU。

操作方法

Step1 输入CONVTOSU并按空格键，执行"转换为曲面"命令，如图12-13所示。

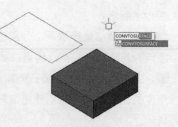

图12-13 执行"转换为曲面"命令

Step2 定义曲面转换。

01 在系统信息提示下，选择封闭的矩形曲线为曲面转换对象。

02 继续选择三维长方体为曲面的转换对象，如图12-14所示。

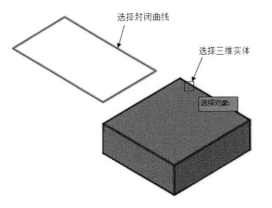

选择封闭曲线

选择三维实体

选择对象：

图12-14 定义转换对象

03 按空格键，完成曲面对象的指定，系统将完成曲面的创建，结果如图12-15所示。

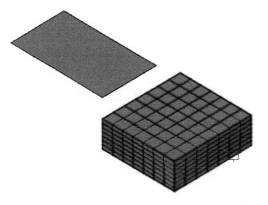

图12-15 完成曲面转换

注意

当选择的转换对象为曲线时，该曲线必须是一个已合并为独立几何特征。

12.2.2 拉伸曲面（EXT）

拉伸曲面是将已创建的曲线特征沿指定的方向进行延伸操作，从而创建出空间曲面特征，其创建方法与拉伸实体的创建方法一致。

"拉伸"命令的执行方法主要有以下3种。

◇ 菜单栏：绘图>建模>拉伸。

◇ 命令行：EXTRUDE或EXT。

◇ 功能区：单击"建模"命令区域中的▧按钮。

操作方法

Step1 输入EXT并按空格键，执行"拉伸"命令，如图12-16所示。

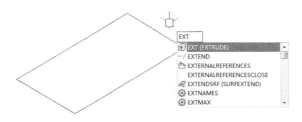

图12-16 执行"拉伸"命令

Step2 定义拉伸模式。

01 在命令行中输入字母MO，按空格键，系统将弹出"闭合轮廓创建模式"列表。

02 选择"曲面（SU）"为当前拉伸命令的创建模式，如图12-17所示。

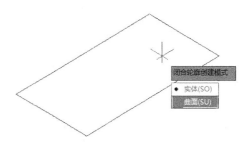

图12-17 定义拉伸模式

注意

当选择的截面曲线为开发式曲线时，系统将自动默认为曲面创建模式。

Step3 定义拉伸曲面。

01 在系统信息提示下，选择封闭的矩形曲线为拉伸曲面的截面轮廓曲线。

02 按空格键，完成截面曲线的指定；移动十字光标，指定拉伸方向；在命令行中输入数字，如50，按空格键完成拉伸曲面高度的指定，系统将创建出曲面对象，结果如图12-18所示。

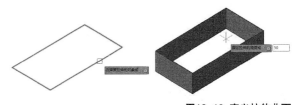

图12-18 定义拉伸曲面

12.2.3 旋转曲面（REV）

旋转曲面是通过指定轮廓曲线并让其绕旋转轴做一定角度的圆周运动，从而创建出曲面特征。

"旋转"命令的执行方法主要有以下3种。

◇ 菜单栏：绘图>建模>旋转。

◇ 命令行：REVOLVE或REV。

◇ 功能区：单击"建模"命令区域中的■按钮。

操作方法

Step1 输入REV并按空格键，执行"旋转"命令，如图12-19所示。

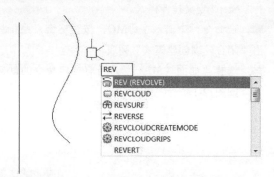

图12-19 执行"旋转"命令

Step2 定义旋转曲面。

01 在命令行中输入字母MO，按空格键，系统将弹出"闭合轮廓创建模式"列表。

02 择"曲面（SU）"为当前旋转命令的创建模式。

03 在系统信息的提示下，选择右侧的样条曲线为旋转对象，如图12-20所示；按空格键，完成旋转曲面截面轮廓曲线的指定。

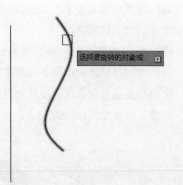

图12-20 定义旋转对象

04 分别选择直线的两个端点为旋转轴的起点与终点，如图12-21所示；按空格键，完成旋转轴的指定。

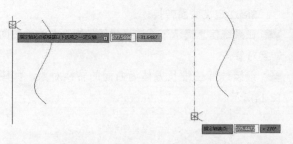

图12-21 定义旋转轴

> **注意**
> 旋转对象曲线与旋转轴需保持在同一假想平面内，否则将不能创建旋转特征。

05 移动十字光标，在命令行中输入数字，如200，如图12-22所示；按空格键完成旋转角度的指定，系统将创建出指定旋转角度的曲面对象。

图12-22 定义旋转角度

12.2.4 扫掠曲面（SWE）

扫掠曲面是将轮廓曲线沿一条指定的引导曲线进行移动，从而创建出曲面特征，其创建方法与扫描实体的创建方法基本一致。

"扫掠"命令的执行方法主要有以下3种。

◇ 菜单栏：绘图>建模>扫掠。

◇ 命令行：SWEEP或SWE。

◇ 功能区：单击"建模"命令区域中的■按钮。

操作方法

Step1 输入SWE并按空格键，执行"扫掠"命令。

Step2 定义扫掠曲面。

01 在命令行中输入字母MO，按空格键，系统将弹出"闭合轮廓创建模式"列表。

02 选择"曲面（SU）"为当前扫掠命令的创建模

式，如图12-23所示。

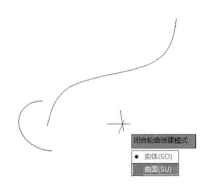

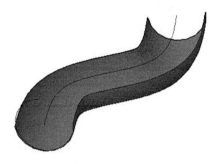

图12-26 完成扫掠曲面创建

图12-23 定义扫掠模式

03 在系统信息提示下，选择圆弧曲线为扫掠的对象图形，如图12-24所示；按空格键，完成截面轮廓曲线的指定。

12.2.5 放样曲面（LOFT）

放样曲面是将已知的多个截面轮廓曲线用一条平滑曲线进行过渡连接，从而创建出一个具有轮廓变化的曲面特征。

"放样"命令的执行方法主要有以下3种。

◇ 菜单栏：绘图>建模>放样。

◇ 命令行：LOFT。

◇ 功能区：单击"建模"命令区域中的 按钮。

操作方法

Step1 输入LOFT并按空格键，执行"放样"命令。

Step2 定义放样曲面。

01 在命令行中输入字母MO，按空格键，系统将弹出"闭合轮廓创建模式"列表。

02 选择"曲面（SU）"为当前放样命令的创建模式，如图12-27所示。

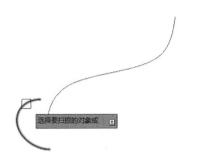

图12-24 定义扫掠对象

04 选择样条曲线为扫掠曲面的路径曲线，如图12-25所示。

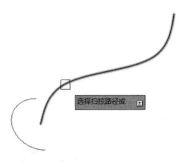

图11-25 定义扫掠路径

 注意
扫掠对象曲线与扫掠路径曲线不能在同一空间平面内，否则将不能正确创建出扫掠特征。

05 按空格键，完成扫掠曲面的定义，系统将创建出曲面特征，如图12-26所示。

图12-27 定义放样模式

03 在系统信息提示下，选择最下方的圆弧曲线为放样曲面的第1个截面曲线，选择中间的圆弧曲线为放样曲面的第2个截面曲线，选择顶部的圆弧曲线为放样曲面的第3个截面曲线，系统将预览出曲面特征，如图12-28所示。

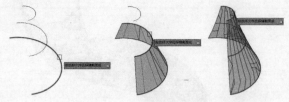

图12-28 定义放样截面曲线

04 按空格键，完成放样曲面截面曲线的指定，系统将弹出"输入选项"列表，如图12-29所示；选择"仅横截面"选项为放样曲面的定义方式，按空格键，系统将完成曲面特征的创建。

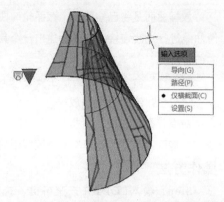

图12-29 完成放样曲面创建

典型实例：手提箱壳体

实例位置	实例文件>Ch012>手提箱壳体.dwg
实用指数	★★★★★
技术掌握	熟练AutoCAD曲面造型的基本思路与技巧

本实例将以"手提箱壳体"为讲解对象，主要运用"拉伸曲面""修剪曲面"以及三维编辑操作工具来完成零件实体的造型设计，最终结果如图12-30所示。

图12-30 手提箱壳体

思路解析

在"手提箱壳体"的实例操作过程中，将体现一般曲面设计在整个产品三维造型过程中的辅助作用，主要有以下几个基本步骤。

（1）新建GB样式的图形文件。

（2）创建基础拉伸曲面。使用"拉伸"命令创建出零件实体的基本轮廓外形。

（3）创建转换曲面。

（4）创建曲面圆角。使用"圆角边"命令对合并的曲面棱角边线进行圆角处理。

（5）创建拉伸曲面。使用"拉伸"命令创建出手提箱壳体把手特征的基本曲面外形。

（6）修剪曲面。使用"修剪"命令创建出手提箱壳体的外形轮廓。

（7）转换三维实体。使用"加厚"命令将曲面特征转换为具有体积的三维实体。

Step1 新建文件。

01 单击"快速工具栏"中的▣按钮，创建一个GB无图框样式的图形文件。

02 在"图层"工具栏中选择"轮廓线"图层。

Step2 创建基础拉伸曲面。

01 将绘图视角调整为"俯视"视角。

02 绘制如图12-31所示的直线与圆弧曲线，执行"合并"命令（J），将连接的直线与圆弧进行合并操作。

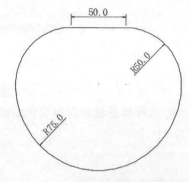

图12-31 绘制直线与圆弧

03 执行"拉伸"命令（EXT），选择合并的轮廓曲线为拉伸曲面的截面曲线，设置拉伸模式为"曲面（SU）"，指定拉伸距离为30，按空格键，完成拉伸曲面的创建，结果如图12-32所示。

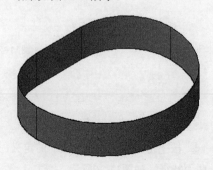

图12-32 拉伸曲面

Step3 创建转换曲面。

01 执行"转换曲面"命令（CONVTOSU），选择合并的轮廓曲线为转换对象，按空格键，完成转换曲面的创建，如图12-33所示。

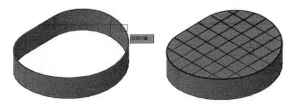

图12-33 转换曲面

02 执行"合并"命令（J），将拉伸曲面与转换曲面进行合并操作，结果如图12-34所示。

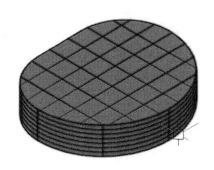

图12-34 合并曲面

Step4 曲面圆角。

执行"圆角边"命令（FILLETEDGE），设置圆角半径为12，选择合并曲面底部棱角边线为圆角对象；按空格键，完成曲面边线的圆角操作，如图12-35所示。

图12-35 曲面圆角

Step5 创建拉伸曲面。

01 将绘图视角调整为"仰视"视角。

02 绘制如图12-36所示的直线与圆弧曲线，执行"合并"命令（J），将连接的直线与圆弧进行合并操作。

03 执行"拉伸"命令（EXT），选择合并的轮廓曲线为拉伸曲面的截面曲线，设置拉伸模式为"曲面（SU）"，指定拉伸距离为15，按空格键，完成拉伸曲面的创建，如图12-37所示。

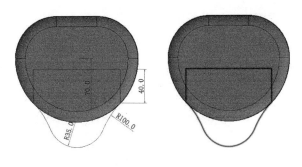

图12-36 绘制直线与圆弧

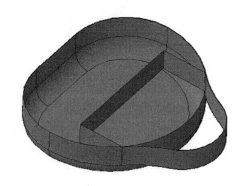

图12-37 拉伸曲面

04 执行"转换曲面"命令（CONVTOSU），选择合并的轮廓曲线为转换对象，按空格键，完成转换曲面的创建，如图12-38所示。

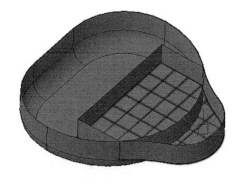

图12-38 转换曲面

Step6 修剪曲面。

01 执行"曲面修剪"命令（SURFT），分别使用3个相交的曲面为修剪参考对象对曲面进行修剪删除操作，结果如图12-39所示。

02 将绘图视角调整为"仰视"视角，绘制如图12-40所示的圆弧封闭轮廓曲线。

03 执行"拉伸"命令（EXT），选择合并的轮廓曲线为拉伸曲面的截面曲线，设置拉伸模式为"曲面（SU）"，指定拉伸距离为10，按空格键，完成拉伸曲面的创建，如图12-41所示。

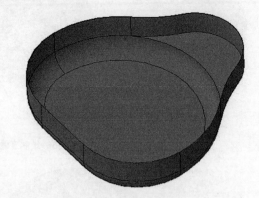

图12-39 修剪曲面

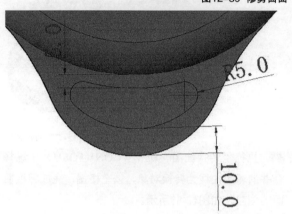

图12-40 绘制封闭圆弧曲线

图12-42 修剪曲面

图12-43 曲面圆角

Step8 转换三维实体。

执行"加厚"命令（TH），选择手提箱壳体曲面为加厚对象，指定加厚距离为1.5，按空格键，完成三维实体对象的转换，结果如图12-44所示。

图12-44 转换三维实体

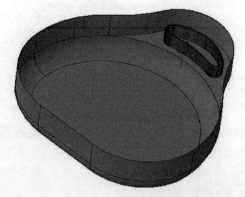

图12-41 拉伸曲面

04 执行"曲面修剪"命令（SURFT），分别使用两个相交的曲面为修剪参考对象对曲面进行修剪删除操作，结果如图12-42所示。

Step7 曲面圆角。

执行"圆角边"命令（FILLETEDGE），设置圆角半径为1.5，选择曲面底部棱角边线、封闭圆弧边线为圆角对象；按空格键，完成曲面边线的圆角操作，如图12-43所示。

12.3 衍生型曲面

本节知识概要

知识名称	作用	重要程度	所在页
过渡面	了解在两个独立曲面之间创建过渡连接面的基本方法与设置	中	P261
修补面	了解快速修补破口曲面的基本思路与操作方法	低	P262

偏移面	掌握创建与源对象空间平行偏移曲面的基本方法	中	P262
曲面圆角	了解在两个独立曲面之间创建相切圆角曲面的基本技巧	低	P264
延伸面	掌握曲面延伸的基本方法与创建类型设置技巧	高	P264
曲面修剪	掌握相交曲面的修剪思路与技巧	高	P265
平面曲面	了解平整曲面的基本概念与创建方法	低	P266
加厚曲面	掌握使用"加厚"曲面的方式来完成三维实体对象的转换	高	P266
曲面造型	了解封闭相交曲面快速修剪、转换三维实体的基本方法	中	P267
网络曲面	掌握使用交叉网络曲线创建空间三维曲面的基本概念与技巧	高	P268

在使用AutoCAD曲面造型设计过程中，一般常需要对已知的曲面对象进行相关的修改和编辑操作，从而达到最终的设计目的。

针对已知曲面的编辑操作，系统又提供了一系列的曲面衍生工具，如"过渡面""偏移面""延伸面""曲面修剪""平面曲面""网络曲面"等。用户通过灵活的运用这些造型编辑工具，可设计出更为复杂的内部结构，表面更为平滑的流线外形。因此，掌握本节所述的曲面造型工具对于整个产品曲面造型具有决定性的作用。

12.3.1 过渡面（SURFB）

过渡面是在两个独立曲面之间通过设定相关参数，从而创建出能连接两个独立曲面的过渡性曲面特征。

"过渡面"命令的执行方法主要有以下几3种。

◇ 菜单栏：绘图>建模>曲面>过渡。

◇ 命令行：SURFBLEND或SURFB。

◇ 功能区：单击"曲面"命令区域中的 过渡 按钮。

操作方法

Step1 输入SURFB并按空格键，执行"过渡面"命令。

Step2 定义过渡面参考对象。

01 在系统信息提示下，选择上侧曲面的一条边线；按空格键，完成过渡曲面第1个参考边线的指定。

02 在系统信息提示下，继续选择下侧曲面的一条边线；按空格键，完成过渡曲面第2个参考边线的指定，如图12-45所示。

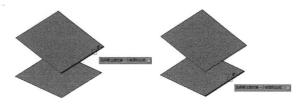

图12-45 选择参考边线

Step3 定义过渡面平滑参数。

01 在弹出的子项菜单中，选择"连续性（CON）"，如图12-46所示。

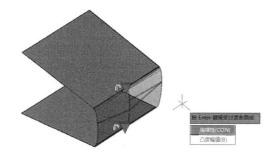

图12-46 选择过渡方式

02 分别设置两条曲面边线的连续性为G1，如图12-47所示。

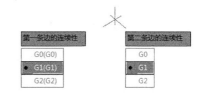

图12-47 定义过渡面连续性

> **注意**
>
> 在激活"连续性（CON）"选项命令后，系统提供了G0、G1、G23种曲面连接方式。其中，G0为点连续，其能保证几何对象成无缝连接状态；G1为相切连续，是使曲面之间成相切关系的一种连接状态；G2为曲率连续，是使曲面之间成曲率变化连接状态。
>
> 一般在三维实体的造型过程中，都将使用G1方式为曲面连接的最佳方式。

03 在完成边线连续性设定后，按空格键，完成过渡曲面的创建，结果如图12-48所示。

图12-48 完成过渡面创建

12.3.2 修补面（SURFP）

针对曲面的开放边界，在AutoCAD设计中系统提供了曲面修补工具，其主要是通过选择曲面上的一组封闭曲线或边线区域，从而创建出具有区域边界的曲面特征。

"修补面"命令的执行方法主要有以下3种。

◇ 菜单栏：绘图>建模>曲面>修补。

◇ 命令行：SURFPATCH或SURFP。

◇ 功能区：单击"曲面"命令区域中的 🔒 修补 按钮。

操作方法

Step1 输入SURFP并按空格键，执行"修补面"命令。

Step2 定义修补面。

01 在系统信息提示下，选择曲面上的一条封闭轮廓边线，如图12-49所示。

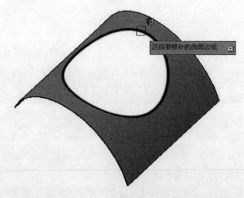

图12-49 选择修补曲面边线

02 按空格键，完成修补曲面边线的指定，系统将弹出子项设置菜单；选择"连续性（CON）"为修补曲

面的连接类型，如图12-50所示。

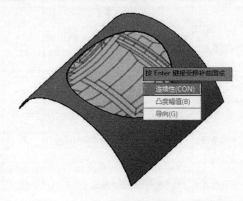

图12-50 定义修补曲面连接类型

03 在弹出的"修补曲面连续性"菜单中，选择G1选项为曲面的连接方式，如图12-51所示。

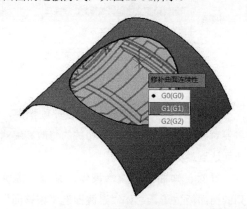

图12-51 定义曲面连接方式

04 在完成曲面连续性设定后，按空格键，完成修补曲面的创建，结果如图12-52所示。

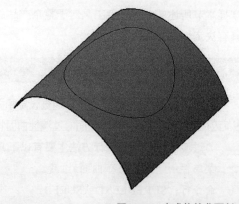

图12-52 完成修补曲面创建

12.3.3 偏移面（SURFO）

偏移曲面是通过选定已创建的曲面特征并设置偏移的相关参数，从而创建出与源对象曲面具有空间平

行关系的新曲面特征。

"偏移面"命令的执行方法主要有以下3种。

◇ 菜单栏：绘图>建模>曲面>偏移。

◇ 命令行：SURFOFFSET或SURFO。

◇ 功能区：单击"曲面"命令区域中的 ◎偏移 按钮。

操作方法

Step1 输入SURFO并按空格键，执行"偏移面"命令。

Step2 定义偏移面。

01 在系统信息提示下，选择已知的曲面为偏移的源对象曲面，如图12-53所示；按空格键，完成偏移对象的指定。

图12-53 选择源对象曲面

02 在命令行中输入数字80，如图12-54所示。

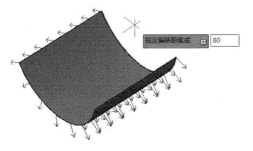

图12-54 指定偏移距离

注意

当输入的数字为正值时，系统将按照箭头的方向进行距离偏移；当输入的数字为负值时，系统将按照箭头的反方向进行距离偏移。

03 按空格键，完成偏移距离的指定，系统将创建出偏移曲面特征，如图12-55所示。

参数解析

在创建偏移曲面的过程中，命令行中将出现相关的提示信息，如图12-56所示。

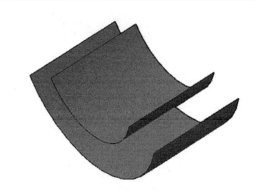

图12-55 完成偏移曲面创建

图12-56 命令行提示信息

- **指定偏移距离**：用于提示用户指定源对象曲面与新偏移曲面在垂直方向上的距离值。

- **翻转方向（F）**：在命令行中输入字母F，按空格键，可调整箭头的指向，从而改变系统默认的偏移方向，如图12-57所示。

图12-57 调整箭头方向

- **两侧（B）**：在命令行中输入字母B，按空格键，可在源对象曲面的两侧同时创建偏移曲面，如图12-58所示。

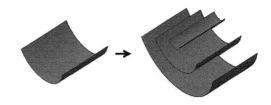

图12-58 两侧偏移曲面

- **实体（S）**：在命令行中输入字母S，按空格键，可将源对象曲面与偏移曲面进行封闭操作并转换为三维实体模型，如图12-59所示。

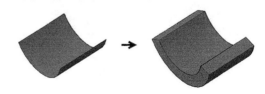

图12-59 实体偏移

12.3.4 曲面圆角（SURFF）

曲面圆角是在曲面设计中常用的造型工具命令，曲面圆角不仅能使产品更为美观，更能减少产品在转角处的内部应力的作用。

在AutoCAD三维建模环境中，曲面圆角是在两个独立曲面对象之间创建一个相切曲面的操作，其特点是具有固定半径轮廓且能自动修剪源对象曲面，从而精确连接圆角曲面的边线。

"偏移面"命令的执行方法主要有以下3种。

◇ 菜单栏：绘图>建模>曲面>圆角。

◇ 命令行：SURFFILLET或SURFF。

◇ 功能区：单击"曲面"命令区域中的 圆角 按钮。

操作方法

Step1 输入SURFF并按空格键，执行"圆角"命令。

Step2 定义圆角对象。

01 在系统信息提示下，选择一个已知的曲面特征为第1个圆角化曲面对象。

02 选择与第1个圆角化曲面相交的曲面为第2个圆角化曲面对象，如图12-60所示。

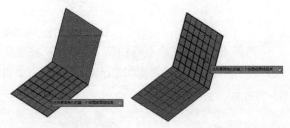

图12-60 定义圆角对象

Step2 定义圆角半径。

01 按空格键，完成圆角曲面的指定；在弹出的子菜单中选择"半径（R）"选项。

02 在命令行中输入数字200，如图12-61所示；按空格键，完成圆角半径的指定。

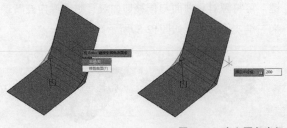

图12-61 定义圆角半径

Step3 定义圆角修剪参数。

01 在弹出的子菜单中选择"修剪曲面（T）"选项。

02 在"自动根据圆角边修剪曲面"菜单中选择"是（Y）"选项，完成曲面修剪模式设置，如图12-62所示。

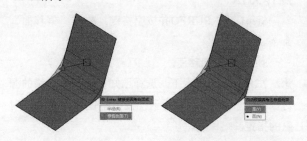

图12-62 定义曲面修剪模式

03 按空格键，完成所有参数的定义，系统将完成曲面圆角的操作，结果如图12-63所示。

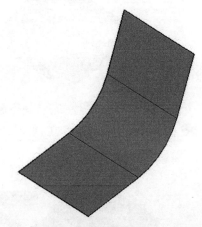

图12-63 完成圆角曲面创建

13.3.5 延伸面（SURFE）

曲面延伸是将已知的曲面对象按照指定的方向或参考对象进行延伸操作，从而得到一个新的独立曲面特征。

"延伸面"命令的执行方法主要有以下3种。

◇ 菜单栏：修改>曲面编辑>延伸。

◇ 命令行：SURFEXTEND或SURFE。

◇ 功能区：单击"曲面"命令区域中的 延伸 按钮。

操作方法

Step1 输入SURFE并按空格键，执行"延伸"命令。

Step2 定义延伸参数。

01 在系统信息提示下，选择曲面对象的3条边线，如图12-64所示；按空格键，完成曲面延伸边线的定义。

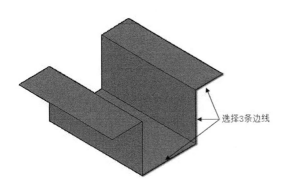

选择3条边线

图12-64 定义延伸边线

02 移动十字光标，指定曲面延伸方向；在命令行中输入数字70，以指定曲面的延伸距离，如图12-65所示。

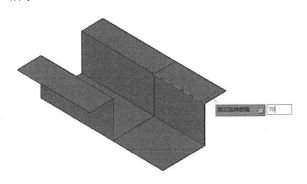

指定延伸距离 70

图12-65 定义延伸距离

03 按空格键，完成曲面的延伸操作，系统将按指定的方向进行距离延伸，结果如图12-66所示。

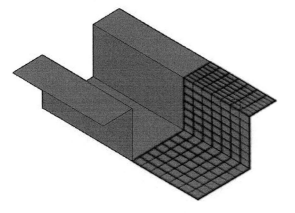

图12-66 完成曲面延伸

参数解析

在曲面延伸的过程中，命令行中将出现相关的提示信息，如图12-67所示。

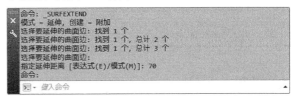

图12-67 命令行提示信息

- **模式（M）**：在命令行中输入字母M，按空格键，可重定义当前延伸操作的预定义模式，其主要包括了"延伸模式"和"创建类型"两种定义模式，如图12-68所示。

图12-68 模式设置

- **延伸模式**：在激活"延伸模式"后，系统将提供"延伸（E）"和"拉伸（S）"两个基本选项。
- **创建类型**：在完成"延伸模式"的定义后，系统将弹出"创建类型"菜单，其主要有"合并（M）"和"附加（A）"两个基本选项。一般系统将默认使用"附加（A）"选项为延伸的基本类型，其主要特点是将新延伸的曲面对象作为独立的几何图元进行创建，而使用"合并（M）"选项则会将新延伸的曲面对象与源对象曲面进行合并操作，如图12-69所示。

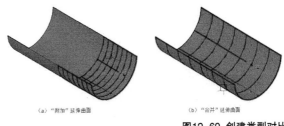

(a)"附加"延伸曲面　　(b)"合并"延伸曲面

图12-69 创建类型对比

12.3.6 曲面修剪（SURFT）

曲面修剪命令是将两个相交的曲面对象进行修剪操作，从而修剪删除某一曲面的指定部分以达到设计目标。

"曲面修剪"命令的执行方法主要有以下3种。

◇ 菜单栏：修改>曲面编辑>修剪。

◇ 命令行：SURFTRIM或SURFT。

◇ 功能区：单击"曲面"命令区域中的 [图 修剪▾] 按钮。

操作方法

Step1 输入SURFT并按空格键，执行"修剪"命令。

Step2 定义修剪对象。

01 在系统信息提示下，选择圆弧曲面为需要修剪的曲面对象，如图12-70所示；按空格键，完成修剪曲面的指定。

图12-70 选择修剪曲面

02 选择与修剪曲面相交的另一曲面为参考修剪面，如图12-71所示；按空格键，完成参考修剪曲面的指定。

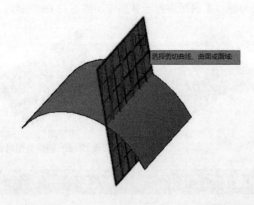

图12-71 选择修剪参考对象

03 在系统信息提示下，选择修剪曲面的右侧为修剪区域，系统将把此区域进行修剪删除操作，结果如图12-72所示。

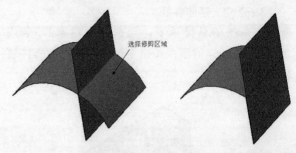

图12-72 定义修剪区域

12.3.7 平面曲面（PLANE）

平面曲面是在系统的xy平面内通过指定两个角顶点，从而创建出一个平整的矩形片体特征。

"平面曲面"命令的执行方法主要有以下3种。

◇ 菜单栏：建模>建模>曲面>平面。

◇ 命令行：PALNESURF或PLANE。

◇ 功能区：单击"曲面"命令区域中的 [◇ 平面] 按钮。

操作方法

Step1 输入PLANE并按空格键，执行"平面"命令。

Step2 定义平面曲面。

01 在系统信息提示下，选择绘图区中任意一个特征点为平面曲面的第1个角顶点。

02 移动十字光标，选择绘图区中另一个特征点为平面曲面的第2个角顶点，系统将完成平面曲面的创建，如图12-73所示。

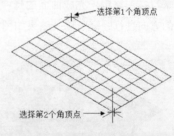

图12-73 定义平面曲面

12.3.8 加厚曲面（TH）

加厚曲面是通过将指定的曲面特征按照指定的方向进行偏移操作，从而将曲面特征转换为三维实体对象。

"加厚曲面"命令的执行方法主要有以下3种。

◇ 菜单栏：修改>三维操作>加厚。

◇ 命令行：THICKEN或TH。

◇ 功能区：单击"曲面"命令区域中的 ◇平面 按钮。

操作方法

Step1 输入TH并按空格键，执行"加厚"命令。

Step2 定义加厚曲面参数。

01 在系统信息提示下，选择绘图区域中已知的曲面特征为加厚对象，如图12-74所示；按空格键，完成加厚曲面的指定。

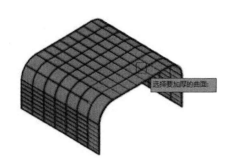

图12-74 选择加厚曲面

02 在命令行中输入数字20，以指定曲面的加厚值，如图12-75所示。

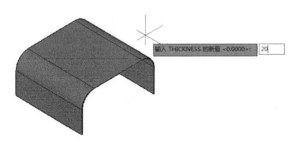

图12-75 指定加厚值

03 按空格键，完成曲面加厚值的指定，系统将创建出三维实体特征，如图12-76所示。

图12-76 完成曲面加厚

12.3.9 曲面造型（SURFS）

曲面造型是将多个相交的曲面对象进行修剪与合并操作，从而创建出一个无间隙的三维实体对象。

"曲面造型"命令的执行方法主要有以下3种。

◇ 菜单栏：修改>曲面编辑>造型。

◇ 命令行：SURFSCULPT或SURFS。

◇ 功能区：单击"曲面"命令区域中的 ◻造型▾ 按钮。

操作方法

Step1 输入SURFS并按空格键，执行"造型"命令。

Step2 定义曲面造型。

01 在系统信息提示下，使用交叉框选方式选择所有相交的曲面为修剪合并对象，如图12-77所示。

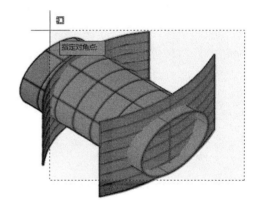

图12-77 选择修剪对象

02 按空格键，完成曲面造型对象的指定，系统将自动修剪合并曲面并将其转换为三维实体对象，结果如图12-78所示。

图12-78 完成曲面修剪合并

12.3.10 网络曲面（SURFN）

网格曲面是使用U方向和V方向上的多条边界曲线进行网格构建，从而创建出空间三维曲面特征。

"网格曲面"命令的执行方法主要有以下3种。

◇ 菜单栏：绘图>建模>曲面>网络。

◇ 命令行：SURFNETWORK或SURFN。

◇ 功能区：单击"曲面"命令区域中的 网络 按钮。

操作方法

Step1 输入SURFN并按空格键，执行"网络"命令。

Step2 定义边界曲线。

01 在系统信息提示下，依次选择同一方向上的3条圆弧曲线，如图12-79所示；按空格键，完成第1方向边界曲线的指定。

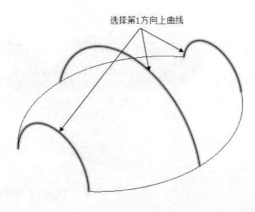

图12-79 选择第1方向曲线

02 依次选择另一方向上的两条圆弧曲线为第2方向上的边界曲线，如图12-80所示。

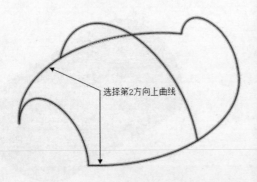

图12-80 选择第2方向曲线

03 按空格键，完成两个方向上边界曲线的定义，系统将创建出曲面特征，结果如图12-81所示。

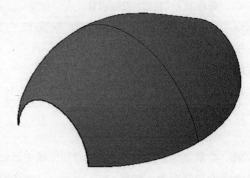

图12-81 完成网络曲面创建

典型实例：工艺茶壶

实例位置	实例文件>Ch012>工艺茶壶.dwg
实用指数	★★★★☆
技术掌握	熟练AutoCAD衍生曲面的基本创建方法与技巧

本实例将以"工艺茶壶"为讲解对象，主要运用"放样曲面""扫掠曲面""修剪曲面""加厚曲面"等编辑命令来完成三维实体的造型，最终结果如图12-82所示。

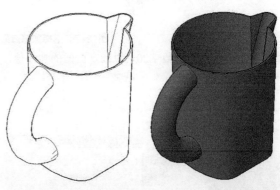

图12-82 工艺茶壶

思路解析

在"工艺茶壶"的实例操作过程中，将体现曲面编辑与修改操作在三维产品造型过程中的辅助作用，主要有以下几个基本步骤。

（1）新建GB样式的图形文件。

（2）创建放样曲面。使用"放样"命令创建出茶壶的基础外形轮廓。

（3）创建茶壶口曲面。使用"扫掠"与"修剪"命令完成茶壶口的曲面造型。

（4）合并修剪主体曲面。使用"修剪""合并"命令将茶壶壶体的所有基础曲面进行合并操作。

（5）创建手柄扫掠曲面。使用"扫掠"命令完成壶体手柄的造型。

（6）转换三维实体。

Step1 新建文件。

01 单击"快速工具栏"中的▣按钮，创建一个GB无图框样式的图形文件。

02 在"图层"工具栏中，选择"轮廓线"图层。

Step2 创建放样曲面。

01 将绘图视角调整为"俯视"视角。

02 绘制如图12-83所示的圆形与圆角矩形；执行"合并"命令（J），将圆角矩形的所有边线进行合并操作。

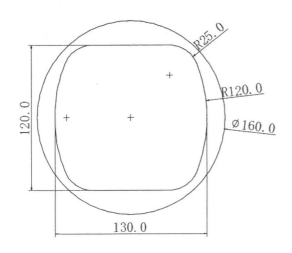

图12-83 绘制截面曲线

03 执行"移动"命令（M），将绘制圆形向正上方移动200，结果如图12-84所示。

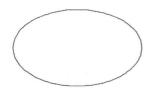

图12-84 移动圆形

04 执行"放样"命令（LOFT），设置拉伸模式为"曲面（SU）"，分别选择上方的圆形与下方的圆角矩形为放样曲面的截面轮廓曲线，按空格键，完成放样曲面的创建，结果如图12-85所示。

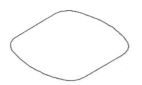

图12-85 创建放样曲面

Step3 创建茶壶口曲面。

01 将绘图视角调整为"俯视"视角，绘制如图12-86所示的直线与圆弧；执行"合并"命令（J），将连接直线与圆弧进行合并操作。

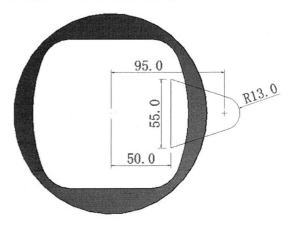

图12-86 绘制直线与圆弧

02 将绘图视角调整为"后视"视角，绘制如图12-87所示的圆弧曲线。

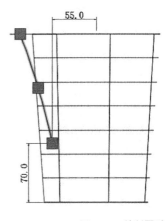

图12-87 绘制圆弧

03 执行"扫掠"命令（SWE），选择俯视视角上的封闭轮廓曲线为扫掠的截面曲线，选择后视视角上的圆弧为扫掠曲面的路径曲线，按空格键，完成放样曲面的创建，结果如图12-88所示。

图12-88 创建扫掠曲面

Step4 合并修剪主体曲面。

01 执行"曲面修剪"命令（SURFT），分别选择两相交曲面为修剪参考对象，将两曲面的交集部分进行修剪删除操作，结果如图12-89所示。

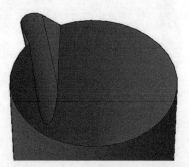

图12-89 修剪曲面

02 执行"转换曲面"命令（CONVTOSU），选择圆角矩形轮廓曲线为转换对象，按空格键，完成转换曲面的创建，如图12-90所示。

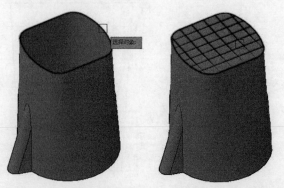

图12-90 转换曲面

03 执行"合并"命令（J），将所有已创建的曲面对象进行合并操作，结果如图12-91所示。

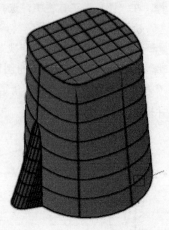

图12-91 合并曲面

Step5 创建手柄扫掠曲面。

01 将绘图视角调整为"后视"视角，绘制如图12-92所示的圆弧曲线。

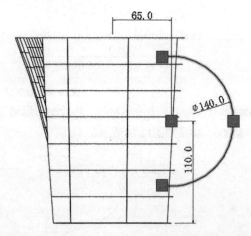

图12-92 绘制圆弧

02 调整坐标系XY平面的方位，选择圆弧曲线的端点为圆心，绘制半径为17的圆形，如图12-93所示。

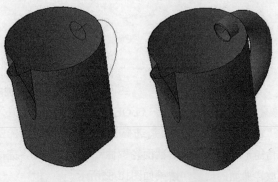

图12-93 绘制圆形

03 执行"曲面修剪"命令（SURFT），分别选择两相交曲面为修剪参考对象，将两曲面的交集部分进行修剪删除操作，结果如图12-94所示。

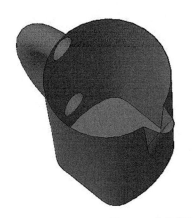

图12-94 修剪曲面

04 执行"圆角边"命令（FILLETEDGE），设置圆角半径为1，选择手柄曲面的两棱角边线为圆角对象；按空格键，完成曲面边线的圆角操作，如图12-95所示。

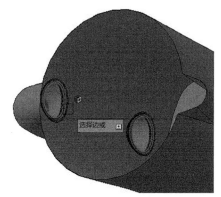

图12-95 曲面圆角

05 执行"圆角边"命令（FILLETEDGE），设置圆角半径为3，选择壶体底部边线为圆角对象；按空格键，完成曲面边线的圆角操作，如图12-96所示。

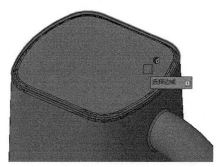

图12-96 曲面圆角

Step6 转换三维实体。执行"加厚"命令（TH），选择工艺茶壶曲面为加厚对象，指定加厚距离为2，按空格键，完成三维实体对象的转换，结果如图12-97所示。

图12-97 转换三维实体

12.4 网格面

本节知识概要

知识名称	作用	重要程度	所在页
标准网格面	掌握使用"长方体""圆柱体""圆锥体"等方式创建标准结构网格面的基本思路	高	P272
转换网格面	了解在AutoCAD系统中将已知的三维实体对象转换为网格面的基本操作方法	低	P273
三维面	了解在三维空间中创建任意结构网格面的基本思路	低	P274
直纹网格	掌握使用两条相同方向曲线创建网格面的基本方法	高	P274
边界网格	掌握使用封闭边界曲线创建结构较为复杂的网格面的基本思路	高	P275
旋转网格	掌握使用"旋转"方式创建基础网格面的操作方法	高	P275
平移网格	掌握使用"平移"方式直线拉伸出网格面的基本操作方法	高	P276

在使用AutoCAD进行产品曲面造型过程中，大部分结构复杂、表面光顺的曲面是不能一次性就创建出来，而是需要经过多次的修改与编辑操作。

另外，针对如G1、G2这类高标准的曲面，有时还需要对曲面的某个局部单独进行编辑修改。因此，就需要使用"网格"工具对曲面进行结构的划分，其基本造型思路介绍如下。

Step1：划分曲面结构。使用二维绘制方式或网格面创建方式，将曲面中凸起或凹陷的部分进行结构划分操作。

Step2：切除不合理的部分曲面。

Step3：修补曲面。使用网格面将切除的曲面破口进行修补操作。

Step4：合并曲面。将所有相切连接曲面进行并集操作。

12.4.1 标准网格面（MESH）

在AutoCAD 2016的曲面造型工具中，系统提供了一系列创建标准网格结构的命令，如长方体、圆锥体、球体、圆柱体等，如图12-98所示。

图12-98 "标准网格面"命令菜单

另外，系统在"三维建模"工作空间中的"网格"功能选项卡中还提供了快捷的命令工具按钮，如图12-99所示。

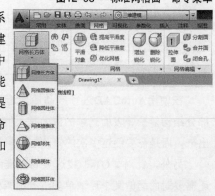

图12-99 "三维建模"标准网格命令

1. 长方体网格面

长方体网格面与长方体实体对象的创建方法基本一致，不同的是一个图元对象为没有体积的片体特征，另一个是具有几何体积的实体特征。

操作方法

Step1 定义标准网格面类型。

01 输入MESH并按空格键，执行"标准网格面"命令，系统将弹出"输入选项"子菜单。

02 选择"长方体（B）"选项为标准网格面的创建类型，如图12-100所示。

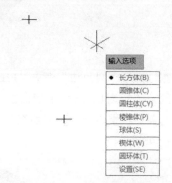

图12-100 定义网格面类型

Step2 定义长方体网格面。

01 在系统信息提示下，选择绘图区中的特征点作为长方体网格面的第1个角顶点。

02 选择绘图区中另一个特征点作为长方体网格面的第2个角顶点，如图12-101所示。

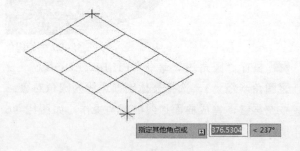

图12-101 定义底面矩形

Step3 定义网格面高度。

01 向上移动十字光标，指定长方体网格面的高度方向。

02 在命令行中输入数字200，按空格键完成网格面高度的指定，系统将创建出指定高度的长方体网格面对象，结果如图12-102所示。

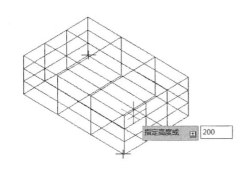

图12-102 完成长方体网格面

2. 圆柱体网格面

在AutoCAD设计系统中，创建圆柱体网格面对象的一般流程是先定义出底面圆形位置与大小，再定义出高度尺寸便可以完成圆柱体网格面的创建。

操作方法

Step1 定义标准网格面类型。

01 输入MESH并按空格键，执行"标准网格面"命令，系统将弹出"输入选项"子菜单。

02 选择"圆柱体（CY）"选项为标准网格面的创建类型，如图12-103所示。

图12-103 定义网格面类型

> **注意**
> 在弹出"输入选项"菜单后，可在命令行中输入相应的字母来选择标准网格面的创建类型。

Step2 定义圆柱体网格面。

01 在系统信息提示下，捕捉绘图区中的一个特征点为底面圆形的圆心点。

02 移动十字光标，捕捉另一个特征点为底面圆形上的通过点，完成底面形状的定义，如图12-104所示。

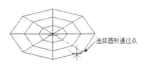

图12-104 定义底面圆形

Step3 定义网格面高度。

01 向上移动十字光标，指定圆柱体网格面的高度方向。

02 在命令行中输入数字120，按空格键完成网格面高度的指定，系统将创建出指定尺寸的圆柱体网格面对象，结果如图12-105所示。

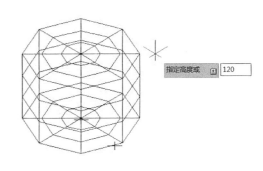

图12-105 完成圆柱体网格面

12.4.2 转换网格面（MESHS）

在AutoCAD系统中，通过将三维实体或曲面对象转换为网格面，再根据这些细化的网格对象可创建更为精确的局部三维模型。

"转换网格面"命令的执行方法主要有以下3种。

◇ 菜单栏：修改>曲面编辑>转换为网格。

◇ 命令行：MESHSMOOTH或MESHS。

◇ 功能区：单击"网格"命令区域中的█按钮。

操作方法

Step1 输入MESHS并按空格键，执行"转换网格面"命令。

Step2 定义网格面转换。

01 在系统信息提示下，选择绘图区已创建的三维实体为网格面的转换参考对象，如图12-106所示。

02 按空格键，完成实体面转换网格面的操作，结果如图12-107所示。

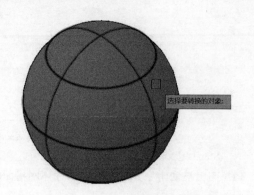

图12-106 定义转换对象

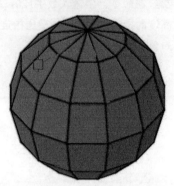

图12-107 完成网格面转换

12.4.3 三维面（3DFA）

三维面是通过选择曲面的各顶点，从而完成封闭轮廓的定义，构建出曲面特征。

"三维面"命令的执行方法主要有以下2种。

◇ 菜单栏：绘图>建模>网格>三维面。

◇ 命令行：3DFACE或3DFA。

操作方法

Step1 输入3DFA并按空格键，执行"三维面"命令。

Step2 定义三维面通过点。

01 在系统信息提示下，依次选择绘图区中任意的4个特征点，如图12-108所示。

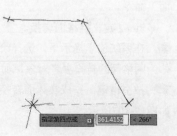

图12-108 定义通过点

> **注意**
> 在完成第4个通过点的选择后，系统将自动在第4点与第1点之间构建连接直线，从而封闭轮廓区域。

02 按空格键，完成通过点的定义，系统将创建出三维曲面特征，如图12-109所示。

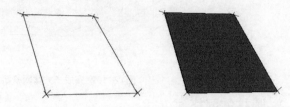

图12-109 完成三维面创建

12.4.4 直纹网格（RU）

直纹网格是通过选择同一方向上的两个二维几何对象（直线、圆弧、样条曲线、特征点），从而创建出结构较为简单的三维网格面特征。

"直纹网格"命令的执行方法主要有以下3种。

◇ 菜单栏：绘图>建模>网格>直纹网格。

◇ 命令行：RULESURF或RU。

◇ 功能区：在"三维建模"工作空间中单击"图元"命令区域中的按钮。

操作方法

Step1 输入RU并按空格键，执行"直纹网络"命令。

Step2 定义直纹网格。

01 在系统信息提示下，选择左侧的圆弧曲线为直纹网格的第1条边界曲线，如图12-110所示。

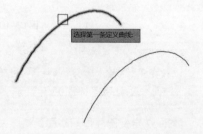

图12-110 选择第1条曲线

02 继续选择右侧的圆弧曲线为直纹网格的第2条边界曲线，如图12-111所示。

03 在完成两条边界曲线的定义后，系统将创建出直纹网格面对象，结果如图12-112所示。

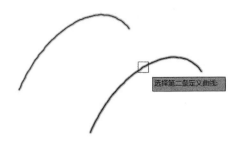

图12-111 选择第2条曲线

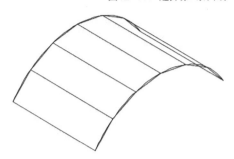

图12-112 完成直纹网格面创建

12.4.5 边界网格（EDG）

边界网格是通过分别定义两个方向上的封闭边界曲线，从而构建出三维空间网格面对象。

"边界网格"命令的执行方法主要有以下3种。

◇ 菜单栏：绘图>建模>网格>边界网格。

◇ 命令行：EDGESURF或EDG。

◇ 功能区：在"三维建模"工作空间中单击"图元"命令区域中的⚙按钮。

操作方法

Step1 输入EDG并按空格键，执行"边界网络"命令。

Step2 定义边界网格。

01 在系统信息提示下，依次选择4条相接的二维曲线为网格面的边界曲线，如图12-113所示。

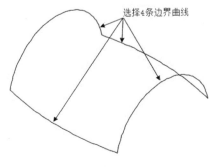

图12-113 选择边界曲线

02 在完成边界曲线的定义后，系统将创建出边界网格面对象，结果如图12-114所示。

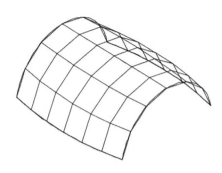

图12-114 完成边界网格创建

12.4.6 旋转网格（REVS）

旋转网格是将某一几何线框图元绕指定的旋转轴进行角度旋转操作，系统将根据线框图元的轮廓形状与旋转路径来创建一个具有指定密度的网格对象。

"旋转网格"命令的执行方法主要有以下3种。

◇ 菜单栏：绘图>建模>网格>旋转网格。

◇ 命令行：REVSURF或REVS。

◇ 功能区：在"三维建模"工作空间中单击"图元"命令区域中的⚙按钮。

操作方法

Step1 输入REVS并按空格键，执行"旋转网络"命令。

Step2 定义旋转参考对象。

01 在系统信息提示下，选择右侧的圆弧曲线为旋转源对象，如图12-115所示。

图12-115 选择旋转对象

02 在系统信息提示下，选择左侧的垂直直线为旋转中心轴，如图12-116所示。

度，结果如图12-119所示。

图12-116 选择旋转轴

Step3 定义旋转参数。

01 在命令行中输入数字0，按空格键，完成起点角度的指定。

02 在命令行中输入数字360，按空格键，完成旋转角度的指定，如图12-117所示。

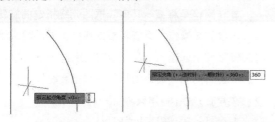

图12-117 定义旋转参数

Step4 定义网格平滑度。

01 在完成旋转网格的起点角度和旋转角度的指定后，系统将创建出旋转网格对象，如图12-118所示。

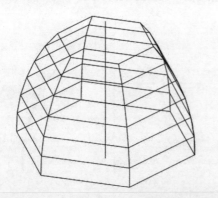

图12-118 完成旋转网格创建

02 双击旋转网格对象，弹出"特性"对话框；在"几何图形"设置区域中的"平滑度"列表中选择"层1"，系统将重定义当前网格对象显示的平滑

图12-119 定义网格平滑度

12.4.7 平移网格（EDG）

平移网格是将直线作为扫掠路径，以确定扫掠的起点和终点，再将指定的曲线沿直线进行扫掠操作，从而最终定义出平移网格面对象。

"平移网格"命令的执行方法主要有以下3种。

◇ 菜单栏：绘图>建模>网格>平移网格。

◇ 命令行：TABSURF或TABS。

◇ 功能区：在"三维建模"工作空间中单击"图元"命令区域中的▣按钮。

操作方法

Step1 输入TABS并按空格键，执行"平移网络"命令。

Step2 定义平移网格面。

01 在系统信息提示下，选择右侧的矩形为平移网格面的轮廓曲线，如图12-120所示。

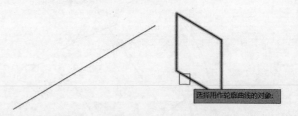

图12-120 选择轮廓曲线

02 在系统信息提示下，选择左侧的直线为平移网格

面的扫掠路径曲线，如图12-121所示。

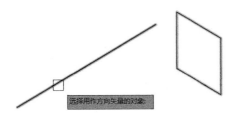

选择用作方向矢量的对象:

图12-121 选择路径曲线

03 在完成轮廓曲线与路径曲线的指定后，系统将创建出平移网格面对象，结果如图12-122所示。

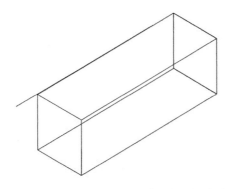

图12-122 完成平移网格面创建

典型实例：电话座壳体

实例位置　实例文件>Ch012>电话座壳体.dwg
实用指数　★★★★★
技术掌握　熟练AutoCAD曲面造型设计的基本思路

本实例将以"电话座壳体"为讲解对象，主要运用AutoCAD曲面造型与三位实体编辑等工具，最终结果如图12-123所示。

图12-123 电话座壳体

📖 **思路解析**

在"电话座壳体"的实例操作过程中，将体现曲面与实体编辑操作在零件造型过程中的作用，主要有以下几个基本步骤。

（1）新建GB样式的图形文件。

（2）创建拉伸曲面。

（3）创建凹面特征。分别使用"偏移""拉伸""修剪"等命令，创建出凹面曲面。

（4）三维实体操作。将所有已创建的曲面进行修剪合并

操作，再将其转换为三维实体对象，最后再对棱角边线进行圆角处理。

（5）创建凹槽特征。使用"拉伸""求差"命令创建出电话座壳体上的凹槽特征。

Step1 新建文件。

01 单击"快速工具栏"中的▣按钮，创建一个GB无图框样式的图形文件。

02 在"图层"工具栏中选择"轮廓线"图层。

Step2 创建拉伸曲面。

01 将绘图视角调整为"右视"视角。

02 绘制如图12-124所示的两条垂直直线与连接圆弧，执行"合并"命令（J），将绘制的直线与圆弧进行合并操作。

图12-124 绘制直线与圆弧

03 执行"拉伸"命令（EXT），选择合并的轮廓曲线为拉伸曲面的截面曲线，设置拉伸模式为"曲面（SU）"，指定拉伸距离为164，按空格键，完成拉伸曲面的创建，如图12-125所示。

图12-125 拉伸曲面

Step3 创建凹面特征。

01 将绘图视角调整为"俯视"视角，绘制如图12-126所示的二维矩形。

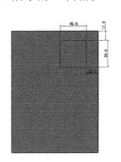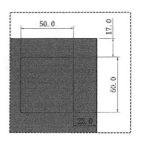

图12-126 绘制矩形

02 执行"偏移面"命令（SURFO），选择拉伸曲面为偏移源对象，指定偏移距离为-10，按空格键，完成偏移曲面的创建，结果如图12-127所示。

05 将绘图视角调整为"俯视"视角，绘制如图12-130所示的矩形；执行"合并"命令（J），将矩形的4条边线进行合并操作。

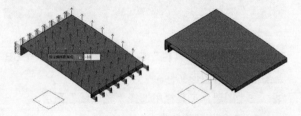

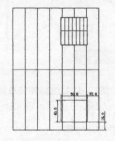
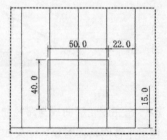

图12-127 创建偏移面

图12-130 绘制矩形

03 执行"拉伸"命令（EXT），选择合并的矩形为拉伸曲面的截面曲线，设置拉伸模式为"曲面（SU）"，指定拉伸距离为180，按空格键，完成拉伸曲面的创建，如图12-128所示。

06 执行"拉伸"命令（EXT），选择合并的矩形为拉伸曲面的截面曲线，设置拉伸模式为"曲面（SU）"，指定拉伸距离为100，按空格键，完成拉伸曲面的创建，如图12-131所示。

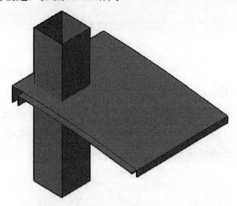

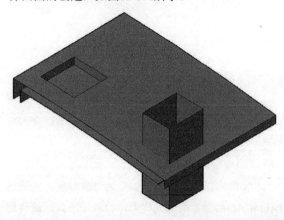

图12-128 拉伸曲面

图12-131 拉伸曲面

04 执行"曲面修剪"命令（SURFT），分别选择相交曲面为修剪参考对象，将曲面的部分进行修剪删除操作，结果如图12-129所示。

07 执行"曲面修剪"命令（SURFT），分别选择相交曲面为修剪参考对象，将曲面的部分进行修剪删除操作，结果如图12-132所示。

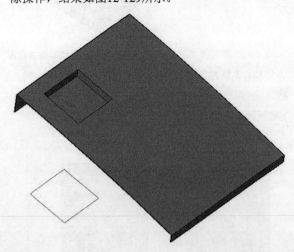

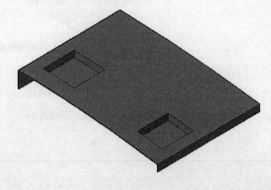

图12-132 修剪曲面

图12-129 修剪曲面

08 将绘图视角调整为"俯视"视角，绘制如图12-133所示的矩形；执行"合并"命令（J），将矩形的

4条边线进行合并操作。

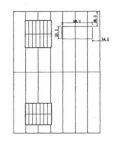 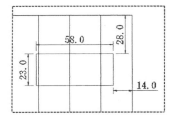

图12-133 绘制矩形

09 执行"偏移面"命令（SURFO），选择曲面为偏移源对象，指定偏移距离为-10，按空格键，完成偏移曲面的创建，结果如图12-134所示。

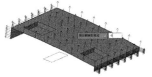 

图12-134 创建偏移曲面

10 执行"拉伸"命令（EXT），选择合并的矩形为拉伸曲面的截面曲线，设置拉伸模式为"曲面（SU）"，指定拉伸距离为110，按空格键，完成拉伸曲面的创建，如图12-135所示。

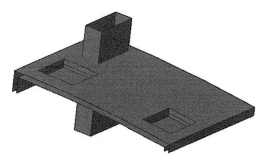

图12-135 拉伸曲面

11 执行"曲面修剪"命令（SURFT），分别选择相交曲面为修剪参考对象，将曲面部分进行修剪删除操作，结果如图12-136所示。

图12-136 修剪曲面

Step4 三维实体操作。

01 执行"平面"命令（PLANE），分别选择曲面侧面的两个对角点，创建出两个平面曲面特征，如图12-137所示。

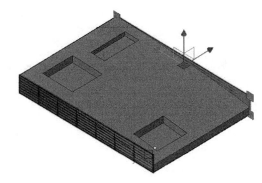

图12-137 创建平面曲面

02 执行"平面"命令（PLANE），分别选择曲面底部的两个对角点，创建出平面曲面特征，如图12-138所示。

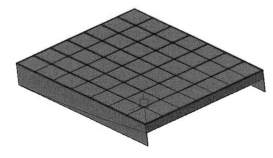

图12-138 创建平面曲面

03 执行"曲面修剪"命令（SURFT），分别选择相交曲面为修剪参考对象，将曲面的部分进行修剪删除操作；执行"造型"命令（SURFS），将曲面对象转换三维实体对象。

04 执行"圆角边"命令（FILLETEDGE），设置圆角半径为8，选择电话座壳体的4条棱角边线为圆角对象；按空格键，完成曲面边线的圆角操作，如图12-139所示。

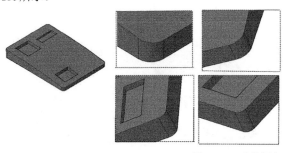

图12-139 实体圆角

05 执行"圆角边"命令（FILLETEDGE），设置圆角半径为2，选择电话座壳体顶部的棱角边线为圆角对象；按空格键，完成曲面边线的圆角操作，结果如图12-140所示。

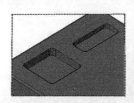

图12-140 实体圆角

06 执行"圆角边"命令（FILLETEDGE），设置圆角半径为5，选择凹面的12条棱角边线为圆角对象；按空格键，完成曲面边线的圆角操作，如图12-141所示。

图12-141 实体圆角

07 执行"圆角边"命令（FILLETEDGE），设置圆角半径为2，选择凹面的6条棱角边线为圆角对象；按空格键，完成曲面边线的圆角操作，如图12-142所示。

图12-142 实体圆角

08 执行"抽壳"命令（SOLIDEDIT），选择实体底平面为移除平面，指定抽壳偏移距离为3，完成实体的抽壳操作，结果如图12-143所示。

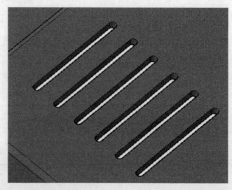

图12-143 实体抽壳

Step5 创建凹槽特征。

01 将绘图视角调整为"俯视"视角，绘制如图12-144所示的6个条形孔；执行"合并"命令（J），分别将条形孔的两直线与两圆弧进行合并操作。

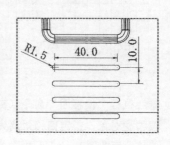

图12-144 绘制条形孔

02 执行"拉伸"命令（EXT），选择圆形为拉伸实体的截面曲线，指定拉伸距离为100，按空格键，完成拉伸实体的创建，结果如图12-145所示。

图12-145 拉伸实体

03 执行"差集"命令（SU），依次选择壳体实体与拉伸实体为求差对象，完成实体的求差操作，结果如图12-146所示。

图12-146 实体求差

04 将绘图视角调整为"俯视"视角，绘制如图12-147所示的12个椭圆形。

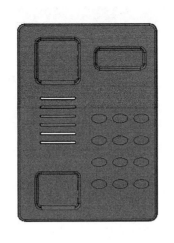 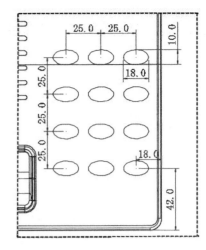

图12-147 绘制椭圆

05 执行"拉伸"命令（EXT），选择圆形为拉伸实体的截面曲线，指定拉伸距离为110，按空格键，完成拉伸实体的创建，结果12-148所示。

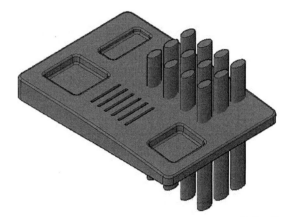

图12-148 拉伸实体

06 执行"差集"命令（SU），依次选择壳体实体与拉伸的椭圆柱实体为求差对象，完成实体的求差操作，结果如图12-149所示。

图12-149 实体求差

281

12.5 思考与练习

通过本章的介绍与学习，讲解了"一般曲面""衍生曲面""网格面"等造型工具的基本操作方法。为对知识进行巩固和考核，布置相应的练习题，使读者进一步灵活掌握本章的知识要点。

12.5.1 概念吹风曲面造型

使用"放样""扫掠""修剪""并集""圆角边"和"加厚"命令来完成吹风壳体的三维实体造型，如图12-150所示，其基本思路如下。

01 使用"放样"命令创建出吹风的基础外形曲面。

02 使用"修剪""并集"命令创建出吹风的外形结构。

03 使用"圆角边""加厚"命令将曲面对象转换为三维实体对象。

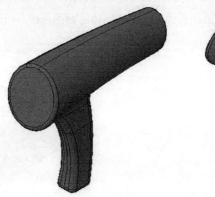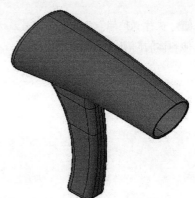

图12-150 概念吹风曲面造型

12.5.2 思考问答

01 哪些图形对象可以使用"转换曲面"命令来创建出曲面特征？

02 怎样使用"拉伸""旋转""扫掠""放样"命令创建出曲面特征？

03 怎样调整偏移曲面的偏移方向？

04 延伸曲面有哪几种创建类型？

05 曲面转换为三维实体的方法有哪几种？

06 直纹网格面与边界网格面有何区别？

第13章 实体建模

本章将重点讲解AutoCAD的三维实体基础建模工具，将从三维立体的思维模式来看待相关的图形对象。其中包括了基础三维实体的创建、特征三维实体的创建以及布尔并集、布尔差集、布尔交集等实体建模运算工具。

在介绍AutoCAD三维实体命令时，还将会使用到前面章节讲解的二维绘图与编辑命令，而其中使用最多的命令就是二维曲线的"合并"命令。

本章学习要点

★ 了解长方体的一般创建方式 　　　★ 掌握布尔运算的基本概念与操作方法

★ 了解圆柱体的一般创建方式 　　　★ 掌握特征三维实体的基本造型思路

本章知识索引

知识名称	作用	重要程度	所在页
基础三维实体	了解长方体、圆柱体、球体等基础三维实体的创建方法与步骤	中	P287
布尔运算	掌握AutoCAD布尔并集、差集、交集的基本概念与操作思路	高	P300
特征三维实体	掌握在AutoCAD系统中，使用"拉伸""旋转""扫掠"等方式创建三维实体的基本方法与思路	高	P304

本章实例索引

13.1 实体建模概述

在AutoCAD设计系统中，所有三维实体模型都是由最简单的基础实体组合叠加而成的，因此实体特征是产品模型零件的基本构成单元。针对大部分外形简单的产品零件，AutoCAD 2016一般使用积木叠加式的建模思路来完成三维实体图形的创建。这种方法主要是通过先创建出基础实体特征，再在此基础特征上添加其他实体特征，如图13-1所示。

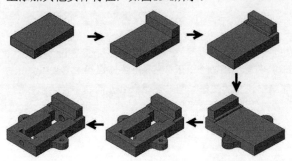

图13-1 实体建模基本流程

课前引导实例：虎钳钳身

实例位置	实例文件>Ch13>虎钳钳身.dwg
实用指数	★★★★☆
技术掌握	使用基础三维实体命令、布尔运算命令和拉伸实体命令，完成拨叉零件的三维建模。

本实例将使用实体"拉伸"命令与布尔求差、布尔求和等命令，在"概念"显示模式下完成虎钳钳身零件的绘制，最终结果如图13-2所示。

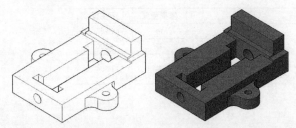

图13-2 虎钳钳身

Step1 新建文件。

01 单击"快速工具栏"中的回按钮，创建一个GB无图框样式的图形文件。

02 在"图层"工具栏中选择"轮廓线"图层。

Step2 创建钳身轮廓。

01 在"俯视"视角和"概念"显示模式下，绘制一个长为200、宽为120的矩形，如图13-3所示。

02 在"东南等轴测"视角和"概念"显示模式下，执行"拉伸"命令（EXT），将绘制的二维矩形向上拉伸35，结果如图13-4所示。

图13-3 绘制矩形

图13-4 拉伸实体

03 单击实体对象，再移动坐标系原点至实体上表面的短边中点，如图13-5所示。

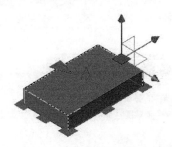

图13-5 定义工作坐标系

04 执行"矩形"命令（REC），捕捉实体表面顶点，绘制宽为34、长为120的矩形；执行"拉伸"命令（EXT），将矩形向上拉伸33，如图13-6所示。

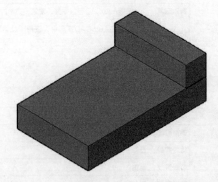

图13-6 拉伸实体

05 执行"并集"命令（UNI），将两个拉伸实体对象进行合并操作，如图13-7所示。

06 单击实体对象，再移动坐标系原点至实体上表面的短边中点，如图13-8所示。

07 执行"矩形"命令（REC），捕捉表面顶点，绘制宽为34、长为10的两个矩形；执行"拉伸"命令

（EXT），将两个矩形向下拉伸30；执行"差集"命令（SU），将向下拉伸的矩形实体与相交实体进行求差操作，结果如图13-9所示。

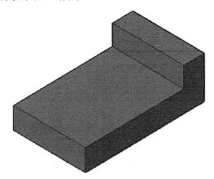

图13-7 合并拉伸实体

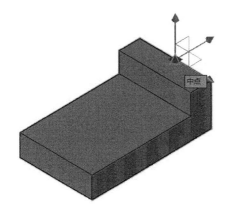

图13-8 定义工作坐标系

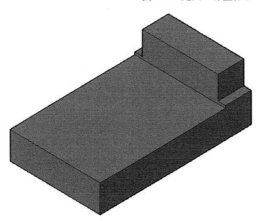

图13-9 实体求差

08 单击实体对象，再移动坐标系原点至实体上表面的短边中点；执行"矩形"命令（REC），捕捉表面顶点，绘制长为100、宽为9的矩形；执行"拉伸"命令（EXT），将两个矩形向下拉伸27；执行"差集"命令（SU），将向下拉伸的矩形实体与相交实体进行求差操作，结果如图13-10所示。

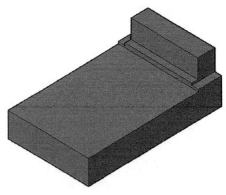

图13-10 实体求差

Step3 创建钳身耳特征。

01 单击实体对象，再将坐标系移动至实体底面长边的中点，如图13-11所示。

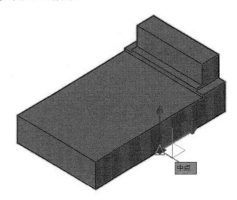

图13-11 定义工作坐标系

02 使用二维绘图命令绘制钳身耳特征轮廓形状，如图13-12所示；执行"合并"命令（J），将绘制的直线与相接圆弧合并为独立的图形单元。

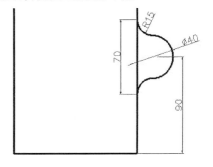

图13-12 绘制二维封闭轮廓

03 执行"拉伸"命令（EXT），将合并的二维耳轮廓图形向上拉伸20，结果如图13-13所示。

04 执行"三维镜像"命令，将上步创建的实体耳特征进行镜像操作，结果如图13-14所示。

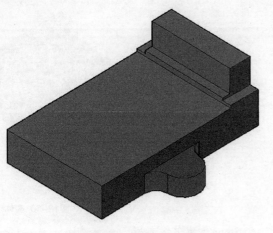

图13-13 拉伸实体

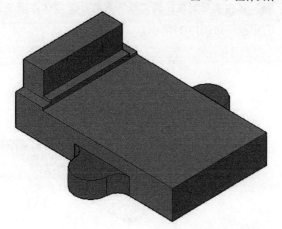

图13-14 镜像拉伸实体

05 执行"并集"命令（UNI），将两个实体耳特征与相交实体进行合并操作；执行"圆心、半径"圆命令（C），捕捉圆弧圆心，绘制半径为6.5的两个圆形；执行"拉伸"命令（EXT），将两个圆形向下拉伸30；执行"差集"命令（SU），将向下拉伸的两个圆柱实体与相交实体进行求差操作，结果如图13-15所示。

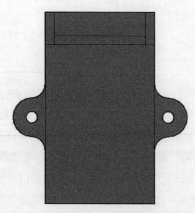

图13-15 实体求差

Step4 创建钳身孔特征。

01 使用二维绘图命令绘制钳身面工字孔特征轮廓形状，如图13-16所示；执行"合并"命令（J），将绘制的直线段合并为独立的图形单元。

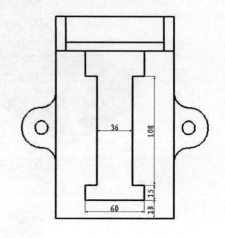

图13-16 绘制二维封闭轮廓

02 执行"拉伸"命令（EXT），将合并的封闭直线段轮廓向下拉伸40；执行"差集"命令（SU），将向下拉伸的实体与相交实体进行求差操作，结果如图13-17所示。

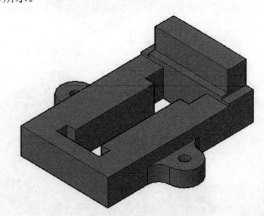

图13-17 实体求差

03 移动坐标至钳身端面，执行"圆心、半径"圆命令（C），在端面的中心位置上绘制半径为9的圆形；执行"拉伸"命令（EXT），将圆形向实体内侧拉伸18；执行"差集"命令（SU），将向内拉伸的实体与相交实体进行求差操作，结果如图13-18所示。

04 移动坐标至钳身后端面，执行"圆心、半径"圆命令（C），在端面的中心位置上绘制半径为12.5的圆形；执行"拉伸"命令（EXT），将圆形向实体内侧拉伸50；执行"差集"命令（SU），将向内拉伸的实体与相交实体进行求差操作，结果如图13-19所示。

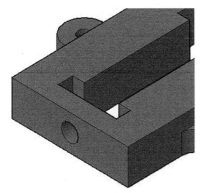

图13-18 实体求差

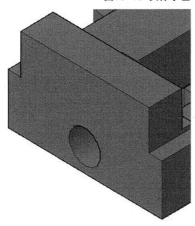

图13-19 实体求差

05 将图形显示为"东南等轴测"视角，双击鼠标中键使所有三维模型完全显示在绘图区中。

13.2 基础三维实体

本节知识概要

知识名称	作用	重要程度	所在页
长方体	了解长方体的3种创建方法，掌握通过指定两角点与高度值的方式快速创建长方体的操作方法	高	P287
圆柱体	掌握使用定义截面圆形与高度值的方式快速创建圆柱体的操作方法	高	P291
球体	了解在AutoCAD设计系统中球体的一般创建方法	低	P293
圆锥体	了解圆锥体的基本创建流程与方法	低	P294
棱锥体	了解棱锥体的基本结构与创建流程	低	P295
圆环体	了解圆环体的定位、定形和截面圆的定义方法	低	P297

在AutoCAD的三维实体建模中，系统提供了一些基本实体的快速创建工具，如长方体、球体、圆柱体、圆锥体、圆环体、楔体等。在"三维工具"功能选项卡的"建模"区域中，通过展开"长方体"的子项工具菜单，可选择多种基础三维实体造型命令，如图13-20所示。

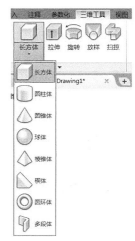

图13-20 基础三维实体

单击菜单栏中的"绘图"菜单，然后将鼠标指针放到"建模"命令上，展开相应的绘制三维建模命令，如图13-21所示。

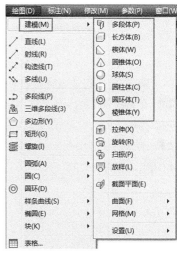

图13-21 基础建模菜单

13.2.1 长方体（BOX）

在AutoCAD中，用户可以利用系统提供的"长方体"命令来快速创建实心的长方体模型。

"长方体"命令的执行方法主要有以下3种。

◇ 菜单栏：绘图>建模>长方体。

◇ 命令行：BOX。

◇ 功能区：单击"建模"命令区域中的 ▭▭▭ 按钮。

创建长方体时有以下几种基本思路。

01 通过指定长方体的中心点、两个角顶点，从而创建出长方体。

02 通过指定长方体的中心点、一个角顶点以及长度、宽度和高度值，从而创建出长方体。

03 通过指定两个角顶点、高度值，从而创建出长方体。

04 在AutoCAD系统中，一般将默认使用"两角顶点、高度值"的方式来创建长方体模型，其具体操作方法介绍如下。

操作方法

Step1 输入BOX并按空格键，执行"长方体"命令，如图13-22所示。

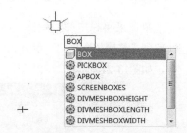

图13-22 执行"长方体"命令

Step2 定义长方体底面矩形。

01 在系统信息提示下，选择绘图区中任意一个特征点作为长方体的第1个角顶点。

02 选择绘图区中另一个特征点作为长方体的第2个角顶点，如图13-23所示。

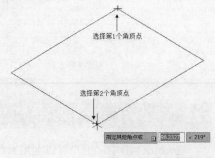

图13-23 定义底面矩形

Step3 定义长方体高度。

01 向上移动十字光标，指定长方体的高度方向。

02 在命令行中输入数字35，按空格键完成长方体高度的指定，系统将创建出指定尺寸的长方体模型，结果如图13-24所示。

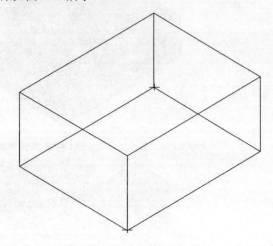

图13-24 完成长方体

> **注意**
> 在绘图区中选择垂直方向上任意一点，可快速指定出长方体的高度值。

Step4 概念显示长方体。单击绘图区左上角的"二维线框"控件按钮，在展开菜单中选择"概念"选项，系统将以三维实体模式显示出长方体，如图13-25所示。

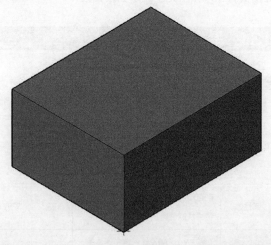

图13-25 "概念"显示长方体

参数解析

在创建长方体的过程中，命令行中将出现相关的提示信息，如图13-26所示。

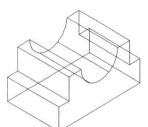

图13-26 命令行提示信息

- **指定第一个角点**：用于提示用户在绘图区域中单击选择某个特征点作为长方体的一个角顶点。

- **中心（C）**：在命令行中输入字母C，按空格键，可使用"中心点"的定义方式来创建长方体。

- **指定其他角点**：用于提示用户选择已知的特征点作为长方体的另一角顶点。

- **立方体（C）**：在命令行中输入字母C，按空格键，用户只需再指定出边长度，可快速创建出边长相等的立方体模型。

- **长度（L）**：在命令行中输入字母L，按空格键，用户只需指定出长方体3个方向边的长度值，可快速创建出长方体模型。

- **指定高度**：用于提示用户指定出长方体在垂直方向上的长度值。

- **两点（2P）**：在命令行中输入字母2P，按空格键，用户只需选择两点就可定义出长方体的高度值。

功能实战：凸方平圆槽块

实例位置　实例文件>Ch013>凸方平圆槽块.dwg
实用指数　★★☆☆☆
技术掌握　熟练使用"长方体"命令来完成基础实体的造型

本实例将以"凸方平圆槽块"为讲解对象，运用"长方体""布尔求和""布尔求差"命令来完成三维实体模型的创建，最终结果如图13-27所示。

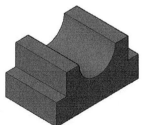

图13-27 凸方平圆槽块

思路解析

在"凸方平圆槽块"的实例操作过程中，将体现"长方体"命令在零件实体造型过程中的相关使用技巧，主要有以下几个基本步骤。

（1）新建GB样式的图形文件。

（2）创建基础底座实体。使用"长度"方式定义出凸方平圆槽块模型的基础底座实体。

（3）创建凸台实体。使用"中心点"和"长度"方式定义出模型的凸台特征实体。

（4）创建圆弧槽口。使用"拉伸"命令创建出拉伸实体，再使用"差集"命令创建出模型的槽口特征实体。

Step1 新建文件。

01 单击"快速工具栏"中的按钮，创建一个GB无图框样式的图形文件。

02 在"图层"工具栏中选择"轮廓线"图层。

Step2 创建基础底座实体。

01 将绘图视角调整为"西南等轴测"视角。

02 执行"长方体"命令（BOX），在绘图区中的任意位置单击鼠标左键，确定长方体的第1个角点。

03 在命令行中输入字母L并按空格键，再指定长方体的长度为50、宽度为80。

04 向上移动十字光标，指定长方体的高度为20，按空格键完成长方体的创建，结果如图13-28所示。

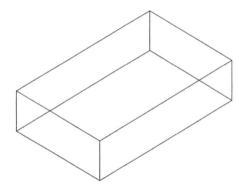

图13-28 创建基础底座体

Step3 创建凸台实体。

01 执行"直线"命令（L），捕捉长方体上表面两边线的中点，绘制一条直线段，如图13-29所示。

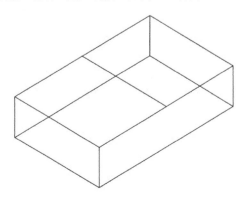

图13-29 绘制直线

02 执行"长方体"命令（BOX），在命令行中输入字母C并按空格键，捕捉直线段的中点为长方体的中心点，如图13-30所示。

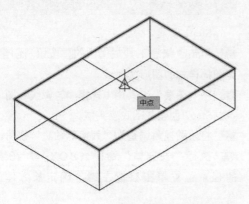

图13-30 定义长方体中心点

03 在命令行中输入字母L并按空格键，指定长方体长度为60、宽度为50；移动十字光标，指定长方体的高度为40，按空格键完成长方体的创建，如图13-31所示。

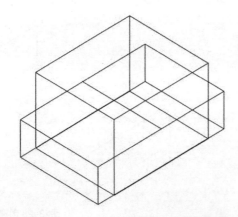

图13-31 创建凸台实体

04 执行"删除"命令（E），删除绘制的辅助直线段；执行"并集"命令（UNI），将两个相交的长方体进行合并操作，如图13-32所示。

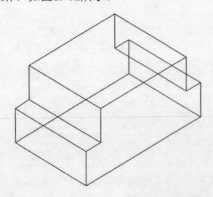

图13-32 合并实体

Step4 创建圆弧凹槽。

01 将绘图视角调整为"前视"视角。

02 执行"圆心、半径"圆命令（C），捕捉实体顶平面边线的中点为圆心，绘制半径为18的圆形，如图13-33所示。

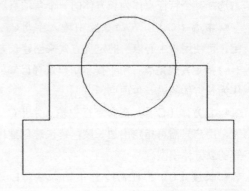

图13-33 绘制圆形

03 将图形显示为"西南等轴测"视角，执行"拉伸"命令（EXT），将圆形向左侧拉伸60，按空格键完成拉伸实体的创建，如图13-34所示。

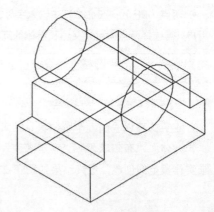

图13-34 拉伸实体

04 执行"差集"命令（SU），分别选择下方的实体模型和拉伸的圆柱实体为求差对象，完成实体的求差操作，结果如图13-35所示。

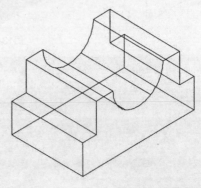

图13-35 实体求差

05 双击鼠标中键使所有三维模型完全显示在绘图区中，使用"概念"显示模式将凸方平圆槽块实体重新着色显示在绘图区中，结果如图13-36所示。

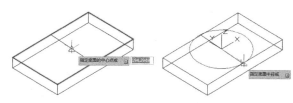

图13-38 定义底面形状

Step3 定义圆柱体高度。

01 向上移动十字光标，指定圆柱体的高度方向。

02 在命令行中输入数字200，按空格键完成圆柱体高度的指定，系统将创建出指定尺寸的圆柱体模型，结果如图13-39所示。

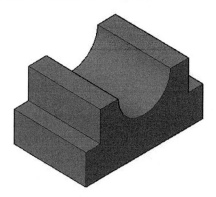

图13-36 "概念"显示实体

13.2.2 圆柱体（CYL）

在AutoCAD设计系统中，使用"圆柱体"命令可用圆形、椭圆为底面轮廓形状，再通过指定高度值可快速创建出柱状实体。

"圆柱体"命令的执行方法主要有以下3种。

◇ 菜单栏：绘图>建模>圆柱体。

◇ 命令行：CYLINDER或CYL。

◇ 功能区：单击"建模"命令区域中的 ▢▢▢ 按钮。

操作方法

Step1 输入CYL并按空格键，执行"圆柱体"命令，如图13-37所示。

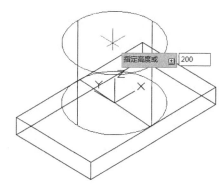

图13-39 完成圆柱体

Step4 概念显示圆柱体。单击绘图区左上角的"二维线框"控件按钮，选择"概念"选项，系统将以三维实体模式显示出圆柱体，如图13-40所示。

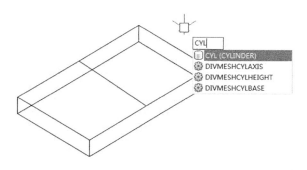

图13-37 执行"圆柱体"命令

Step2 定义圆柱体底面形状。

01 在系统信息提示下，捕捉直线段的中点为底面圆形的圆心。

02 移动十字光标，捕捉直线段的一个端点为底面圆形上的通过点，完成圆柱体底面形状的定义，如图13-38所示。

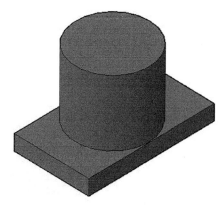

图13-40 "概念"显示圆柱体

参数解析

在创建圆柱体的过程中，命令行中将出现相关的提示信息，如图13-41所示。

■ **指定底面的中心点**：用于提示用户选择绘图区中的任意一特征点作为圆柱体底面的中心点。

■ **三点（3P）**：在命令行中输入3P，按空格键，用户可通过指定3个特征点的方式来完成圆柱体底面形状的定义。

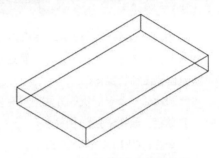

图13-41 命令行提示信息

- **两点（2P）**：在命令行中输入2P，按空格键，用户可通过指定底面圆形直径上的两个端点来完成圆柱体底面形状的定义。

- **切点、切点、半径（T）**：在命令行中输入T并按空格键，用户可通过指定圆形两个切点和半径大小的方式来完成圆柱体底面形状的定义。

- **椭圆（E）**：在命令行中输入E并按空格键，可将系统默认的底面圆形切换为椭圆形。

- **指定底面半径**：在完成底面中心点的指定后，再选择任意一个特征点或指定圆形的半径值、直径值，可快速定义出底面圆形的大小。

- **指定高度**：在完成底面圆形的定义后，再选择任意一个特征点或指定圆柱体的高度值，可完成圆柱体高度的定义。

功能实战：笔筒

实例位置	实例文件>Ch013>笔筒.dwg
实用指数	★★★☆☆
技术掌握	熟练使用"圆柱体"命令来快速创建出指定尺寸与方位的基础实体

本实例将以"笔筒"为讲解对象，主要运用"长方体"命令、"圆柱体"命令以及"布尔并集""布尔差集"命令的操作技巧，最终结果如图13-42所示。

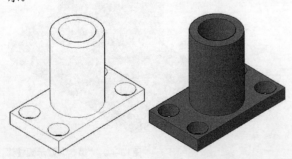

图13-42 笔筒

思路解析

在"笔筒"的实例操作过程中，将体现"圆柱体"命令在零件造型过程中的辅助作用，主要有以下几个基本步骤。

（1）新建GB样式的图形文件。

（2）创建基础底座长方体。使用定长的方式创建出指定

高度、宽度、长度的长方体实体。

（3）创建圆柱体。在长方体的上表面中心位置处，创建一个指定半径、高度的圆柱体。

（4）创建圆孔。使用"拉伸"命令创建出拉伸实体，再使用"差集"命令创建出模型的孔特征实体。

Step1 新建文件。

01 单击"快速工具栏"中的■按钮，创建一个GB无图框样式的图形文件。

02 在"图层"工具栏中选择"轮廓线"图层。

Step2 创建基础底座长方体。

01 将绘图视角调整为"西南等轴测"视角。

02 执行"长方体"命令（BOX），创建一个长度为50、宽度为80、高度为10的长方体，结果如图13-43所示。

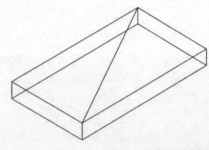

图13-43 创建基础底座长方体

Step3 创建圆柱体。

01 执行"直线"命令（L），捕捉长方体的两个角顶点，绘制一条辅助直线段，如图13-44所示。

图13-44 绘制辅助直线

02 执行"圆柱体"命令（CYL），捕捉辅助直线的中点为圆柱体底面圆形的圆心，指定底面圆形半径为20，指定圆柱体高度为60，完成圆柱体的创建，如图13-45所示。

03 执行"删除"命令（E），删除绘制的辅助直线段；执行"并集"命令（UNI），将相交的长方体与圆柱体进行合并操作。

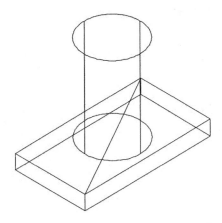

图13-45 创建圆柱体

Step4 创建圆孔。

01 执行"圆心、半径"圆命令（C），绘制半径为14的中心圆形，再绘制半径为8的4个偏移圆形，如图13-46所示。

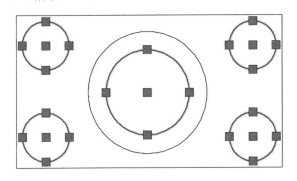

图13-46 绘制圆形

02 将图形显示为"西南等轴测"视角，执行"拉伸"命令（EXT），将圆形向上拉伸80，按空格键完成拉伸实体的创建，如图13-47所示。

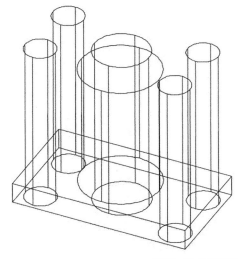

图13-47 拉伸实体

03 执行"差集"命令（SU），分别选择下方的实体模型和拉伸的圆柱实体为求差对象，完成实体的求差操作，结果如图13-48所示。

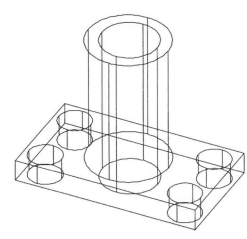

图13-48 实体求差

04 双击鼠标中键使所有三维模型完全显示在绘图区中，使用"概念"显示模式将笔筒实体重新着色显示在绘图区中，结果如图13-49所示。

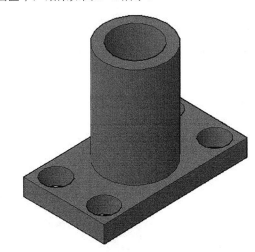

图13-49 "概念"显示实体

13.2.3 球体（SPH）

在AutoCAD中，使用"球体"命令可创建一个任意大小或指定半径的正圆形球体模型，其纬线将平行于XY平面，而中心轴则平行于当前工作坐标系的Z轴。

"球体"命令的执行方法主要有以下3种。

◇ 菜单栏：绘图>建模>球体。

◇ 命令行：SPHERE或SPH。

◇ 功能区：单击"建模"命令区域中的 ⊙ 按钮。

操作方法

Step1 输入SPH并按空格键，执行"球体"命令，如图13-50所示。

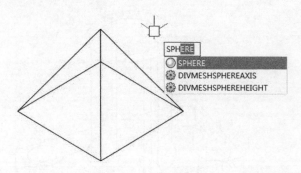

图13-50 执行"球体"命令

Step2 定义球体形状。

01 在系统信息提示下，选择直线的角顶点为球体的中心点，如图13-51所示。

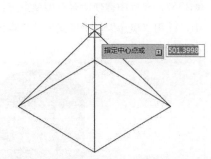

图13-51 定义球体中心点

02 移动十字光标，在命令行中输入数字60，按空格键完成球体半径的指定，如图13-52所示。

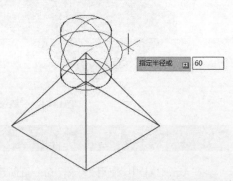

图13-52 定义球体半径

 注意

在命令行中输入字母ISOLINES，按空格键可切换至网格线数的设置项，从而重新定义球面上的网格线数目。

Step3 概念显示球体。单击绘图区左上角的"二维线框"控件按钮，选择"概念"选项，系统将以三维实体模式显示出球体，如图13-53所示。

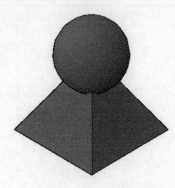

图13-53 "概念"显示球体

参数解析

在创建球体的过程中，命令行中将出现相关的提示信息，如图13-54所示。

图13-54 命令行提示信息

- **指定中心点**：用于提示用户选择绘图区中任意一个特征点作为球体的几何中心点。

- **三点（3P）**：在命令行中输入3P并按空格键，可通过指定3个特征点的方式来完成球体的创建。

- **两点（2P）**：在命令行中输入2P并按空格键，可通过指定球体直径的两个端点来完成球体的创建。

- **切点、切点、半径、（T）**：在命令行中输入字母T并按空格键，可通过指定两切点和球体半径的方式来完成球体的创建。

- **指定半径**：在完成球体中心点的指定后，系统将自动切换至该选项，用户可通过选择某点或指定半径值的方式来定义球体的半径大小。

- **直径（D）**：在命令行中输入字母D并按空格键，可通过指定直径的方式来定义球体大小。

13.2.4 圆锥体（CONE）

在AutoCAD中，使用"圆锥体"命令可创建一个底面为圆形的锥形实体模型。

"圆锥体"命令的执行方法主要有以下3种。

◇ 菜单栏：绘图>建模>圆锥体。

◇ 命令行：CONE。

◇ 功能区：单击"建模"命令区域中的△圆锥体按钮。

Step1 输入CONE并按空格键，执行"圆锥体"命令，如图13-55所示。

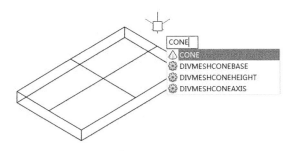

图13-55 执行"圆锥体"命令

Step2 定义圆锥体形状。

01 在系统信息提示下，选择两条相交直线的交点为底面的中心点，如图13-56所示。

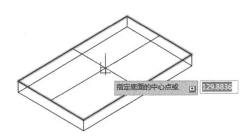

图13-56 定义底面中心点

02 移动十字光标，选择长方体边线上的垂足点为圆上的通过点，完成底面圆形半径的指定，如图13-57所示。

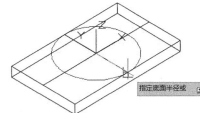

图13-57 定义底面圆形半径

03 向上移动十字光标，指定圆锥体的高度方向；在命令行中输入数字150，按空格键完成圆锥体高度的指定，系统将创建出指定尺寸的圆锥体模型，结果如图13-58所示。

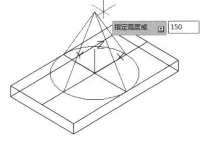

图13-58 完成圆锥体

04 概念显示圆锥体。单击绘图区左上角的"二维线框"控件按钮，选择"概念"选项，系统将以三维实体模式显示出圆锥体，如图13-59所示。

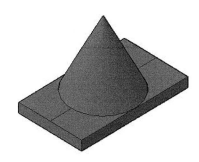

图13-59 "概念"显示圆锥体

参数解析

在创建圆锥体的过程中，命令行中将出现相关的提示信息，如图13-60所示。

图13-60 命令行提示信息

- **指定底面的中心点**：用于提示用户选择绘图区中任意一个特征点作为圆锥体底面圆形的圆心点。

- **三点（3P）**：在命令行中输入3P并按空格键，可通过指定3个特征点的方式来快速定义圆锥体底面圆形的位置与大小。

- **两点（2P）**：在命令行中输入2P并按空格键，可通过指定底面圆形直径的两个端点来完成底面圆形的定义。

- **切点、切点、半径、（T）**：在命令行中输入字母T并按空格键，可通过指定两个切点和圆半径的方式来完成底面圆形的定义。

- **椭圆（E）**：在命令行中输入E并按空格键，可将系统默认的底面圆形切换为椭圆形。

- **指定底面半径**：在完成底面中心点的指定后，再选择任意一个特征点或指定圆形的半径值，可快速定义出底面圆形的大小。

- **指定高度**：在完成底面圆形的定义后，在垂直方向上选择任意一个特征点或指定圆锥体的高度值，可完成圆锥体高度的定义。

13.2.5 棱锥体（PYR）

在AutoCAD中，使用"棱锥体"命令可创建一个底面为矩形的锥形实体模型。

"棱锥体"命令的执行方法主要有以下3种。

◇ 菜单栏：绘图>建模>棱锥体。

◇ 命令行：PYRAMID或PYR。

◇ 功能区：单击"建模"命令区域中的 △ 按钮。

操作方法

Step1 输入PYR并按空格键，执行"棱锥体"命令，如图13-61所示。

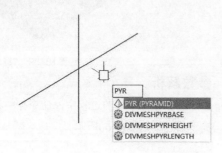

图13-61 执行"棱锥体"命令

Step2 定义棱锥体形状。

01 在系统信息提示下，选择两条相交直线的交点为底面的中心点，如图13-62所示。

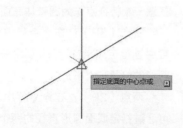

图13-62 定义底面中心点

02 移动十字光标，选择直线的一个端点为棱锥形底面边线的通过点，完成底面半径大小的指定，如图13-63所示。

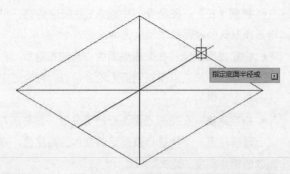

图13-63 定义底面多边形轮廓

03 向上移动十字光标，指定棱锥体的高度方向；在命令行中输入数字150，按空格键完成棱锥体高度的指定，系统将创建出指定尺寸的棱锥体模型，结果如

图13-64所示。

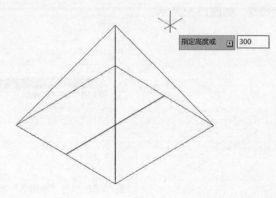

图13-64 完成棱锥体

Step3 概念显示棱锥体。单击绘图区左上角的"二维线框"控件按钮，选择"概念"选项，系统将以三维实体模式显示出棱锥体，如图13-65所示。

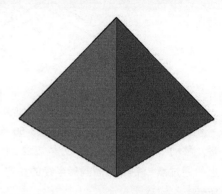

图13-65 "概念"显示棱锥体

参数解析

在创建棱锥体的过程中，命令行中将出现相关的提示信息，如图13-66所示。

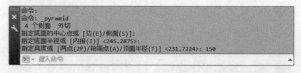

图13-66 命令行提示信息

■ **指定底面的中心点**：用于提示用户选择绘图区任意一个特征点作为棱锥体底面多边形轮廓边的中心点。

■ **边（E）**：在命令行中输入字母E并按空格键，可通过指定底面多边形轮廓边的两个端点来完成底面矩形的定位与定形。

■ **侧面（S）**：在命令行中输入字母S并按空格键，可重定义棱锥体底面多边形的侧面边数。

■ **指定底面半径**：在完成底面中心点的指定后，再选择任意一特征点或指定多边形的相切圆半径值，可快速定义出底面多边形的大小。

- **指定高度**：在完成底面多边形的定义后，在垂直方向上选择任意一特征点或指定棱锥体的高度值，可完成棱锥体高度的定义。

13.2.6 圆环体（TOR）

在AutoCAD中，使用"圆环体"命令可创建一个截面为圆形的环状实体模型。

"圆环体"命令的执行方法主要有以下3种。

◇ 菜单栏：绘图>建模>圆环体。
◇ 命令行：TORUS或TOR。
◇ 功能区：单击"建模"命令区域中的 按钮。

操作方法

Step1 输入TOR并按空格键，执行"圆环体"命令，如图13-67所示。

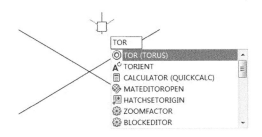

图13-67 执行"圆环体"命令

Step2 定义圆环形状。

01 在系统信息提示下，选择两相交直线的交点为圆环的中心点，如图13-68所示。

图13-68 定义圆环中心点

02 移动十字光标，选择相交直线的一个端点为圆环半径上的通过点，如图13-69所示。

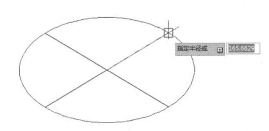

图13-69 定义圆环半径

03 移动十字光标，在命令行中输入数字10，按空格键完成圆管半径的指定，如图13-70所示。

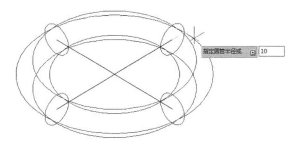

图13-70 定义圆管半径

Step3 概念显示圆环体。单击绘图区左上角的"二维线框"控件按钮，选择"概念"选项，系统将以三维实体模式显示出圆环体，如图13-71所示。

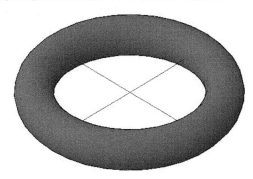

图13-71 "概念"显示圆环体

典型实例：钳口螺母

实例位置	实例文件>Ch013>钳口螺母.dwg
实用指数	★★★☆☆
技术掌握	熟练使用"长方体"命令、"圆柱体"命令以及"布尔并集"命令、"布尔差集"命令

本实例将以"钳口螺母"为讲解对象，主要使用"长方体"命令、"圆柱体"命令以及"布尔并集"命令、"布尔差集"命令、"倒角边"命令的综合运用技巧，最终结果如图13-72所示。

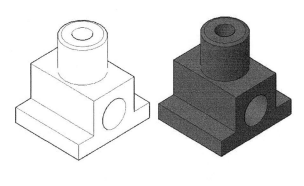

图13-72 钳口螺母

在"钳口螺母"的实例操作过程中，将体现在实体零件的造型过程如何正确定位圆柱体的空间位置，主要有以下几个基本步骤。

（1）新建GB样式的图形文件。

（2）创建底座长方体。使用定长的方式创建出指定高度、宽度、长度的长方体实体。

（3）创建凸台实体。在已知的长方体顶平面上创建出定位、定形的长方体实体。

（4）创建圆柱体。在凸台实体的顶平面中心位置处，创建出指定截面圆半径和高度值的圆柱体。

（5）创建圆孔。在已知的实体平面上绘制相交的圆柱体，再使用"差集"命令创建出圆孔特征。

（6）创建实体倒角。对实体的棱角线上创建指定距离值的倾斜实体面。

Step1 新建文件。

01 单击"快速工具栏"中的🔲按钮，创建一个GB无图框样式的图形文件。

02 在"图层"工具栏中选择"轮廓线"图层。

Step2 创建底座长方体。

01 将绘图视角调整为"西南等轴测"视角。

02 执行"长方体"命令（BOX），在绘图区中的任意位置单击鼠标左键，确定长方体的第1个角点。

03 在命令行中输入字母L并按空格键，再指定长方体的长度为50、宽度为56。

04 向上移动十字光标，指定长方体的高度为10，按空格键完成长方体的创建，结果如图13-73所示。

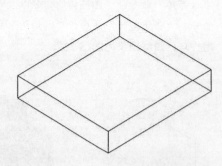

图13-73 创建底座长方体

Step3 创建凸台实体。

01 执行"直线"命令（L），捕捉长方体上表面两边线的中点，绘制一条直线段，如图13-74所示。

02 执行"偏移"命令（O），将绘制的辅助直线分别向两侧各偏移16，如图13-75所示。

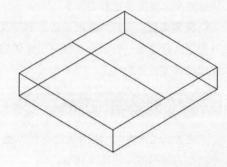

图13-74 绘制直线

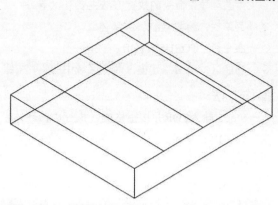

图13-75 偏移直线

03 执行"长方体"命令（BOX），捕捉一条偏移直线的端点为第1个底面角点，捕捉另一条偏移直线的端点为第2个底面角点，如图13-76所示。

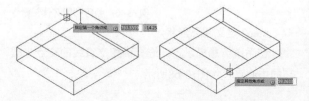

图13-76 定义底面矩形

04 移动十字光标，指定长方体的高度为23，按空格键完成长方体的创建，如图13-77所示。

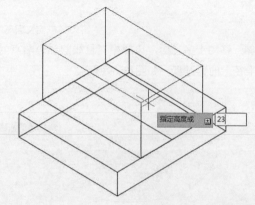

图13-77 创建凸台实体

05 执行"删除"命令（E），删除绘制的辅助直线与偏移直线；执行"并集"命令（UNI），将两个相交的长方体进行合并操作，如图13-78所示。

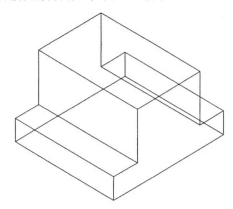

图13-78 合并实体

Step4 创建圆柱体。

01 执行"直线"命令（L），捕捉实体上表面两边线的中点，绘制一条直线段；执行"圆柱体"命令（CYL），捕捉辅助直线的中点为圆柱体底面圆形的圆心，如图13-79所示。

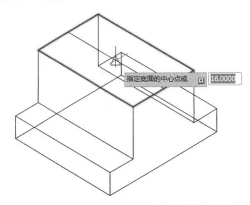

图13-79 定义圆柱体底面圆心

02 移动十字光标，指定底面圆形半径为14，指定圆柱体高度为24，完成圆柱体的创建，如图13-80所示。

03 执行"并集"命令（UNI），将相交的圆柱体与凸台实体进行合并操作。

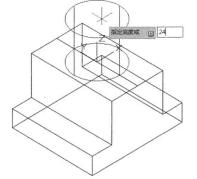

图13-80 创建圆柱体

Step5 创建圆孔。

01 执行"圆柱体"命令（CYL），捕捉圆柱体顶平面的圆心点为新圆柱体的圆心；移动十字光标，指定底面圆形半径为6，指定圆柱体高度为23，完成圆柱体的创建，如图13-81所示。

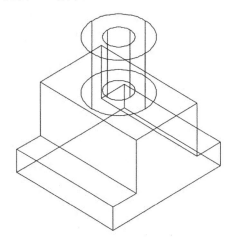

图13-81 创建圆柱体

02 执行"差集"命令（SU），分别选择相交的两个圆柱实体为求差对象，完成实体的求差操作。

03 执行"直线"命令（L），捕捉凸台实体侧平面两边线的中点，绘制一条垂直直线，如图13-82所示。

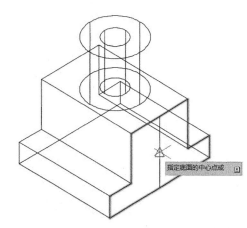

图13-82 绘制直线

04 执行"圆柱体"命令（CYL），捕捉辅助直线的中点为圆柱体的底面圆形；移动十字光标，指定底面圆形半径为9.5，指定圆柱体高度为55，完成圆柱体的创建。

05 执行"差集"命令（SU），分别选择相交的凸台实体与圆柱体为求差对象，完成实体的求差操作，结果如图13-83所示。

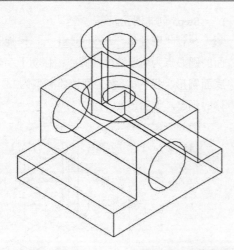

图13-83 实体求差

Step6 创建实体倒角。

01 双击鼠标中键使所有三维模型完全显示在绘图区中，使用"概念"显示模式将钳口螺母重新着色显示在绘图区中，如图13-84所示。

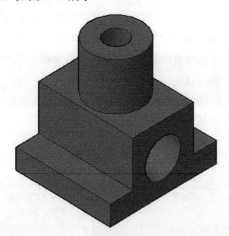

图13-84 "概念"显示实体

02 执行"倒角边"命令，指定倒角距离为2，选择圆柱体的顶面边线为倒角对象，完成实体的倒角操作，结果如图13-85所示。

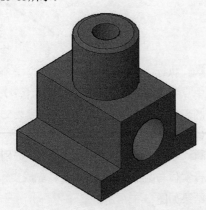

图13-85 实体倒角

13.3 布尔运算

本节知识概要

知识名称	作用	重要程度	所在页
布尔并集运算	掌握在AutoCAD系统中将实体进行合并操作的基本方法	高	P301
布尔差集运算	掌握在AutoCAD系统中对相交实体模型进行求差操作的基本方法	高	P301
布尔交集运算	了解将相交实体的公集实体部分创建为新实体的基本操作方法	低	P302

在AutoCAD的三维造型过程中，创建的所有实体模型均为独立的几何单元，系统并不会将相交的多个实体进行并集、差集或交集运算。

因此，在对产品零件进行三维实体造型时，为更快速的达到设计目标，就需要对相交的实体模型进行相应的布尔运算，从而正确的表达出三维实体造型的结构。

单击菜单栏中的"修改"菜单，然后将鼠标指针放到"实体编辑"命令上，展开相应的子菜单命令，如图13-86所示。

图13-86 布尔运算菜单

13.3.1 布尔并集运算（UNI）

布尔并集运算是将两个或多个实体、曲面图形对象进行合并运算组成一个独立的实体或曲面图形对象。

"并集"命令的执行方法主要有以下3种。

◇　菜单栏：修改>实体编辑>并集。

◇　命令行：UNION或UNI。

◇　功能区：单击"实体编辑"命令区域中的 ⊙ 并集 按钮。

操作方法

Step1 输入UNI并按空格键，执行"并集"命令，如图13-87所示。

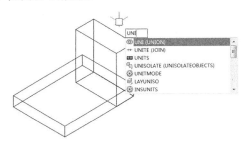

图13-87 执行"并集"命令

Step2 定义合并对象。

01 在系统信息提示下，选择下方的长方体实体为合并的第1个对象。

02 选择上方相交的长方体实体为合并的第2个对象，如图13-88所示。

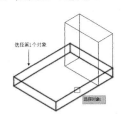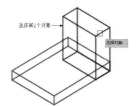

图13-88 定义合并对象

03 按空格键完成实体对象的合并操作，单击绘图区左上角的"二维线框"控件按钮，选择"概念"选项，系统将以三维实体模式显示出合并结果，如图13-89所示。

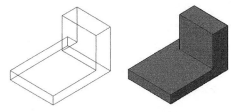

图13-89 显示合并结果

13.3.2 布尔差集运算（SU）

布尔差集运算是将指定的实体对象从另一个实体对象中减去，从而创建出一个新的实体图形对象。

"差集"命令的执行方法主要有以下3种。

◇　菜单栏：修改>实体编辑>差集。

◇　命令行：SUBTRACT或SU。

◇　功能区：单击"实体编辑"命令区域中的 ⊙ 差集 按钮。

操作方法

Step1 输入SU并按空格键，执行"差集"命令，如图13-90所示。

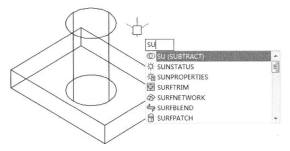

图13-90 执行"差集"命令

Step2 定义剪裁对象。

01 在系统信息提示下，选择下方的长方体并按空格键，完成实体剪裁源对象的指定，如图13-91所示。

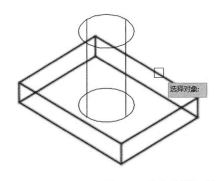

图13-91 定义剪裁源对象

02 选择相交的圆柱体为实体剪裁的参考对象，如图13-92所示。

03 按空格键完成实体对象的剪裁操作，单击绘图区左上角的"二维线框"控件按钮，选择"概念"选项，系统将以三维实体模式显示出剪裁结果，如图13-93所示。

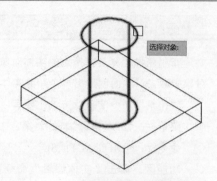

图13-92 定义剪裁参考对象

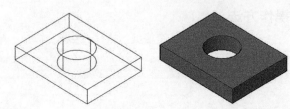

图13-93 显示剪裁结果

13.3.3 布尔交集运算（IN）

布尔交集运算是将两个或多个相交实体的公共实体部分，创建为一个新的独立实体图形对象。

"交集"命令的执行方法主要有以下3种。

◇ 菜单栏：修改>实体编辑>交集。

◇ 命令行：INTERSECT或IN。

◇ 功能区：单击"实体编辑"命令区域中的【交集】按钮。

操作方法

Step1 输入IN并按空格键，执行"交集"命令，如图13-94所示。

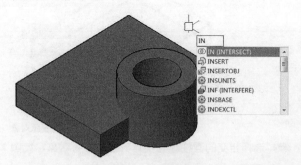

图13-94 执行"交集"命令

Step2 定义交集对象。

01 在系统信息提示下，分别选择相交的长方体和圆柱体为交集定义的两个实体对象。

02 按空格键完成交集实体的创建，结果如图13-95所示。

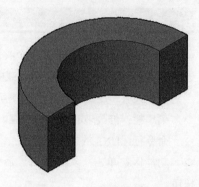

图13-95 显示交集结果

典型实例：固定螺钉

实例位置	实例文件>Ch013>固定螺钉.dwg
实用指数	★★★☆☆
技术掌握	熟练使用"圆柱体"命令的定位、定形操作技巧

本实例将以"固定螺钉"为讲解对象，主要运用"圆柱体"命令、"并集"命令、"差集"命令的操作技巧等，最终结果如图13-96所示。

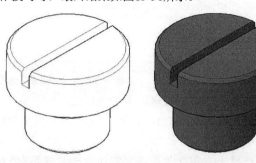

图13-96 固定螺钉

思路解析

在"固定螺钉"的实例操作过程中，将体现圆柱体的定位、定形操作技巧，主要有以下几个基本步骤。

（1）新建GB样式的图形文件。

（2）创建底座圆柱体。

（3）创建螺杆圆柱体。在底座圆柱体顶平面上叠加创建一个新的圆柱体。

（4）创建实体倒角与槽口。使用"倒角边"命令对实体的棱角边线进行倒角处理，使用"长方体"和"差集"命令创建出顶平面上的凹槽特征。

Step1 新建文件。

01 单击"快速工具栏"中的 按钮，创建一个GB无图框样式的图形文件。

02 在"图层"工具栏中选择"轮廓线"图层。

Step2 创建底座圆柱体。

01 将绘图视角调整为"东南等轴测"视角。

02 执行"圆柱体"命令（CYL），选择绘图区中任意一点为圆柱体底面圆形的圆心，指定底面圆形半径为17.5，指定圆柱体高度为12，完成圆柱体的创建，如图13-97所示。

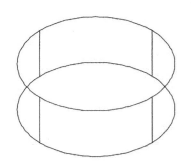

图13-97 创建圆柱体

Step2 创建螺杆圆柱体。

01 执行"圆柱体"命令（CYL），选择圆柱体顶平面的圆心点为新圆柱体的圆心，如图13-98所示。

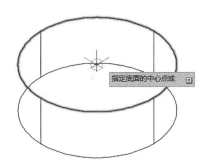

图13-98 定义圆柱体底面圆心

02 移动十字光标，指定底面圆形半径为9，指定圆柱体高度为16，完成圆柱体的创建，如图13-99所示。

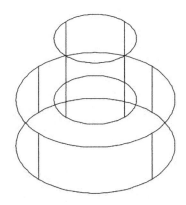

图13-99 创建圆柱体

03 执行"圆柱体"命令（CYL），选择圆柱体顶平面的圆心点为新圆柱体的圆心，如图13-100所示。

04 移动十字光标，指定底面圆形半径为12，指定圆柱体向下拉伸高度为12，结果如图13-101所示。

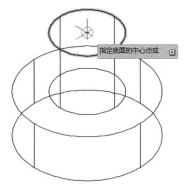

图13-100 定义圆柱体底面圆心

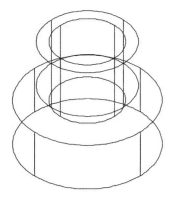

图13-101 创建圆柱体

05 执行"并集"命令（UNI），将两个相交的3个圆柱体进行合并操作，如图13-102所示。

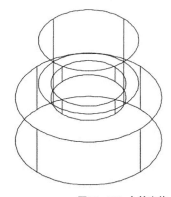

图13-102 合并实体

Step3 创建实体倒角与槽口。

01 执行"倒角边"命令，指定倒角距离为1，选择圆柱体的底面边线为倒角对象，完成实体的倒角操作，结果如图13-103所示。

02 执行"长方体"命令（BOX），捕捉底座圆柱体的底平面圆心为长方体的中心点，指定长方体底面矩形长度为40、宽度为3，指定长方体高度为10，结果如图13-104所示。

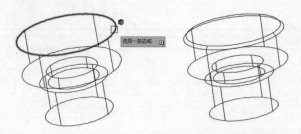

图13-103 实体倒角

图13-104 创建长方体

03 执行"差集"命令（SU），分别选择相交的圆柱体与长方体为求差对象，完成实体的求差操作。

04 执行"倒角边"命令，指定倒角距离为1，选择圆柱体的顶面边线为倒角对象，完成实体的倒角操作，结果如图13-105所示。

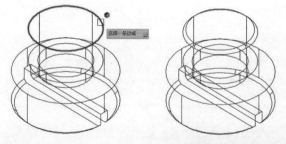

图13-105 实体倒角

05 双击鼠标中键使所有三维模型完全显示在绘图区中，使用"概念"显示模式将固定螺钉重新着色显示在绘图区中，如图13-106所示。

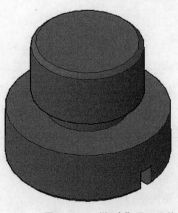

图13-106 "概念"显示实体

13.4 特征三维实体

本节知识概要

知识名称	作用	重要程度	所在页
拉伸实体	掌握在AutoCAD中使用"拉伸"方式创建三维实体的基本方法	高	P304
旋转实体	掌握使用"旋转"方式创建三维实体的基本方法	高	P309
扫掠实体	了解三维扫掠实体的基本特点与创建方法	低	P312
放样实体	掌握使用"放样"方式创建三维实体的基本技巧	高	P314

在AutoCAD三维实体建模中，使用"拉伸""旋转""扫掠""放样"命令是创建三维实体的一种快捷方式。它相对于基本三维实体的创建绘制难度较大，需要用户分别绘制出实体的各个特征形状。

本节将在"草图与注释"工作空间中添加"三维工具"功能选项卡，再以此为基本界面进行三维实体造型工具的介绍。

在"三维工具"功能区中包括了"建模""实体编辑""曲面""网络"和"截面"等项目区域，本节将重点介绍"建模"和"实体编辑"项目区域中的各种命令的应用，如图13-107所示。

图13-107 "三维工具"功能区

13.4.1 拉伸实体（EXT）

在AutoCAD中，"拉伸"命令是通过将已绘制的二维封闭曲线按照曲线的垂直方向或指定的路径进行距离延伸操作，从而实现零件三维实体的创建。

"拉伸"命令的执行方法主要有以下3种。

◇ 菜单栏：绘图>建模>拉伸。

◇ 命令行：EXTRUDE或EXT。

◇ 功能区：单击"建模"命令区域中的 按钮。

操作方法

Step1 输入EXT并按空格键，执行"拉伸"命令，如图13-108所示。

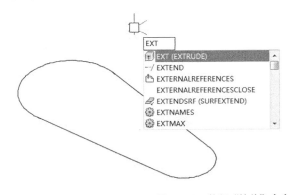

图13-108 执行"拉伸"命令

Step2 定义拉伸实体。

01 选择已合并的封闭曲线为拉伸实体的截面轮廓曲线，如图13-109所示；按空格键，完成拉伸实体截面轮廓曲线的指定。

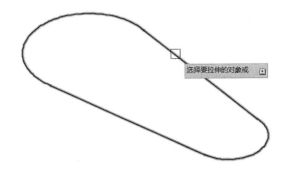

图13-109 选择封闭曲线

> **注意**
>
> 选择的拉伸实体截面曲线必须是连续封闭的独立单元对象。因此，对于连续的多段曲线，一般需要先将其进行"合并"操作。

02 向上移动十字光标，指定实体的拉伸方向；在命令行中输入数字10，按空格键完成拉伸实体高度的指定，系统将创建出指定尺寸的实体模型，结果如图13-110所示。

> **注意**
>
> 在指定拉伸距离时，输入正值将按照系统默认的方向进行拉伸，而输入负值将按照系统默认方向的对称方向进行拉伸。

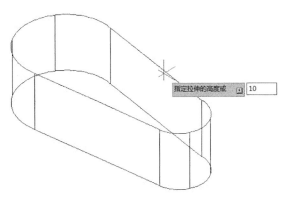

图13-110 定义拉伸高度

Step3 概念显示拉伸实体。单击绘图区左上角的"二维线框"控件按钮，选择"概念"选项，系统将以三维实体模式显示出拉伸实体，如图13-111所示。

图13-111 "概念"显示拉伸实体

参数解析

在创建拉伸实体的过程中，命令行中将出现相关的提示信息，如图13-112所示。

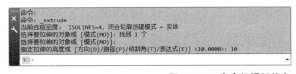

图13-112 命令行提示信息

- **选择要拉伸的对象**：用于提示用户选择已创建的封闭轮廓曲线作为拉伸实体的截面曲线。

- **模式（MO）**：在命令行中输入字母MO，按空格键，可重新定义当前拉伸命令默认的创建模式。其一般包括了"实体（SO）"和"曲面（SU）"两种模式，而系统一般将默认使用"实体（SO）"选项为拉伸命令的模式，如图13-113所示。

- **指定拉伸的高度**：在完成拉伸实体截面曲线的指定后，系统将默认使用指定垂直距离值的方式来定义截面曲线的拉伸高度。

图13-113 模式选择

▪ **方向（D）：** 在完成拉伸实体截面曲线的指定后，在命令行在输入字母D，按空格键，可重新定义拉伸的方向，如图13-114所示。

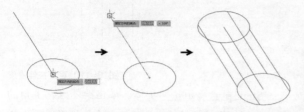

图13-114 指定方向拉伸实体

▪ **路径（P）：** 在命令行中输入字母P，按空格键，可通过指定路径曲线的方式来控制拉伸实体的结构形状，如图13-115所示。

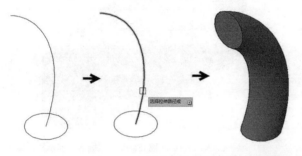

图13-115 指定路径拉伸实体

▪ **倾斜角（T）：** 在命令行中输入字母T，按空格键，可通过指定倾斜角度的方式来控制拉伸实体的外形结构，如图13-116所示。

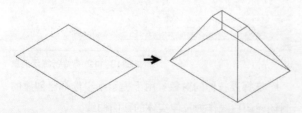

图13-116 带倾斜角的拉伸实体

功能实战：半圆梯槽块

实例位置	实例文件>Ch013>半圆梯槽块.dwg
实用指数	★★★☆☆
技术掌握	熟练使用"拉伸"命令完成零件外形结构的造型

本实例将以"半圆梯槽块"为讲解对象，主要运用"长方体"命令、"圆柱体"命令以及"布尔求和""布尔求差"命令的操作技巧，最终结果如图13-117所示。

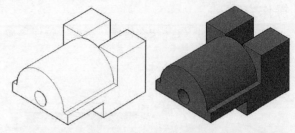

图13-117 半圆梯槽块

📖 **思路解析**

在"半圆梯槽块"的实例操作过程中，将体现"拉伸"命令在零件造型过程中的辅助作用，主要有如下几个基本步骤。

（1）新建GB样式的图形文件。

（2）创建底座长方体。

（3）创建拉伸实体。在底座长方体的顶平面上创建出叠加的拉伸实体。

（4）创建拉伸切口特征。使用"拉伸"命令和"差集"命令创建出零件的各切口特征。

（5）创建半圆拉伸实体。使用"拉伸"命令创建出限制距离的实体特征。

Step1 新建文件。

01 单击"快速工具栏"中的🗔按钮，创建一个GB无图框样式的图形文件。

02 在"图层"工具栏中选择"轮廓线"图层。

Step2 创建底座长方体。

01 将绘图视角调整为"西南等轴测"视角。

02 执行"长方体"命令（BOX），在绘图区中的任意位置单击鼠标左键，确定长方体的第1个角点。

03 在命令行中输入字母L并按空格键，再指定长方体的宽度为70，长度为100。

04 向上移动十字光标，指定长方体的高度为25，按空格键完成长方体的创建，结果如图13-118所示。

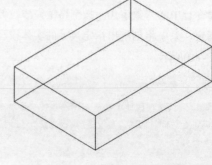

图13-118 创建底座长方体

Step3 创建拉伸实体。

01 执行"矩形"命令（REC），捕捉长方体顶平面上的角点为矩形的第1个角点，指定矩形长度为36，宽度为24，绘制如图13-119所示的两个矩形。

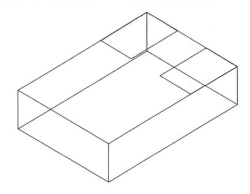

图13-119 绘制两矩形

02 执行"拉伸"命令（EXT），选择已创建的两个矩形为拉伸的截面图形，指定拉伸距离为30，完成拉伸实体的创建，结果如图13-120所示。

03 执行"并集"命令（UNI），将相交的长方体和两个拉伸实体进行合并操作。

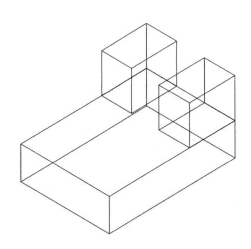

图13-120 拉伸实体

Step4 创建拉伸切口特征。

01 执行"矩形"命令（REC），捕捉合并实体的侧平面顶点为矩形的第1个角点，指定矩形的长度为46、宽度为15，绘制如图13-121所示的矩形。

02 执行"拉伸"命令（EXT），选择侧平面上的矩形为拉伸的截面图形，指定拉伸距离为100，完成拉伸实体的创建，如图13-122所示。

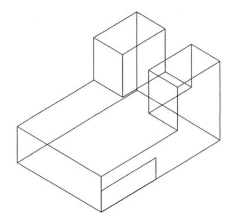

图13-121 绘制矩形

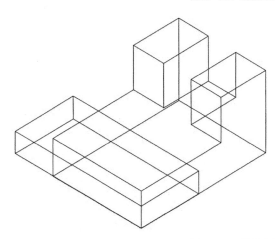

图13-122 拉伸实体

03 执行"差集"命令（SU），分别选择已合并的实体模型和拉伸实体为求差对象，完成实体的求差操作，结果如图13-123所示。

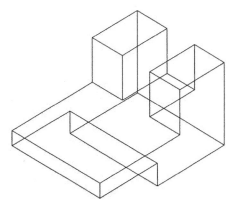

图13-123 实体求差

Step5 创建半圆拉伸实体。

01 执行"圆心、半径"圆命令（C）、"直线"命令（L）和"修剪"命令（TR），在实体的端平面上绘制封闭连续的半圆图形；执行"合并"命令

307

（J），将连接的圆弧和直线进行合并操作，结果如图13-124所示。

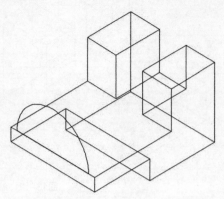

图13-124 绘制圆弧与直线

02 执行"拉伸"命令（EXT），选择已合并的半圆图形为拉伸的截面图形，移动十字光标并选择实体上的一个顶点作为拉伸的限制点，完成拉伸实体的创建，如图13-125所示。

03 执行"并集"命令（UNI），将半圆拉伸实体与相交的实体模型进行合并操作。

04 执行"圆心、半径"圆命令（C），捕捉端面圆弧的圆心，绘制半径为7.5的圆形，如图13-126所示。

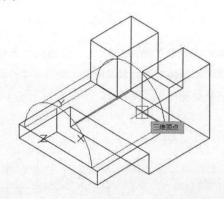

图13-125 拉伸实体

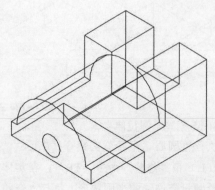

图13-126 绘制圆形

05 执行"拉伸"命令（EXT），选择绘制圆形为拉伸的截面图形，向实体的后方移动十字光标并在适当的位置单击鼠标左键，完成拉伸距离的指定，如图13-127所示。

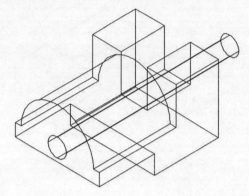

图13-127 拉伸实体

06 执行"差集"命令（SU），分别选择已合并的实体模型和拉伸的圆柱实体为求差对象，完成实体的求差操作，结果如图13-128所示。

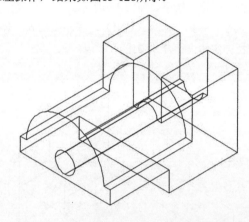

图13-128 实体求差

07 双击鼠标中键使所有三维模型完全显示在绘图区中，使用"概念"显示模式将半圆梯槽块重新着色显示在绘图区中，如图13-129所示。

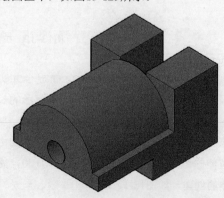

图13-129 "概念"显示实体

13.4.2 旋转实体（REV）

旋转实体是将实体的二维截面图形沿指定的中心轴进行角度扫描，从而创建出三维实体的一种方式。

"旋转"命令的执行方法主要有以下3种。

◇ 菜单栏：绘图>建模>旋转。

◇ 命令行：REVOLVE或REV。

◇ 功能区：单击"建模"命令区域中的█按钮。

操作方法

Step1 输入REV并按空格键，执行"旋转"命令，如图13-130所示。

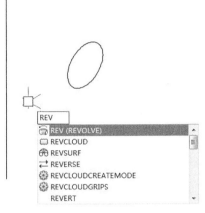

图13-130 执行"旋转"命令

Step2 定义旋转实体。

01 在系统信息的提示下，选择右侧的圆形为需要旋转的对象，如图13-131所示；按空格键，完成旋转实体截面轮廓曲线的指定。

图13-131 定义旋转对象

02 选择直线的顶端点为旋转轴的起点，选择直线的另一个端点为旋转轴的终点，如图13-132所示；按空格键，完成旋转轴的指定。

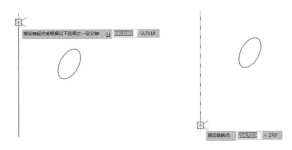

图13-132 定义旋转轴

03 移动十字光标，在命令行中输入数字90，按空格键完成旋转实体角度的指定，系统将创建出指定旋转角度的实体模型，结果如图13-133所示。

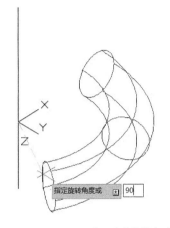

图13-133 定义实体旋转角度

> **注意**
> 在指定旋转角度前，可移动十字光标来指定实体的旋转方向。

Step3 概念显示旋转实体。单击绘图区左上角的"二维线框"控件按钮，选择"概念"选项，系统将以三维实体模式显示出旋转实体，如图13-134所示。

图13-134 "概念"显示旋转实体

参数解析

在创建旋转实体的过程中，命令行中将出现相关的提示信息，如图13-135所示。

```
命令: REV
REVOLVE
当前线框密度:  ISOLINES=4, 闭合轮廓创建模式 = 实体
选择要旋转的对象或 [模式(MO)]: 找到 1 个
选择要旋转的对象或 [模式(MO)]:
指定轴起点或根据以下选项之一定义轴 [对象(O)/X/Y/Z] <对象>:
指定轴端点:
指定旋转角度或 [起点角度(ST)/反转(R)/表达式(EX)] <360>: 90
```

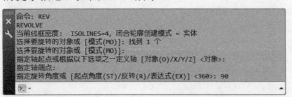

图13-135 命令行提示信息

- **选择要旋转的对象**：用于提示用户选择已创建的封闭轮廓曲线作为旋转实体的扫描截面曲线。
- **模式（MO）**：在命令行中输入字母MO，按空格键，可重新定义当前旋转命令默认的创建模式。其一般包括了“实体（SO）”和“曲面（SU）”两种模式，如图13-136所示。

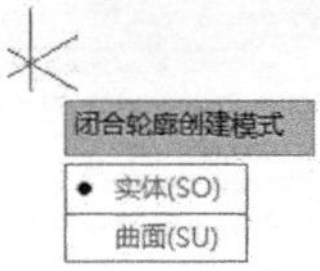

图13-136 模式选择

- **指定轴启点或根据以下选项之一定义轴**：用于提示用户选择已创建的线段端点、二维特征点作为旋转实体中心轴的第1个端点。
- **指定轴端点**：用于提示选择旋转实体中心轴的第2个轴点。
- **指定旋转角度**：在完成旋转实体截面曲线的指定后，系统将默认该截面曲线绕指定的旋转中心轴进行角度扫描。

功能实战：圆台孔平四槽块

实例位置　实例文件>Ch013>圆台孔平四槽块.dwg
实用指数　★★★☆☆
技术掌握　熟练“旋转”命令创建出三维实体的基本技巧

本实例将以“圆台孔平四槽块”为讲解对象，主要运用“拉伸”命令、“旋转”命令以及“布尔求和”“布尔求差”命令的操作技巧，最终结果如图13-137所示。

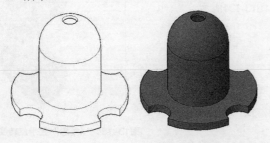

图13-137 圆台孔平四槽块

思路解析

在“圆台孔平四槽块”的实例操作过程中，将体现“旋转”命令在零件造型过程中的基本方法与技巧，主要有以下几个基本步骤。

（1）新建GB样式的图形文件。

（2）创建基座旋转体。使用“旋转”命令创建出定形、定位的三维底座实体。

（3）创建圆台旋转体。在底座实体上使用“旋转”命令创建出叠加的三维实体。

（4）创建圆形切口特征。使用“拉伸”命令和“差集”命令在底座实体上创建出切口特征。

Step1 新建文件。

01 单击“快速工具栏”中的□按钮，创建一个GB无图框样式的图形文件。

02 在“图层”工具栏中选择“轮廓线”图层。

Step2 创建基座旋转体。

01 将绘图视角调整为“前视”视角。

02 执行“直线”命令（L）和“矩形”命令（REC），绘制一条垂直直线和水平放置的矩形，如图13-138所示。

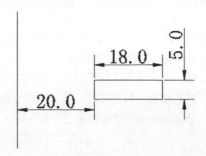

图13-138 绘制直线和矩形

03 将绘图视角调整为“西南等轴测”视角。

04 执行“旋转”命令（REV），选择矩形为旋转实体的截面轮廓曲线，分别选择直线两端点为旋转中心轴的起点与终点，指定旋转角度为360°，完成旋转实体的创建，结果如图13-139所示。

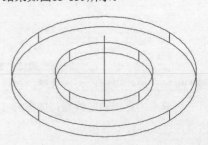

图13-139 旋转实体

Step3 创建圆台旋转体。

01 将绘图视角调整为"前视"视角。

02 绘制如图13-140所示的圆弧曲线与连接直线；执行"合并"命令（J），将连接的直线与圆弧进行合并操作。

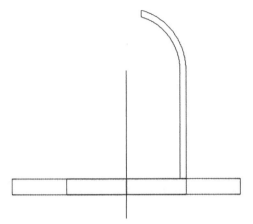

图13-140 绘制截面轮廓

03 执行"旋转"命令（REV），选择合并的封闭轮廓线为旋转实体的截面轮廓曲线，分别选择直线两端点为旋转中心轴的起点与终点，指定旋转角度为360°，完成旋转实体的创建，如图13-141所示。

04 执行"并集"命令（UNI），将相交的两个旋转实体进行合并操作。

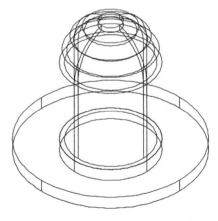

图13-141 旋转实体

Step4 创建圆形切口特征。

01 将绘图视角调整为"俯视"视角。

02 执行"圆半径"圆命令（C），绘制半径为9的4个圆形，如图13-142所示。

03 执行"拉伸"命令（EXT），选择已创建的4个圆形为拉伸的截面图形，指定拉伸距离为15，完成拉伸实体的创建，结果如图13-143所示。

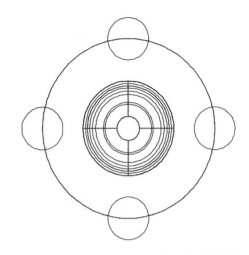

图13-142 绘制圆形

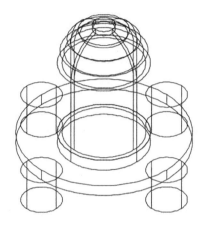

图13-143 拉伸实体

04 执行"差集"命令（SU），分别选择已合并的旋转实体模型和相交的拉伸实体为求差对象，完成实体的求差操作，结果如图13-144所示。

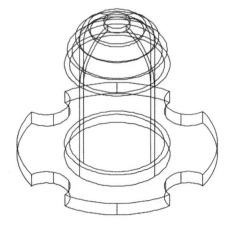

图13-144 实体求差

05 使用"概念"显示模式将圆台孔平四槽块重新着色显示在绘图区中，如图13-145所示。

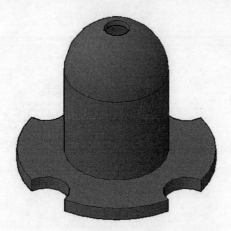

图13-145 "概念"显示实体

13.4.3 扫掠实体（SWE）

扫掠实体是将实体的二维截面图形沿指定的路径进行扫掠，从而创建出三维实体的方式。

"扫掠"命令的执行方法主要有以下3种。

◇ 菜单栏：绘图>建模>扫掠。

◇ 命令行：SWEEP或SWE。

◇ 功能区：单击"建模"命令区域中的 按钮。

操作方法

Step1 输入SWE并按空格键，执行"扫掠"命令，如图13-146所示。

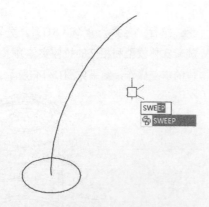

图13-146 执行"扫掠"命令

Step2 定义扫掠实体。

注意

在定义扫掠路径曲线时，有两种情况将不能正确的创建出扫掠实体。

（1）不能选择自相交的曲线，否则就不能创建扫掠实体。

（2）不能选择曲率变化太大的曲线，否则创建的扫掠实体将自相交，系统将自动曲线扫掠实体的创建。

01 在系统信息提示下，选择圆形为需要扫掠的对象图形，如图13-147所示；按空格键，完成扫掠实体的截面轮廓曲线的指定。

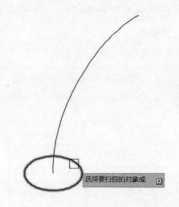

图13-147 定义扫掠对象

02 选择绘图区中已知的圆弧为扫掠的路径曲线，如图13-148所示。

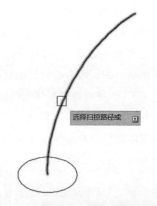

图13-148 定义扫掠路径

03 按空格键，完成扫掠实体的定义，系统将创建出扫掠实体，如图13-149所示。

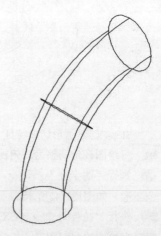

图13-149 完成扫掠实体

Step3 概念显示扫掠实体。单击绘图区左上角的

"二维线框"控件按钮，选择"概念"选项，系统将以三维实体模式显示出扫掠实体，如图13-150所示。

图13-150 "概念"显示扫掠实体

参数解析

在创建扫掠实体的过程中，命令行中将出现相关的提示信息，如图13-151所示。

```
命令:
命令: sweep
当前线框密度: ISOLINES=4，闭合轮廓创建模式 = 实体
选择要扫掠的对象或 [模式(MO)]: 找到 1 个
选择要扫掠的对象或 [模式(MO)]:
选择扫掠路径或 [对齐(A)/基点(B)/比例(S)/扭曲(T)]:
┌─ 键入命令
```

图13-151 命令行提示信息

- **选择要扫掠的对象**：用于提示用户选择已创建的封闭曲线作为扫掠实体的截面轮廓曲线。

- **模式（MO）**：在命令行中输入字母MO，按空格键，可重新定义当前扫掠命令默认的创建模式。其一般包括了"实体（SO）"和"曲面（SU）"两种模式。

- **选择扫掠路径**：在完成扫掠实体截面曲线的指定后，系统将把该截面曲线按照指定的路径进行扫掠，从而创建出三维实体。

- **对齐（A）**：在命令行中输入字母A，按空格键，可指定是否对齐轮廓以使其作为扫掠路径切向的法向。

- **基点（B）**：在命令行中输入字母B，按空格键，可重新指定要扫掠对象的基点。

- **比例（S）**：在命令行中输入字母S，按空格键，可指定比例因子以进行扫掠操作。

- **扭曲（T）**：在指定扫掠路径曲线前，可在命令行中输入字母T，按空格键，再完成扭曲的角度定义并选择扫掠路径曲线，系统将创建出具有扭曲角度的

扫掠实体，如图13-152所示。

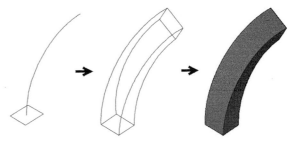

图13-152 扭曲扫掠实体

功能实战：弹簧

实例位置	实例文件>Ch013>弹簧.dwg
实用指数	★★★☆☆
技术掌握	熟练使用"扫掠"命令的基本造型方法

本实例将以"弹簧"为讲解对象，主要运用"螺旋线"命令和"扫掠"命令的基本操作技巧，最终结果如图13-137所示。

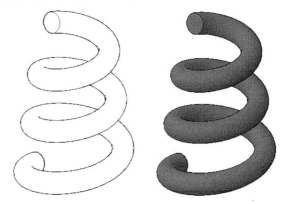

图13-153 弹簧

思路解析

在"弹簧"的实例操作过程中，将体现"扫掠"命令的基本造型方法与技巧，主要有以下几个基本步骤。

（1）新建GB样式的图形文件。

（2）绘制空间螺旋线。在"西南等轴测"视角下使用"螺旋"命令创建出指定半径和高度的螺旋线。

（3）创建扫掠实体。使用"扫掠"命令将截面圆形按照螺旋线的路径进行扫掠，从而创建出三维实体。

Step1 新建文件。

01 单击"快速工具栏"中的按钮，创建一个GB无图框样式的图形文件。

02 在"图层"工具栏中选择"轮廓线"图层。

Step2 绘制空间螺旋线。

01 将绘图视角调整为"西南等轴测"视角。

02 执行"螺旋"命令（HELIX），选择绘图区中任

意一点为底面中心点。

03 指定底面半径为10、顶面半径6，指定螺旋高度为30，完成空间螺旋线的创建，如图13-154所示。

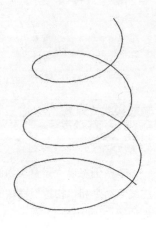

图13-154 创建空间螺旋线

Step3 创建扫掠实体。

01 将绘图视角调整为"前视"视角。

02 执行"圆心、半径"圆命令（C），捕捉螺旋线的端点绘制半径为2的圆形，如图13-155所示。

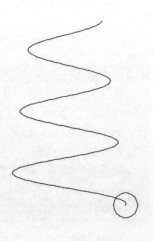

图13-155 绘制截面圆形

03 执行"扫掠"命令（SWE），选择圆形为扫掠实体的截面图形，选择螺旋线为扫掠实体的路径曲线，完成螺旋扫描实体的创建。

04 使用"概念"显示模式将弹簧实体重新着色显示在绘图区中，结果如图13-156所示。

图13-156 "概念"显示实体

13.4.4 放样实体（LOFT）

放样实体是通过对实体的多个截面图形之间使用一组平滑的曲线进行连接，从而放样扫描出三维实体。其中截面曲线的形状决定了放样生成实体或曲面的形状，它可以是开放的线或直线，也可以是闭合的图形。

"放样"命令的执行方法主要有以下3种。

◇ 菜单栏：绘图>建模>放样。

◇ 命令行：LOFT。

◇ 功能区：单击"建模"命令区域中的 按钮。

操作方法

Step1 输入LOFT并按空格键，执行"放样"命令，如图13-157所示。

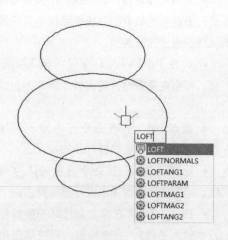

图13-157 执行"放样"命令

Step2 定义放样实体。

01 在系统信息提示下，选择最下方的圆形为放样实体的第1个截面曲线，如图13-158所示。

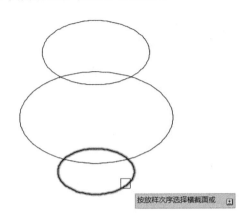

图13-158 定义第1个截面

02 选择中间位置的圆形为放样实体的第2个截面曲线，如图13-159所示。

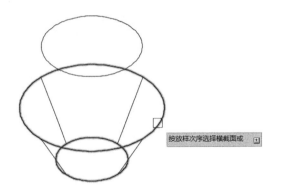

图13-159 定义第2个截面

03 继续选择最上方的圆形为放样实体的第3个截面曲线，如图13-160所示。

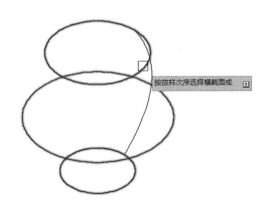

图13-160 定义第3个截面

04 按空格键，完成放样实体所有截面曲线的指

定，系统将弹出"输入选项"菜单，如图13-161所示。

图13-161 "输入选项"菜单

05 选择"仅横截面"选项为放样实体的定义方式，按空格键，系统将完成放样实体的创建。

Step3 概念显示放样实体。单击绘图区左上角的"二维线框"控件按钮，选择"概念"选项，系统将以三维实体模式显示出放样实体，如图13-162所示。

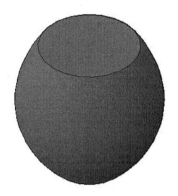

图13-162 "概念"显示放样实体

典型实例：机械模板

实例位置	实例文件>Ch013>机械模板.dwg
实用指数	★★☆☆☆
技术掌握	熟练"拉伸"命令、"并集"、"差集"命令来完成零件的结构造型

本实例将以"机械模板"为讲解对象，主要运用"拉伸"命令的布尔并集和布尔差集运算操作技巧，从而构建出三维零件的结构形状，最终结果如图13-163所示。

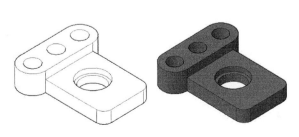

图13-163 机械模板

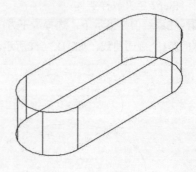

图13-165 拉伸实体

> **思路解析**
>
> 在"机械模板"的实例操作过程中，将体现各特征三维实体命令操作在零件造型过程中的辅助作用，主要有以下几个基本步骤。
>
> （1）新建GB样式的图形文件。
>
> （2）创建圆角拉伸实体。绘制全圆角的矩形并创建出拉伸实体。
>
> （3）创建拉伸实体。绘制封闭的圆角矩形并创建出指定高度的拉伸实体。
>
> （4）创建圆孔特征。使用"拉伸"命令和"差集"命令，在基础拉伸实体上创建出槽口圆孔特征。
>
> （5）创建沉孔特征。在槽口圆孔特征上创建出指定距离的拉伸实体，再使用"差集"命令创建出沉孔特征。

Step1 新建文件。

01 单击"快速工具栏"中的按钮，创建一个GB无图框样式的图形文件。

02 在"图层"工具栏中选择"轮廓线"图层。

Step2 创建圆角拉伸实体。

01 将绘图视角调整为"俯视"视角。

02 执行"直线"命令（L）和"圆角"命令（F），绘制如图13-164所示的连续封闭轮廓线段。

03 执行"合并"命令（J），将连接的圆弧与直线进行合并操作。

Step3 创建拉伸实体。

01 将绘图视角调整为"俯视"视角。

02 执行"矩形"命令（REC）和"圆角"命令（F），绘制如图13-166所示的圆角矩形。

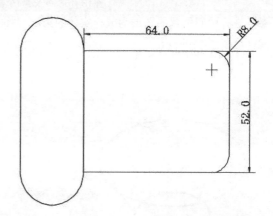

图13-166 绘制圆角矩形

03 将绘图视角调整为"东南等轴测"视角。

04 执行"拉伸"命令（EXT），选择圆角矩形为拉伸实体的截面曲线，指定拉伸距离为12，完成拉伸实体的创建；执行"并集"命令（UNI），将两个相交的拉伸实体进行合并操作，如图13-167所示。

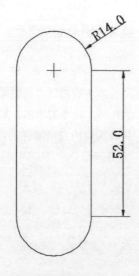

图13-164 绘制圆弧与直线

04 将绘图视角调整为"东南等轴测"视角。

05 执行"拉伸"命令（EXT），选择合并的轮廓曲线为拉伸实体的截面曲线，指定拉伸距离为20，完成拉伸实体的创建，如图13-165所示。

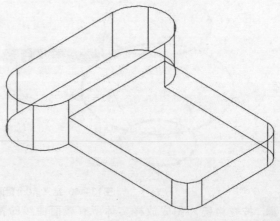

图13-167 合并实体

Step4 创建圆孔特征。

01 将绘图视角调整为"俯视"视角。

02 执行"圆心、半径"圆命令（C），绘制如图13-168所示的圆形。

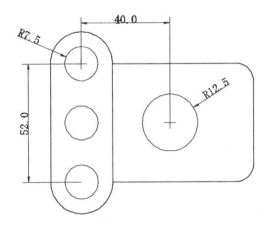

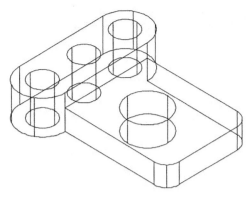

图13-170 实体求差

Step5 创建沉孔特征。

01 执行"圆心、半径"圆命令（C），捕捉右侧圆孔特征的圆心点为新圆形的圆心，绘制半径为15的圆形，如图13-171所示。

图13-168 绘制圆形

03 将绘图视角调整为"东南等轴测"视角。

04 执行"拉伸"命令（EXT），选择已绘制的4个圆形为拉伸的截面图形，指定拉伸方向为下方，指定拉伸距离为30，完成拉伸实体的创建，结果如图13-169所示。

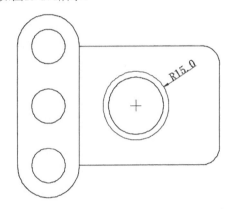

图13-171 绘制圆形

02 执行"拉伸"命令（EXT），选择绘制的圆形为拉伸实体的截面图形，指定拉伸方向为下方，指定拉伸距离为5，完成拉伸实体的创建。

03 执行"差集"命令（SU），分别选择下侧实体模型与拉伸圆柱实体为求差对象，完成实体的求差操作；使用"概念"显示模式将机械模板实体重新着色显示在绘图区中，如图13-172所示。

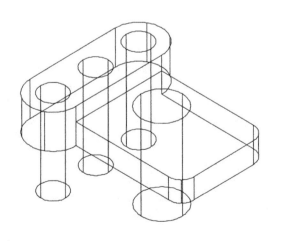

图13-169 拉伸实体

05 执行"差集"命令（SU），分别选择下侧实体模型与4个拉伸圆柱实体为求差对象，完成实体的求差操作，结果如图13-170所示。

图13-172 "概念"显示实体

13.5 思考与练习

通过本章的介绍与学习，讲解了"基础三维实体""布尔运算""特征三维实体"等造型工具的基本操作方法。为对知识进行巩固和考核，布置相应的练习题，使读者进一步灵活掌握本章的知识要点。

13.5.1 活动钳口

使用"拉伸"命令、"并集"命令、"差集"命令创建出活动钳口零件的三维结构，如图13-173所示，其基本思路如下。

01 使用"拉伸"命令创建出钳口零件的基础外形。

02 使用"并集"命令合并叠加的实体对象。

03 使用"差集"命令创建出钳口零件上的槽孔特征。

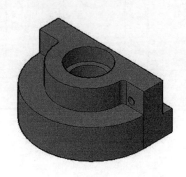

图13-173 活动钳口

13.5.2 传动丝杆

使用"圆柱体"命令、"拉伸"命令、"现在"命令、"并集"命令创建出传动丝杆零件的三维外形结构，如图13-174所示，其基本思路如下。

01 使用"圆柱体"命令创建出传动丝杆零件的基础三维实体。

02 使用"拉伸"命令、"旋转"命令创建出传动丝杆零件的回转体特征与方形凸台特征。

图13-174 传动丝杆

13.5.3 思考问答

01 长方体一般有哪些创建方式？

02 布尔运算主要有哪几种方式？

03 拉伸实体的操作对截面曲线有什么要求？

04 "拉伸"命令与"扫掠"命令有哪些相同点？有哪些不同点？

05 使用"放样"命令创建实体时，对选择截面曲线有什么要求？

第14章 实体编辑

本章讲解在AutoCAD 2016系统中使用如"三维阵列""三维镜像""三维对齐""抽壳"等实体编辑工具对实体零件进行空间位置、外形结构的修剪操作。

在AutoCAD 2016系统中不仅可以直接对三维实体进行编辑操作，还可以使用修改实体面的方式来完成实体结构的编辑，如"拉伸面""移动面""偏移面""旋转面"等面编辑工具能使设计人员快速地对三维实体体积进行增加或减少操作。

本章学习要点

★ 掌握实体阵列、镜像复制的操作方法
★ 掌握实体移动、旋转的操作方法
★ 掌握实体抽壳与剖切的基本创建步骤

★ 了解实体面编辑的基本创建思路
★ 掌握实体边圆角、倒角的操作方法

本章知识索引

知识名称	作用	重要程度	所在页
三维实体操作	掌握在AutoCAD系统中对独立三维实体进行结构编辑与修改的基本操作方法	高	P322
实体面编辑	了解使用"面"编辑的方式修改实体基本结构的设计方法	低	P342
实体边编辑	掌握通过编辑实体对象的边线修改实体外形结构的设计方法	高	P348

本章实例索引

14.1 实体编辑概述

前面的章节介绍了AutoCAD 2016创建三维模型的基本命令。在实际设计中，所设计的三维实体是十分复杂的，远比基本实体和由拉伸、旋转生成的实体复杂得多。

因此，本章介绍AutoCAD的三维实体编辑命令，通过这些实体编辑命令用户可快速对已知的三维实体结构进行重新定义。常用的实体编辑命令主要有"三维阵列""三维镜像""抽壳""实体剖切"以及"圆角边""倒角边"等命令，如图14-1所示。

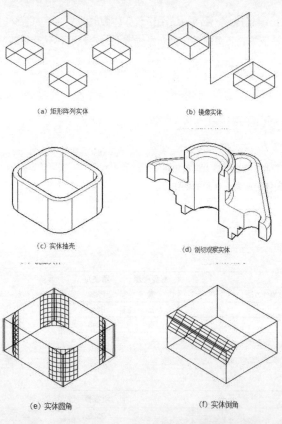

(a) 矩形阵列实体

(b) 镜像实体

(c) 实体抽壳

(d) 剖切观察实体

(e) 实体圆角

(f) 实体倒角

图14-1 常用实体编辑方式

课前引导实例：泵盖

实例位置	实例文件>Ch13>泵盖.dwg
实用指数	★★★★☆
技术掌握	综合使用三维实体创建命令以及实体编辑命令

本实例将以机械零件中的"泵盖"为设计原型进行实体造型的案例讲解，在进行实体造型时应重点注意截面曲线的空间定位方法与技巧，结果如图14-2所示。

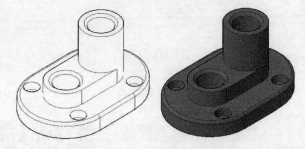

图14-2 泵盖

Step1 新建文件。

01 单击"快速工具栏"中的▣按钮，创建一个GB无图框样式的图形文件。

02 在"图层"工具栏中选择"轮廓线"图层。

Step2 创建基础底座实体。

01 在"俯视"视角下，绘制如图14-3所示的直线和圆弧曲线；执行"合并"命令，将直线和圆弧进行合并操作。

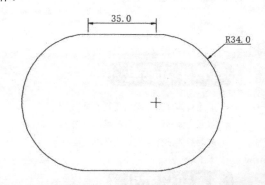

图14-3 绘制直线和圆弧

02 执行"拉伸"命令（EXT），选择合并的曲线为拉伸实体的截面曲线，指定拉伸距离为12，按空格键，完成拉伸实体的创建，如图14-4所示。

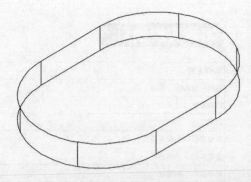

图14-4 拉伸实体

03 在"俯视"视角下，绘制如图14-5所示的直线和圆弧曲线；执行"合并"命令，将直线和圆弧进行合并操作。

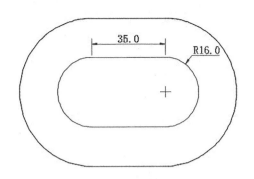

图14-5 绘制直线和圆弧

04 执行"拉伸"命令（EXT），选择合并的曲线为拉伸实体的截面曲线，指定拉伸距离为12，按空格键，完成拉伸实体的创建，如图14-6所示。

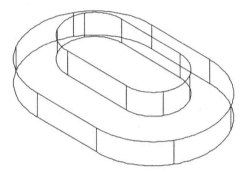

图14-6 拉伸实体

Step3 创建拉伸圆柱体。

01 在"俯视"视角下，绘制直径为32的圆形，如图14-7所示。

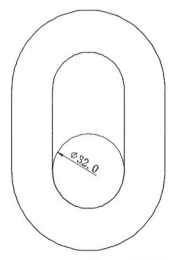

图14-7 绘制圆形

02 执行"拉伸"命令（EXT），选择绘制圆形为拉伸实体的截面曲线，指定拉伸距离为30，完成拉伸实体的创建。

03 执行"并集"命令（UNI），将3个相交的三维实体进行合并操作，结果如图14-8所示。

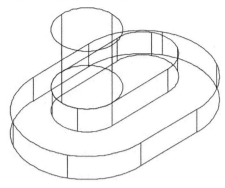

图14-8 合并实体

Step4 创建沉头孔、通孔特征。

01 在"俯视"视角下，绘制直径为5和12的同心圆形，结果如图14-9所示。

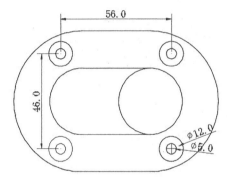

图14-9 绘制同心圆形

02 执行"拉伸"命令（EXT），选择直径为5的圆形为拉伸截面曲线，向底座实体内部拉伸15，完成拉伸实体的创建；执行"拉伸"命令（EXT），选择直径为12的圆形为拉伸截面曲线，向底座实体内部拉伸6，完成拉伸实体的创建。

03 执行"差集"命令（SU），分别选择底座实体与拉伸的圆柱实体为求差对象，完成实体的求差操作，结果如图14-10所示。

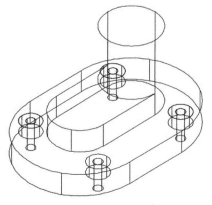

图14-10 实体求差

04 在"俯视"视角下，分别绘制直径为20的两个圆形，如图14-11所示。

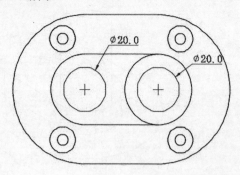

图14-11 绘制圆形

05 执行"拉伸"命令（EXT），选择两个圆形为拉伸截面曲线，向底座实体内部拉伸60，按空格键，完成拉伸实体的创建，如图14-12所示。

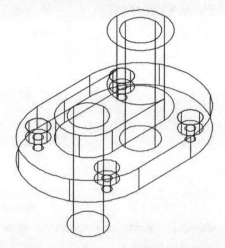

图14-12 拉伸实体

06 执行"差集"命令（SU），分别选择底座实体与两个拉伸圆柱实体为求差对象，完成实体的求差操作，结果如图14-13所示。

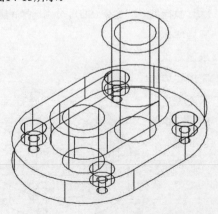

图14-13 实体求差

Step5 创建实体圆角与倒角。

01 使用"概念"显示模式将泵盖实体重新着色显示在绘图区中。

02 执行"圆角边"命令（FILLETEDGE），指定圆角半径为2，选择底座实体的棱角边线为圆角对象，完成实体的圆角操作，结果如图14-14所示。

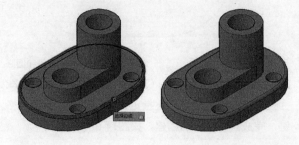

图14-14 实体圆角

03 执行"倒角边"命令（CHAMFEREDGE），指定倒角距离为2，分别选择泵盖零件通孔特征的4条边线为倒角对象，结果如图14-15所示。

图14-15 实体倒角

14.2 三维实体操作

本节知识概要

知识名称	作用	重要程度	所在页
三维阵列	掌握三维实体的"矩形"阵列与"环形"阵列操作	高	P323
三维镜像	掌握"三维镜像"的基本概念与操作方法	高	P327
三维对齐	了解AutoCAD三维实体对齐操作的基本方法	低	P330
三维移动	了解三维实体对象的移动与定位操作	低	P331
三维旋转	了解三维实体对象在空间中任意旋转定位的基本概念与操作技巧	中	P332

抽壳	掌握薄壁实体特征的基本概念与操作技巧	高	P335
实体剖切	了解剖切三维实体的基本方法	中	P337

在AutoCAD的实体建模中，针对实体特征对象的操作，系统提供了各种编辑工具，如三维阵列、三维镜像、三维移动、三维旋转等。这些命令工具能方便地把实体模型对象按照指定的尺寸或空间位置做规律的移动或复制。

单击菜单栏中的"修改"菜单，然后将鼠标指针放到"三维操作"选项上，展开相应的三维操作命令，如图14-16所示。

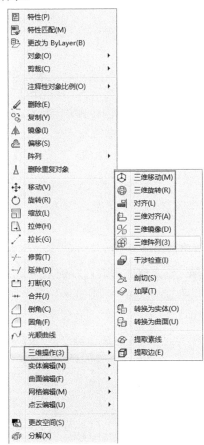

图14-16 三维实体操作菜单

14.2.1 三维阵列（3DAR）

在实体建模中，三维阵列和二维的阵列相似，其包括矩形阵列和环形阵列两种阵列方式。在AutoCAD系统中，使用"三维阵列"命令（3DARRAY）可以进行三维阵列复制操作，即复制出的多个实体在三维空间按一定阵形排列，该命令既可以阵列二维图形，也可以阵列三维模型。

"三维阵列"命令的执行方法主要有以下2种。

◇ 菜单栏：修改>三维操作>三维阵列。

◇ 命令行：3DARRAY或3DAR。

1. 矩形三维阵列

在三维阵列中，对于矩形阵列实体的操作，用户需要设定阵列的行列数、层数以及各实体对象间的间距等参数。

操作方法

Step1 输入3DAR并按空格键，执行"三维阵列"命令，如图14-17所示。

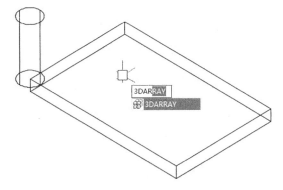

图14-17 执行"三维阵列"命令

Step2 定义矩形阵列类型。

01 选择圆柱实体为阵列对象，按空格键，系统将弹出"输入阵列类型"选项列表。

02 选择"矩形（R）"为三维实体模型的阵列类型，如图14-18所示。

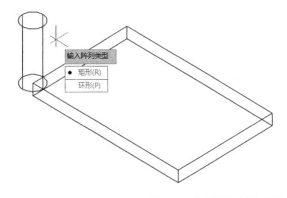

图14-18 定义阵列对象与类型

Step3 定义矩形阵列参数。

01 在"输入行数"文本框中输入数字4，按空格键，完成阵列行数的指定；在"输入列数"文本框中输入数字4，按空格键，完成阵列列数的指定；在"输入层数"文本框中输入数字1，按空格键，完成阵列层数的指定。

02 在"指定行间距"文本框中输入数字200，按空格键，完成行间距的定义；在"指定列间距"文本框中输入数字200，按空格键，完成列间距的定义，系统将创建出矩形阵列的实体，如图14-19所示。

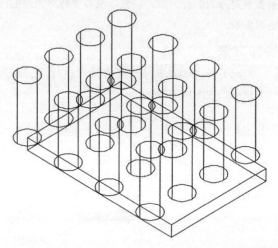

图14-19 完成矩形阵列

2. 环形三维阵列

在三维阵列中，对于环形阵列实体的操作，用户需要设定阵列的阵列项目数、填充角度、旋转轴等阵列参数。

操作方法

Step1 输入3DAR并按空格键，执行"三维阵列"命令。

Step2 定义环形阵列类型。

01 选择圆柱实体为阵列对象，按空格键，系统将弹出"输入阵列类型"选项列表。

02 选择"环形（P）"为三维实体模型的阵列类型，如图14-20所示。

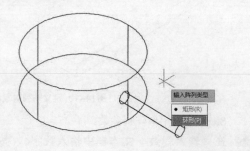

图14-20 定义阵列对象与类型

Step3 定义环形阵列参数。

01 在"输入阵列中的项目数目"文本框中输入数字6，按空格键，完成阵列对象数量的指定；在"指定要填充的角度"文本框中输入数字360，按空格键，完成阵列填充角度的指定。

02 在弹出的"旋转阵列对象？"列表中选择"是（Y）"，如图14-21所示。

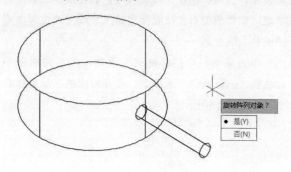

图14-21 确认旋转阵列对象

03 在系统信息提示下，捕捉圆柱体顶面的圆心为阵列中心点，捕捉圆柱体底面的圆心为旋转轴的第2个点，如图14-22所示。

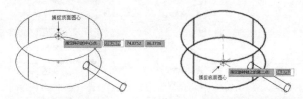

图14-22 定义旋转轴

04 在完成阵列旋转轴的端点定义后，系统将按照指定的阵列参数创建出阵列实体，结果如图14-23所示。

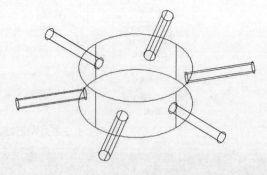

图14-23 完成实体环形阵列

功能实战：拨叉轮	
实例位置	实例文件>Ch013>拨叉轮.dwg
实用指数	★★☆☆☆
技术掌握	熟练使用"环形三维阵列"命令的造型方法

本实例将以"拨叉轮"为讲解对象，主要运用

"差集"命令和"三维阵列"命令的基本操作技巧，最终结果如图14-24所示。

图14-24 拨叉轮

> 📖 **思路解析**
>
> 在"拨叉轮"的实例操作过程中，将体现"三维阵列"命令在零件造型过程中的辅助作用，主要有以下几个基本步骤。
>
> （1）新建GB样式的图形文件。
>
> （2）创建基础拉伸实体。
>
> （3）创建圆弧槽口特征。使用"拉伸"命令、"三维阵列"命令创建出多个环形排列的槽口特征。
>
> （4）创建圆角矩形槽口特征。通过自定义槽口特征的截面轮廓，创建出多个环形排列的槽口特征。

Step1 新建文件。

01 单击"快速工具栏"中的 ▣ 按钮，创建一个GB无图框样式的图形文件。

02 在"图层"工具栏中选择"轮廓线"图层。

Step2 创建基础拉伸实体。

01 将绘图视角调整为"俯视"视角。

02 执行"圆心、半径"圆命令（C），绘制一个半径为3.5的圆形，如图14-25所示。

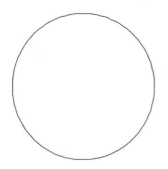

图14-25 绘制圆形

03 将绘图视角调整为"东南等轴测"视角。

04 执行"拉伸"命令（EXT），选择圆形为拉伸实体的截面曲线，指定拉伸距离为4，按空格键，完成拉伸实体的创建，如图14-26所示。

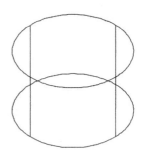

图14-26 拉伸实体

Step3 创建圆弧槽口特征。

01 将绘图视角调整为"俯视"视角，执行"圆心、半径"圆命令（C），绘制一个半径为1.5的圆形，如图14-27所示。

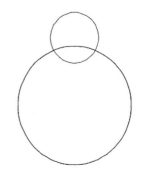

图14-27 绘制圆形

02 将绘图视角调整为"东南等轴测"视角，执行"拉伸"命令（EXT），选择圆形为拉伸实体的截面曲线，指定拉伸距离为7，按空格键，完成拉伸实体的创建，如图14-28所示。

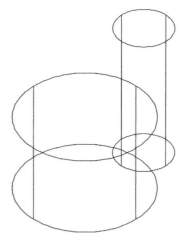

图14-28 拉伸实体

03 执行"三维阵列"命令（3DAR），选择右侧较高的拉伸实体为阵列对象；定义阵列类型为"环形"

阵列，设置阵列项目数目为6，填充角度为360°；分别选择中心拉伸圆柱实体顶面与底面的两个圆心为旋转轴的两个端点，完成拉伸实体的阵列复制操作，如图14-29所示。

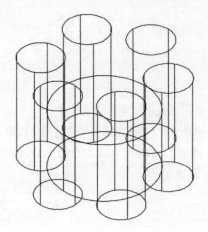

图14-29 阵列拉伸实体

04 执行"差集"命令（SU），分别选择中心拉伸实体与阵列的6个拉伸圆柱实体为求差对象，完成实体的求差操作，结果如图14-30所示。

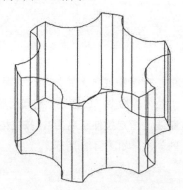

图14-30 实体求差

Step4 创建圆角矩形槽口。

01 将绘图视角调整为"俯视"视角，绘制如图14-31所示的直线段与圆弧曲线，执行"合并"命令（J），将相接的直线与圆弧进行合并操作。

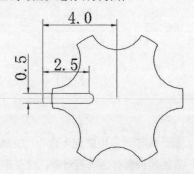

图14-31 绘制封闭轮廓线

02 将绘图视角调整为"东南等轴测"视角，执行"拉伸"命令（EXT），选择合并的轮廓线为拉伸实体的截面曲线，指定拉伸距离为7，按空格键，完成拉伸实体的创建，如图14-32所示。

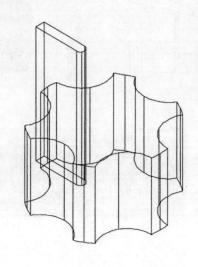

图14-32 拉伸实体

03 执行"三维阵列"命令（3DAR），选择创建的拉伸实体为阵列对象；定义阵列类型为"环形"阵列，设置阵列项目数目为6，填充角度为360°；分别选择中心实体模型顶面与底面的两个中心点为旋转轴的两个端点，完成拉伸实体的阵列复制操作。

04 执行"差集"命令（SU），分别选择中心实体与阵列的6个拉伸实体为求差对象，完成实体的求差操作，结果如图14-33所示。

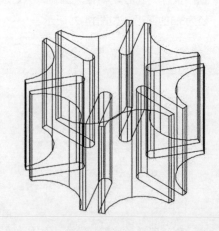

图14-33 实体求差

05 使用"概念"显示模式将拨叉轮实体重新着色显示在绘图区中，结果如图14-34所示。

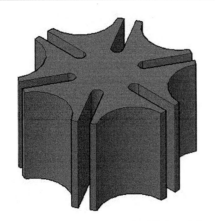

图14-34 "概念"显示实体

14.2.2 三维镜像（MIRROR3D）

在实体建模中，执行"三维镜像"命令是将一个实体对象相对于某个基准平面做镜像复制操作，从而创建一个与源实体对象形状相同，位置对称的实体对象。

"三维镜像"命令的执行方法主要有以下2种。

◇ 菜单栏：修改>三维操作>三维镜像。

◇ 命令行：MIRROR3D。

操作方法

Step1 输入MIRROR3D并按空格键，执行"三维镜像"命令，如图14-35所示。

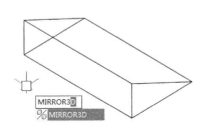

图14-35 执行"三维镜像"命令

Step2 定义镜像对象。在系统信息提示下，选择已知的三维实体为镜像复制的对象，按空格键，完成镜像对象的指定，如图14-36所示。

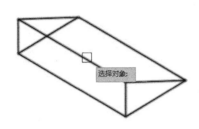

图14-36 选择镜像对象

Step3 定义镜像参照基准。

01 捕捉三维实体上的一个特征点作为镜像平面上的第1个点，如图14-37所示。

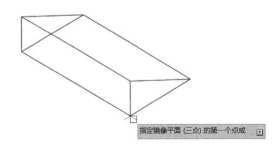

图14-37 指定第1个点

02 捕捉三维实体上的特征点作为镜像平面上的第2个点，如图14-38所示。

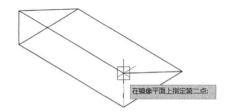

图14-38 指定第2个点

03 捕捉三维实体上的特征点作为镜像平面上的第3个点，如图14-39所示。

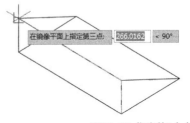

图14-39 指定第3个点

注意

选择的3个特征点不能在同一的空间直线上，否则将不能确定镜像基准平面。

04 在完成镜像平面的指定后，系统将弹出的"是否删除源对象？"列表，如图14-40所示。

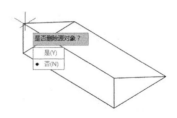

图14-40 定义源对象保存信息

05 选择"否（N）"选项，以保留镜像源对象实体，系统完成三维对象的镜像复制操作，如图14-41所示。

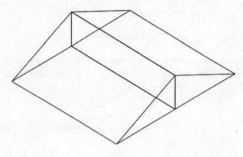

图14-41 完成三维镜像复制

参数解析

在镜像复制三维实体的过程中，命令行中将出现相关的提示信息，如图14-42所示。

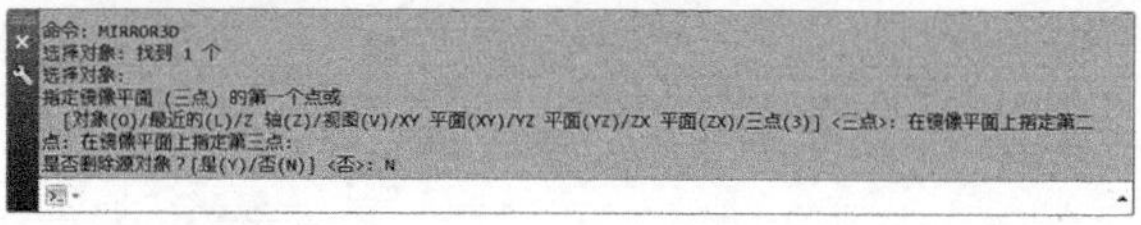

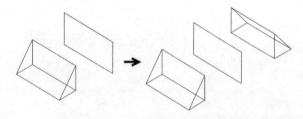

图14-42 命令行提示信息

- **指定镜像平面的三点**：通过选择不在同一空间直线上的3个点，从而确定基准平面的位置。

- **对象（O）**：在命令行中输入字母O，按空格键，可使用选定对象作为镜像平面，如图14-43所示。

图14-43 指定平面镜像复制对象

- **最近的（L）**：在命令行中输入字母L，按空格键，系统将使用上一次的镜像平面作为本次的镜像平面。

- **Z轴（Z）**：在命令行中输入字母Z，按空格键，系统将根据平面上的一个点和平面法线上的一个点来定义镜像平面。

- **视图（V）**：在命令行中输入字母V，按空格键，系统将把指定的镜像平面与当前视口中指定点的视图平面对齐，从而确定镜像平面的空间位置。

- **XY/YZ/ZX平面**：在命令行中输入相应的平面坐标字母，系统将使用标准平面（XY/YZ/ZX平面）作为镜像平面。

功能实战：轴瓦

实例位置	实例文件>Ch013>轴瓦.dwg
实用指数	★★☆☆☆
技术掌握	熟练使用"三维镜像"命令快速创建对称结构的实体对象

本实例将以"轴瓦"为讲解对象，主要运用"拉伸"命令、"并集"命令以及"三维镜像"命令的基本操作技巧，最终结果如图14-44所示。

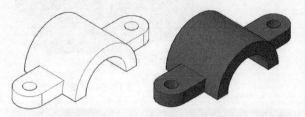

图14-44 轴瓦

📖 **思路解析**

在"轴瓦"的实例操作过程中，将体现"三维镜像"命令的零件造型方法与技巧，主要有以下几个基本步骤。

（1）新建GB样式的图形文件。

（2）创建轴瓦基础实体。

（3）创建轴瓦耳特征。通过二维绘图命令绘制出耳特征的轮廓外形，再使用"拉伸""并集"和"差集"命令创建出轴瓦耳特征的三维实体结构。

Step1 新建文件。

01 单击"快速工具栏"中的 按钮，创建一个GB无图框样式的图形文件。

02 在"图层"工具栏中选择"轮廓线"图层。

Step2 创建轴瓦基础实体。

01 将绘图视角调整为"前视"视角。

02 绘制如图14-45所示的圆弧和直线段，执行"合并"命令（J），将绘制圆弧曲线与直线段进行合并操作。

[-][前视][二维线框]

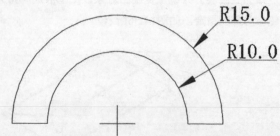

R15.0

R10.0

图14-45 绘制封闭轮廓线

03 将绘图视角调整为"西南等轴测"视角。

04 执行"拉伸"命令（EXT），选择合并的轮廓线为拉伸实体的截面曲线，指定拉伸距离为25，按空格键，完成拉伸实体的创建，如图14-46所示。

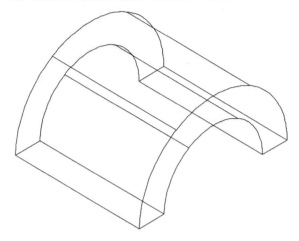

图14-46 拉伸实体

Step3 绘制轴瓦耳特征。

01 将绘图视角调整为"俯视"视角。

02 绘制如图14-47所示的圆弧、圆形与直线段，执行"合并"命令（J），将连接的直线段与圆弧进行合并操作。

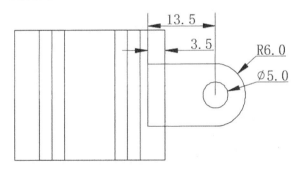

图14-47 绘制封闭轮廓线

03 将绘图视角调整为"西南等轴测"视角。

04 执行"拉伸"命令（EXT），选择合并的轮廓线为拉伸实体的截面曲线，指定拉伸距离为5，完成拉伸实体的创建；执行"拉伸"命令（EXT），选择圆形为拉伸实体的截面曲线，指定拉伸距离为15，按空格键，完成拉伸实体的创建，结果如图14-48所示。

05 执行"三维镜像"命令（Mirror3d），选择绘图区右侧的两个拉伸实体为镜像的图形对象，分别选择轴瓦基础拉伸实体上的3个特征点为镜像点，完成拉伸实体的镜像复制操作，如图14-49所示。

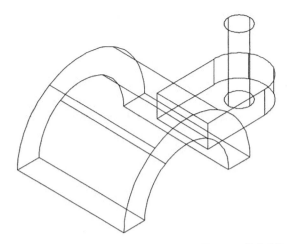

图14-48 拉伸实体

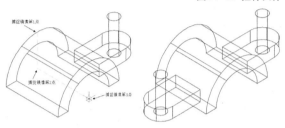

图14-49 镜像三维实体

06 执行"差集"命令（SU），分别选择两侧的拉伸实体与两个拉伸圆柱实体为求差对象，完成实体的求差操作，结果如图14-50所示。

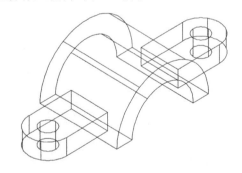

图14-50 实体求差

07 执行"并集"命令（UNI），将3个独立的三维实体进行合并操作，结果如图14-51所示。

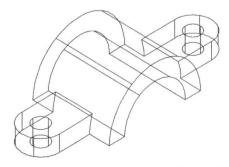

图14-51 合并实体

08 使用"概念"显示模式将轴瓦实体重新着色显示在绘图区中，结果14-52所示。

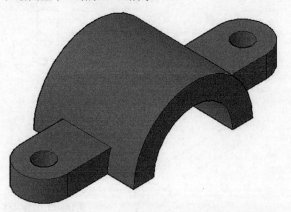

图14-52 "概念"显示实体

14.2.3 三维对齐（3DA）

在AutoCAD实体建模中，执行"三维对齐"命令可将两个独立的实体对象，按照指定的对齐方式来改变实体对象的位置或进行缩放操作。

"三维对齐"命令的执行方法主要有以下2种。

◇ 菜单栏：修改>三维操作>三维对齐。

◇ 命令行：3DALIGN或3DA。

操作方法

Step1 输入3DA并按空格键，执行"三维对齐"命令，如图14-53所示。

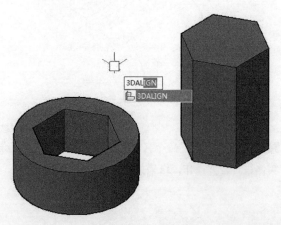

图14-53 执行"三维对齐"命令

Step2 定义对齐基点。

01 选择右侧的正六方实体，按空格键，完成对齐移动对象的指定；在系统信息提示下，选择正六方实体的一个特征点为对齐基点，如图14-54所示。

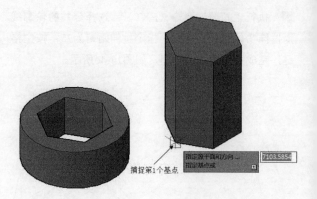

图14-54 选择对齐基点

02 在系统信息提示下，继续选择正六方实体上另一个特征点为对齐的第2个基点，如图14-55所示。

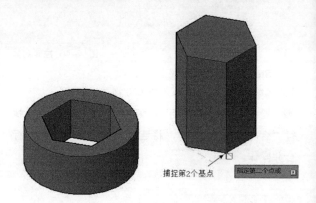

图14-55 选择第2个基点

03 在系统信息提示下，继续选择正六方实体上的特征点为对齐的第3个基点，如图14-56所示。

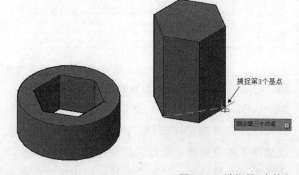

图14-56 选择第3个基点

Step3 定义对齐目标点。

01 在系统信息提示下，选择圆柱实体上正六边形孔特征的一个顶点为对齐的第1个目标点，如图14-57所示。

02 在系统信息提示下，选择正六边形孔特征的另一个顶点为对齐的第2个目标点，如图14-58所示。

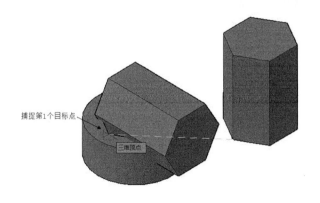

捕捉第1个目标点

三维顶点

图14-57 选择第1个目标点

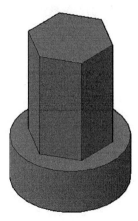

图14-60 完成实体对齐操作

参数解析

在对齐实体的过程中，命令行中将出现相关的提示信息，如图14-61所示。

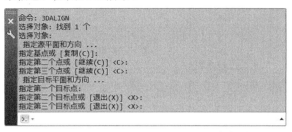

```
命令: 3DALIGN
选择对象: 找到 1 个
选择对象:
  指定源平面和方向 ...
指定基点或 [复制(C)]:
指定第二个点或 [继续(C)] <C>:
指定第三个点或 [继续(C)] <C>:
  指定目标平面和方向 ...
指定第一个目标点:
指定第二个目标点或 [退出(X)] <X>:
指定第三个目标点或 [退出(X)] <X>:
```

图14-61 命令行提示信息

- **指定基点：** 用于提示选择对齐移动对象。

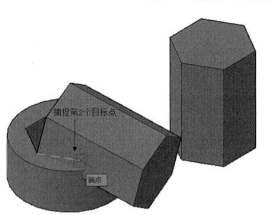

捕捉第2个目标点

顶点

图14-58 选择第2个目标点

03 在系统信息提示下，继续选择正六边形孔特征的另一个顶点为对齐的第3个目标点，如图14-59所示。

- **复制（C）：** 在命令行中输入字母C，按空格键，可将需要移动对齐的图形对象进行复制后，再按照指定的对齐基点进行对齐操作，如图14-62所示。

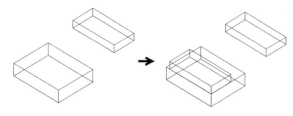

图14-62 复制对齐实体

- **指定目标点：** 在完成3个基点的指定后，系统要求用户再选择与基点互相匹配的3个特征点作为对齐的目标点。

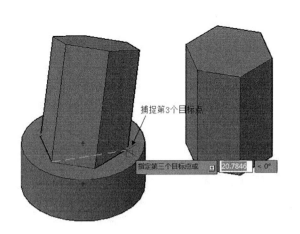

捕捉第3个目标点

指定第三个目标点或 20.7846 < 0°

图14-59 选择第3个目标点

04 在完成所有对齐放置点的指定后，系统将自动匹配两个实体对象的对齐位置，结果如图14-60所示。

14.2.4 三维移动（3DM）

在AutoCAD实体建模中，执行"三维移动"命令可对已创建的实体对象进行任意方位或指定方位的移动操作。在移动实体对象时，系统不会改变实体图形原有的特征形状。

"三维移动"命令的执行方法主要有以下2种。

◇ 菜单栏：修改>三维操作>三维移动。

◇ 命令行：3DMOVE或3DM。

操作方法

Step1 输入3DM并按空格键，执行"三维移动"命令，如图14-63所示。

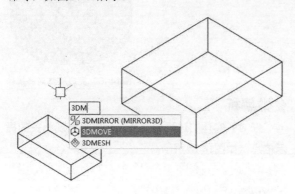

图14-63 执行"三维移动"命令

Step2 定义移动参数。

01 选择左侧的长方体，按空格键，完成移动对象的指定；在系统信息提示下，选择长方体上的一个顶点为移动的基点，如图14-64所示。

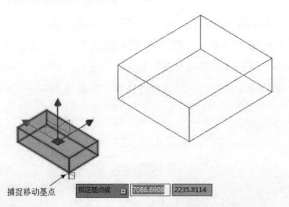

捕捉移动基点

图14-64 选择移动基点

02 移动十字光标，捕捉右侧长方体顶平面上的一个顶点为移动放置点，如图14-65所示。

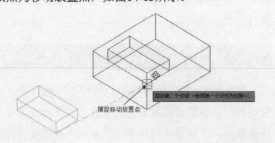

捕捉移动放置点

图14-65 选择移动放置点

03 在完成放置点的指定后，系统将自动完成实体对象的移动操作，结果如图14-66所示。

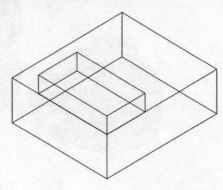

图14-66 完成实体移动操作

14.2.5 三维旋转（3DR）

在AutoCAD实体建模中，执行"三维旋转"命令可对已创建的实体对象进行任意方位或指定方位角度的旋转操作。在旋转实体对象时，系统不会改变实体对象的结构形状。

"三维旋转"命令的执行方法主要有以下2种。

◇ 菜单栏：修改>三维操作>三维旋转。

◇ 命令行：3DROTATE或3DR。

操作方法

Step1 输入3DR并按空格键，执行"三维旋转"命令，如图14-67所示。

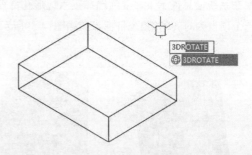

图14-67 执行"三维旋转"命令

Step2 定义旋转参数。

01 选择绘图区中的长方体，按空格键，完成旋转对象的指定；在系统信息提示下，选择长方体上的一个顶点为旋转的基点，如图14-68所示。

02 移动十字光标，选择长方体的一条边线为实体旋转的旋转轴；在命令行中输入数字60，如图14-69所示。

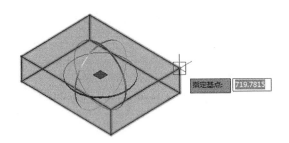

图14-68 选择旋转基点

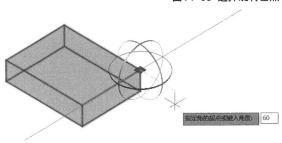

图14-69 指定旋转角度

03 按空格键，完成旋转角度的指定，系统将完成长方体的旋转操作，结果如图14-70所示。

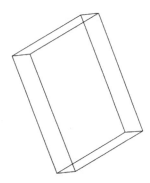

图14-70 完成实体旋转操作

功能实战：装配支架板

实例位置　实例文件＞Ch013＞装配支架板.dwg
实用指数　★★☆☆☆
技术掌握　熟练使用"三维旋转"和"三维移动"命令来完成零件的装配操作

本实例将以"装配支架板"为讲解对象，主要运用"三维旋转"命令和"三维移动"命令的基本操作思路与技巧，最终结果如图14-71所示。

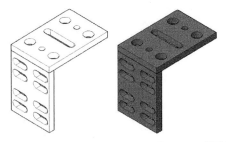

图14-71 装配支架板

> 📖 **思路解析**
>
> 　　在"装配支架板"的实例操作过程中，将体现"三维旋转"和"三维移动"命令在零件装配过程中的定位作用，主要有以下几个基本步骤。
>
> 　　（1）新建GB样式的图形文件。
>
> 　　（2）创建底座板。
>
> 　　（3）创建连接板。
>
> 　　（4）装配底座板与连接板零件。使用"三维旋转"命令将底座板零件进行90°的旋转操作，再使用"三维移动"命令将底座板与连接板零件进行重合约束，从而完成两个零件的基本装配。

Step1 新建文件。

01 单击"快速工具栏"中的▣按钮，创建一个GB无图框样式的图形文件。

02 在"图层"工具栏中选择"轮廓线"图层。

Step2 创建底座板。

01 将绘图视角调整为"西南等轴测"视角。

02 执行"长方体"命令（BOX），创建一个宽度为65、长度为85、高度为8的长方体，结果如图14-72所示。

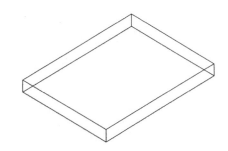

图14-72 创建长方体

03 将绘图视角调整为"仰视"视角，绘制如图14-73所示的6个条形封闭轮廓曲线。

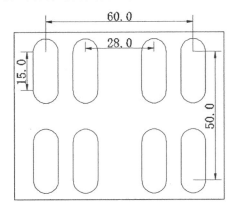

图14-73 绘制条形轮廓曲线

04 执行"拉伸"命令（EXT），选择条形轮廓曲线为拉伸实体的截面曲线，指定拉伸距离为30，按空格键，完成拉伸实体的创建，如图14-74所示。

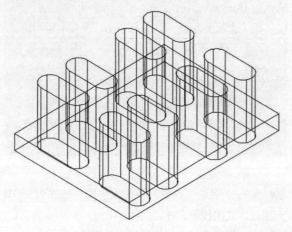

图14-74 拉伸实体

05 执行"差集"命令（SU），分别选择长方体与6个拉伸实体为求差对象，完成实体的求差操作，结果如图14-75所示。

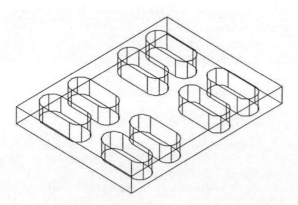

图14-75 实体求差

Step3 创建连接板。

01 将绘图视角调整为"西南等轴测"视角。

02 执行"长方体"命令（BOX），创建一个宽度为65、长度为100、高度为8的长方体，结果如图14-76所示。

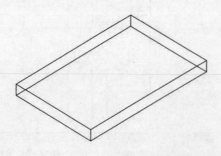

图14-76 创建长方体

03 将绘图视角调整为"仰视"视角，绘制如图14-77所示的条形轮廓曲线与圆形。

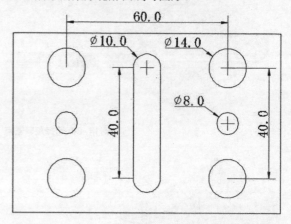

图14-77 绘制条形轮廓曲线与圆形

04 执行"拉伸"命令（EXT），选择条形轮廓曲线和圆形为拉伸实体的截面曲线，指定拉伸距离为30，按空格键，完成拉伸实体的创建，如图14-78所示。

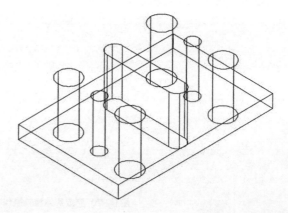

图14-78 拉伸实体

05 执行"差集"命令（SU），分别选择长方体与7个拉伸实体为求差对象，完成实体的求差操作，结果如图14-79所示。

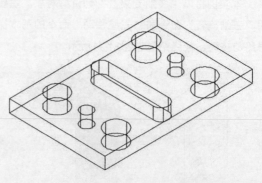

图14-79 实体求差

Step4 装配两个零件实体。

01 执行"三维旋转"命令（3DR），旋转底座板实体为旋转对象；捕捉实体边线上的三维中点为旋转基点，如图14-80所示。

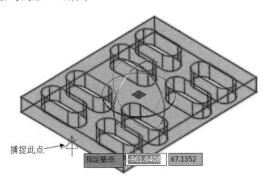

图14-80 定义旋转基点

02 选择长方体的一条边线为实体旋转的旋转轴，指定实体的旋转角度为90°，如图14-81所示。

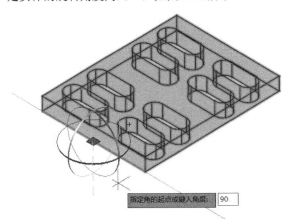

图14-81 定义旋转角度

03 按空格键，完成底座板实体的空间旋转操作，结果如图14-82所示。

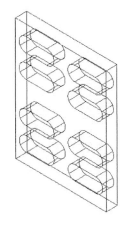

图14-82 完成实体旋转

04 执行"三维移动"命令（3DM），将连接板短边中点与底座板短边中点进行移动对齐，结果如图14-83所示。

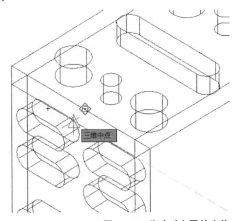

图14-83 移动对齐零件实体

05 使用"概念"显示模式将装配视图重新着色显示在绘图区中，结果14-84所示。

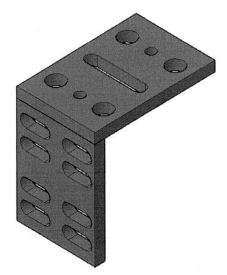

图14-84 "概念"显示实体

14.2.6 抽壳（SOLIDEDIT）

在AutoCAD的实体建模工具中，针对工业产品中的薄壳体特征，系统提供了实体抽壳工具用以创建出具有薄壳特征的实体对象。

"抽壳"命令的执行方法主要有以下3种。

◇ 菜单栏：修改>实体编辑>抽壳。

◇ 命令行：SOLIDEDIT。

◇ 功能区：单击"实体编辑"命令区域中的 ![抽壳] 按钮。

操作方法

Step1 单击"实体编辑"命令区域中的 抽壳 按钮，执行"抽壳"命令。

Step2 定义抽壳参数。

01 在系统信息提示下，选择独立的三维实体为抽壳对象，如图14-85所示。

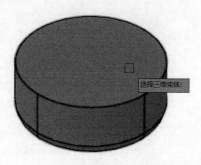

图14-85 选择抽壳对象

02 在系统信息提示下，选择实体的顶平面并按空格键，完成抽壳移除面的指定；在命令行中输入数字3，按空格键，完成抽壳偏移距离的指定，如图14-86所示。

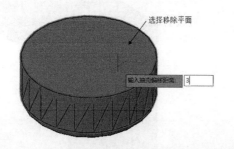

图14-86 指定抽壳偏移距离

 注意

在指定抽壳移除面时，系统允许选择实体对象的多个表面为移除面。

03 在弹出的"输入体编辑选项"下拉列表中，连续选择"退出（X）"选项，完成实体抽壳操作并退出该命令，如图14-87所示。

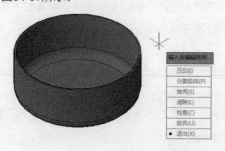

图14-87 完成实体抽壳

功能实战：壳体盒子

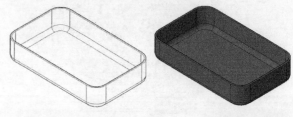

实例位置	实例文件>Ch013>壳体盒子.dwg
实用指数	★★☆☆☆
技术掌握	熟练使用实体"抽壳"命令来完成薄壁零件的创建

本实例将以"壳体盒子"为讲解对象，主要运用"拉伸"命令、"圆角边"命令和"抽壳"命令的基本操作技巧，最终结果如图14-88所示。

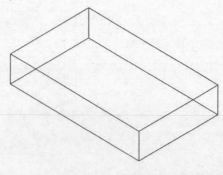

图14-88 壳体盒子

📖 **思路解析**

在"壳体盒子"的实例操作过程中，将体现"抽壳"命令在零件造型过程中的辅助作用，主要有以下几个基本步骤。

（1）新建GB样式的图形文件。

（2）创建基础实体。使用"长方体"命令快速创建出定长、定宽、定高的长方体特征，再使用"圆角边"命令对长方体进行边线圆角操作。

（3）创建抽壳特征。使用"抽壳"命令快速创建出薄壁实体。

Step1 新建文件。

01 单击"快速工具栏"中的 按钮，创建一个GB无图框样式的图形文件。

02 在"图层"工具栏中选择"轮廓线"图层。

Step2 创建基础实体。

01 将绘图视角调整为"西南等轴测"视角。

02 执行"长方体"命令（BOX），创建一个宽度为280、长度为460、高度为90的长方体，结果如图14-89所示。

图14-89 创建长方体

03 执行"圆角边"命令（FILLETEDGE），指定圆角半径为50，选择长方体的4条棱角边线为圆角对象，完成实体的圆角操作，结果如图14-90所示。

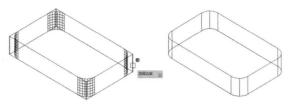

图14-90 实体圆角

04 执行"圆角边"命令（FILLETEDGE），指定圆角半径为20，选择长方体的底面棱角边线为圆角对象，完成实体的圆角操作，结果如图14-91所示。

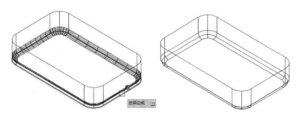

图14-91 实体圆角

Step3 创建抽壳特征。

01 执行"抽壳"命令（SOLIDEDIT），选择实体顶平面为移除平面，指定抽壳偏移距离为5，完成实体的抽壳操作，结果如图14-92所示。

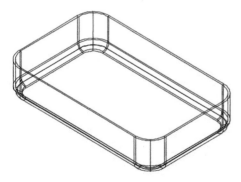

图14-92 实体抽壳

02 使用"概念"显示模式将壳体盒子实体重新着色显示在绘图区中，结果如图14-93所示。

图14-93 "概念"显示实体

14.2.7 实体剖切（SL）

三维实体剖切是将三维实体对象沿指定的剖切平面切开，再观察实体图形对象内部形状结构的工具命令。另外，使用"剖切"命令还可以将一个实体对象分割为两个或多个独立的实体。

"剖切"命令的执行方法主要有以下3种。

◇ 菜单栏：修改>三维操作>剖切。
◇ 命令行：SLICE或SL。
◇ 功能区：单击"实体编辑"命令区域中的 剖切 按钮。

操作方法

Step1 单击"实体编辑"命令区域中的 剖切 按钮，执行"剖切"命令，如图14-94所示。

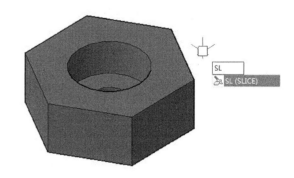

图14-94 执行"剖切"命令

Step2 定义剖切对象。在系统信息提示下，选择绘制的三维实体，按空格键，完成剖切对象的指定。

Step3 定义剖切平面。

01 在系统提示下，选择实体对象上任意一个特征点为切面的起点，如图14-95所示。

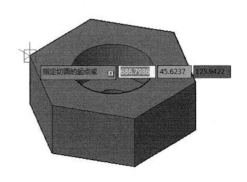

图14-95 选择切面起点

02 继续选择实体圆孔特征的圆心点为切面的第2个点，如图14-96所示。

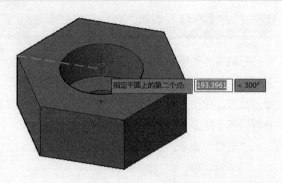

图14-96 选择切面第2个点

03 选择实体对象上的另一个顶点为切面的第3个点，如图14-97所示。

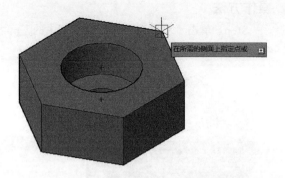

图14-97 选择切面第3个点

04 在完成3个特征点的指定后，系统将确定切面的空间位置并完成对实体的剖切操作，结果如图14-98所示。

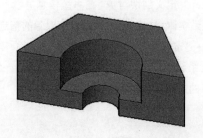

图14-98 完成实体剖切

参数解析

在剖切三维实体的过程中，命令行中将出现相关的提示信息，如图14-99所示。

图14-99 命令行提示信息

- **指定切面的起点**：用于提示用户选择绘图区中已知的特征点作为切面的第1个定义点。

- **平面对象（O）**：在命令行中输入字母O，按空格键，可使用某个封闭轮廓曲线作为分割工具，来完成实体对象的剖切操作，如图14-100所示。

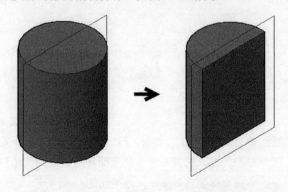

图14-100 指定平面对象剖切实体

- **曲面（S）**：在命令行中输入字母S，按空格键，可通过指定的某个相交曲面特征作为分割工具，来完成实体对象的剖切操作，如图14-101所示。

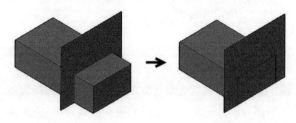

图14-101 指定曲面对象剖切视图

- **xy/yz/zx**：在命令行中输入相应的平面坐标，可使用系统工作坐标系组成的基准平面作为分割工具，来完成实体对象的剖切操作。

典型实例： 购物筐

实例位置	实例文件>Ch013>购物筐.dwg
实用指数	★★★★☆
技术掌握	熟练使用"圆角边"命令和"抽壳"命令来完成零件的结构设计

本实例将以"购物筐"为讲解对象，主要运用"拉伸"命令、"倾斜面"命令、"圆角边"命令以及"抽壳"命令的基本设计方法，最终结果如图14-102所示。

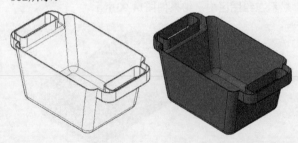

图14-102 购物筐

在"购物筐"的实例操作过程中，将体现三维零件设计过程中的各种操作技巧与设计思路，主要有以下几个基本步骤。

（1）新建GB样式的图形文件。

（2）创建拔模拉伸实体。使用"拉伸"命令和"倾斜面"命令创建出具有倾斜侧面的三维实体。

（3）创建实体耳特征。使用"拉伸"命令、"并集"命令以及"差集"命令创建出购物筐的两个耳特征。

（4）创建实体圆角特征。使用"圆角边"命令对两个实体耳特征进行圆角处理。

（5）创建抽壳特征。使用"抽壳"命令创建出薄壁实体，完成购物筐零件的造型设计。

Step1 新建文件。

01 单击"快速工具栏"中的⬜按钮，创建一个GB无图框样式的图形文件。

02 在"图层"工具栏中选择"轮廓线"图层。

Step2 创建拔模拉伸实体。

01 将绘图视角调整为"前视"视角，绘制如图14-103所示的等腰梯形；执行"合并"命令（J），将等腰梯形的4条边线进行合并操作。

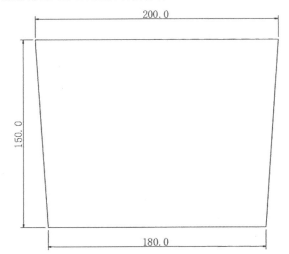

图14-103 绘制等腰梯形

02 执行"拉伸"命令（EXT），选择合并的等腰梯形为拉伸实体的截面曲线，指定拉伸距离为280，按空格键，完成拉伸实体的创建，如图14-104所示。

03 执行"倾斜面"命令（SOLIDEDIT），选择拉伸实体的两个垂直侧平面为倾斜面，分别选择左侧平面上的两个三维中点为参考点，如图14-105所示。

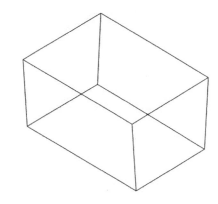

图14-104 拉伸实体

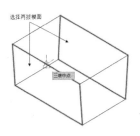
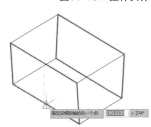

图14-105 定义倾斜平面

04 指定倾斜角度为10°，完成实体平面的倾斜操作，结果如图14-106所示。

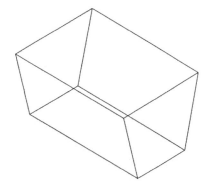

图14-106 完成平面倾斜操作

Step3 创建实体耳特征。

01 绘制如图14-107所示的两个矩形，执行"合并"命令（J），分别将矩形的4条边线进行合并操作。

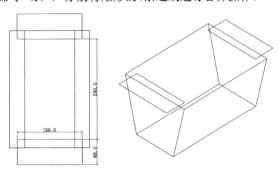

图14-107 绘制矩形

02 执行"拉伸"命令（EXT），选择两个矩形为拉伸的截面曲线，指定拉伸距离为30，按空格键，完成拉伸实体的创建，结果如图14-108所示。

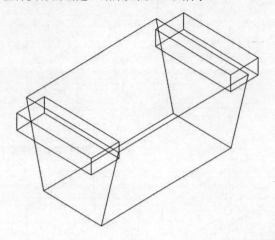

图14-108 拉伸实体

03 执行"并集"命令（UNI），将3个独立的三维实体进行合并操作，结果如图14-109所示。

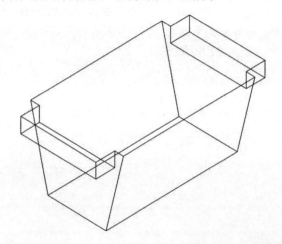

图14-109 合并实体

04 绘制如图14-110所示的两个矩形，执行"合并"命令（J），分别将矩形的4条边线进行合并操作。

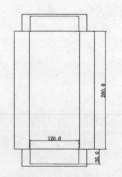
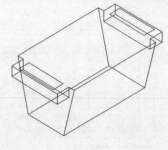

图14-110 绘制矩形

05 执行"拉伸"命令（EXT），选择两个矩形为拉伸的截面曲线，指定拉伸距离为60，按空格键，完成拉伸实体的创建，结果14-111所示。

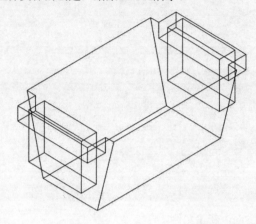

图14-111 拉伸实体

06 执行"差集"命令（SU），选择购物筐基础实体与两个矩形拉伸实体为求差对象，完成实体的求差操作，结果如图14-112所示。

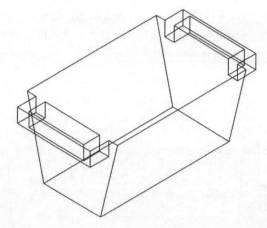

图14-112 实体求差

Step4 创建实体圆角特征。

01 执行"圆角边"命令（FILLETEDGE），指定圆角半径为10，选择耳特征实体的8条棱角边线为圆角对象，完成实体的圆角操作，结果14-113所示。

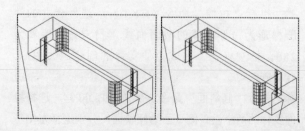

图14-113 实体圆角

02 执行"圆角边"命令（FILLETEDGE），指定圆角半径为25，选择耳特征实体的4条棱角边线为圆角对象，完成实体的圆角操作，如图14-114所示。

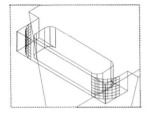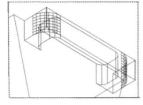

图14-114 实体圆角

03 执行"圆角边"命令（FILLETEDGE），指定圆角半径为6，选择耳特征下侧方位的棱角边线为圆角对象，完成实体的圆角操作，结果14-115所示。

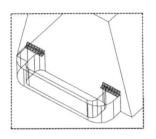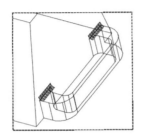

图14-115 实体圆角

04 执行"圆角边"命令（FILLETEDGE），指定圆角半径为4，选择耳特征的棱角边线为圆角对象，完成实体的圆角操作，如图14-116所示。

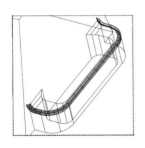

图14-116 实体圆角

05 执行"圆角边"命令（FILLETEDGE），指定圆角半径为10，选择购物筐零件实体的4条棱角边线为圆角对象，完成实体的圆角操作，结果如图14-117所示。

06 执行"圆角边"命令（FILLETEDGE），指定圆角半径为10，选择购物筐零件实体的底面边线为圆角对象，完成实体的圆角操作，结果如图14-118所示。

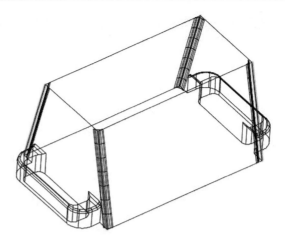

图14-117 实体圆角

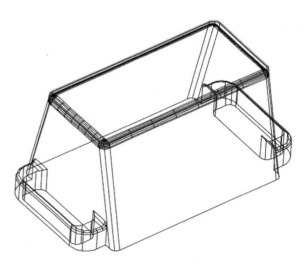

图14-118 实体圆角

Step5创建抽壳特征。

01 使用"概念"显示模式将购物筐零件实体重新着色显示在绘图区中。

02 执行"抽壳"命令（SOLIDEDIT），选择实体顶平面为移除平面，指定抽壳偏移距离为2，完成实体的抽壳操作，结果如图14-119所示。

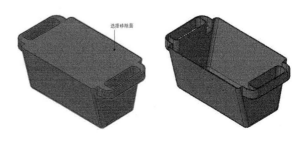

图14-119 实体抽壳

14.3 实体面编辑

本节知识概要

知识名称	作用	重要程度	所在页
拉伸面	掌握在AutoCAD系统中将三维实体进行延伸操作的基本方法	高	P342
移动面	了解使用"移动"方式修剪三维实体的基本方法	低	P343
偏移面	掌握使用"偏移"方式修剪三维实体的基本操作	高	P343
删除面	掌握在AutoCAD三维实体中通过"删除"平面的方式来修剪实体对象	高	P344
旋转面	了解使用"旋转"的方式来完成实体结构的修剪操作	低	P344
复制面	了解使用"复制"的方式来快速创建实体面特征	低	P345

针对已创建的三维实体对象，在AutoCAD设计系统中既可以使用实体操作工具来重定义三维对象的空间位置，也可以使用"实体面"工具来快速修改三维对象的基础结构。

单击菜单栏中的"修改"菜单，然后将鼠标指针放到"实体编辑"选项上，展开相应的操作命令，如图13-120所示。

图14-120 实体面菜单

14.3.1 拉伸面

拉伸面是通过将实体上选定的表平面，沿其垂直方向进行指定尺寸或路径的延长操作，从而在保持实体结构不变的状态下快速延伸实体对象。

"拉伸面"命令的执行方法主要有以下3种。

◇ 菜单栏：修改>实体编辑>拉伸面。

◇ 命令行：SOLIDEDIT。

◇ 功能区：单击"实体编辑"命令区域中的 ▣ 按钮。

操作方法

Step1 展开"实体编辑"命令区域，单击 ▣ 按钮，执行"拉伸面"命令。

Step2 定义拉伸面参数、

01 在系统信息提示下，选择长方体的侧平面，按空格键，完成拉伸延长面的定义。

02 在命令行中输入数字100，如图14-121所示。

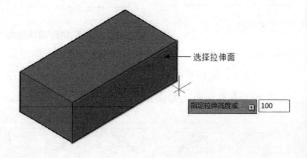

图14-121 定义拉伸高度

03 按空格键，完成拉伸高度的指定，系统将按照指定的距离值拉伸实体的平面，结果如图14-122所示。

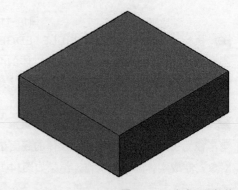

图14-122 完成平面拉伸

注意
在系统默认状态下，实体面的拉伸操作将以指定平面的法向方向为参考方向。

14.3.2 移动面

移动面是通过将实体上的选定面按照指定距离或放置点进行移动操作，从而达到增加或减少实体体积的设计目标。

"移动面"命令的执行方法主要有以下3种。

◇ 菜单栏：修改>实体编辑>移动面。

◇ 命令行：SOLIDEDIT。

◇ 功能区：单击"实体编辑"命令区域中的 按钮。

操作方法

Step1 展开"实体编辑"命令区域，单击 按钮，执行"移动面"命令。

Step2 定义移动面参数。

01 在系统信息提示下，选择三维实体的侧平面，按空格键，完成移动面的定义，如图14-123所示。

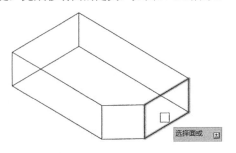

图14-123 选择移动平面

02 选择移动面边线上的三维中点为移动的基点，如图14-124所示。

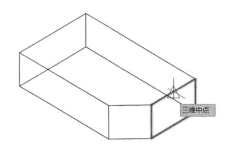

图14-124 定义移动基点

03 向左侧移动十字光标，指定平面的移动方向；在命令行中输入数字35，如图14-125所示。

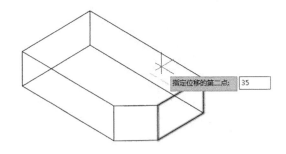

图14-125 定义移动距离

04 按空格键，完成平面移动距离的指定，系统将按指定的距离移动平面，结果如图14-126所示。

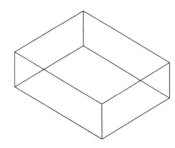

图14-126 完成平面移动

14.3.3 偏移面

偏移面是通过将选定的实体平面按照指定的偏移距离值进行移动，从而对实体的体积进行增加或减少的运算。其中，如果被选择的实体面是平面，那么"偏移面"命令的设计思路与"拉伸面""移动面"命令基本类似，都可以通过控制偏移的距离来调整实体体积。

"偏移面"命令的执行方法主要有以下3种。

◇ 菜单栏：修改>实体编辑>偏移面。

◇ 命令行：SOLIDEDIT。

◇ 功能区：单击"实体编辑"命令区域中的 按钮。

操作方法

Step1 展开"实体编辑"命令区域，单击 按钮，执行"偏移面"命令。

Step2 定义偏移面参数。

01 在系统信息提示下，选择实体的圆孔曲面，按空格键，完成偏移面的指定。

02 在命令行中输入-60，以指定曲面的偏移方向与距离，如图14-127所示。

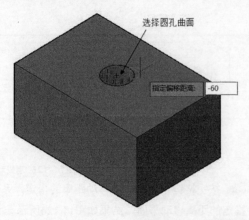

图14-127 选择偏移面

03 按空格键，系统将完成对圆孔曲面的偏移操作，
结果如图14-128所示。

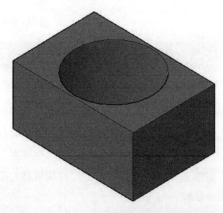

图14-128 完成曲面偏移

14.3.4 删除面

删除面是通过将实体上的指定面进行删除操作，
从而创建一个新的实体图形的命令工具。

"删除面"命令的执行方法主要有以下3种。

◇ 菜单栏：修改>实体编辑>删除面。

◇ 命令行：SOLIDEDIT。

◇ 功能区：单击"实体编辑"命令区域中的 按钮。

操作方法

Step1 展开"实体编辑"命令区域，单击 按
钮，执行"删除面"命令。

Step2 定义删除面参数。

01 在系统信息提示下，选择三维实体的倾斜平面为
删除对象，如图14-129所示。

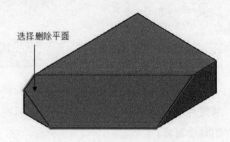

图14-129 选择删除面

02 按空格键，系统将删除指定的实体平面并自动修
补实体，结果如图14-130所示。

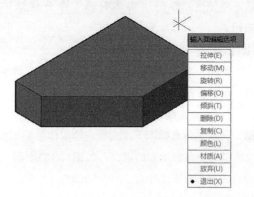

图14-130 完成实体面删除

14.3.5 旋转面

旋转面是通过将指定的实体面以轴线为基准做旋
转操作，从而达到修改实体三维结构形状的目的。

"旋转面"命令的执行方法主要有以下3种。

◇ 菜单栏：修改>实体编辑>旋转面。

◇ 命令行：SOLIDEDIT。

◇ 功能区：单击"实体编辑"命令区域中的 按钮。

操作方法

Step1 展开"实体编辑"命令区域，单击 按
钮，执行"旋转面"命令。

Step2 定义旋转面参数。

01 在系统信息提示下，选择三维实体的倒角平
面，按空格键，完成旋转平面的指定，如图14-131
所示。

02 选择旋转平面边线上的一个端点为旋转轴的第1
个轴点，选择边线上的另一个端点为旋转轴的第2个

轴点，如图14-132所示；按空格键，完成旋转轴的定义。

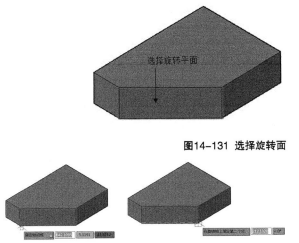

图14-131 选择旋转面

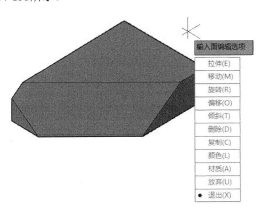

图14-132 定义旋转轴点

03 在命令行中输入-45，按空格键，完成旋转角度的定义，系统将按照指定的角度旋转实体平面，结果如图14-133所示。

图14-133 完成实体面旋转

14.3.6 复制面

"复制面"命令类似于二维绘图命令中的"复制"命令，首先要选中被复制的面，再定义复制基点，最后定义复制目标点，从而将复制的面移动到目标位置上。

"复制面"命令的执行方法主要有以下3种。

◇ 菜单栏：修改>实体编辑>复制面。

◇ 命令行：SOLIDEDIT。

◇ 功能区：单击"实体编辑"命令区域中的 按钮。

操作方法

Step1 展开"实体编辑"命令区域，单击 按钮，执行"复制面"命令。

Step2 定义复制面参数。

01 在系统信息提示下，选择长方体实体的侧平面，按空格键，完成复制面的定义，如图14-134所示。

图14-134 选择复制面

02 选择复制平面的右顶点为复制的基点，选择复制平面的左顶点为复制的目标点，如图14-135所示。

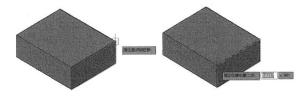

图14-135 定义复制基点与目标点

03 在完成复制基点与目标点后，系统将把指定的实体面进行移动复制操作，结果如图14-136所示。

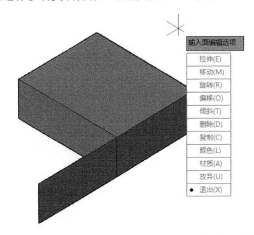

图14-136 完成实体面复制

注意

使用"复制面"命令进行复制操作，其对象只是实体的表面，而不是整个三维实体对象。因此，用户不能使用该命令复制各种三维实体特征，如圆孔、凹槽等。

典型实例：支座基体

实例位置	实例文件>Ch013>支座基体.dwg
实用指数	★★☆☆☆
技术掌握	熟练实体面的编辑方法与技巧，辅助零件的造型设计

本实例将以"支座基体"为讲解对象，主要运用"拉伸面"和"倾斜面"的基本设计思路，最终结果如图14-137所示。

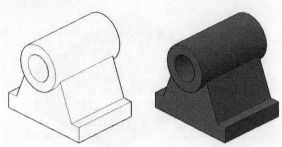

图14-137 支座基体

思路解析

在"支座基体"的实例操作过程中，将体现实体面编辑的基本方法与技巧，主要有以下几个基本步骤。

（1）新建GB样式的图形文件。

（2）创建基础拉伸实体。使用"拉伸"命令创建出多个独立的拉伸实体。

（3）实体面拉伸与布尔运算。

（4）创建斜面实体。

Step1 新建文件。

01 单击"快速工具栏"中的□按钮，创建一个GB无图框样式的图形文件。

02 在"图层"工具栏中选择"轮廓线"图层。

Step2 创建基础拉伸实体。

01 将绘图视角调整为"前视"视角，绘制如图14-138所示的圆形与直线段；执行"合并"命令（J），将所有相接的直线段进行合并操作。

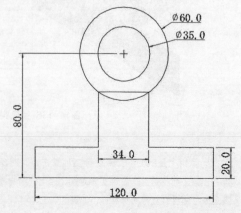

图14-138 绘制圆形与直线

02 执行"拉伸"命令（EXT），选择合并的直线轮廓曲线为拉伸实体的截面曲线，指定拉伸距离为90，按空格键，完成拉伸实体的创建，如图14-139所示。

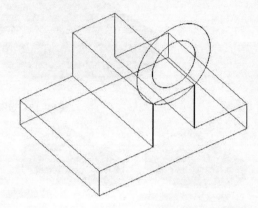

图14-139 拉伸实体

03 执行"拉伸"命令（EXT），选择外侧圆形为拉伸实体的截面曲线，指定拉伸距离为90，完成拉伸实体的创建；执行"拉伸"命令（EXT），选择内侧圆形为拉伸实体的截面曲线，指定拉伸距离为150，按空格键，完成拉伸实体的创建，结果如图14-140所示。

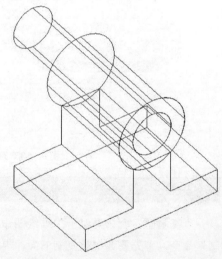

图14-140 拉伸实体

Step3 实体面拉伸与布尔运算。

01 执行"差集"命令（SU），分别选择两个圆形拉伸实体为求差对象，完成实体的求差操作，结果如图14-141所示。

02 执行"拉伸面"命令，选择圆柱三维实体的端平面为拉伸对象，指定拉伸距离为10，完成实体平面的拉伸操作，如图14-142所示；执行"拉伸面"命令，将圆柱三维实体的另一个端平面向外侧拉伸10。

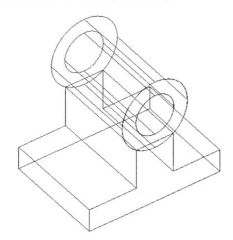

图14-141 实体求差

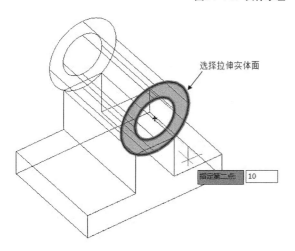

选择拉伸实体面

指定第二点 10

图14-142 拉伸实体平面

03 执行"并集"命令（UNI），将绘图区中所有的三维实体对象进行合并操作，结果如图14-143所示。

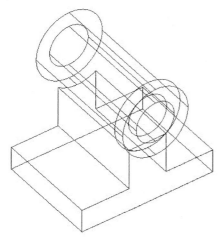

图14-143 合并实体

Step4 创建斜面实体。

01 将绘图视角调整为"前视"视角，绘制如图14-144所示的矩形。

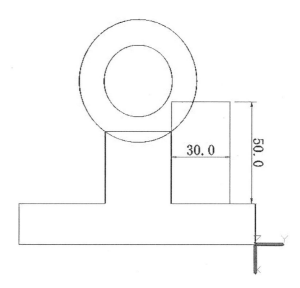

图14-144 绘制矩形

02 执行"拉伸"命令（EXT），选择矩形为拉伸实体的截面曲线，指定拉伸距离为90，按空格键，完成拉伸实体的创建，如图14-145所示。

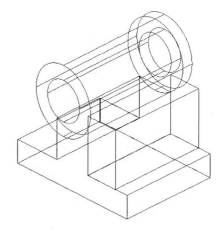

图14-145 拉伸实体

03 执行"倾斜面"命令，选择矩形拉伸实体的侧平面为倾斜面，分别选择倾斜面上下边线的中点为参考基点，指定倾斜角度为22°，完成实体平面的倾斜操作，结果如图14-146所示。

04 执行"三维镜像"命令（Mirror3d），选择倾斜的拉伸实体进行镜像复制操作，结果如图14-147所示。

圆角边	掌握在AutoCAD系统中，在三维实体的棱角边线上创建过渡圆角特征的基本方法	高	P349
倒角边	掌握在三维实体的棱角边线上创建平坦倾斜平面的基本方法	高	P350

在使用AutoCAD进行三维实体零件的造型过程中，除了使用基础的三维建模工具来创建零件的结构特征外，还需要使用各种"修饰特征"来细化三维实体的局部结构。

修饰特征是在其他基础实体上创建的细节特征，它是能直接清楚的在实体上显示出来的外形特征，它不能单独创建，只能在已有的几何实体上进行添加创建，如"圆角""倒角"等。

单击菜单栏中的"修改"菜单，然后将鼠标指针放到"实体编辑"选项上，展开相应的操作命令，如图13-149所示。

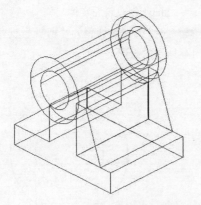

图14-146 倾斜实体平面

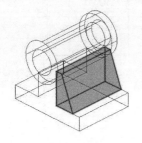 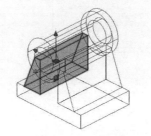

图14-147 三维镜像实体

05 执行"并集"命令（UNI），将所有独立的三维实体进行合并操作；使用"概念"显示模式将支座基体零件重新着色显示在绘图区中，结果如图14-148所示。

图14-149 实体边菜单

图14-148 "概念"显示实体

14.4 实体边编辑

本节知识概要

知识名称	作用	重要程度	所在页
压印边	了解在AutoCAD系统中，使用"压印"方式修剪相交三维实体的方法	低	P348

14.4.1 压印边（IMPR）

"压印边"命令是将选定的二维几何图形通过投影的方式压印到相交实体的表面，从而在实体平面上创建边界边线。

"压印边"命令的执行方法主要有以下3种。

◇ 菜单栏：修改>实体编辑>压印边。

◇ 命令行：IMPRINT或IMPR。

◇ 功能区：单击"实体编辑"命令区域中的按钮。

操作方法

Step1 输入IMPR并按空格键，执行"压印边"命令，如图14-150所示。

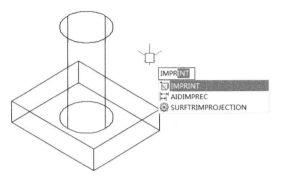

图14-150 执行"压印边"命令

Step2 定义压印边参数。

01 在系统信息提示下，选择下侧的长方体为参考三维实体对象，选择相交的圆柱体为压印对象。

02 在"是否删除源对象"文本框中输入字母Y，如图14-151所示。

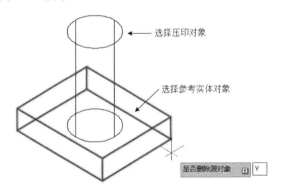

图14-151 定义压印对象

 注意

为了使压印操作成功，被压印的对象必须与选定对象的一个或多个面相交。

03 按空格键，完成压印边参数的定义，系统将完成实体边线的压印操作，结果如图14-152所示。

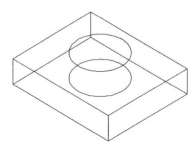

图14-152 完成压印边操作

参数解析

在压印实体边的过程中，命令行中将出现相关的提示信息，如图14-153所示。

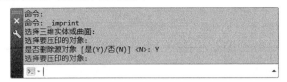

图14-153 命令行提示信息

■ **选择三维实体或曲面**：用于提示用户选择绘图区中任意一个三维几何对象作为压印的参考对象。

■ **选择要压印的对象**：用于提示用户选择一个与压印参考对象相交的几何对象，从而将其边界投影至压印参考对象的表面。

■ **是否删除源对象**：该子项命令有"是（Y）"和"否（N）"两个选项，主要用于定义压印操作后是否保留压印源对象。

14.4.2 圆角边（FILIETEDGE）

在AutoCAD的实体建模工具中，针对三维实体的棱角边线，系统提供了三维实体圆角命令，从而在两个相邻面之间创建一个圆滑的过渡曲面特征。

"圆角边"命令的执行方法主要有以下3种。

◇ 菜单栏：修改>实体编辑>圆角边。

◇ 命令行：FILLETEDGE。

◇ 功能区：单击"实体编辑"命令区域中的 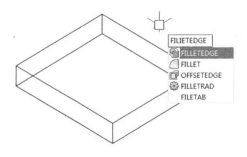 按钮。

操作方法

Step1 输入FILLETEDGE并按空格键，执行"圆角边"命令，如图14-154所示。

图14-154 执行"圆角边"命令

Step2 定义圆角边参数。

01 （1）在命令行中输入字母R，按空格键确定；在命令行中输入数字15，按空格键，完成圆角半径的定义。

02 在系统信息提示下，分别选择长方体实体的4条棱角边线为圆角对象，如图14-155所示。

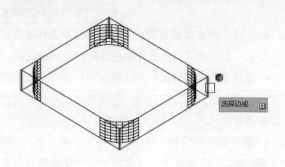

图14-155 选择圆角边线

03 按空格键，完成圆角边线的定义，系统将完成实体边线的圆角操作，结果如图14-156所示。

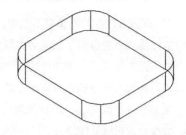

图14-156 完成实体圆角

参数解析

　　在实体边圆角的过程中，命令行中将出现相关的提示信息，如图14-157所示。

```
命令: _FILLETEDGE
半径 = 1.0000
选择边或 [链(C)/环(L)/半径(R)]: r
输入圆角半径或 [表达式(E)] <1.0000>: 15
选择边或 [链(C)/环(L)/半径(R)]:
选择边或 [链(C)/环(L)/半径(R)]:
选择边或 [链(C)/环(L)/半径(R)]:
选择边或 [链(C)/环(L)/半径(R)]:
已选定 4 个边用于圆角。
按 Enter 键接受圆角或 [半径(R)]:
```

图14-157 命令行提示信息

- **选择边**：用于提示用户选择三维实体上的任意一条独立的棱角边线作为圆角对象。

- **链（C）**：在命令行中输入字母C，按空格键，可使用边链的方式选择指定实体边线及其相接的实体边线。关于"选择边"与"链"方式的圆角方式，如图14-158所示。

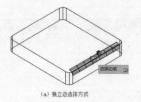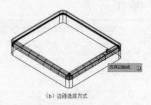

(a) 独立边选择方式　　　　(b) 边链选择方式

图14-158 独立边与边链选择方式

- **环（L）**：在命令行中输入字母L，按空格键，可使用封闭环的方式选择圆角对象。

- **半径（R）**：在命令行中输入字母R，按空格键，可重新定义当前实体圆角的默认半径参数。

14.4.3 倒角边（CHAMFERE）

　　在AutoCAD的实体建模工具中，针对三维实体的棱角边，系统提供了三维实体倒角命令，从而在两个相邻面之间创建一个平坦的过渡面特征。

　　"倒角边"命令的执行方法主要有以下3种。

◇　菜单栏：修改>实体编辑>倒角边。

◇　命令行：CHAMFEREDGE或CHAMFERE。

◇　功能区：单击"实体编辑"命令区域中的 按钮。

操作方法

　　Step1 输入CHAMFERE并按空格键，执行"倒角边"命令，如图14-159所示。

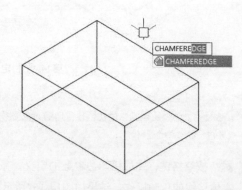

图14-159 执行"倒角边"命令

　　Step2 定义倒角边参数。

01 在命令行中输入字母D，按空格键确定；在命令行中输入数字30，按空格键，完成倒角距离的定义。

02 在系统信息提示下，选择长方体的一条棱角边线为倒角对象，如图14-160所示。

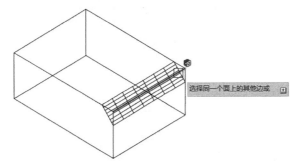

图14-160 选择倒角边线

03 按空格键，完成倒角边线的定义，系统将完成实体边线的倒角操作，结果14-161所示。

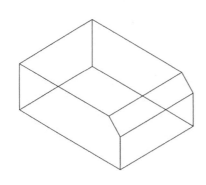

图14-161 完成实体倒角

参数解析

在实体边倒角的过程中，命令行中将出现相关的提示信息，如图14-162所示。

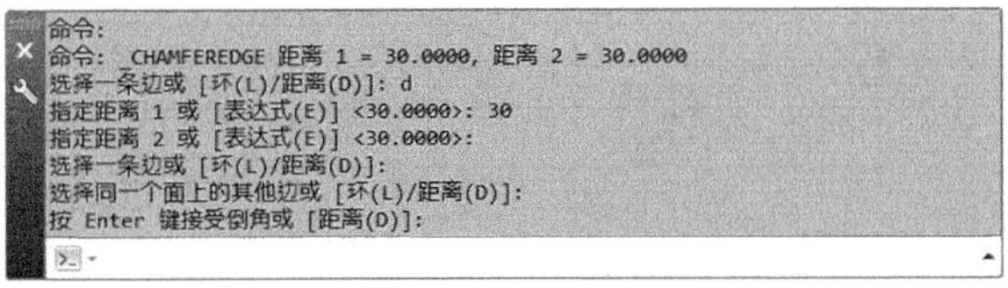

```
命令：
命令： CHAMFEREDGE 距离 1 = 30.0000, 距离 2 = 30.0000
选择一条边线或 [环(L)/距离(D)]: d
指定距离 1 或 [表达式(E)] <30.0000>: 30
指定距离 2 或 [表达式(E)] <30.0000>:
选择一条边线或 [环(L)/距离(D)]:
选择同一个面上的其他边线或 [环(L)/距离(D)]:
按 Enter 键接受倒角或 [距离(D)]:
```

图14-162 命令行提示信息

- **环（L）**：在命令行中输入字母L，按空格键，可使用封闭环的方式选择实体边线作为倒角边。

- **距离（D）**：在命令行中输入字母D，按空格键，可重新定义当前实体倒角的默认距离值。

典型实例：阀盖

实例位置　实例文件>Ch013>阀盖.dwg
实用指数　★★★★☆
技术掌握　熟练使用"圆角边"命令和"倒角边"命令的基本操作方法，辅助完成零件的造型设计

本实例将以"阀盖"为讲解对象，主要运用基础三维建模命令以及"圆角边"命令、"倒角边"命令的基本设计技巧，最终结果如图14-163所示。

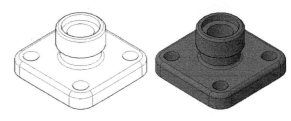

图14-163 阀盖

📖 **思路解析**

在"阀盖"的实例操作过程中，将体现"圆角边"和"倒角边"命令在零件绘图过程中的辅助作用，主要有以下几个基本步骤。

（1）新建GB样式的图形文件。

（2）创建底座实体。使用"拉伸"命令分别创建出阀盖零件的底座实体特征。

（3）创建实体圆角特征。

（4）创建凸台实体特征。

（5）创建通孔特征。

（6）创建倒角与圆角特征。

Step1 新建文件。

01 单击"快速工具栏"中的▣按钮，创建一个GB无图框样式的图形文件。

02 在"图层"工具栏中选择"轮廓线"图层。

Step2 创建底座实体。

01 将绘图视角调整为"俯视"视角，绘制如图14-164所示的圆形与矩形。

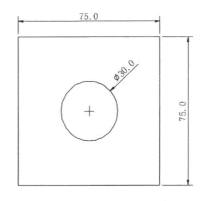

图14-164 绘制圆形与矩形

02 执行"拉伸"命令（EXT），选择圆形为拉伸实体的截面曲线，指定拉伸距离为23，完成拉伸实体的创建；执行"拉伸"命令（EXT），选择矩形为拉伸实体的截面曲线，指定拉伸距离为12，按空格键，完成拉伸实体的创建，结果如图14-165所示。

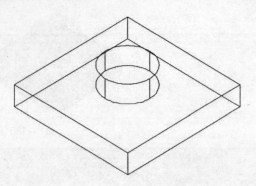

图14-165 拉伸实体

03 将绘图视角调整为"俯视"视角，绘制如图14-166所示的圆形。

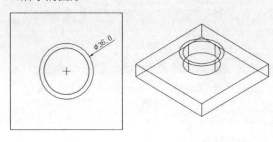

图14-166 绘制圆形

04 执行"拉伸"命令（EXT），选择圆形为拉伸实体的截面曲线，指定拉伸距离为15，按空格键，完成拉伸实体的创建，结果如图14-167所示。

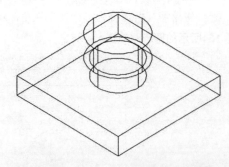

图14-167 拉伸实体

Step3 创建实体圆角特征。

01 执行"圆角边"命令（FILLETEDGE），指定圆角半径为12，选择长方体的4条棱角边线为圆角对象，完成实体的圆角操作，结果14-168所示。

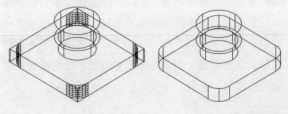

图14-168 实体圆角

02 执行"圆角边"命令（FILLETEDGE），指定圆角半径为2，选择圆形拉伸实体的两条相交边线为圆角对象，完成实体的圆角操作，结果14-169所示。

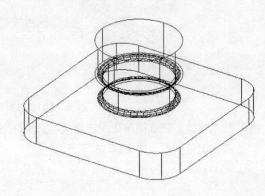

图14-169 实体圆角

Step4 创建凸台实体特征。

01 将绘图视角调整为"仰视"视角，绘制如图14-170所示的3个圆形。

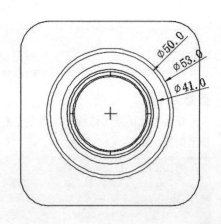

图14-170 绘制圆形

02 执行"拉伸"命令（EXT），选择直径为41的圆形为拉伸实体的截面曲线，指定拉伸距离为13，完成拉伸实体的创建；执行"拉伸"命令（EXT），选择直径为50的圆形为拉伸实体的截面曲线，指定拉伸距离为8，完成拉伸实体的创建；执行"拉伸"命令（EXT），选择直径为53的圆形为拉伸实体的截面曲线，指定拉伸距离为2，完成拉伸实体的创建。

03 执行"并集"命令（UNI），将绘图区中所有的三维实体对象进行合并操作，结果如图14-171所示。

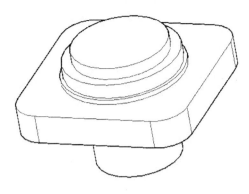

图14-171 合并实体

Step5 创建通孔特征。

01 将绘图视角调整为"仰视"视角，绘制直径为20的圆形，结果如图14-172所示。

图14-172 绘制圆形

02 执行"拉伸"命令（EXT），选择绘制的圆形为拉伸实体的截面曲线，指定拉伸距离为80，按空格键，完成拉伸实体的创建，如图14-173所示。

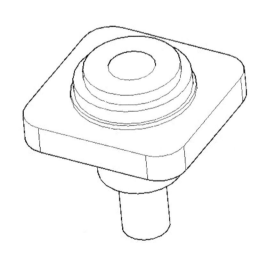

图14-173 拉伸实体

03 执行"差集"命令（SU），分别选择基础实体与拉伸的圆形实体为求差对象，完成实体的求差操作，结果如图14-174所示。

图14-174 实体求差

04 将绘图视角调整为"仰视"视角，绘制直径为35的圆形，如图14-175所示。

图14-175 绘制圆形

05 执行"拉伸"命令（EXT），选择绘制的圆形为拉伸实体的截面曲线，指定拉伸距离为7，完成拉伸实体的创建；执行"差集"命令（SU），分别选择基础实体与拉伸的圆形实体为求差对象，完成实体的求差操作，结果如图14-176所示。

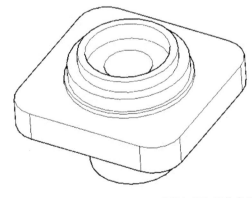

图14-176 实体求差

06 将绘图视角调整为"俯视"视角，绘制直径为28.5的圆形，如图14-177所示。

07 执行"拉伸"命令（EXT），选择绘制的圆形为拉伸实体的截面曲线，指定拉伸距离为5，完成拉伸实体的创建；执行"差集"命令（SU），分别选择基础实体与拉伸的圆形实体为求差对象，完成实体的求差操作，结果如图14-178所示。

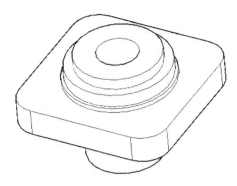

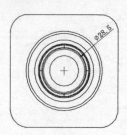
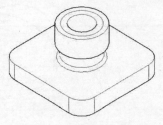

图14-177 绘制圆形

10 执行"差集"命令（SU），分别选择基础实体与4个拉伸圆形实体为求差对象，完成实体的求差操作，结果如图14-181所示。

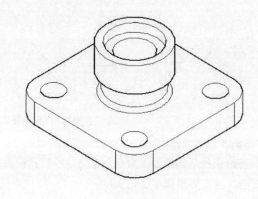

图14-181 实体求差

Step6 创建倒角与圆角特征。

01 执行"倒角边"命令（CHAMFEREDGE），指定倒角距离为1.5，分别选择阀盖零件的圆柱边线为倒角对象，结果如图14-182所示。

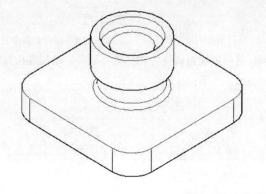

图14-178 实体求差

08 将绘图视角调整为"俯视"视角，绘制直径为12的4个圆形，如图14-179所示。

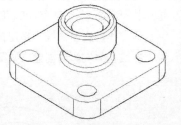

图14-182 实体倒角

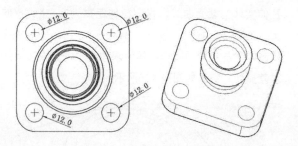

图14-179 绘制圆形

09 执行"拉伸"命令（EXT），选择绘制的4个圆形为拉伸实体的截面曲线，指定拉伸距离为80，按空格键，完成拉伸实体的创建，如图14-180所示。

02 执行"圆角边"命令（FILLETEDGE），指定圆角半径为3，选择底座实体的棱角边线为圆角对象，完成实体的圆角操作，如图14-183所示。

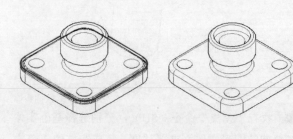

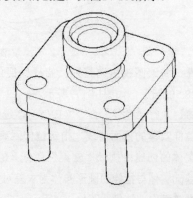

图14-180 拉伸实体

图14-183 实体圆角

03 使用"概念"显示模式将阀盖零件重新着色显示在绘图区中，结果如图14-184所示。

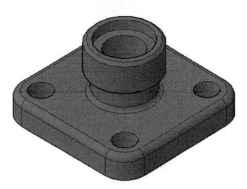

图14-184 "概念"显示实体

14.5 思考与练习

通过本章的介绍与学习，讲解了"三维实体操作""实体面编辑""实体边编辑"等造型工具的基本操作方法。为对知识进行巩固和考核，布置相应的练习题，使读者进一步灵活掌握本章的知识要点。

14.5.1 叉架零件

使用"拉伸"命令、"并集"命令、"差集"命令、"交集"命令创建出叉架零件的主体结构，如图14-185所示，其基本思路如下。

01 使用"拉伸"命令创建出叉架零件的基础轮廓实体。

02 使用"并集"命令、"差集"命令、"交集"命令以及"圆角边"命令创建出三维零件的细节特征。

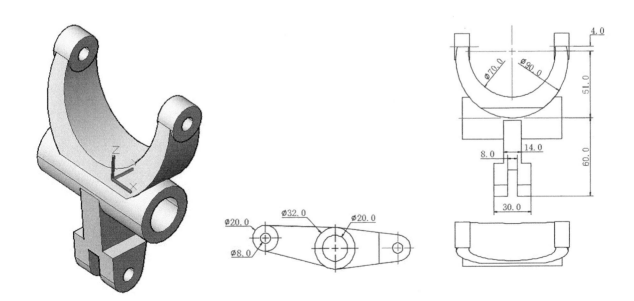

图14-185 叉架零件

14.5.2 思考问答

01 三维阵列主要有哪几种方式？

02 "三维镜像"命令与"二维镜像"命令有何区别？

03 "拉伸面"命令与"拉伸"命令有何区别？

04 使用"压印边"命令编辑三维实体，主要有哪些基本步骤？

05 "圆角边""倒角边"命令与"圆角""倒角"命令有何区别？

第15章 工程视图转换

在机械设计、产品研发设计以及各类3C产品的表达与制造过程中,工程技术人员都需要使用能够自由表达产品结构形状、技术要点的交流工具,而工程视图则是满足所有工程技术人员交流方便的重要平台。

使用AutoCAD 2016设计系统不仅能快速创建三维实体零件,而且能将三维实体零件转换为2D的工程视图。本章首先讲解基础视图、投影视图、剖视图、局部视图的基本创建方法,其次介绍各种工程视图的修饰与编辑技巧,最后再通过范例解析来综合运用AutoCAD视图转换技巧。

本章学习要点

★ 掌握基础视图的创建方法
★ 掌握创建投影视图的基本思路
★ 掌握各种剖视图的创建方法

★ 了解局部放大视图的两种创建方式
★ 掌握视图边线显示与比例设置的方法

本章知识索引

知识名称	作用	重要程度	所在页
工程视图转换概述	了解使用AutoCAD工程视图转换的基本工作环境	低	P358
三维模型转换工程视图	掌握AutoCAD工程视图转换的基本操作,熟练"基础视图""投影视图""剖视图""局部放大视图"的创建思路	高	P359
工程图修饰与编辑	了解对工程视图进行边线修饰、比例缩放的基本操作方法	中	P366

本章实例索引

15.1 工程视图转换概述

在AutoCAD 2016系统中创建三维实体零件后，便可使用该三维实体来转换出各种二维工程视图，且该工程视图将与源对象三维实体保持一定的关联，若源对象三维实体修改后，其相应的工程视图也将得到更新。

使用AutoCAD转换二维工程视图必须在"布局"工作环境下进行，其快速切换至"布局"环境的流程介绍如下。

Step1：在绘图区左下角，单击"布局1"或"布局2"选项卡，如图15-1所示。

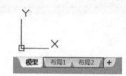

图15-1 布局环境切换

Step2：单击功能区中添加的"布局"功能选项卡，系统将激活该功能命令集，如图15-2所示。

图15-2 "布局"功能区

课前引导实例：购物筐工程图转换

实例位置	实例文件>Ch15>购物筐.dwg、购物筐工程图.dwg
实用指数	★★★☆☆
技术掌握	掌握"基础视图"、"投影视图"以及"剖视图"的基本创建方法

本实例将在"布局"设计环境下，使用"基础视图""剖视图"等视图创建工具来完成购物筐实体转换工程图的操作，结果如图15-3所示。

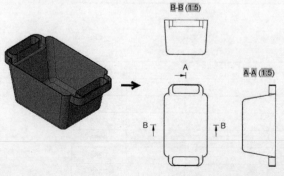

图15-3 购物筐工程图

Step1 创建主视图。

01 打开"实例文件>Ch15>购物筐.dwg"文件。

02 使用"西南等轴测"视角将购物筐实体零件重新着色显示在绘图区中，如图15-4所示。

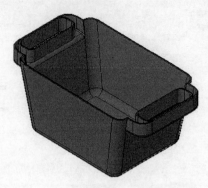

图15-4 "概念"显示实体

03 切换至"布局"设计环境，执行"从模型空间"命令；在"方向"列表中选择"俯视"选项为当前视图的放置方位，在绘图区任意位置单击鼠标左键，指定主视图的放置点。

04 按空格键，完成主视图的创建，结果如图15-5所示。

图15-5 创建主视图

Step2 创建全剖左视图。

01 在"创建视图"区域中展开"截面"命令列表，单击▢▢按钮。

02 在系统提示下，选择已创建的主视图为父视图。

03 捕捉父视图上水平直线的中点，移动十字光标，选择垂直参考线上任意一点为剖切线起点；向下移动十字光标，在主视图的正下方选择垂直参考线上另一点为剖切线端点。

04 按空格键，完成剖切线的绘制；向主视图右侧方向移动十字光标，在绘图区单击鼠标左键，指定全剖左视图的放置点；按空格键，完成全剖左视图的创建并退出该命令，结果如图15-6所示。

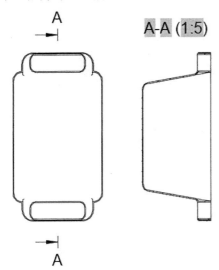

图15-6 创建全剖左视图

Step3 创建全剖仰视图。

01 在"创建视图"区域中展开"截面"命令列表，单击 按钮。

02 在系统提示下，选择已创建的主视图为父视图。

03 捕捉父视图上垂直边线的中点，移动十字光标，选择水平参考线上任意一点为剖切线起点；水平移动十字光标，在主视图右侧方向选择水平参考线上的另一点为剖切线的端点。

04 按空格键，完成剖切线的绘制；向主视图的正上方移动十字光标，在绘图区单击鼠标左键，指定仰视全剖视图的放置点；按空格键，完成全剖仰视图的创建并退出该命令，结果如图15-7所示。

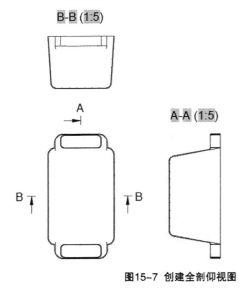

图15-7 创建全剖仰视图

Step4 保存文件。将图形文件另存为"购物筐工程图.dwg"。

15.2 三维模型转换工程视图

本节知识概要

知识名称	作用	重要程度	所在页
基础视图	掌握在AutoCAD布局环境下创建第1个工程视图的基本方法	高	P359
投影视图	掌握使用主视图创建其他方位上投影视图的基本方法	高	P360
剖视图	掌握在AutoCAD中创建全剖视图、半剖视图、阶梯剖视图的基本方法	高	P362
局部放大视图	掌握对指定视图局部结构进行放大处理的视图创建方法	高	P363
更新工程视图	了解三维实体零件与二维工程视图的更新显示操作	中	P364

使用AutoCAD 2016创建的任何三维实体都可以使用"投影"的方式创建出工程视图，其视图类型主要包括了正投影图、全剖视图、半剖视图、局部放大视图等。

15.2.1 基础视图

基础视图是三维模型视图向投影面投射得到的方位视图，它可以是前视、左视、俯视等方位的视图，也可以是用户自定义方位的投影视图。

基础视图主要用于表达三维模型在基本投射方向上的外形轮廓，而在实际的工程图制作过程中将根据模型的复杂程度来选用合适的基础视图来表达模型外形。

"基础视图"命令的执行方法介绍如下。

◇ 功能区：在"布局"选项卡中，单击"创建视图"命令区域中的 按钮，如图15-8所示。

图15-8 单击"从模型空间"按钮

操作方法

Step1 打开任意一个三维实体图形文件，再单击 按钮，执行"从模型空间"命令。

Step2 定义视图的放置。

01 使用系统默认的三维实体模型为转换对象，在"方向"列表中选择"前视"选项为当前视图的放置方位，如图15-9所示。

图15-9 定义放置方位

02 在"外观"列表中选择1:1选项为当前视图的显示比例，如图15-10所示。

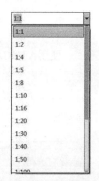

图15-10 定义视图比例

03 在绘图区中任意位置单击鼠标左键，完成视图的定位放置，结果如图15-11所示。

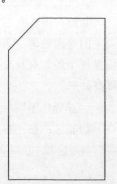

图15-11 完成视图放置

15.2.2 投影视图

投影视图是将人的视线规定为平行投影线，然后正对着物体看过去将所见物体的轮廓用正投影法绘制出来的图形。在AutoCAD布局环境中，投影视图主要是指俯视图、左视图、右视图、后视图、仰视图以及等轴测视图。

"投影视图"命令的执行方法介绍如下。

◇ 在完成基础视图的创建后，移动十字光标，可在对应的空间位置上快速创建出投影视图。

◇ 功能区：在"布局"选项卡中，单击"创建视图"命令区域中的 按钮。

操作方法

Step1 创建主视图。

01 打开任意一个三维实体图形文件。

02 在"布局"绘图环境中，执行"基础视图"命令，创建出零件的主视图并退出该命令，结果如图15-12所示。

图15-12 创建主视图

Step2 创建俯视图。

01 单击"创建视图"命令区域中的 按钮，执行"投影视图"命令。

02 在系统信息提示下，选择已创建的零件主视图为投影视图的"父视图"。

03 向下移动十字光标，系统将预览出投影出的俯视图；在绘图区域中单击鼠标左键，完成俯视图的定位，结果如图15-13所示。

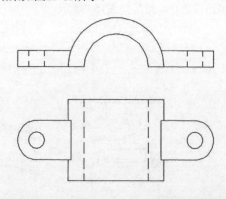

图15-13 创建俯视图

注意

在完成投影视图的放置后，系统将默认继续执行"投影视图"命令。如需结束"投影视图"命令，可在投影视图定位后按空格键，可结束该命令的执行。

Step3 创建左视图。

01 向主视图的水平右侧方向移动十字光标，系统将预览出投影的左视图。

02 在绘图区域中单击鼠标左键，完成左视图的定位，结果如图15-14所示。

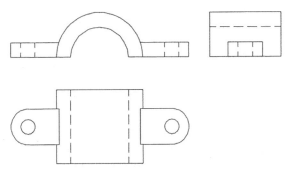

图15-14 创建左视图

Step4 创建轴测视图。

01 向主视图的右下侧方向移动十字光标，系统将预览出投影的轴测视图。

02 在绘图区域中单击鼠标左键，完成轴测视图的定位；按空格键，退出"投影视图"命令，结果如图15-15所示。

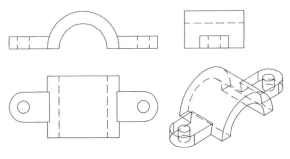

图15-15 创建轴测视图

功能实战：机械模板工程图转换

实例位置	实例文件>Ch15>机械模板.dwg、机械模板工程图.dwg
实用指数	★★★☆☆
技术掌握	熟练"基础视图"命令与"投影视图"命令的综合运用

本实例将以"机械模板工程图"为讲解对象，主要运用基础视图和投影视图的创建方法与技巧等，最终结果如图15-16所示。

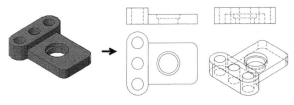

图15-16 机械模板工程图

> **思路解析**
>
> 在"机械模板工程图"的实例操作过程中，将体现基础视图与投影视图的创建，主要有以下几个基本步骤。
>
> （1）创建主视图。使用"前视"方位创建出机械模板零件的第一个工程视图。
>
> （2）创建俯视图。以主视图为参考对象，创建出机械模板零件的俯视图。
>
> （3）创建左视图与轴测视图。以主视图为参考对象，投影创建出零件的左视图与等轴测视图。

Step1 创建主视图。

01 打开"实例文件>Ch15>机械模板.dwg"文件。

02 使用"概念"显示模式将机械模板零件重新着色显示在绘图区中，如图15-17所示。

图15-17 "概念"显示实体

03 切换至"布局"设计环境，单击 按钮，执行"从模型空间"命令；在"方向"列表中选择"前视"选项为当前视图的放置方位，在绘图区任意位置单击鼠标左键，指定主视图的放置点。

04 按空格键，完成主视图的创建并退出该命令，结果如图15-18所示。

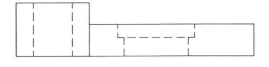

图15-18 创建主视图

Step2 创建俯视图。

01 单击"创建视图"命令区域中的 按钮，执行"投影视图"命令。

02 选择已创建的主视图为投影视图的父视图，向下方移动十字光标，在绘图区单击鼠标左键，指定俯视图的放置点，完成俯视图的创建，如图15-19所示。

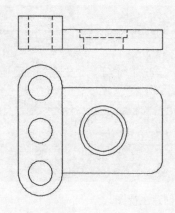

图15-19 创建俯视图

Step3 创建左视图与轴测视图。

01 向主视图的水平右侧方向移动十字光标，在绘图区单击鼠标左键，指定左视图的放置点，完成左视图的创建，如图15-20所示。

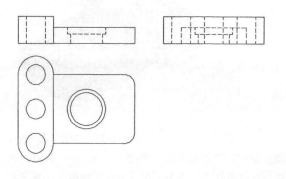

图15-20 创建左视图

02 向主视图的右下侧方向移动十字光标，在绘图区单击鼠标左键，指定轴测视图的放置点，完成轴测视图的创建，如图15-21所示。

03 将图形文件另存为"机械模板工程图.dwg"。

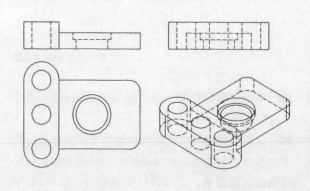

图15-21 创建轴测视图

15.2.3 剖视图

剖视图是利用剖切平面将三维模型的各个视图进行指定区域的剖切操作后得到的视图投影形状。

在AutoCAD的"布局"设计环境中，系统提供了全剖、半剖、阶梯剖、旋转剖和从对象5种剖切方式，如图15-22所示。

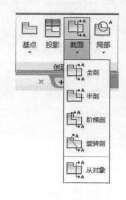

图15-22 剖切命令列表

操作方法

Step1 创建主视图。执行"从模型空间"命令，在绘图区域中创建出三维实体零件的主视图，如图15-23所示。

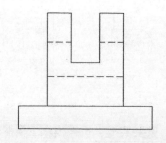

图15-23 创建主视图

Step2 创建全剖左视图。

01 在"创建视图"区域中展开"截面"命令列表，单击▣▣按钮。

02 在系统提示下，选择已创建的主视图为父视图。

03 捕捉父视图上水平直线的中点，移动十字光标，选择垂直参考线上任意一点为剖切线起点；向下移动十字光标，在主视图的正下方选择垂直参考线上另一点为剖切线端点，如图15-24所示；按空格键，完成剖切线的绘制。

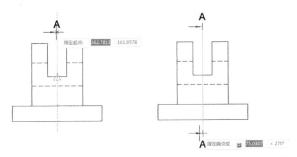

图15-24 定义剖切线

04 向右侧移动十字光标，在绘图区单击鼠标左键，指定左全剖视图的放置点；按空格键，完成全剖视图的创建并退出该命令，结果如图15-25所示。

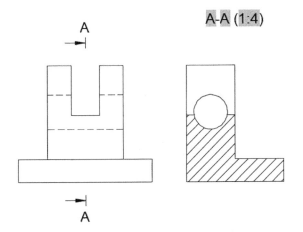

A-A (1:4)

图15-25 放置左全剖视图

Step3 创建俯视半剖图。

01 在"创建视图"区域中展开"截面"命令列表，单击 按钮。

02 在系统提示下，选择已创建的主视图为父视图。

03 捕捉父视图上垂直直线的中点，移动十字光标，选择水平参考线上任意一点为剖切线起点；捕捉父视图上水平直线的中点，移动十字光标，选择垂直参考线上任意一点为剖切线的下一个点；向下移动十字光标，选择父视图下侧任意一点为剖切线的端点，如图

15-26所示；按空格键，完成剖切线的绘制。

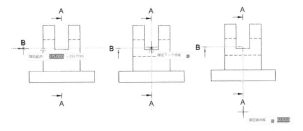

图15-26 定义剖切线

04 向父视图下方移动十字光标，在绘图区单击鼠标左键，指定俯视半剖视图的放置点；按空格键，完成半剖视图的创建并退出该命令，结果15-27所示。

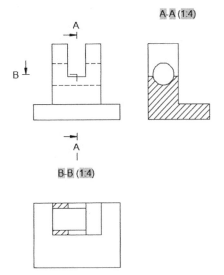

图15-27 放置俯视半剖图

15.2.4 局部放大视图

在产品工程制图的表达中，针对特殊的视图表达情况常需要创建出局部放大视图，从而重点表达产品的某个局部特征的外形或内部结构。

在AutoCAD设计系统中，局部放大视图是可通过指定参照父视图以及放大部位、视图放置点的方式创建出产品局部结构的二维视图。

在AutoCAD的"布局"设计环境中，系统提供了圆形、矩形两种局部视图的创建命令，如图15-28所示。

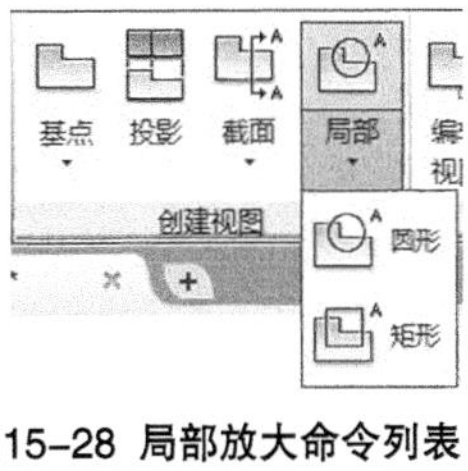

图15-28 局部放大命令列表

操作方法

　　Step1 创建主视图。执行"从模型空间"命令，在绘图区域中创建出三维实体零件的两个视图，结果如图15-29所示。

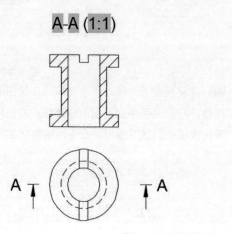

图15-29 创建基础视图

　　Step2 定义局部视图边框样式。

01 在"创建视图"区域中展开"局部"命令列表，单击 按钮。

02 在系统提示下，选择已创建的剖视图为局部放大视图的父视图。

03 在"局部视图创建"选项卡的"模型边"区域中选择"平滑带边框"为局部视图的边框样式，如图15-30所示。

图15-30 定义模型边显示方式

　　Step3 定义局部放大视图。

01 在指定的父视图上绘制一个自定义大小的圆形，如图15-31所示。

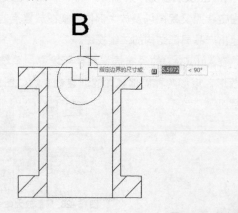

图15-31 绘制圆形

02 在完成圆形的绘制后，移动十字光标，在绘图区任意位置单击鼠标左键，指定局部放大视图的放置点，完成局部放大视图的创建，结果如图15-32所示。

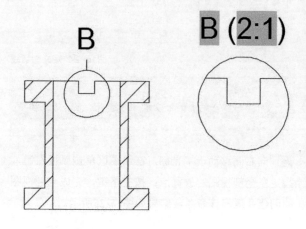

图15-32 完成局部放大视图创建

15.2.5 更新工程视图

　　在创建完成二维视图后，各工程视图与三维实体模型具有一点参照关系。当修改了三维实体模型对象后，用户可根据需要自由选择自动更新视图或手动更新各视图。

　　在AutoCAD的布局功能面板中提供了两种用于更新视图的工具，如图15-33所示。

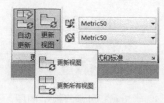

图15-33 更新视图工具

参数解析

　　关于AutoCAD工程视图更新命令介绍如下。

- **自动更新**：AutoCAD系统自动默认在三维实体模型与二维视图间建立参照关系，使二维视图能以三维实体模型做参照而得到更新。

- **更新视图**：用于手动更新用户指定的工程视图。

- **更新所有视图**：用于手动更新所有绘图区中已创建的二维工程视图。

典型实例：笔筒工程图转换

实例位置　实例文件>Ch15>笔筒.dwg、笔筒工程图.dwg
实用指数　★★★☆☆
技术掌握　熟练"阶梯剖视图"的创建方法

　　本实例将以"笔筒工程图"为讲解对象，主要运用阶梯剖切线的绘制技巧与剖视图的创建基本方法，最终结果如图15-34所示。

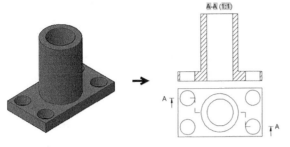

图15-34　笔筒工程图

思路解析

　　在"笔筒工程图"的实例操作过程中，将体现阶梯剖视图的基本创建流程，主要有以下几个基本步骤。

　　（1）创建主视图。使用"俯视"方位创建出笔筒零件的主视图。

　　（2）创建仰视阶梯剖视图。绘制出能剖切笔筒零件通孔特征的阶梯剖切线，从而在主视图的仰视方位上创建出剖视图。

Step1 创建主视图。

01 打开"实例文件>Ch15>笔筒.dwg"文件。

02 使用"概念"显示模式将笔筒零件重新着色显示在绘图区中，如图15-35所示。

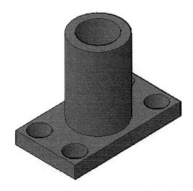

图15-35　"概念"显示实体

03 切换至"布局"设计环境，单击 按钮，执行"从模型空间"命令；在"方向"列表中选择"俯视"选项为当前视图的放置方位，在绘图区任意位置单击鼠标左键，指定主视图的放置点。

04 按空格键，完成主视图的创建并退出该命令，结果如图15-36所示。

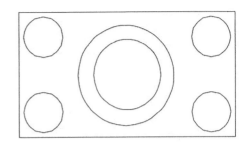

图15-36　创建主视图

Step2 创建仰视阶梯剖视图。

01 在"创建视图"区域中展开"截面"命令列表，单击 按钮。

02 选择已创建的主视图为剖视图的父视图。

03 捕捉父视图上圆形的圆心点，移动十字光标，选择水平参考线上任意一点为剖切线起点；连续捕捉圆形的象限点、圆心点，绘制出能完全剖切圆孔特征的阶梯直线；按空格键，完成阶梯剖切线的绘制。

04 向主视图的正上方移动十字光标，在绘图区单击鼠标左键，指定仰视阶梯剖视图的放置点；按空格键，完成阶梯剖视图的创建并退出该命令，结果如图15-37所示。

05 将图形文件另存为"笔筒工程图.dwg"。

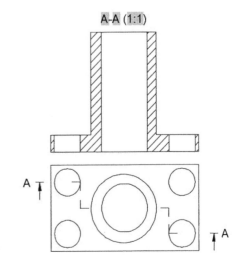

图15-37　完成仰视阶梯剖视图

15.3 工程图修饰与编辑

本节知识概要

知识名称	作用	重要程度	所在页
视图边线显示	掌握投影视图与剖视图边线显示方式的设置方法	高	P366
视图比例设置	掌握AutoCAD工程视图显示比例的定义方法	高	P366
显示方式与注释设置	了解投影视图与剖视图的结构显示方式与标识符的设置方法	低	P367

在"布局"环境下创建三维实体零件投影视图时，系统将自动使用默认的外观显示方式来创建出投影视图。而在工程图的制作过程中，常常需要对视图的边线显示方式进行重定义，以符合行业标准的工程图的设计。

选择绘图区中已创建的投影视图，系统将自动切换至"工程视图"功能选项卡，如图15-38所示。

图15-38 "工程视图"功能选项卡

在"工程视图"功能区中单击■按钮，系统将再次切换至"工程视图编辑器"功能选项卡，如图15-39所示。

图15-39 投影视图外观设置

在AutoCAD系统中，针对各种剖视图的编辑操作，用户不仅可在剖视图的创建过程中能对其进行编辑，还可以通过单击■按钮进入"截面视图创建"功能选项卡，如图15-40所示。

图15-40 剖面视图外观设置

15.3.1 视图边线显示

在进入"工程视图编辑器"或"截面视图创建"功能选项卡后，用户可展开"隐藏线"命令列表，如图15-41所示。

图15-41 边线显示列表

在"边线显示列表"中选择相应的边线显示选项，系统将重定义指定视图的边线显示方式，如图15-42所示。

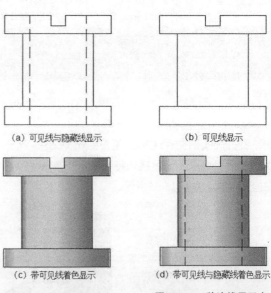

(a) 可见线与隐藏线显示　　　　(b) 可见线显示

(c) 带可见线着色显示　　　　(d) 带可见线与隐藏线着色显示

图15-42 4种边线显示方式

15.3.2 视图比例设置

在进入"工程视图编辑器"或"截面视图创建"功能选项卡后，用户可在"比例"选项列表中选择系统提供的比例来调整当前指定视图的显示比例值，如图15-43所示。

在系统默认设置下，投影视图与剖视图都将与父视图保持相同的显示比例。针对特殊的显示要求，AutoCAD提供了独立的视图比例设置，用户可对指定的视图进行显示比例的重定义，如图15-44所示。

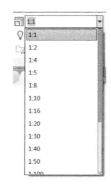

图15-43 "比例"选项列表

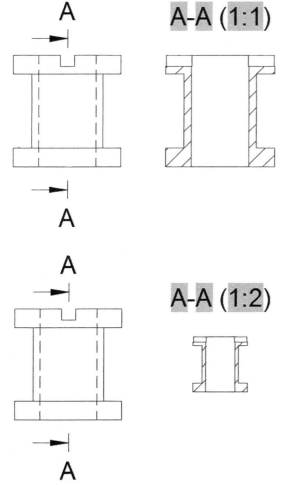

A-A (1:1)

A-A (1:2)

图15-44 比例显示视图

15.3.3 显示方式与注释设置

1. 显示方式

在"截面视图创建"功能选项卡的"方式"区
域栏中，用户可展开"截面深度"选项列表，再选择
相应的方式来重定义当前剖视图的截面深度，其主要
包括了"完整""切片"和"距离"3种方式，如图
15-45所示。

图15-45 "截面深度"选项列表

在默认的状态下，AutoCAD是以"完整"方式
来显示出剖视图的所有结构轮廓。而当使用"切片"
和"距离"方式来显示剖视图时，系统将只显示剖视
图的指定结构部分，如图15-46所示。

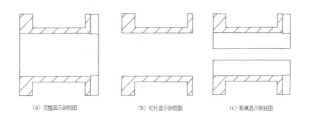

(a) 完整显示剖视图　　(b) 切片显示剖视图　　(c) 距离显示剖视图

图15-46 剖面视图显示方式

2. 注释设置

在创建剖视图的过程中，AutoCAD系统将自动
使用大写的字母来定义剖面标识符（剖视图名称），
其顺序则是按照字母的排列顺序来自动拾取。如用户
创建的第1个剖视图，系统将使用字母A来定义当前
剖视图的标识符，而第2个剖视图，系统将使用字母
B来定义剖视图的标识符。

另外，在"截面视图创建"功能选项卡的"注
释"区域栏中，可在"标识符"文本框中输入大写字
母来自定义当前剖视图的标识符，如图15-47所示。

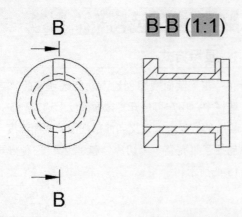

图15-47 自定义标识符

15.4 综合范例解析

15.4.1 泵盖工程图

实例位置　实例文件>Ch15>泵盖.dwg、泵盖工程图.dwg
实用指数　★★★☆☆
技术掌握　熟练"基础视图"以及各投影"剖视图"的创建方法

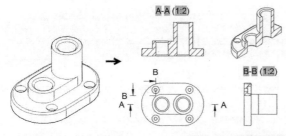

图15-48 泵盖工程图

Step1 创建主视图。

01 打开"实例文件>Ch15>泵盖.dwg"文件。

02 使用"西南等轴测"方位将泵盖零件重新显示在绘图区中，如图15-49所示。

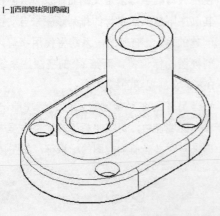

图15-49 等轴测显示模型

03 切换至"布局"设计环境，单击 按钮，执

行"从模型空间"命令；在"方向"列表中选择"俯视"选项为当前视图的放置方位，在绘图区任意位置单击鼠标左键，指定主视图的放置点。

04 按空格键，完成主视图的创建并退出该命令，结果如图15-50所示。

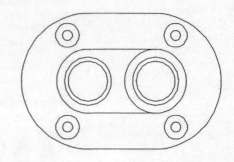

图15-50 创建主视图

Step2 创建仰视全剖视图。

01 在"创建视图"区域中展开"截面"命令列表，单击 按钮。

02 选择已创建的主视图为全剖视图的父视图。

03 捕捉父视图上圆形的圆心点，移动十字光标，选择水平参考线上任意一点为剖切线起点；捕捉水平参考线上另一点为剖切线的端点，按空格键，完成全剖切线的绘制。

04 向主视图的正上方移动十字光标，在绘图区单击鼠标左键，指定仰视全剖视图的放置点；按空格键，完成仰视全剖视图的创建并退出该命令，结果如图15-51所示。

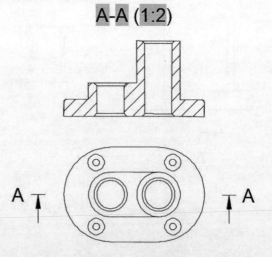

图15-51 创建仰视全剖视图

Step3 创建左视局部剖视图。

01 在"创建视图"区域中展开"截面"命令列表，单击按钮。

02 选择主视图为局部剖视图的父视图。

03 捕捉父视图上圆形的圆心点，移动十字光标，选择垂直参考线上任意一点为剖切线起点；捕捉水平参考线上另一点为剖切线的转折点，捕捉水平方向上的任意一点为剖切线的端点；按空格键，完成剖切线的绘制。

04 向主视图的水平右侧方向移动十字光标，在绘图区单击鼠标左键，指定左视图的放置点，完成左视局部剖视图的创建，如图15-52所示。

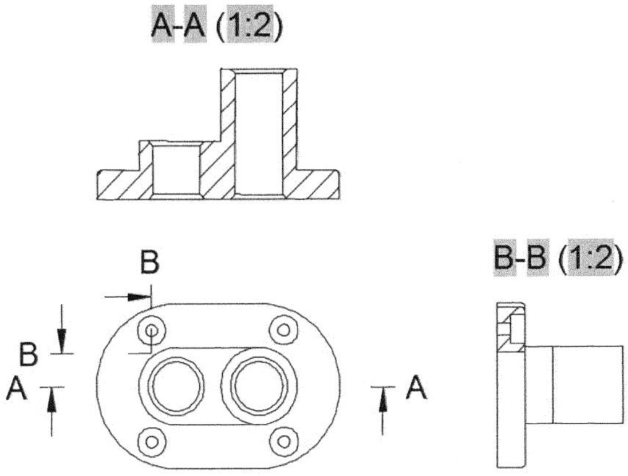

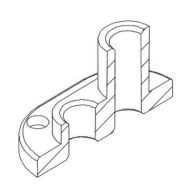

图15-52 创建左视局部剖视图

Step4 创建全剖等轴测视图。

01 单击"创建视图"命令区域中的按钮，执行"投影视图"命令。

02 选择仰视全剖视图为投影视图的父视图。

03 向父视图的左下方移动十字光标，系统将预览出等轴测视图；单击鼠标左键确定视图的放置点，按空格键，完成等轴测视图的创建，结果如图15-53所示。

图15-53 创建全剖等轴测视图

15.4.2 阀盖工程图

实例位置　实例文件>Ch15>阀盖.dwg、阀盖工程图.dwg
实用指数　★★★☆☆
技术掌握　熟练"半剖视图"以及"阶梯剖视图"的创建方法

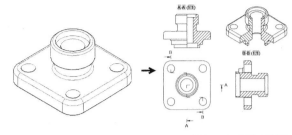

图15-54 阀盖工程图

Step1 创建主视图。

01 打开"实例文件>Ch15>阀盖.dwg"文件。

02 使用"西南等轴测"方位将阀盖零件重新显示在绘图区中，如图15-55所示。

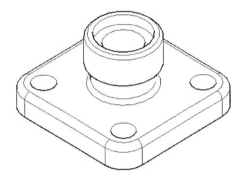

图15-55 等轴测显示模型

03 切换至"布局"设计环境，单击按钮，执行"从模型空间"命令；在"方向"列表中选择"俯视"选项为当前视图的放置方位，选择"可见线"为当前视图的边线显示方式，在绘图区任意位置单击鼠标左键，指定主视图的放置点。

04 按空格键，完成主视图的创建并退出该命令，结果如图15-56所示。

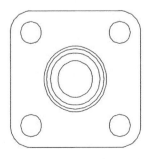

图15-56 创建主视图

Step2 创建仰视半剖视图。

01 在"创建视图"区域中展开"截面"命令列表，单击 按钮。

02 在系统提示下，选择已创建的主视图为父视图。

03 捕捉父视图圆心并移动十字光标，选择水平参考线上任意一点为剖切线起点；捕捉父视图的圆心为剖切线转折点，移动十字光标，选择垂直参考线上任意一点为剖切线的端点；按空格键，完成剖切线的绘制。

04 向父视图上方移动十字光标，在绘图区单击鼠标左键，指定仰视半剖视图的放置点；按空格键，完成半剖视图的创建并退出该命令，结果如图15-57所示。

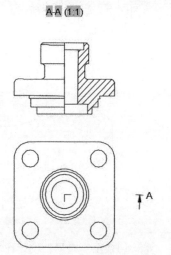

图15-57 创建仰视半剖视图

Step3 创建左视阶梯剖视图。

01 在"创建视图"区域中展开"截面"命令列表，单击 按钮。

02 选择已创建的主视图为剖视图的父视图。

03 捕捉父视图左上角圆形的圆心，移动十字光标，选择垂直参考线上任意点为剖切线起点；连续捕捉父视图上圆心垂直参考线上的任意点为剖切线的转折点，捕捉父视图右下角圆形的圆心并选择垂直参考线上任意点为阶梯剖切线的端点；按空格键，完成剖切线的绘制。

04 向主视图的水平右侧方向移动十字光标，在绘图区单击鼠标左键，指定左视图的放置点，完成左视阶

梯剖视图的创建，如图15-58所示。

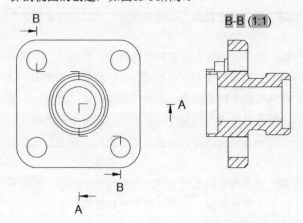

图15-58 创建左视阶梯剖视图

Step4 创建半剖等轴测视图。

01 单击"创建视图"命令区域中的 按钮，执行"投影视图"命令。

02 选择仰视半剖视图为投影视图的父视图。

03 向父视图的左下方移动十字光标，系统将预览出等轴测视图；单击鼠标左键确定视图的放置点，按空格键，完成等轴测视图的创建，结果如图15-59所示。

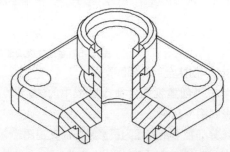

图15-59 创建半剖等轴测视图

15.4.3 虎钳钳身工程图

实例位置	实例文件>Ch15>虎钳钳身.dwg、虎钳钳身工程图.dwg
实用指数	★★★☆☆
技术掌握	熟练"全剖视图"以及"半剖视图"的创建方法

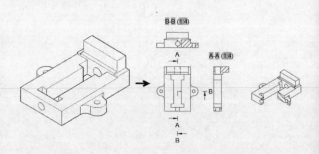

图15-60 虎钳钳身工程图

Step1 创建主视图。

01 打开"实例文件>Ch15>虎钳钳身.dwg"文件。

02 使用"西南等轴测"方位将虎钳钳身零件重新显示在绘图区中，如图15-61所示。

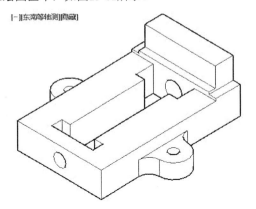

图15-61 等轴测显示模型

03 切换至"布局"设计环境，单击 按钮，执行"从模型空间"命令；在"方向"列表中选择"俯视"选项为当前视图的放置方位，选择"可见线和隐藏线"为当前视图的边线显示方式，在绘图区任意位置单击鼠标左键，指定主视图的放置点。

04 按空格键，完成主视图的创建并退出该命令，结果如图15-62所示。

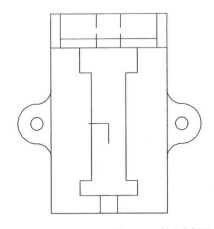

图15-62 创建主视图

Step2 创建全剖左视图。

01 在"创建视图"区域中展开"截面"命令列表，单击 按钮。

02 选择已创建的主视图为全剖视图的父视图。

03 捕捉父视图水平直线的中点，移动十字光标，选择垂直参考线上任意一点为剖切线起点；捕捉垂直参考线上另一点为剖切线的端点，按空格键，完成剖切线的绘制。

04 向主视图的水平右侧方向移动十字光标，在绘图区单击鼠标左键，指定左视图的放置点，完成左视全剖视图的创建，结果如图15-63所示。

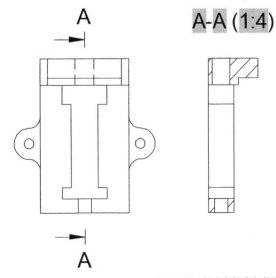

图15-63 创建左视全剖视图

Step3 创建仰视半剖视图。

01 在"创建视图"区域中展开"截面"命令列表，单击 按钮。

02 在系统提示下，选择已创建的主视图为父视图。

03 捕捉父视图上圆形的圆心，移动十字光标，选择水平参考线上任意一点为剖切线起点；捕捉父视图几何中点为转折点，捕捉父视图水平直线中点，移动十字光标，选择垂直参考线上任意点为剖切线的端点；按空格键，完成剖切线的绘制。

04 向父视图上方移动十字光标，在绘图区单击鼠标左键，指定仰视半剖视图的放置点；按空格键，完成半剖视图的创建并退出该命令，结果如图15-64所示。

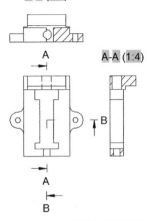

图15-64 创建仰视半剖视图

Step4 创建半剖等轴测视图。

01 单击"创建视图"命令区域中的■按钮，执行"投影视图"命令。

02 选择仰视半剖视图为投影视图的父视图。

03 向父视图的左下方移动十字光标，系统将预览出等轴测视图；单击鼠标左键确定视图的放置点，按空格键，完成等轴测视图的创建，结果如图15-65所示。

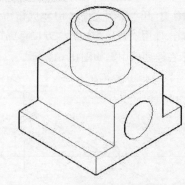

图15-67 等轴测显示模型

04 按空格键，完成基础视图的创建并退出该命令，结果如图15-68所示。

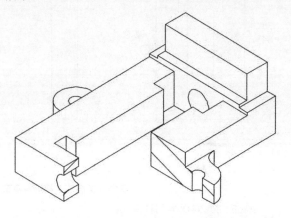

图15-65 创建半剖等轴测视图

15.4.4 钳口螺母工程图

实例位置　实例文件>Ch15>钳口螺母.dwg、钳口螺母工程图.dwg
实用指数　★★★☆☆
技术掌握　熟练"全剖视图"以及视图边线显示设置的基本技巧

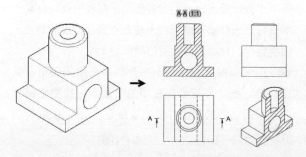

图15-66 钳口螺母工程图

Step1 创建基础视图。

01 打开"实例文件>Ch15>钳口螺母.dwg"文件。

02 使用"西南等轴测"方位将钳口螺母零件重新显示在绘图区中，如图15-67所示。

03 切换至"布局"设计环境，单击按钮，执行"从模型空间"命令；在"方向"列表中选择"俯视"选项为当前视图的放置方位，选择"可见线和隐藏线"为当前视图的边线显示方式，在绘图区任意位置单击鼠标左键，指定基础视图的放置点。

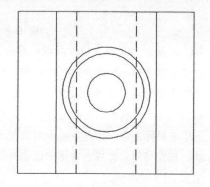

图15-68 创建基础视图

Step2 创建仰视全剖视图。

01 在"创建视图"区域中展开"截面"命令列表，单击按钮。

02 选择已创建的基础视图为全剖视图的父视图。

03 捕捉父视图上圆形的圆心点，移动十字光标，选择水平参考线上任意一点为剖切线起点；捕捉水平参考线上另一点为剖切线的端点，按空格键，完成全剖切线的绘制。

04 向基础视图的正上方移动十字光标，在绘图区单击鼠标左键，指定仰视全剖视图的放置点；按空格键，完成仰视全剖视图的创建并退出该命令，结果如图15-69所示。

Step3 创建左视图。

01 单击"创建视图"命令区域中的■按钮，执行"投影视图"命令。

02 选择已创建的仰视全剖视图为投影视图的父视图，向水平右侧方向移动十字光标，在绘图区单击鼠标左键，指定左视图的放置点，完成左视图的创建，结果如图15-70所示。

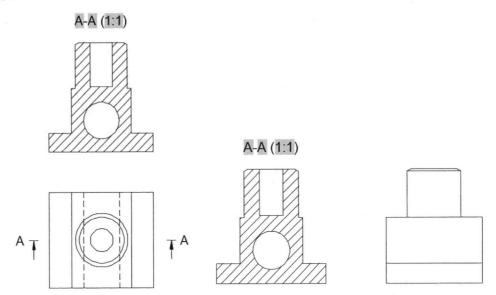

图15-69 创建仰视全剖视图　　　　　　　　图15-70 创建左视图

Step4 创建全剖等轴测视图。

01 单击"创建视图"命令区域中的按钮，执行"投影视图"命令。

02 选择仰视全剖视图为投影视图的父视图。

03 向父视图的右下方移动十字光标，系统将预览出等轴测视图；单击鼠标左键确定视图的放置点，按空格键，完成等轴测视图的创建，结果如图15-71所示。

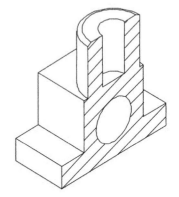

图15-71 创建全剖等轴测视图

15.5 思考与练习

通过本章的介绍与学习，讲解了AutoCAD三维实体转换二维工程视图的基本操作方法。为对知识进行巩固和考核，布置相应的练习题，使读者进一步灵活掌握本章的知识要点。

15.5.1 活动钳口工程图

在"布局"环境下使用"基础视图"命令、"投影视图"命令以及"剖视图"命令，将活动钳口零件转换为二维工程视图，如图15-72所示，其基本思路如下。

01 打开"实例文件>Ch15>活动钳口.dwg"文件。

02 切换至"布局"设计环境，创建出活动钳口零件的基本视图。

03 使用"投影视图"命令，创建出活动钳口零件的仰视图。

04 使用"剖视图"命令，创建出左视全剖视图。

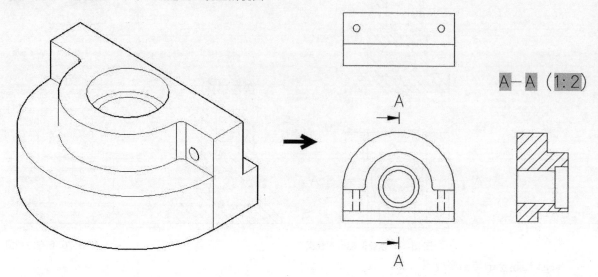

A—A（1:2）

图15-72 活动钳口工程图

15.5.2 思考问答

01 AutoCAD 2016的工程视图转换工具主要有哪几类？

02 使用AutoCAD进行工程视图转换一般在什么工作环境下进行？

03 创建投影视图的基本流程有哪些？

04 使用AutoCAD创建剖视图主要有哪些方式？

05 创建剖视图怎样精确定位剖切点？

06 绘制阶梯剖切线应主要哪些要点？

机械制图综合案例

本章将以常见的机械零件和工业产品为实例演示对象，详细讲解AutoCAD 2016的三维实体造型思路与工程视图转换的基本运用。在本章的各个实例中，主要运用了AutoCAD三维工具中的"拉伸""扫掠""并集""差集""倾斜面"等命令来完成零件对象的三维造型，而工程视图的创建则主要运用了"布局"环境中的视图转换工具。

本章学习要点

★ 掌握"拉伸面"在实体造型中的应用   ★ 熟练基本工程视图的创建方法

★ 熟练掌握三维实体造型的基本思路   ★ 熟练设置工程视图的显示方式

本章实例索引

16.1 拨叉

实例位置　实例文件>Ch016>拨叉.dwg
实用指数　★★★★☆
技术掌握　熟练使用"拉伸面"命令来延伸已创建的三维实体对象

本实例将以"拨叉"零件为讲解对象,主要运用"拉伸""拉伸面""差集""并集"命令以及工程视图转换的基本方法,最终结果如图16-1所示。

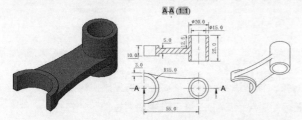

图16-1　拨叉三维实体与工程视图

16.1.1 拨叉三维造型

Step1 新建文件。

01 单击"快速工具栏"中的▣按钮,创建一个GB无图框样式的图形文件。

02 在"图层"工具栏中选择"轮廓线"图层。

Step2 创建基础实体。

01 将绘图视角调整为"俯视"视角。

02 执行"圆心、半径"圆命令(C)和"修剪"命令(TR),绘制两同心圆形与封闭半圆轮廓图形,如图16-2所示。

03 执行"合并"命令(J),将连接的圆弧与直线进行合并操作。

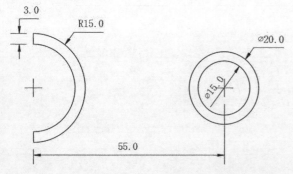

图16-2　绘制二维截面轮廓

04 将绘图视角调整为"东南等轴测"视角,执行"拉伸"命令(EXT),选择直径为20的圆形为拉伸实体的截面曲线,指定拉伸距离为15,按空格键,完成拉伸实体的创建;执行"拉伸"命令(EXT),选择直径为15的圆形为拉伸实体的截面曲线,指定拉伸距离为25,按空格键,完成拉伸实体的创建,如图16-3所示。

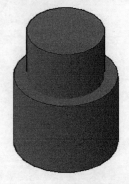

图16-3　拉伸实体

05 执行"拉伸"命令(EXT),选择封闭圆弧轮廓曲线为拉伸实体的截面曲线,指定拉伸距离为5,按空格键,完成拉伸实体的创建。

06 执行"差集"命令(SU),选择两个圆形拉伸实体为求差对象,完成实体的求差操作;执行"拉伸面"命令(SOLIDEDIT),分别选择两个实体的底面为拉伸对象,指定距离为5,按空格键完成实体的延伸操作,结果如图16-4所示。

图16-4　拉伸实体面

Step3 创建连接实体。

01 将绘图视角调整为"俯视"视角。

02 执行"圆心、半径"圆命令(C)和"修剪"命令(TR),绘制4条相接的圆弧曲线,如图16-5所示。

03 执行"合并"命令(J),将连接的圆弧进行合并操作。

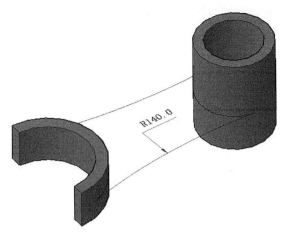

图16-5 绘制圆弧

04 执行"拉伸"命令（EXT），选择封闭轮廓曲线为拉伸实体的截面曲线，指定拉伸距离为2.5，按空格键，完成拉伸实体的创建；执行"拉伸面"命令（SOLIDEDIT），选择拉伸实体的底面为拉伸对象，指定距离为2.5，按空格键完成实体的延伸操作，结果如图16-6所示。

05 执行"并集"命令（UNI），将绘图区中所有的三维实体对象进行合并操作。

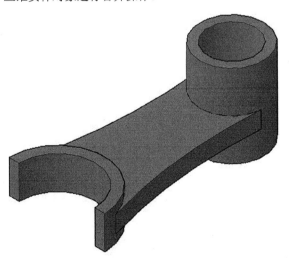

图16-6 拉伸实体面

16.1.2 转换工程视图

Step1 创建主视图。

01 单击绘图区左下角的"布局1"选项卡进入"布局"设计环境。

02 单击 按钮，执行"从模型空间"命令；在"方向"列表中选择"俯视"选项为当前视图的放置方位，选择"可见线"为当前视图的边线显示方式，

在绘图区任意位置单击鼠标左键，指定主视图的放置点；按空格键，完成主视图的创建并退出该命令，结果如图16-7所示。

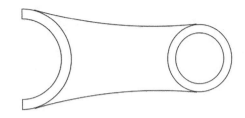

图16-7 创建主视图

Step2 创建仰视全剖图。

01 在"创建视图"区域中展开"截面"命令列表，单击 按钮。

02 选择已创建的主视图为剖视图的父视图。

03 捕捉父视图上圆弧的圆心点，移动十字光标，选择水平参考线上任意一点为剖切线起点；捕捉水平参考线上另一点为剖切线的端点，按空格键，完成全剖切线的绘制。

04 向基础视图的正上方移动十字光标，在绘图区单击鼠标左键，指定仰视全剖视图的放置点；按空格键，完成仰视全剖视图的创建并退出该命令，结果如图16-8所示。

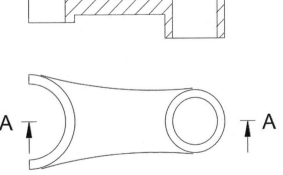

图16-8 创建仰视全剖视图

Step3 创建轴测视图。

01 单击"创建视图"命令区域中的 按钮，执行"投影视图"命令。

02 选择主视图为投影视图的父视图。

03 向父视图的左下方移动十字光标，系统将预览出

等轴测视图；单击鼠标左键确定视图的放置点，按空格键，完成等轴测视图的创建，结果16-9所示。

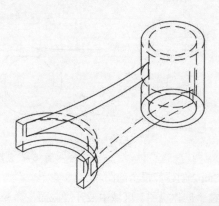

图16-9 创建等轴测视图

04 双击等轴测视图，系统将切换至"工程视图编辑器"功能选项卡；设置视图边线显示为"可见线"，取消"相切边""干涉边"选项的勾选，如图16-10所示。

图16-10 设置可见边选项

05 单击■按钮，完成轴测视图的显示设置操作，结果如图16-11所示。

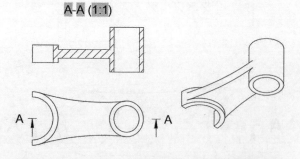

图16-11 完成工程视图的创建

16.1.3 拨叉零件标注

Step1 标注基本外形尺寸。

01 在"图层"工具栏中选择"尺寸标注"图层。

02 执行"线性标注"命令（DLI），分别在主视图和仰视全剖图上标注出拨叉的长度与高度尺寸。

03 执行"线性标注"命令（DLI），分别在主视图和仰视全剖图上标注出拨叉零件的各特征厚度尺寸，结果如图16-12所示。

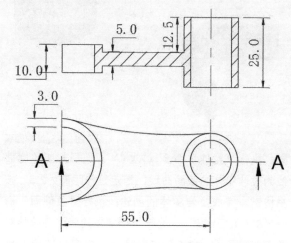

图16-12 标注外形尺寸

Step2 标注半/直径尺寸。

01 执行"半径标注"命令（DRA），在主视图上标注出圆弧的半径尺寸。

02 执行"线性标注"命令（DLI），使用"多行文字"的标注方式，在标注文字前添加%%C字符，在仰视全剖图上标注出两个直径尺寸，结果如图16-13所示。

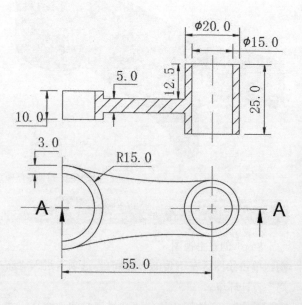

图16-13 标注半/直径尺寸

16.2 机座

实例位置 实例文件>Ch016>机座.dwg
实用指数 ★★★★☆
技术掌握 熟练使用坐标系来定义当前绘图平面，掌握在三维空间中绘制平面图形的基本技巧

本实例将以"机座"零件为讲解对象，主要运用"拉伸""差集""并集""圆角边"等命令以及工程视图转换的基本方法，最终结果如图16-14所示。

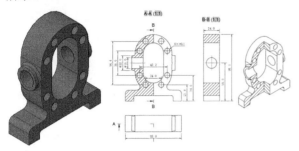

图16-14 机座三维实体与工程视图

16.2.1 机座三维造型

Step1 新建文件。

01 单击"快速工具栏"中的 按钮，创建一个GB无图框样式的图形文件。

02 在"图层"工具栏中选择"轮廓线"图层。

Step2 创建基础实体。

01 将绘图视角调整为"前视"视角。

02 执行"圆心、半径"圆命令（C）、"直线"命令（L）和"修剪"命令（TR），绘制如图16-15所示的封闭轮廓曲线。

03 执行"合并"命令（J），将连接的圆弧与直线进行合并操作。

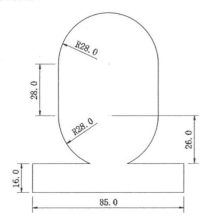

图16-15 绘制二维截面轮廓

04 将绘图视角调整为"东南等轴测"视角，执行"拉伸"命令（EXT），选择合并的轮廓曲线为拉伸实体的截面曲线，指定拉伸距离为12，按空格键，完成拉伸实体的创建，如图16-16所示。

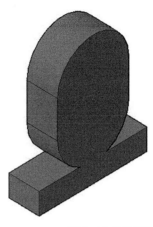

图16-16 拉伸实体

Step3 创建耳特征。

01 将绘图视角调整为"左视"视角，将工作坐标系移动至实体的侧平面上。

02 执行"圆心、半径"圆命令（C），在实体侧平面的中心位置上绘制直径为22的圆形，如图16-17所示。

图16-17 绘制圆形

03 执行"拉伸"命令（EXT），选择绘制的圆形为拉伸实体的截面曲线，指定拉伸距离为5，按空格键，完成拉伸实体的创建。

04 执行"三维镜像"命令（Mirror3d），选择圆形拉伸实体为镜像的图形对象，分别选择机座实体上的3个中心点为镜像点，完成拉伸实体的镜像复制操

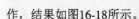
作，结果如图16-18所示。

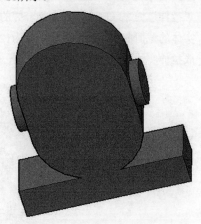

图16-18 镜像三维实体

Step4 创建凹槽特征。

01 将绘图视角调整为"前视"视角。

02 绘制如图16-19所示的圆弧与直线段，执行"合并"命令（J），将相接的圆弧与直线进行合并操作。

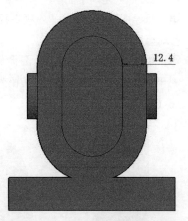

12.4

图16-19 绘制圆弧与直线

03 执行"拉伸"命令（EXT），选择合并的轮廓曲线为拉伸实体的截面曲线，指定拉伸距离为70，按空格键，完成拉伸实体的创建，结果如图16-20所示。

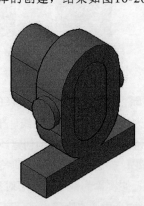

图16-20 拉伸实体

04 执行"差集"命令（SU），分别选择机座基础实体与拉伸实体为求差对象，完成实体的求差操作，结果如图16-21所示。

05 执行"并集"命令（UNI），将3个独立的三维实体进行合并操作。

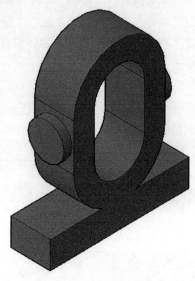

图16-21 实体求差

06 执行"圆心、半径"圆命令（C），绘制一个与圆柱同心且直径为16的圆形，如图16-22所示。

Ø16.0

图16-22 绘制圆形

07 执行"拉伸"命令（EXT），选择绘制的圆形为拉伸实体的截面曲线，指定拉伸距离为100，按空格键，完成拉伸实体的创建，结果如图16-23所示。

08 执行"差集"命令（SU），分别选择机座实体与拉伸圆柱实体为求差对象，完成实体的求差操作，结果如图16-24所示。

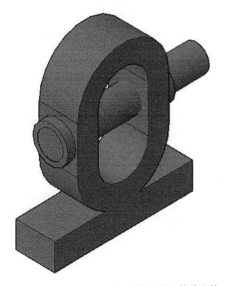

图16-23 拉伸实体

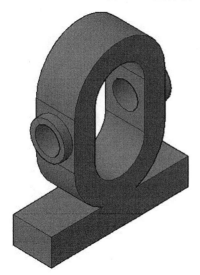

图16-24 实体求差

09 将绘图视角调整为"前视"视角，绘制如图16-25所示的矩形。

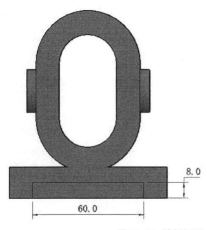

图16-25 绘制矩形

10 执行"拉伸"命令（EXT），选择矩形为拉伸实体的截面曲线，指定拉伸距离为70，按空格键，完成拉伸实体的创建，如图16-26所示。

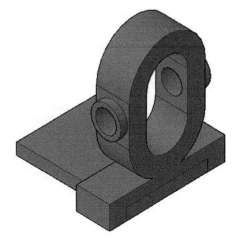

图16-26 拉伸实体

11 执行"差集"命令（SU），分别选择机座实体与拉伸的矩形实体为求差对象，完成实体的求差操作，结果如图16-27所示。

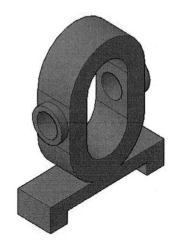

图16-27 实体求差

Step5 创建实体圆角特征。

01 执行"圆角边"命令（FILLETEDGE），指定圆角半径为5，选择机座下方矩形实体的两条棱角边线为圆角对象，完成实体的圆角操作，结果如图16-28所示。

02 执行"圆角边"命令（FILLETEDGE），指定圆角半径为2，选择机座侧面圆柱底面边线为圆角对象，完成实体的圆角操作，结果如图16-29所示。

03 执行"圆角边"命令（FILLETEDGE），指定圆角半径为3，选择机座下方矩形槽口的两条棱角边线为圆角对象，完成实体的圆角操作，结果如图16-30所示。

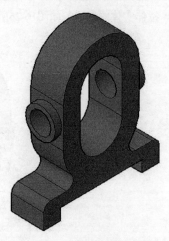

图16-28 实体圆角

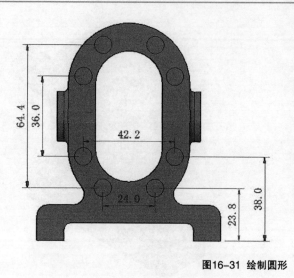

图16-31 绘制圆形

图16-29 实体圆角

图16-30 实体圆角

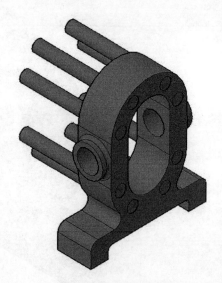

图16-32 拉伸实体

Step6 创建圆孔特征。

01 将绘图视角调整为"前视"视角，绘制直径为8的圆形组，如图16-31所示。

02 执行"拉伸"命令（EXT），选择8个圆形为拉伸实体的截面曲线，指定拉伸距离为50，按空格键，完成拉伸实体的创建，如图16-32所示。

03 执行"差集"命令（SU），分别选择机座实体与8个拉伸的圆柱实体为求差对象，完成实体的求差操作，结果如图16-33所示。

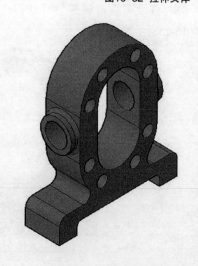

图16-33 实体求差

16.2.2 转换工程视图

Step1 创建基础视图。

01 单击绘图区左下角的"布局1"选项卡进入"布局"设计环境。

02 单击 [从模型空间] 按钮,执行"从模型空间"命令;选择"俯视"选项为当前视图的放置方位,选择"可见线"为当前视图的边线显示方式,在绘图区任意位置单击鼠标左键,指定基础视图的放置点;按空格键,完成基础视图的创建,结果如图16-34所示。

图16-34 创建基础视图

Step2 创建仰视半剖视图。

01 在"创建视图"区域中展开"截面"命令列表,单击 [半剖] 按钮。

02 在系统提示下,选择已创建的基础视图为父视图;捕捉父视图左侧垂直直线的中点并水平移动十字光标,捕捉视图中心为剖切线的转折点;向下移动十字光标并选择垂直参考线上任意一点为剖切线的端点,按空格键,完成剖切线的绘制。

03 向父视图上方移动十字光标,在绘图区单击鼠标左键,指定仰视半剖视图的放置点;按空格键,完成半剖视图的创建,结果如图16-35所示。

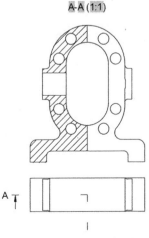

图16-35 创建仰视半剖视图

Step3 创建左视全剖图。

01 在"创建视图"区域中展开"截面"命令列表,单击 [全剖] 按钮。

02 选择已创建的仰视半剖视图为全剖视图的父视图。

03 捕捉仰视半剖视图的中心点,移动十字光标,选择垂直参考线上任意一点为剖切线起点;捕捉垂直参考线上另一点为剖切线的端点,按空格键,完成剖切线的绘制。

04 向主视图的水平右侧方向移动十字光标,在绘图区单击鼠标左键,指定左视图的放置点,完成左视全剖视图的创建,结果如图16-36所示。

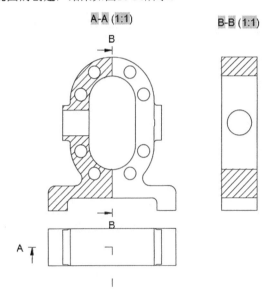

图16-36 创建左视全剖图

Step4 创建半剖等轴测视图。

01 单击"创建视图"命令区域中的 [投影] 按钮,执行"投影视图"命令。

02 选择半剖视图为投影视图的父视图。

03 向父视图的右下方移动十字光标,系统将预览出等轴测视图;单击鼠标左键确定视图的放置点,按空格键,完成等轴测视图的创建,结果如图16-37所示。

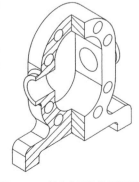

图16-37 创建半剖等轴测视图

16.2.3 机座零件标注

Step1 标注基本外形尺寸。

01 在"图层"工具栏中选择"尺寸标注"图层。

02 执行"线性标注"命令（DLI），分别在左视全剖图和俯视图上标注出机座的长、宽、高尺寸，如图16-38所示。

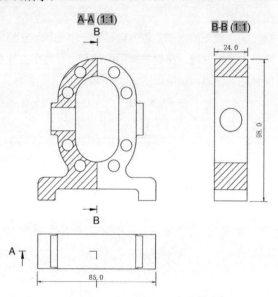

图16-38 标注基本外形尺寸

Step2 标注通孔特征尺寸。

01 执行"线性标注"命令（DLI），分别在半剖视图和左视全剖视图上标注出各孔特征的平面坐标尺寸，如图16-39所示。

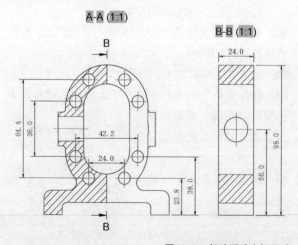

图16-39 标注通孔坐标尺寸

02 执行"线性标注"命令（DLI），使用"多行文字"的标注方式，在标注文字前添加%%C字符和8×

字符，在半剖视图上标注出孔特征的直径尺寸，如图16-40所示。

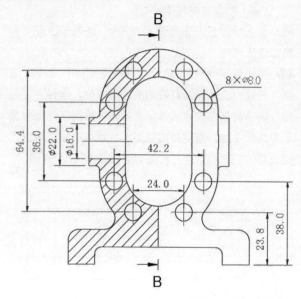

图16-40 标注通孔直径

16.3 管接头

实例位置	实例文件>Ch016>管接头.dwg
实用指数	★★★★★
技术掌握	熟练使用AutoCAD扫掠命令创建三维实体的技巧

本实例将以"管接头"零件为讲解对象，主要运用"拉伸""扫掠""差集""并集""圆角边""倒角边"等命令以及工程视图转换工具，最终结果如图16-41所示。

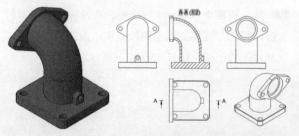

图16-41 管接头三维实体与工程视图

16.3.1 管接头三维造型

Step1 新建文件。

01 单击"快速工具栏"中的按钮，创建一个GB无图框样式的图形文件。

02 在"图层"工具栏中选择"轮廓线"图层。

Step2 创建基础实体。

01 将绘图视角调整为"俯视"视角。

02 执行"矩形"命令（REC）和"圆角"命令（F），绘制如图16-42所示的圆角矩形图形。

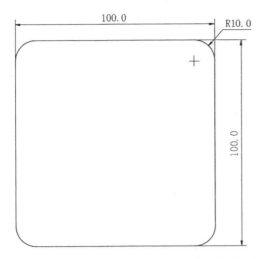

图16-42 绘制圆角矩形

03 将绘图视角调整为"东南等轴测"视角，执行"拉伸"命令（EXT），选择圆角矩形为拉伸实体的截面曲线，指定拉伸距离为15，按空格键，完成拉伸实体的创建，如图16-43所示。

图16-43 拉伸实体

Step3 创建圆孔特征。

01 将绘图视角调整为"俯视"视角，执行"圆心、半径"圆命令（C），绘制4个与圆角特征同心且直径为12的圆形，如图16-44所示。

02 执行"拉伸"命令（EXT），选择绘制的4个圆形为拉伸实体的截面曲线，指定拉伸距离为60，按空格键，完成拉伸实体的创建，如图16-45所示。

03 执行"差集"命令（SU），分别选择拉伸的圆角矩形实体与4个拉伸的圆柱实体为求差对象，完成实体的求差操作，结果如图16-46所示。

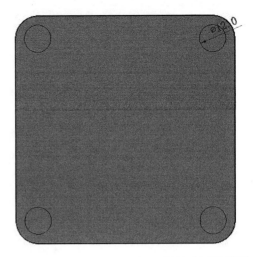

图16-44 绘制圆形

图16-45 拉伸实体

图16-46 实体求差

Step4 创建三维管体。

01 将绘图视角调整为"俯视"视角，在实体表平面的中心处绘制两个同心圆形，如图16-47所示。

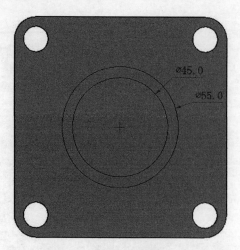

图16-47 绘制同心圆

02 将绘图视角调整为"左视"视角，捕捉同心圆的圆心为起点，分别绘制一条垂直直线与相切圆弧曲线，如图16-48所示。

03 执行"合并"命令（J），将连接的直线与圆弧进行合并操作。

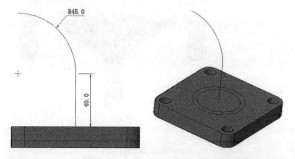

图16-48 绘制圆弧与直线

04 执行"扫掠"命令（SWE），依次选择两个同心圆形为扫掠实体的截面图形，选择合并的圆弧与直线为扫掠实体的路径曲线，完成两扫掠实体的创建，如图16-49所示。

图16-49 创建两扫掠实体

05 执行"差集"命令（SU），分别选择两个相交的扫掠实体为求差对象，完成实体的求差操作，结果如图16-50所示。

图16-50 实体求差

Step5 创建端口凸台特征。

01 将工作坐标系移动至管体端面上，绘制如图16-51所示的直线与圆弧曲线。

02 执行"合并"命令（J），将绘制的连接圆弧与直线进行合并操作。

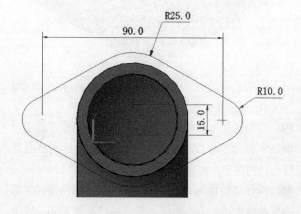

图16-51 绘制圆弧与直线

03 执行"拉伸"命令（EXT），选择合并的轮廓曲线为拉伸实体的截面曲线，指定拉伸距离为10，按空格键，完成拉伸实体的创建，如图16-52所示。

图16-52 拉伸实体

04 将绘图视角调整为"后视"视角，分别绘制如图16-53所示的3个圆形。

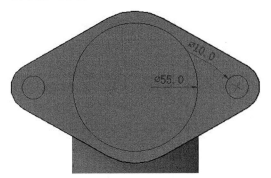

图16-53 绘制圆形

05 执行"拉伸"命令（EXT），依次选择3个圆形为拉伸实体的截面曲线，指定拉伸距离为10，按空格键，完成拉伸实体的创建；执行"差集"命令（SU），分别选择4个相交的三维实体为求差对象，完成实体的求差操作，结果如图16-54所示。

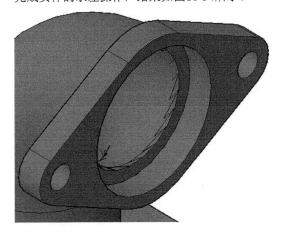

图16-54 实体求差

Step6 创建圆顶凸台特征。

01 将绘图视角调整为"前视"视角，绘制一个直径为8的圆形和一个由圆弧、直线组成的封闭轮廓曲线，如图16-55所示。

02 执行"合并"命令（J），将连接的圆弧与直线进行合并操作。

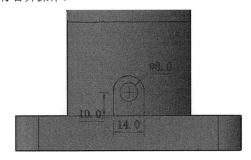

图16-55 绘制二维截面轮廓

03 执行"拉伸"命令（EXT），选择合并的轮廓曲线为拉伸实体的截面曲线，指定拉伸距离为24，按空格键，完成拉伸实体的创建；执行"拉伸"命令（EXT），选择直径为8的圆形为拉伸实体的截面曲线，指定拉伸距离为25，按空格键，完成拉伸实体的创建。

04 执行"差集"命令（SU），分别选择两个相交的拉伸实体为求差对象，完成实体的求差操作，结果如图16-56所示。

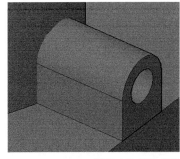

图16-56 实体求差

05 执行"拉伸面"命令（SOLIDEDIT），选择圆顶拉伸实体的侧端面为拉伸对象，指定距离为15，按空格键完成实体的延伸操作，结果如图16-57所示。

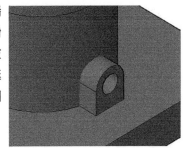

图16-57 拉伸实体面

Step7 创建实体倒角特征。

01 执行"并集"命令（UNI），将已创建的三维实体进行合并操作。

02 执行"倒角边"命令（CHAMFEREDGE），指定倒角距离为1，分别选择管接头零件的两条底座边线为倒角对象，结果如图16-58所示。

图16-58 实体倒角

16.3.2 转换工程视图

Step1 创建基础视图。

01 单击绘图区左下角的"布局1"选项卡进入"布局"设计环境。

02 单击 按钮，执行"从模型空间"命令；选择"俯视"选项为当前视图的放置方位，在绘图区任意位置单击鼠标左键，指定基础视图的放置点；按空格键，完成基础视图的创建，结果如图16-59所示。

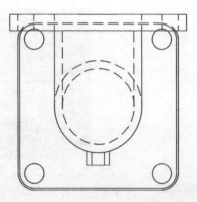

图16-59 创建基础视图

03 执行"旋转"命令（RO），选择已创建的基础视图为旋转对象，选择视图中心点为旋转基点，指定旋转角度为90°，按空格键完成视图的旋转操作，

04 双击基础视图，系统将切换至"工程视图编辑器"功能选项卡；设置视图边线显示为"可见线"，取消"相切边""干涉边"选项的勾选，使用1:2的比例为当前视图的显示比例，结果如图16-60所示。

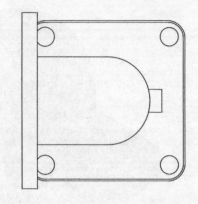

图16-60 编辑基础视图

Step2 创建仰视全剖视图。

01 在"创建视图"区域中展开"截面"命令列表，单击 按钮。

02 选择已创建的基础视图为全剖视图的父视图。

03 捕捉父视图左侧垂直直线的中点，水平方向移动十字光标，选择水平参考线上任意一点为剖切线起点；捕捉水平参考线上另一点为剖切线的端点，按空格键，完成全剖切线的绘制。

04 向主视图的正上方移动十字光标，在绘图区单击鼠标左键，指定仰视全剖视图的放置点；按空格键，完成仰视全剖视图的创建，结果如图16-61所示。

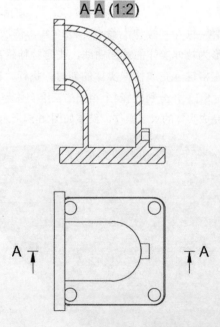

图16-61 创建仰视全剖视图

Step3 创建左视图。

01 选择向仰视全剖视图为左视图的父视图。

02 向仰视全剖视图的水平右侧方向移动十字光标，系统将预览出投影的左视图。

03 在绘图区域中单击鼠标左键，完成左视图的定位，结果如图16-62所示。

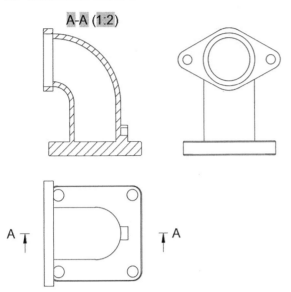

图16-62 创建左视图

Step4 创建右视图。

01 选择向仰视全剖视图为右视图的父视图。

02 向仰视全剖视图的水平左侧方向移动十字光标，系统将预览出投影的右视图。

03 在绘图区域中单击鼠标左键，完成右视图的定位，结果如图16-63所示。

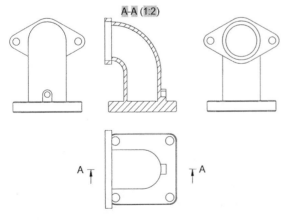

图16-63 创建右视图

Step5 创建轴测视图。

01 单击"创建视图"命令区域中的█按钮，执行"投影视图"命令。

02 选择左视图为投影视图的父视图。

03 向父视图的右下方移动十字光标，系统将预览出

等轴测视图；单击鼠标左键确定视图的放置点，按空格键，完成等轴测视图的创建，结果如图16-64所示。

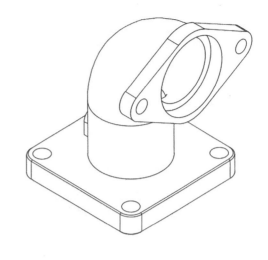

图16-64 创建轴测视图

16.4 电视机后壳

实例位置 实例文件>Ch016>电视机后壳.dwg
实用指数 ★★★★★
技术掌握 熟练基础三维造型工具的使用，掌握"倾斜面"的创建技巧

本实例将以"电视机后壳"零件为讲解对象，主要运用"拉伸""倾斜面""差集""并集""圆角边"等命令以及工程视图转换工具，最终结果如图16-65所示。

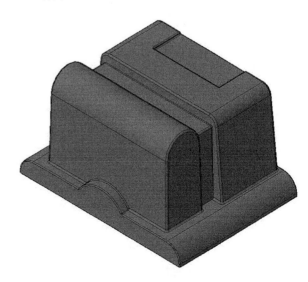

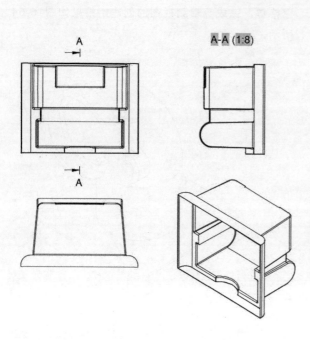

A-A (1:8)

图16-65 电视机后壳三维实体与工程视图

16.4.1 电视机后壳三维造型

Step1 新建文件。

01 单击"快速工具栏"中的▣按钮，创建一个GB无图框样式的图形文件。

02 在"图层"工具栏中选择"轮廓线"图层。

Step2 创建基础实体。

01 将绘图视角调整为"俯视"视角。

02 执行"直线"命令（L）和"圆角"命令（F），绘制如图16-66所示的轮廓曲线。

03 执行"合并"命令（J），将连接的圆弧与直线进行合并操作。

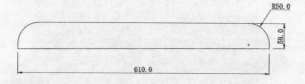

图16-66 绘制二维截面轮廓

04 将绘图视角调整为"东南等轴测"视角，执行"拉伸"命令（EXT），选择合并的轮廓曲线为拉伸实体的截面曲线，指定拉伸距离为450，按空格键，完成拉伸实体的创建，如图16-67所示。

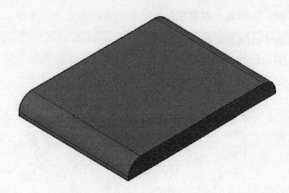

图16-67 拉伸实体

Step3 创建拔模实体特征。

01 将绘图视角调整为"左视"视角。

02 执行"直线"命令（L），绘制一个等腰梯形轮廓，如图16-68所示；执行"合并"命令（J），将连接的4条直线段进行合并操作。

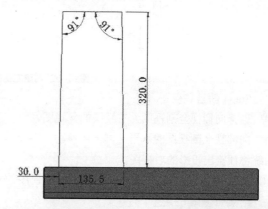

图16-68 绘制等腰梯形

03 执行"拉伸"命令（EXT），选择合并的轮廓曲线为拉伸实体的截面曲线，指定拉伸距离为220，按空格键，完成拉伸实体的创建；执行"拉伸面"命令（SOLIDEDIT），选择拉伸实体的侧面为拉伸对象，指定距离为220，按空格键完成实体的延伸操作，结果如图16-69所示。

图16-69 拉伸实体面

04 执行"倾斜面"命令（SOLIDEDIT），选择梯形实体的侧平面为倾斜对象，分别选择两水平边线的中点为旋转轴的端点，指定倾斜角度为1°，完成实体平面的倾斜操作；执行"倾斜面"命令，将梯形实体的另一端侧平面进行相应角度的倾斜操作，结果如图16-70所示。

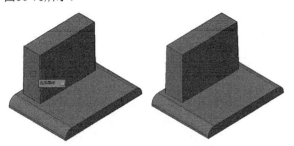

图16-70 倾斜实体面

Step4 创建实体圆角特征。

01 执行"并集"命令（UNI），将两个三维实体进行合并操作。

02 执行"圆角边"命令（FILLETEDGE），指定圆角半径为62，分别选择梯形实体顶平面的两条边线为圆角对象，完成实体的圆角操作，结果如图16-71所示。

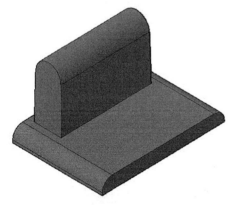

图16-71 实体圆角

03 执行"圆角边"命令（FILLETEDGE），指定圆角半径为5，分别选择梯形实体侧平面的边线为圆角对象，完成实体的圆角操作，结果如图16-72所示。

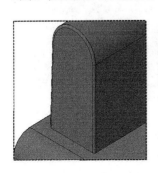
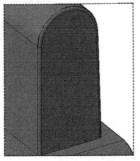

图16-72 实体圆角

04 执行"圆角边"命令（FILLETEDGE），指定圆角半径为5，分别选择梯形实体底面边线为圆角对象，完成实体的圆角操作，结果如图16-73所示。

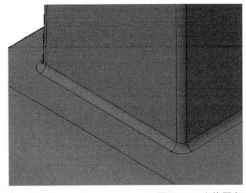

图16-73 实体圆角

Step5 创建拔模实体特征。

01 将绘图视角调整为"后视"视角。

02 执行"矩形"命令（REC），绘制如图16-74所示的矩形。

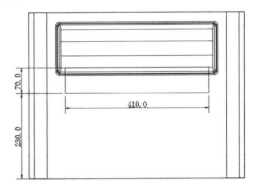

图16-74 绘制矩形

03 执行"拉伸"命令（EXT），选择矩形为拉伸实体的截面曲线，指定拉伸距离为230，按空格键，完成拉伸实体的创建，如图16-75所示。

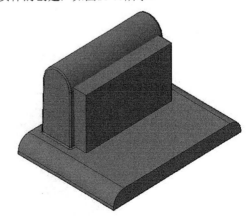

图16-75 拉伸实体

04 执行"倾斜面"命令（SOLIDEDIT），选择拉伸实体的左侧平面为倾斜对象，分别选择两水平边线的中点为旋转轴的端点，指定倾斜角度为1°，完成实体平面的倾斜操作；执行"倾斜面"命令，将拉伸实体的另一端侧平面进行相应角度的倾斜操作，结果如图16-76所示。

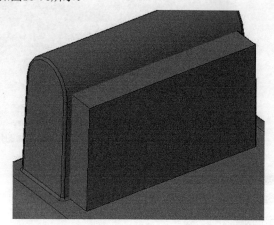

图16-76 倾斜实体面

Step6 创建拔模实体特征。

01 将绘图视角调整为"俯视"视角。

02 执行"矩形"命令（REC），绘制如图16-77所示的矩形。

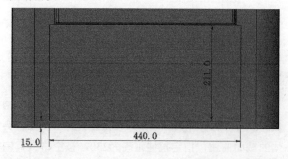

图16-77 绘制矩形

03 执行"拉伸"命令（EXT），选择矩形为拉伸实体的截面曲线，指定拉伸距离为260，按空格键，完成拉伸实体的创建，结果如图16-78所示。

图16-78 拉伸实体

04 执行"倾斜面"命令（SOLIDEDIT），分别选择拉伸实体的左、右侧平面为倾斜对象，分别选择两水平边线的中点为旋转轴的端点，指定倾斜角度为5°，完成实体平面的倾斜操作。

05 执行"倾斜面"命令（SOLIDEDIT），选择拉伸实体的另一侧平面位倾斜对象，选择水平边线的中点为旋转轴端点，指定倾斜角度为1°，完成实体面的倾斜操作，结果如图16-79所示。

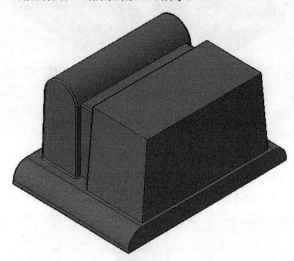

图16-79 倾斜实体面

06 执行"并集"命令（UNI），将相接的三维实体进行合并操作。

Step7 创建实体圆角特征。

01 执行"圆角边"命令（FILLETEDGE），指定圆角半径为5，分别选择倾斜实体侧平面的边线为圆角对象，完成实体的圆角操作，结果如图16-80所示。

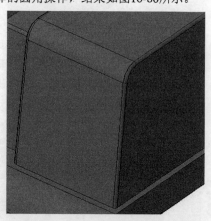

图16-80 实体圆角

02 执行"圆角边"命令（FILLETEDGE），指定圆角半径为5，分别选择倾斜实体底面边线为圆角对象，完成实体的圆角操作，结果如图16-81所示。

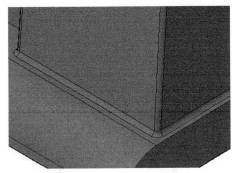

图16-81 实体圆角

Step8 创建实体凹槽特征。

01 将工作坐标系移动至凸台实体的顶平面，执行"矩形"命令（REC），绘制如图16-82所示的矩形。

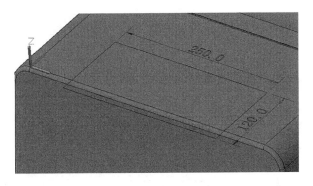

图16-82 绘制矩形

02 执行"拉伸"命令（EXT），选择矩形为拉伸实体的截面曲线，指定拉伸距离为8，按空格键，完成拉伸实体的创建；执行"差集"命令（SU），选择两个相交实体为求差对象，完成实体的求差操作，结果如图16-83所示。

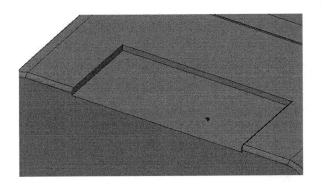

图16-83 实体求差

03 执行"圆角边"命令（FILLETEDGE），指定圆角半径为3，分别选择凹槽特征的棱角边线为圆角对象，完成实体的圆角操作，结果如图16-84所示。

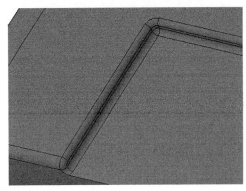

图16-84 实体圆角

Step9 创建半圆凸台特征。

01 执行"圆心、半径"圆命令（C）、"直线"命令（L）和"修剪"命令（TR），绘制如图16-85所示的半圆轮廓曲线。

02 执行"合并"命令（J），将修剪后的圆弧与直线进行合并操作。

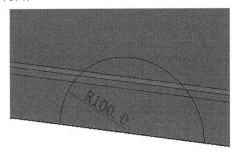

图16-85 绘制半圆轮廓曲线

03 执行"拉伸"命令（EXT），选择合并的半圆轮廓曲线为拉伸实体的截面曲线，指定拉伸距离为30，按空格键，完成拉伸实体的创建，如图16-86所示。

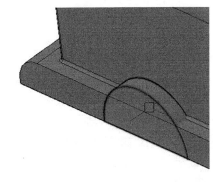

图16-86 拉伸实体

04 执行"并集"命令（UNI），将拉伸的半圆实体与相交的三维实体进行合并操作。

Step10 创建圆角与抽壳特征。

01 执行"圆角边"命令（FILLETEDGE），指定圆角半径为5，分别选择半圆凸台实体的边线为圆角对象，完成实体的圆角操作，结果如图16-87所示。

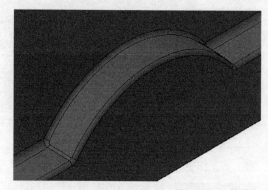

图16-87 实体圆角

02 执行"抽壳"命令（SOLIDEDIT），选择机壳平面为移除平面，指定抽壳偏移距离为2，完成实体的抽壳操作，结果如图16-88所示。

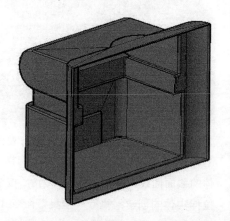

图16-88 实体抽壳

16.4.2 转换工程视图

Step1 创建主视图。

01 单击绘图区左下角的"布局1"选项卡进入"布局"设计环境。

02 单击 按钮，执行"从模型空间"命令；选择"俯视"选项为当前视图的放置方位，选择"可见线"为当前视图的边线显示方式。

03 勾选"相切边"选项，设置显示比例为1:8；在绘图区任意位置单击鼠标左键，指定主视图的放置点；按空格键，完成主视图的创建，结果如图16-89所示。

Step2 创建左视全剖图。

01 在"创建视图"区域中展开"截面"命令列表，单击 按钮。

02 选择已创建的主视图为全剖视图的父视图。

03 捕捉主视图水平直线上的中点，移动十字光标，选择垂直参考线上任意一点为剖切线起点；捕捉垂直参考线上另一点为剖切线的端点，按空格键，完成剖切线的绘制。

04 向主视图的水平右侧方向移动十字光标，在绘图区单击鼠标左键，指定左视图的放置点，完成左视全剖视图的创建，结果如图16-90所示。

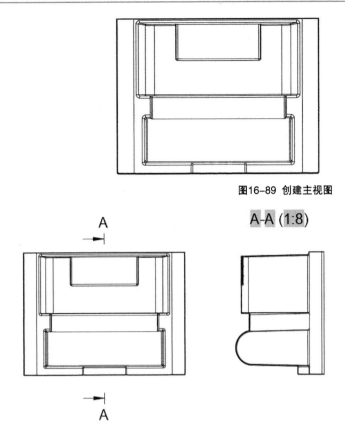

图16-89 创建主视图

图16-90 创建左视全剖图

Step3 创建俯视图。

01 单击"创建视图"命令区域中的 按钮，执行"投影视图"命令。

02 在系统信息提示下，选择已创建的主视图为投影视图的"父视图"。

03 向下移动十字光标，系统将预览出投影出的俯视图；在绘图区域中单击鼠标左键，完成俯视图的定位，结果如图16-91所示。

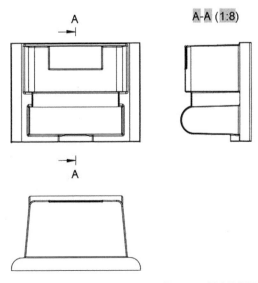

图16-91 创建俯视图

Step4 创建轴测视图。

01 单击"创建视图"命令区域中的按钮，执行"投影视图"命令。

02 选择已创建的主视图为投影视图的"父视图"，向主视图的右下侧方向移动十字光标，系统将预览出投影的轴测视图。

03 在绘图区域中单击鼠标左键，完成轴测视图的定位；按空格键，退出"投影视图"命令，结果如图16-92所示。

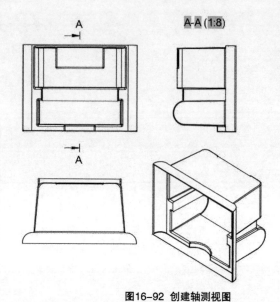

图16-92 创建轴测视图

附录 AutoCAD 2016快捷键说明

系统基本快捷键

键位名称	功能说明
CTRL+0	打开或关闭全屏显示模式
CTRL+1	打开或关闭"特性"面板
CTRL+2	打开或关闭"设计中心"
CTRL+3	打开或关闭"工具选项板"窗口
CTRL+4	打开或关闭"图纸集管理器"
CTRL+6	打开或关闭"数据库连接管理器"
CTRL+7	打开或关闭"标记集管理器"
CTRL+8	打开或关闭"快速计算器"
CTRL+9	打开或关闭命令行窗口
CTRL+F2或者F2	打开或关闭文本窗口
CTRL+A	选择模型空间或当前布局中的所有对象，处于冻结或锁定图层上的对象除外
Ctrl +B或者F9	打开或关闭捕捉模式
CTRL+C	将选定对象复制到剪贴板
CTRL+D或者F6	打开或关闭动态UCS功能
Ctrl +E或者F5	切换轴测面
Ctrl +F或者F3	打开或关闭对象捕捉功能
Ctrl+G或者F7	打开或关闭栅格显示
CTRL+I	切换坐标
Ctrl+J或者回车键或者空格键	重复执行上一个命令
CTRL+K	向对象附着超链接或修改现有的超链接
Ctrl+L或者F8	打开或关闭正交功能
Ctrl+N	创建新图形
Ctrl+O	打开现有图形
Ctrl+P	打印当前图形
CTRL+Q	退出应用程序
Ctrl+R	在布局视口之间循环
Ctrl+S	保存当前图形
Ctrl+V	粘贴剪贴板中的数据
Ctrl+W	打开或关闭选择循环功能
Ctrl+X	将对象剪切到剪贴板
Ctrl+Y	重复上一个操作
Ctrl+Z	撤销上一个操作
Ctrl+[	取消当前命令
Ctrl+\	取消当前命令
SHIFT+F1	关闭所有子对象过滤器
SHIFT+F2	仅选择三维对象上的顶点
SHIFT+F3	仅选择三维对象上的边

附录 AutoCAD 2016快捷键说明

键位名称	功能说明
SHIFT+F4	仅选择三维对象上的面
SHIFT+F5	仅选择历史记录子对象
ALT+F8	运行VBA宏
ALT+F11	显示Visual Basic编辑器
F1	显示帮助文件
F2	打开或关闭文本窗口
F3	打开或关闭对象捕捉
F4	打开或关闭三维对象捕捉功能
F5	切换轴测面
F6	打开或关闭动态UCS功能
F7	打开或关闭栅格显示功能
F8	打开或关闭正交功能
F9	打开或关闭捕捉模式
F10	打开或关闭极轴追踪功能
F11	打开或关闭对象捕捉追踪功能
F12	打开或关闭动态输入功能

二维绘图快捷键

键位名称	功能说明
A	绘制圆弧，ARC（圆弧）命令的简写
B	创建块，BLOCK（创建块）命令的简写
C	绘制圆，CIRCLE（圆）命令的简写
D	管理标注样式，DIMSTYLE（标注样式）命令的简写
E	删除选定的图形，ERASE（删除）命令的简写
F	绘制过渡圆角，FILLET（圆角）命令的简写
G	创建组，GROUP（组）命令的简写
H	填充图案，HATCH（图案填充）命令的简写
I	插入图块，INSERT（插入块）命令的简写
J	合并对象，JOIN（合并）命令的简写
L	绘制直线，LINE（直线）命令的简写
M	移动图形，MOVE（移动）命令的简写
N	开启或关闭导航栏，NAVBAR（导航栏）命令的简写
O	偏移图形，OFFSET（偏移）命令的简写
P	平移视图，PAN（平移）命令的简写
R	刷新视图，REDRAW（重画）命令的简写
S	拉伸图形，STRETCH（拉伸）命令的简写
T	输入文字，MTEXT（多行文字）命令的简写
U	撤销上一步操作，UNDO（放弃）命令的简写

附录 AutoCAD 2016快捷键说明

键位名称	功能说明
V	管理视图，VIEW（视图）命令的简写
W	创建外部图块，WBLOCK（写块）命令的简写
X	分解图形，EXPLODE（分解）命令的简写
Z	缩放视图，ZOOM（缩放）命令的简写
Esc	退出已经激活的命令
Delete	删除选定的对象

三维绘图快捷键

键位名称	功能说明
UCS	创建坐标系，用于在当前绘图环境中创建工作坐标系
DDVPOINT	预设观察视点，用于设置三维模型的观察视点
VPOINT	用于将当前视点切换至罗盘视点
3DO	自由动态观察模型，用于自由旋转观察当前三维模型
CONVTOSU	转换曲面，CONVTOSURFACE（曲面转换）命令的简写
EXT	拉伸对象，EXTRUDE（拉伸）命令的简写
REV	旋转对象，REVOLVE（三维旋转）命令的简写
SWE	扫掠对象，SWEEP（扫掠）命令的简写
LOFT	创建放样三维对象，该命令可创建变化截面的三维实体或曲面
SURFB	创建过渡曲面，SURFBLEND（过渡面）命令的简写
SURFP	创建修补曲面，SURFPATCH（修补面）命令的简写
SURFO	创建偏移曲面，SURFOFFSET（偏移面）命令的简写
SURFF	创建曲面圆角，SURFFILLET（曲面圆角）命令的简写
SURFE	创建延伸曲面，SURFEXTEND（曲面延伸）命令的简写
SURFT	修剪曲面对象，SURFTRIM（曲面修剪）命令的简写
PLANE	创建平面型曲面，PALNESURF（平面曲面）命令的简写
TH	通过加厚曲面转换为三维实体，THICKEN（加厚曲面）命令的简写
BOX	创建长方体，用于快速创建长方体三维模型
CYL	创建圆柱体，CYLINDER（圆柱体）命令的简写
SPH	创建圆球实体，SPHERE（球体）命令的简写
UNI	合并三维对象，UNION（并集）命令的简写
SU	裁剪三维对象，SUBTRACT（差集）命令的简写
IN	创建相交三维模型实体，INTERSECT（交集）命令的简写
3DAR	创建三维实体阵列，3DARRAY（三维阵列）命令的简写
Mirror3d	将三维对象进行镜像复制
3DA	三维实体对齐操作，3DALIGN（三维对齐）命令的简写
3DM	移动三维实体对象，3DMOVE（三维移动）命令的简写
3DR	旋转三维实体对象，3DROTATE（三维旋转）命令的简写
SOLIDEDIT	三维实体抽壳操作

附录　AutoCAD 2016快捷键说明

键位名称	功能说明
SL	对三维实体对象进行剖切观察，SLICE（实体剖切）命令的简写
IMPR	对三维实体进行定距缩放，IMPRINT（压印边）命令的简写
FILLETEDGE	对三维实体的边线进行圆角处理
CHAMFERE	对三维实体的边线进行倒角处理